林惠賢・朱蘊鑛

實用
生物統計學

東華書局

國家圖書館出版品預行編目資料

實用生物統計學 / 林惠賢, 朱蘊鑛著. – 1 版 – 臺北市 : 臺灣東華, 2016.03

376 面 ; 19x26 公分.

ISBN 978-957-483-853-0 (平裝)

1. 生物統計學

360.13   105002969

實用生物統計學

著　　　者	林惠賢, 朱蘊鑛
發　行　人	陳錦煌
出　版　者	臺灣東華書局股份有限公司
地　　　址	臺北市重慶南路一段一四七號三樓
電　　　話	(02) 2311-4027
傳　　　眞	(02) 2311-6615
劃撥帳號	00064813
網　　　址	www.tunghua.com.tw
讀者服務	service@tunghua.com.tw
門　　　市	臺北市重慶南路一段一四七號一樓
電　　　話	(02) 2371-9320
出版日期	2016 年 3 月 1 版 1 刷
	2017 年 8 月 1 版 2 刷

ISBN	978-957-483-853-0

版權所有 ‧ 翻印必究

推薦序

> 合抱之木，生於毫末；
> 九層之台，起於累土；
> 千里之行，始於足下。

在數量化的時代，各行各業均以量化的資料或數據做為決策的依據。統計學即是從複雜的資料中，擷取有用訊息的學問。就如同喝一湯匙的海水，就能知道整個大海海水的鹹度；用一支管子，就能窺視天象的絢麗；用一千多人左右的抽樣，就能大致預測選舉的結果，統計學可以說是「以管窺天」和「神機妙算」的學問。在巨量數據的時代，統計分析與方法，乃是千里之行始於足下的基本配備。

本書《實用生物統計學》的兩位作者，過去都曾在清華大學就讀 (蘊鑛是敝人指導的博士生，惠賢為碩士生)，但早已青出於藍而勝於藍，江洋後浪推前浪，在統計專業中已卓然有成。兩位利用在生物醫學上的本土實例及多年來豐富優秀的教學研究經驗，不但深入淺出，而且有系統地介紹一些統計分析的原理與方法。輔以 SPSS 軟體的使用，清晰明確地解釋輸出的結果，使得讀者甚至初學者，都可以融會貫通地進入統計美妙的殿堂，在學習實用的例題分析中，同時汲取理論的精華與奧祕。

鄭重推薦此書給醫學院、護理學院、公共衛生學院、生命科學院及理學院中，相關「生物統計學」或「醫學統計」之教科書。對一般生物醫學新進或進階研究者，本書亦提供了進入生物醫學研究，統計分析的基本工具與知識。

然而，書本領進門，修行在個人，唯有時間才能造就卓越，唯有勤奮才能堆砌成功，本書帶領讀者進入生物統計學之門，但修行盡在個人。謹以下語勉勵讀者：

> 青雲有路志為梯，達到九層之台，欣賞合抱巨木；
> 學海無涯勤是岸，完成千里之行，一窺統計奧祕。

趙蓮菊
丙申年立春
國立清華大學統計所

林　序

　　生物統計學是一門將統計學知識應用到生物醫學領域中的科學，但很多人會因為眾多的符號、複雜的算式或艱澀的數學而心生排拒，以致無法引發興趣、從中獲益、享受其用，這對從事統計教學 20 多年的我感受特別深刻，因此在許多人的期待下，終於下定決心來做這件吃力但卻富有意義的事──寫一本大家會喜歡的統計書籍。

　　目前坊間的統計教科書繁多，但書中例子為醫護領域的不多見且缺乏從實務問題引導學習，所以醫護背景的讀者往往自學或經教導學習後仍常困擾於不知如何將各統計方法應用於實務研究中，因此本書首重統計學之應用，從第二章起，每一章的第一節皆以生物醫學領域中的實務問題為引子，並盡量以醫護實務問題為範例介紹該章要學習的統計概念，給予讀者對各種統計方法實際的感受，讓讀者即使是跳過數學算式，仍能瞭解該章想要介紹的統計學的主要概念及其應用，尤其搭配統計軟體 IBM SPSS 22.0 的操作說明 (全書 SPSS 範例資料檔置放於東華書局網站 http://www.tunghua.com.tw/book.php?ISBN=9789574838530)，讓讀者的計算負擔大為降低，完成學習後可以立即應用統計回答實務問題。因此，本書有如下的特色：

1. 以實務問題開始，引導讀者對生物統計學基礎概念的學習，並能完成包括資料收集、輸入、處理、分析等工作，對於讀者進行專題報告或論文研究工作有莫大的幫助。
2. 加入同類書籍鮮少提供或介紹但卻十分實用的統計分析工具或技巧，也針對 SPSS 輸出結果進行解說，能做為讀者應用統計時的重要參考書。例如，介紹如何利用 Excel 之「設定格式化條件」，以提醒資料輸入的錯誤；介紹單一母體比率之 Wilson 估計、評價診斷檢驗的基本概念，以及配對樣本勝算比的計算，並提供自訂對話框封包檔案。
3. 提供深入學習統計學理概念的機會，讓熱愛理論學習的讀者也能在操作 SPSS 之餘瞭解其所以然，因此，本書針對基本的統計學理，進行了詳細的解說及列出推導過程，亦可做為注重學理的統計學課程的教科書。由於上述解說及推導大半放在附錄或註腳中，若課程學分數較少或不著重在統計方法的原理時，教師或讀者可視所需斟酌取用；特別是對學習理論很頭痛或很害怕數學式子的讀者，則建議可略過不讀，並不會妨礙對本書內容與觀念的理解。

4. 常用統計方法一覽表 (附表表 1) 與本書的推論統計章節搭配，提供了常見推論統計方法的使用時機及選擇要素，值得利用。

　　本書各章最後皆附有習題，提供讀者課後練習，書後並附單數習題解答，偶數習題解答則放在東華書局網站 http://www.tunghua.com.tw/book.php?ISBN=9789574838530，以解讀者困惑。透過本書之學習，讀者能建立起對生物統計學的正確觀念，並能在實務研究的統計分析上得心應手，因此本書是初學統計和入門研究者極具參考價值的一本統計書籍。

　　本書的完成耗費近三年時間，其間因為個人忙於教學及行政服務工作而幾度停滯，幸賴老公的體貼、朱蘊鑛學長的合作無間、學生的鼓勵、東華書局董事長卓劉慶弟女士和執行長陳錦煌先生的完全信任與大力支持、採購編輯儲方先生的適時催促與耐心等候，以及編輯部余欣怡小姐的費心排版，讓本書終得出版。直至今日仍常常憶起夜深人靜時絞盡腦汁思考如何下筆之苦，以及字字錙銖必較、不願隨意交稿之情，點滴心頭，深覺至少對統計教育盡了一份心力，亦無愧於曾讓我知識成長的師長們，也圓了我長久以來的心願：讓學生感受統計其實沒有那麼難。雖然已戮力查證文獻及校對文稿，若本書仍有不完善之處，尚請各界賢達人士不吝賜教。

林惠賢　謹識

2015 年 10 月 27 日

輔英科技大學健康事業管理系

朱 序

　　統計學是處理資料的一門科學,而生物統計學乃是以統計學為工具來研究、分析、理解與應用生物學的一門科學。大學或研究所的學生,不論是就讀生物、醫學、農業、生物科技、生命科學、畜牧、森林、製藥、護理、醫學美容與公共衛生等哪一科系,皆須學好生物統計學,以便修習更高階的課程。況且在各行各業皆全球化的今日,除了具備一定程度的外語與資訊能力之外,統計學提供了認識生物、生命與生活的良好推理訓練。

　　選讀一本好的生物統計學課本,可以提升學習成效。第一,本書盡量避免冗長的定義及證明,而採用適當的圖表做直觀說明,以降低讀者畏懼生物統計學之心態。第二,示範如何使用 SPSS 統計軟體幫助計算、繪圖、製表與執行統計推論,以達到精確學習之目標。第三,本書採用實務問題為例,結合生物統計理論與電腦科技,以增進讀者學會利用生物統計學解決相關的實際問題。第四,本書附有詳盡完備的統計圖表,提供師生做有效應用。第五,本書附有習題解答,可增進教師教學效果與學生學習成效。

　　本書適用範圍甚廣,舉凡公私立大學日夜間部 (含技術學院與科技大學),一學期 3 學分至一學年 6 學分之生物統計學課程均可採用本書為教科書,對於同時教授不同學分或不同學制的生物統計學老師而言,本書的出版無疑是一大福音,讓老師備課方便許多,老師可以根據授課需求,選擇適合的主題章節內容來介紹給學生研習。

　　一本優良的生物統計學教科書之出版實屬不易。在此要特別感謝台灣東華書局董事長卓劉慶弟女士及執行長陳錦煌先生的抬愛與合作,又有採購編輯儲方先生的極力促成,讓我們有機會撰寫此書。另外要感謝余欣怡小姐細心負責的編輯與校正,使本書之出版更臻完善。本書乃是首次撰寫出版,疏漏之處在所難免,期盼各界賢達不吝指正。

朱蘊鑛
丙申年立春作於
國立臺中科技大學應用統計系

目 錄

*全書 SPSS 範例資料檔置放於東華書局網站
　http://www.tunghua.com.tw/book.php?ISBN=9789574838530

Chapter 1　統計學簡介　1
一、何謂統計　2
二、統計在生活上的用途　4
三、統計與研究　8
四、描述性統計與推論性統計　12
五、本書各章簡介　13
習題一　15

Chapter 2　抽　樣　17
一、實務問題　18
二、母體與樣本　18
三、挑選適當樣本的重要性　21
四、常見的隨機抽樣方法　24
五、常見的非隨機抽樣方法　32
習題二　35

Chapter 3　描述性統計　37
一、實務問題　38
二、資料的測量尺度　38
三、運用表格來摘要資料　42
四、運用圖形來摘要資料　45
五、運用數字來摘要資料　52
習題三　63

Chapter 4　常態分布　67
一、實務問題　68
二、何謂機率分布　69
三、常態分布的特性　70
四、Z 轉換與標準常態分布　71
習題四　77

Chapter 5　樣本平均數的分布　79
一、實務問題　80
二、樣本平均數的分布與母體分布的關係　81
三、中央極限定理　84
四、t 分布　86
習題五　90

Chapter 6　推論性統計：估計　91
一、實務問題　92
二、點估計　93
三、區間估計　94
四、單一母體平均數之估計　97
五、單一母體比率之估計　98
參考文獻　103
習題六　104

Chapter 7　推論性統計：假說檢定　107
一、實務問題　108
二、假說檢定之概念　109
三、虛無假說及對立假說　110
四、假說檢定之步驟　112

五、單尾、雙尾假說檢定　115
六、p 值、檢力　119
習題七　122

Chapter 8　等距資料的比較檢定（一）：單一母體平均數與設定值之比較　123

一、實務問題　124
二、單一樣本 Z 檢定　124
三、單一樣本 t 檢定　126
習題八　131

Chapter 9　等距資料的比較檢定（二）：兩個母體平均數之比較　133

一、實務問題　134
二、獨立樣本及配對樣本　136
三、獨立樣本 t 檢定　138
四、配對樣本 t 檢定　144
習題九　148

Chapter 10　等距資料的比較檢定（三）：多個母體平均數之比較　151

一、實務問題　153
二、獨立樣本單因子變異數分析　153
三、隨機集區設計之變異數分析　162
習題十　173

Chapter 11　類別資料的比較檢定（一）：單一母體比率與設定值之比較　177

一、實務問題　178
二、二項式檢定 (Z 檢定)　179
三、適合度卡方檢定　186
參考文獻　195
習題十一　196

Chapter 12　類別資料的比較檢定（二）：兩個或多個母體比率之比較　197

一、實務問題　198
二、Z 檢定　199
三、比率同質性卡方檢定　204
四、費雪精確性檢定　210
五、麥內瑪卡方檢定　212
六、勝算比及相對危險　222
參考文獻　229
習題十二　230

Chapter 13　兩個變項相關性的檢定　235

一、實務問題　236
二、兩等距變項間的相關分析——皮爾森相關係數　237
三、兩序位變項間的相關分析——斯皮爾曼相關係數及伽瑪係數　244
四、兩類別變項間的相關分析——獨立性卡方檢定　250
參考文獻　252
習題十三　253

Chapter 14　迴歸分析與預測　257

一、實務問題　258
二、簡單線性迴歸　258
三、多元線性迴歸　274
參考文獻　278
習題十四　280

附　表　283

表 1　常用推論性統計方法一覽表　283
表 2　亂數表　286
表 3　二項分布表　290
表 4　Z 分布表　297
表 5　t 分布表　299

表 6	F 分布表	301
表 7	χ^2 分布表	317

附　錄　　319

附錄 A	二項分布	319
附錄 B	病例-對照研究中相對危險與疾病勝算比之計算問題	321
附錄 C	配對樣本勝算比	323
附錄 D	皮爾森相關係數與樣本空間中的向量內積	325
附錄 E	斯皮爾曼相關係數的定義化簡	327
附錄 F	Lambda 相關係數及 tau-y 係數	330
附錄 G	常態檢定——Kolmogorov-Smirnov 檢定及 Shapiro-Wilk 檢定	337
附錄 H	Breusch-Pagan 檢定	339

單數習題解答　　341

索　引　　361

Chapter 1 統計學簡介

生物統計學 (biostatistics) 屬於統計學 (statistics) 的一支，主要提供讀者學習統計學的基本知識，以及如何將這些知識應用在生物醫學領域中。因此本書所列的例子都是屬於生物醫學領域。要學好統計學，讀者首先要對統計學有一個概括性的認識，方能有利接續的學習，因此本章的主要目的便是對統計學進行簡略的介紹，讓沒有接受過太多數學訓練的讀者，都能透過本章對統計學有初步的瞭解。

本章從統計學的發展起源談起，在簡述歷史的同時，也可以讓我們瞭解到統計是一門以數理方法研究如何收集、組織、表現、分析及解釋資料 (data) 的學問。接著，陳述統計在生活上的用途，人們透過統計數據，便能迅速且具體地感受周遭世界的現況及其變化；在生活中也會不斷地利用統計數據進行預測與抉擇，進而影響日常的行為；透過學習統計學，能幫助我們在閱讀或解釋統計資訊時，使個人有更正確的思考與推理。再來，本書以血糖機檢測與醫院生化檢驗的血糖值之間的差異為例，從提出具體問題、文獻探討、確定研究目的、選取收集資料的方法與工具、規畫抽樣方案、進行實驗或調查、資料處理、資料分析到提出結論與建議等階段，來說明統計與研究的緊密關係。最後，簡介統計學的兩大部分，即描述性統計與推論性統計，前者使用表格、圖形或數字等方式來概述或表現資料，後者研究如何根據部分個體資料去推論群體所有資料的特徵。

當學完本章之後，讀者應該能：

1. 瞭解何謂統計。
2. 舉出統計在生活上的應用實例。
3. 瞭解統計在研究的過程中所扮演的角色。
4. 清楚分辨描述性統計與推論性統計的不同。

一、何謂統計

要知道什麼是「統計」，最好的方式之一是從它的發展源頭處去瞭解。古巴比倫刻寫板上的楔形文字，讓我們窺見這個古老國度早在西元前 4500 到前 3800 年曾舉辦地籍調查與戶口調查，巴比倫人按族調查，記錄人口、農業、牲畜等等資料，其目的在於徵兵、徵稅。西元前 3050 年，埃及法老為建造金字塔，也進行了人口與財產統計，調查國境內住民的人數及其財富狀況。西元前 2200 年，中國的夏朝也有了人口的統計數字，到了周朝已發展出完備的戶口管理和人口統計制度。《尚書》之〈禹貢篇〉：「禹別九州，隨山濬川，任土作貢」，便是西周假借禹劃分九州根據土地肥瘠來制定貢賦的典故，以做為其賦稅制度的說法，貢賦即是利用土地若干年的平均收穫來做為徵稅標準的一種獻納制度。西元 120 年，南宋唐仲久在《帝王經世圖譜》一書中，根據《周禮》之〈夏官司馬〉中的〈職方氏〉對九州的國勢調查的資料[1]，用表格編制了《職方九州譜》，更清楚、簡明地表現了國勢調查資料。高特弗瑞德‧阿痕瓦爾 (Gottfried Achenwall, 1719～1772) 在西元 1749 年使用統計學 (德語為 statistik)，來代表對國家的資料進行分析的學問，也就是「研究國家的科學」，是最早使用統計學這個名詞的人，之後，由約翰‧辛克萊爵士 (Sir John Sinclair, 1754～1835) 於西元 1791 年引入英語世界 (統計學英語為 statistics)，顯見統計學的源頭之一是做為國家以及管理階層的工具，以收集、分析國勢相關資料。

「政治算術學」是統計學的另一個發展來源。西元 1850 年，德國人克尼斯 (G. A. Knies, 1821～1898) 發表了「獨立科學之統計學」(Die Statistick als selbständige Wissenschaft) 一文，根據 17 世紀中葉以來「政治算術學」的發展，使人們明確地意識到統計主要是以數字資料為研究對象，透過對數字資料的分析來探討客觀現象發展變化的規律，給了統計學做為一門獨立科學充足的理由，統計學日後的發

---

[1] 《周禮》〈夏官司馬〉〈職方氏〉：「乃辨九州之國，使同貫利：東南曰揚州，其山鎮曰會稽，其澤藪曰具區，其川三江，其浸五湖，其利金、錫、竹、箭，其民二男五女，其畜宜鳥獸，其穀宜稻。正南曰荊州，其山鎮曰衡山，其澤藪曰雲瞢，其川江、漢，其浸潁、湛，其利丹、銀、齒、革，其民一男二女，其畜宜鳥獸，其穀宜稻。河南曰豫州，其山鎮曰華山，其澤藪曰圃田，其川滎、雒，其浸波、溠，其利林、漆、絲、枲，其民二男三女，其畜宜六擾，其穀宜五種。正東曰青州，其山鎮曰沂山，其澤藪曰望諸，其川淮、泗，其浸沂、沭，其利蒲、魚，其民二男二女，其畜宜雞狗，其穀宜稻麥。河東曰兗州，其山鎮曰岱山，其澤藪曰大野，其川河、泲，其浸盧、維，其利蒲、魚，其民二男三女，其畜宜六擾，其穀宜四種。正西曰雍州，其山鎮曰嶽山，其澤藪曰弦蒲，其川涇、汭，其浸渭、洛，其利玉石，其民三男二女，其畜宜牛馬，其穀宜黍稷。東北曰幽州，其山鎮曰醫無閭，其澤藪曰貕養，其川河、泲，其浸菑、時，其利魚鹽，其民一男三女，其畜宜四擾，其穀宜三種。河內曰冀州，其山鎮曰霍山，其澤藪曰楊紆，其川漳，其浸汾、潞，其利松柏，其民五男三女，其畜宜牛羊，其穀宜黍稷。正北曰并州，其山鎮曰恒山，其澤藪曰昭餘祁，其川虖池、嘔夷，其浸涞、易，其利布帛，其民二男三女，其畜宜五擾，其穀宜五種。」

展，基本上便是憑著「算術」向前發展的。雖然，克尼斯確立了統計學的研究對象是數字資料，用來分析數字資料的方法是「算術」，但同樣的數字資料，可以從確定性的角度來看，也可以從隨機性的角度來看，換言之，此時統計學的分析方法，尚未明確釐清。身體質量指數 (BMI) 的發明人凱特勒 (L. A. J. Quetelet, 1796～1874) 透過統計數字，去推估人的發展與健康狀況，並全面引進機率論，將數字資料轉化為隨機性數量來研究社會問題，使得統計學逐漸發展成為一門既適用於自然科學又適用於社會科學的通用方法，也讓機率論成為促進統計學發展的另一個來源。然而，凱特勒在應用拉普拉斯 (P. S. Laplace, 1749～1827) 之古典機率論於社會現象、人口現象、犯罪現象之時，發現拉普拉斯的「等機率假設」在應用上不太適合，其數學基礎尚未完全穩固。直到上個世紀 30 年代，柯爾莫哥洛夫 (A. N. Kolmogorov, 1903～1987) 把勒貝格 (Lebesgue) 測度引入機率論，才使得統計學嚴格的數學基礎得到確立。當統計學的研究方法從「算術」階段迅速轉變為嚴格的「數理」階段時，學者們的目光又重回到統計學的研究對象上，生物統計學創立人之一的高爾頓爵士 (Sir F. Galton, 1822～1911) 及其學生皮爾遜 (K. Pearson, 1857～1936)，把研究對象視為從更大、更多的群體中所抽取出來的一小部分，認為統計學是由「抽樣」(sampling) 以產生決策的科學，並建立「相關」(correlation)、「迴歸」(regression)、「中位數」(median)、「四分位數」(quartiles)、「四分位間距」(interquartile range)、「百分位數」(percentile) 等等概念，使得生物統計學成為現代統計學成型的標誌。

　　總之，從各個統計學發展的源頭，瞭解到統計學的研究對象是數字資料，而我們所面對的數字資料，可能是由「抽樣」而得的一小部分；統計學的研究方法是以機率論為基礎的數理方法，隨機性的數學語言成為統計分析的主要語言；統計的主要工作是：(1) 如何收集有關的資料，例如國勢調查中按族調查進行收集的工作；(2) 如何將所收集到的資料分門別類，將零散的資料以有組織的方式整理起來，例如國勢調查中將土地分成肥瘠等類別，以課徵不同的稅率；(3) 如何用簡明的方式來表現資料，例如《職方九州譜》利用表格比文字敘述更能簡明地摘錄九州的國勢調查結果；(4) 如何利用統計概念或方法對資料進行分析，例如性別比的概念對居民性別結構 (如〈職方氏〉中揚州的男女人數之比為 2：5) 進行分析；(5) 如何利用資料分析的結果進行解釋與訂定決策，例如造成土地若干年的平均收穫有所差異的原因在於土地的肥瘠，因此對肥瘠程度不一的土地課以相同的稅率是不公平的，若能根據土地若干年的平均收穫來做為徵稅標準，或能建立較為公平的獻納制度。因此，所謂統計，便是一門以數理方法研究如何收集、組織、表現、分析及解釋數字

資料的學問。

二、統計在生活上的用途

我們生活在資訊爆炸的時代，每天所接觸到的數字資料眾多，既然統計是一門有關數字資料的收集、組織、表現、分析及解釋的學問，那麼統計在生活中必是用處多多。首先，我們透過統計數據能迅速且具體地感受周遭世界的現況及其變化，例如，世界儀表網站 (http://www.worldometers.info) 在西元 2013 年 1 月 31 日下午 5 點 47 分所呈現的世界實時統計數據 (real time world statistics) 如表 1-1 所示：

表 1-1 西元 2013 年 1 月 31 日下午 5 點 47 分之世界儀表 (worldometers) 統計數據

向度/項目	統計數據
世界人口/	
目前世界人口總數	7,094,903,178
今年出生的人數	10,788,668
今天出生的人數	269,157
今年死亡的人數	4,607,746
今天死亡的人數	114,955
今年增加的人數	6,180,922
政府和經濟/	
今天全世界政府的醫療支出總額 (美元)	$7,512,915,188
今天全世界政府的教育支出總額 (美元)	$6,627,628,635
今天全世界政府的軍事支出總額 (美元)	$3,413,055,652
今年汽車產量	4,965,706
今年自行車產量	11,110,652
今年電腦銷售量	28,682,582
社會與媒體/	
今年出版書目總量	196,583
今天報刊發行總量	377,476,082
今天電視機銷售量	526,396
今天手機銷售量	3,888,876
今天電子遊戲消費額 (美元)	$132,257,670
世界網絡用戶總數	2,487,555,755
今天發出的電子郵件數	318,366,835,661
今天上傳的 Blog 數	3,013,141
今天發出的 Tweets 數	219,510,548
今天 google 搜尋次數	3,078,423,276
環境/	
今年被砍伐森林面積 (公頃)	423,745
今年由於水土流失而損失的耕地面積 (公頃)	570,475
今年二氧化碳排放量 (噸)	2,734,170,790
今年沙漠化的土地面積 (公頃)	977,774
今年工業上被排放進入生態環境的有毒化學品 (噸)	797,895

表 1-1 西元 2013 年 1 月 31 日下午 5 點 47 分之世界儀表 (worldometers) 統計數據 (續)

向度/項目	統計數據
食物/	
目前世界上營養不良的人數	904,099,050
目前世界上肥胖的人數	1,569,380,690
目前世界上過度肥胖的人數	523,126,897
今天死於飢餓的人數	22,733
今天美國用於治療過度肥胖引起的疾病的支出 (美元)	$353,755,609
今天美國用於減肥的支出 (美元)	$140,527,781
水/	
今年消耗的水量 (十億升)	403,958
今年因水源相關的疾病而致死的人數	146,730
目前無法獲取安全飲用水的人數	795,417,592
能源/	
今天世界範圍內使用的能量 (仟度)，其中	291,184,845
——來自不可再生能源 (仟度)	235,858,442
——來自可再生能源 (仟度)	55,326,403
今天地球上接收到的太陽能 (仟度)	2,174,068,688,563
今天開採的石油 (桶)	62,314,326
剩餘石油儲量 (桶)	1,253,073,872,930
離石油耗盡的天數	14,918
剩餘天然氣儲量 (桶油當量)	1,146,531,123,503
離天然氣耗盡的天數	60,344
剩餘煤炭儲量 (桶油當量)	4,393,902,079,531
離煤炭耗盡的天數	151,514
健康/	
今年由於傳染病而造成的死亡人數	1,057,692
今年五歲以下兒童死亡人數	619,300
今年墮胎數	3,422,853
今年生育過程中母親死亡人數	28,010
感染愛滋病的人數	35,074,009
今年由愛滋病致死的人數	136,965
今年由癌症致死的人數	669,152
今年由瘧疾致死的人數	79,918
今天香菸消耗量 (支)	11,252,095,301
今年由吸菸而造成的死亡人數	407,299
今年由酗酒而造成的死亡人數	203,778
今年自殺人數	87,370
今年全世界在非法藥物上的花費 (美元)	$32,594,193,890
今年由於交通意外而致死人數	109,984

　　根據表 1-1 的統計數據，我們可以從世界人口、政府和經濟、社會與媒體、環境、食物、水、能源及健康等等向度，對西元 2013 年 1 月 31 日下午 5 點 47 分一剎那間的生活世界有一個粗略的印象與感受，此外，隨著統計數據不斷地及時更新，讓我們透過統計數據的迅速變化而具體地感受周遭世界變化，換言之，我們利

用這些統計數據對當今的生活世界做了粗略的描繪，此時統計的用途在於賦予我們不同的「感官」，透過統計，我們能對生活世界有了不同的具體感受。

其次，我們在生活中會不斷利用統計數據進行預測，進而對大大小小的生活事件有所影響。例如，我們會看或聽氣象報告，根據氣象主播提出的統計數據來決定明天的穿著，如明天會下雨的機率為 80%，那麼出門可能就要記得帶傘囉；氣象主播的預報並不是憑空亂猜的，它是根據比較現在和之前的天氣條件來建立天氣模式，並透過所建立的統計模式來預測未來的天氣。如果氣象預測連日會有豪雨，進而可能引發土石流，那麼政府單位將會根據這些統計數據，成立緊急應變中心，並會隨時監控相關的統計數據 (如實際雨量是否大於警戒雨量)，以決定是否強制撤離位於警戒區的居民。

除了氣象的統計數據會影響我們的日常生活外，其他各式各樣的統計資訊對民眾也會有不同的影響。例如，如果新聞僅僅報導了某位吸菸的明星得了肺癌，而不輔以任何統計數據，其影響民眾抉擇的可能性，不若加上「研究表明，85% 到 95% 的肺癌與吸菸有關」、「吸菸者患肺癌的危險性是不吸菸者的 13 倍」這樣的統計數據，來得更有影響。統計數據也會影響我們的投票行為，例如背景相似之候選人的支持率可能會引發「棄保效應」，也就是說，選民根據民調放棄支持率較低的候選人，轉而支持與其背景相似但支持率較高的候選人，所產生的一種集體的投票行為。台灣熱愛棒球，生活中必定對「右投對左打的打擊率」、「長打+上壘率」、「投手每局被上壘率」等數字時有所聞，這些數字是棒球統計學 (sabermetrics) 的研究成果，並成為球探及球團選才之依據。電影「魔球」(Moneyball) 正是敘述 MLB 的奧克蘭運動家隊經理比恩 (B. Beane)，如何以統計學的方式分析數據，評估對球員的投資，以有限的預算組合出最能發揮戰力的團隊，在不被看好的狀況下，使奧克蘭運動家隊躋身美國職棒季後賽。棒球統計學不僅能幫助球團預測球員的未來表現，也對球隊攻守布陣提供了預測依據，例如 MLB 海盜隊在西元 2013 年球季，開始根據每位打者擊出球時，球最有可能的方向、距離與落點進行移防布陣，使得即使在球隊陣容並無多大改變的情況下，也能成功地脫離了連續 20 年勝率不到 5 成的「千年」爛隊的窘境，甚至打進季後賽。總之，我們在日常生活中，經常要憑藉著統計數據進行預測與抉擇，因而統計影響了我們的日常行為。

最後，透過學習統計學的相關知識，能幫助個人分辨統計資訊的真偽，釐清相關統計觀念的區別與侷限，進而提升個人思考與推理的正確性。我們以下列幾個問題，來簡單說明之：

《問題 1》

根據聯合報於西元 2010 年 3 月 10 日晚間所進行的電話民調顯示，有 7 成 4 民眾反對廢除死刑，請問這是否就代表著「約有 74% 台灣民眾反對廢除死刑」？為什麼？

《問題 2》

有位叫傑克的年輕人，研究出了一種胰腺癌的檢測方法，由受檢者提供一滴血滴在試紙，透過試紙上的一些色調變化來測出血液中間皮素 (mesothelin) 含量，進而判定受檢者是否罹癌。研究顯示，患有胰腺癌的人中有 99% 其抽血試紙檢測結果呈陽性，沒患胰腺癌的人中有 99% 其抽血試紙檢測結果呈陰性，這是否意味著傑克的抽血試紙檢測方法對胰腺癌有很好的預測力？為什麼？

《問題 3》

有人隨機選取幾家幼兒園，丈量園中所有幼兒的腳長以及他們的語言能力 (如字彙數)，發現腳愈長的幼兒，往往語言能力更佳，套句統計用語：「幼兒腳長與其語言能力呈正相關。」現在，某家幼兒園根據這個研究做出宣傳，他們引進了一台能幫助增進幼兒腳長的機器，要來吸引想要讓幼兒有更佳語言能力的家長，把他們的孩子送到那兒去就讀。試問，如果你有孩子正要讀幼兒園，你會送孩子到那兒去就讀嗎？為什麼？

面對《問題 1》，沒學過統計學的人可能真的會認為在全體台灣民眾中約有 74% 的人反對廢除死刑。如果你要對這則真實報導有更深入的認識與更正確的判斷，不僅需要區別樣本 (sample) 和母體 (population) (又稱為母群體、母全體) 之間的差異，也需要區別讀者感興趣的目標母體 (target population) 與樣本從中抽取出來的抽樣母體 (sampled population) 之間的差異；此外，你還需要瞭解估計誤差以及點估計與區間估計的概念，學習本書第二章及第六章，將有助讀者對《問題 1》相關的統計概念有正確的區別與瞭解，進而幫助讀者正確解讀這則與統計有關的資訊。

《問題 2》的情節是來自真人真事 (見 http://en.wikipedia.org/wiki/Jack_Andraka)，但後頭的研究數據是虛擬的。就《問題 2》而言，讀者需要知道敏感度 (sensitivity) (即真陽率，實際患病者被檢驗為陽性的比率) 及特異度 (specificity) (即真陰率，實際未患病者被檢驗為陰性的比率) 是在衡量檢測的品質，某檢測可以有良好的品質，但是，當用來預測一種罕見的情況或疾病時，這個檢測可能有很差

的預測力。對統計缺乏認知的人往往會認為檢測的品質就是它的預測能力 (如檢測結果呈陽性者將有 99% 的機會是真的有病)。本書第十二章第六節將會詳細介紹與區別這些相關概念，文中也會以例子說明，讀者透過這些說明，將會具體感受到它們的不同。

《問題 3》的情節完全是虛擬的，讀者透過本書第十三章，應能區分相關與因果關係的不同。在《問題 3》中，腳長與語言能力成正相關，那極可能是因為隨著幼兒愈發成長，身體跟著長大，自然腳也會長大，而其語言能力也因為成熟而變得更佳。換言之，在幼兒階段，年齡愈大，腳長就愈長，同時，語言能力也愈佳，便會產生腳長與語言能力呈正相關的現象，但兩者之間其實是沒有因果關係的，因此增進幼兒腳長，並不能增進幼兒的語言能力。

從上面的問題，我們可以發現：當個人在閱讀或解釋統計資訊時，若有統計學的相關知識，更可以幫助個人正確的思考與推理。

三、統計與研究

根據西元 2007 年統計，台灣地區每 10 萬人有 44.6 人死於糖尿病，在十大死因中排名第四，但是糖尿病的盛行率卻持續增加中；根據西元 2005 到 2008 年的國民營養健康狀況變遷調查結果發現，糖尿病的盛行率尤以 65 歲以上男性最為嚴重，其盛行率由 13.1%、17.6% 一路飆升到 28.5%，幾乎每 4 個 65 歲以上男性，便有 1 人罹患糖尿病。為了讓糖尿病人能即時掌握血糖控制，許多醫院結合通訊網路雲端服務科技，建立遠距血糖照護服務，將血糖機連接上智慧型手機，透過雲端即時收集病人血糖檢測值，並傳送至醫院，病人血糖如出現異狀，醫護人員就可緊急處理。

王先生加入了某家醫院的遠距血糖照護服務，有一次他發現在家中由血糖機檢測所得空腹血糖指標為 5.6 mmol/L，但因感覺頭暈難耐，故隨後到醫院檢查卻得到空腹血糖指標為 8.5 mmol/L，兩者間的巨大差異 (高過 50%) 讓他震驚不已。年輕時曾學習過統計的王先生，為了深入瞭解在醫院取靜脈血進行生化分析所測得的血糖指標，和病患自己取肢體末梢血利用血糖機快速測得的血糖指標是否有所差異，打算請糖尿病病友們一同進行研究調查。

王先生與病友們七嘴八舌地討論要如何進行這項研究，他們發現病友們所使用的血糖機品牌與機型不一，自行取血檢驗的整個流程也不一，有病友甚至提出可能

是因為王先生操作不當的質疑，也有病友指出在醫院由醫檢人員抽取靜脈血會讓他緊張，而他曾經看過文獻上說緊張易引起交感神經興奮，使腎上腺、去甲腎上腺分泌增加，引起血糖升高；可是另一位病友卻說，自己要操作取血及檢測，反而常讓他慌亂緊張，但大多數病友卻說，取血這事經常在做，不會因此緊張。另外，有病友認為一天 24 小時的血糖值每時每刻都在變化，兩個不同時間點測得的數值不同，沒什麼好大驚小怪的。王先生將討論的結果歸納出幾個問題以便病友們討論與抉擇：

(1) 要檢查幾台不同的血糖機？
(2) 每台血糖機要檢測幾位病友？
(3) 是否需要加入沒有糖尿病的一般民眾？
(4) 如何排除個人操作的因素？
(5) 如何排除個人緊張的干擾？
(6) 是要先取肢體末梢血利用血糖機快速測得血糖指標？還是先取靜脈血進行生化分析？
(7) 除了記錄兩種方式所測得的血糖值，還要記錄哪些東西？
(8) 要用什麼方式記錄上述資料？
(9) 如果將資料輸入電腦軟體中，怎麼知道有沒有輸錯？
(10) 要採用哪一種統計方法來分析資料與評斷結果？

　　病友們認為既然要花力氣進行研究，那麼就要把研究題目定在對大家有助益的方向上，因此就問題 (1)，病友們決定使用大家較常用的品牌與機型共 5 個不同的血糖機，研究問題就是要比較這 5 種常用血糖機的血糖檢測值與醫院生化檢測值之差異，哪一種血糖機有較小的差異，哪一種有較大的差異，它們之間的差異是否有所不同。就問題 (2) 及問題 (3)，病友們認為血糖機擺在家裡，有時也會讓健康的家人使用，而且也不知道血糖機會不會在高血糖量測值有較大的誤差，低血糖測值有較小的誤差，因此決定加入沒有糖尿病的一般民眾，至於需要多少人，王先生記得要用公式預先估算一下，但他忘了公式，病友們討論後覺得研究可以慢慢進行，讓每種血糖機檢測病友及無糖尿病病史的一般民眾各 30 人，總共 60 人；其中，一般民眾便選擇到醫院體檢而生化檢測項目有包含血糖值的人，請求他讓病友們利用血糖機進行檢測。

　　關於問題 (4)，病友們認為即使是有血糖機的病友，都未必會按照操作說明進行檢測，何況是叫未曾使用過血糖機的一般民眾自行檢測。為了排除個人操作的因

素，病友們推派大家公認是操作血糖機完全正確的 10 位病友社團員，為所有受試者操作血糖機進行檢測，同時還可以和操作不那麼熟練的病友們相互交流分享使用經驗，亦可促進彼此間的聯繫。

就問題 (5) 及問題 (6)，病友們認為若在檢測前與受試者分享受檢測經驗，在扎針時深呼吸，多少有排除緊張的效果；至於兩種檢測的順序，大家都認為不能固定，因為根據經驗，在開始檢測時，人的肌肉容易緊繃，心情較易緊張。所以病友們決定到時都採用投擲硬幣來決定檢測的順序，如投擲結果出現正面時，受試者就先由病友用血糖機幫忙檢測，然後再到抽血站抽血；如投擲結果出現反面時，受試者就先到抽血站抽血，然後再由病友用血糖機幫忙檢測。

就問題 (7)，病友們認為除了記錄兩種方式所測得的血糖值，不宜記錄太多資訊，免得讓有意願參與研究的受試者卻步，因此大家決定僅記錄性別、年齡、過去有無糖尿病病史等屬性。

就問題 (8)，病友們決定將所有資訊都以數字做為代表，例如，每一位受測者對應唯一一個能識別的 ID 號；血糖機代號由 1 到 5 分別代表不同的 5 種機型；性別由兩個數字做為代表，0 表女性、1 表男性；年齡則記錄實歲；有無糖尿病病史也是由兩個數字做為代表。

就問題 (9) 及問題 (10)，王先生打算先以 Execl 軟體做為輸入資料的界面，並為某些特質設定格式化條件，當各特質名稱正下方儲存格所輸入的數字不在合理範圍時，利用特殊的設定顯示以提醒輸入錯誤 (見圖 1-1)；全部輸入完畢後，再利用軟體檢查各特質的數值是否落在合理的範圍內。完成了上述的資料收集、輸入、檢查等工作後，病友們一致同意資料分析由學過統計學的王先生全權負責，由他決定要採用哪一種統計方法來分析，最後的結果將由病友們一同討論與評斷。

雖然，上述王先生的研究事件是杜撰的，但它卻說明了統計與研究的緊密關係。王先生從某次血糖機檢測與醫院生化檢查所得空腹血糖間的差異，提出一個具體問題：「醫院取靜脈血進行生化分析所測得的血糖指標，和個人自己取肢體末梢血利用血糖機快速測得的血糖指標，是否有所差異？」提出問題便是學術研究的第一個步驟。王先生和病友們一同討論造成兩者差異的可能原因，例如血糖機的機型、血糖機的操作方式、檢測時的緊張情緒、兩者檢測時間的不同等等因素，這個階段相當於學術研究的文獻探討，參閱有關文獻的主要目的之一便是討論出影響結果的有哪些因素，以便思考哪些因素是要控制，哪些因素是要進一步探討。當王先生他們決定血糖機的機型可能是造成差異的原因之一，這也是他們所最在乎的，其他原因便想辦法控制，以降低它們對差異的影響，此時他們的研究目的便更加確定

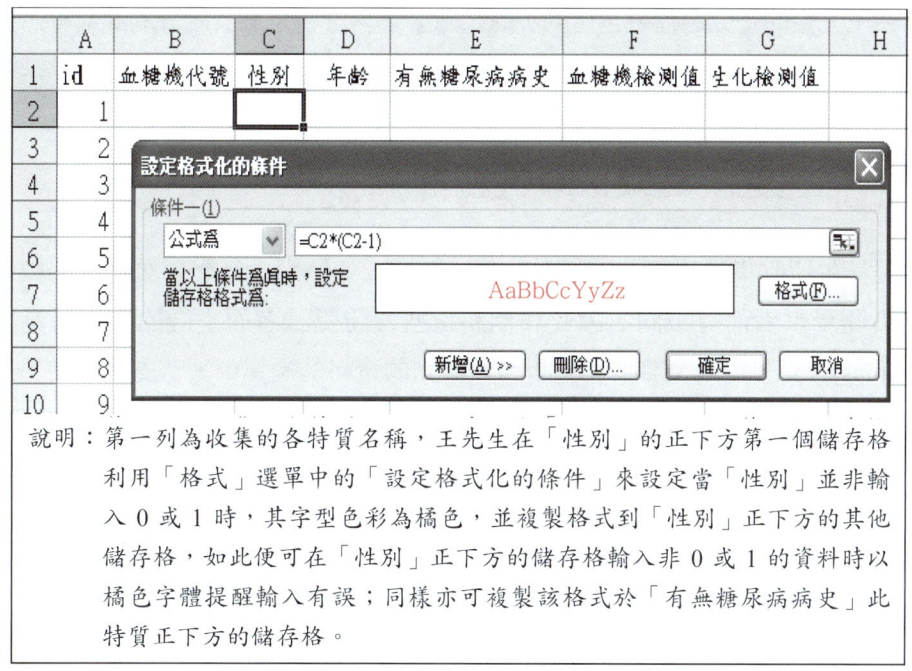

圖 1-1　王先生的 Execl 輸入界面設定簡圖

了：5 種常用血糖機的血糖檢測值與醫院生化檢測值差異的分布情況為何？哪一種血糖機有較小的差異，哪一種有較大的差異，它們之間的差異是否有所不同。

完成確定研究目的之步驟後，就是要決定目標母體與抽樣母體，透過本書第二章，讀者可以知道在王先生的研究中，它們各自為何。在決定母體後，研究者接下來要選取收集資料的方法與工具。王先生他們利用收集資料的程序來控制血糖機的操作方式、檢測時的緊張情緒、兩者檢測時間的不同等等因素，也決定了要記錄哪些屬性。接著，在進行正式調查前，王先生他們還決定要找多少人，如何找到這些人。本書第二章介紹了一些抽樣方法，讀者或許可以藉由這些方法幫王先生重新規畫他的抽樣方案。調查完畢後，便要進行資料處理，包括資料如何編碼、輸入、檢查等工作，緊接著便是進行資料分析的階段。

在資料分析的階段，王先生需要針對他的研究問題，依據收集到的資料，選擇適當的統計方法來進行分析。在第八章之後的章節中，讀者每學完一種統計方法後，可以幫王先生思索這個方法對解決他的研究問題而言是否合適。研究的最後一個階段便是根據分析結果提出結論與建議。本書將王先生調查所得的原始資料 (mrwangsdata) 放在東華書局網站，讀者可以下載並跟著本書的章節幫忙分析，看看王先生的結論應該為何。

在王先生的研究過程所包括的步驟，除了資料分析是屬於統計的範疇外，研究設計及計畫也是。因此統計在研究的過程中扮演著舉足輕重的角色。

四、描述性統計與推論性統計

王先生所收集到的每一受試者的某一特質，如性別、年齡或血糖值的數值，可能會隨受試者而有不同，因此我們將這些會隨受試者而不同的特質稱為變項 (variables)。王先生以及讀者在分析所收集到的資料的過程中，首先可以使用某些描述性的資料摘要方式對變項來加以概述或表現，這種描述性的摘要工作可以用表格 (次數分布表)、可以用圖形 (次數分布圖)，也可以用數字 (集中趨勢、分散程度、分布形狀的測量) 來進行，這些工作稱為描述性統計 (descriptive statistics)。就以王先生的研究為例，我們可以在各血糖機組別 (使用同品牌或機型的血糖機為一組)，看看它們所測得的血糖值與生化檢測的血糖值，以及兩者間的差異值，這些資訊可以利用平均數和標準差來加以描述，如表 1-2。

本書第三章將介紹如何利用表格、圖形，以及數字來概述或表現變項，當然包括表 1-2 中的平均數、標準差的概念。除了以少數數字或簡單的圖表來代表一個有相當多數據資訊的變項，進行描述一個變項的統計之外，尚可進行描述兩個或兩個以上變項間之統計，以便描繪變項間關係的強度與方向，本書在第十三章也會介紹這一類的統計方法。

在表 1-2 中我們可以看到代號為 1 的血糖機所檢測的血糖值，和利用生化分析所得的血糖值之差異平均值最小，這個差異到底是某種意義上「真實的」差異，還是由於偶然因素變化造成的差異，這個問題是屬於推論性統計 (inferential statistics) 的問題。如果我們再找另外 60 位受試者，在表 1-2 中相應的差異顯然是會改變

表 1-2 不同血糖機量測之血糖值與生化分析之血糖值以及兩者之差異摘要表

代號	人數	血糖指標 (mmol/L)					
		血糖機		生化分析		差異值	
		平均數	標準差	平均數	標準差	平均數	標準差
1	60	7.13	2.85	8.08	2.48	0.95	1.32
2	60	6.44	2.54	8.18	1.80	1.73	1.81
3	60	6.30	2.61	7.81	2.09	1.51	1.51
4	60	6.52	2.92	8.17	2.03	1.65	1.97
5	60	6.60	2.81	8.39	2.03	1.79	2.00

的，而王先生及其病友們所關心的是那些所有可能使用代號 1 血糖機的使用者，由代號 1 血糖機測得的血糖值與生化分析所得血糖值的差異，我們是想從表 1-2 中 60 人的差異結果去推論所有代號 1 血糖機可能的使用者的差異情形，換言之，推論性統計可以讓我們將得自「樣本」的發現，推論到樣本所來自的「抽樣母體」。就王先生而言，他或許想要推論所有代號 1 血糖機可能的使用者，由血糖機測得的血糖值與其生化分析所得的血糖值，兩者間是否無差異，如果想要達成這一個目標，就需要探求當兩者無差異時，我們隨機找 60 人檢測求兩種血糖值之差異平均值，其受因素造成與 0 (無差異) 不同，使得數值有所變化，所形成的機率分布樣式為何，並據此估計發生有 0.68 差異的機會有多大，來建立推論的根據。本書第二章將詳細介紹包括樣本、母體、隨機抽樣、非隨機抽樣等抽樣的概念；第四章、第五章將幫助讀者建立機率分布的概念，以便做為進行推論性統計的基礎；第六章將幫助讀者建立推論性統計中有關估計的基本觀念，並在第七章介紹推論性統計中有關假說檢定的基本觀念，以及在第八章以後一一介紹各種基本的假說檢定方法 (見附表表 1：常用推論性統計方法一覽表)。透過這些章節的學習，深信讀者必能幫王先生挑選出適當的推論性統計方法，以解決其心中的疑惑。

五、本書各章簡介

在第一章，介紹統計在生活上的用途，以及透過「血糖機檢測與醫院生化檢驗的血糖值之間的差異」為例，說明統計在研究過程中所扮演的角色；另外，也讓讀者可以區分描述性統計與推論性統計的不同。

在第二章，簡介什麼是抽樣，以及為何需要抽樣，並說明進行抽樣所需的步驟與常見的抽樣方法——包括簡單隨機抽樣、系統抽樣、分層隨機抽樣、集群抽樣、多階段抽樣等隨機抽樣方法，以幫助讀者從想要推論的群體中，選擇其中部分個體來收集資料，並能評估所收集的樣本是否能適當的代表母體。

在第三章，介紹如何使用表格、圖形或數字等方式來進行描述性統計，包括次數分布表、列聯表、圓餅圖、長條圖、柏拉圖、直方圖、肩形曲線、莖葉圖、次數曲線圖、盒鬚圖、平均數、中位數、眾數、四分位數、百分位數、變異數、標準差、全距、四分位間距、偏態係數與峰態係數等。

在第四章，介紹常態分布及其特性，包括它與二項分布的差異，以及如何利用 Z 分布之查表求得常態分布曲線下某個範圍的面積。

在第五章，探討樣本平均數的分布與母體分布之間的關聯性，其中包括 t 分布

及其用處的簡介，同時也介紹中央極限定理，使得讀者在大樣本的情況下，也能在不知母體分布時對樣本平均數的分布有所掌握。

在第六章，介紹估計，是推論性統計的主要課題之一，它包括點估計與區間估計。讀者可以學會如何從樣本資料計算信賴區間以猜測母體參數，包括單一母體平均數與單一母體比率的區間估計方法。

在第七章，介紹假說檢定的相關定義及進行步驟，它是推論性統計的另一個主要課題。讀者可以學會包括虛無假說、對立假說、顯著水準、單尾檢定、雙尾檢定、臨界值、檢定統計量、p 值及檢定力等假說檢定的概念。

在第八章，介紹單一樣本 Z 檢定與單一樣本 t 檢定，以幫助讀者利用一組等距資料進行單一母體平均數與設定值之比較，並說明檢定結果與信賴區間的關聯。

在第九章，教會讀者釐清獨立樣本與配對樣本的不同，並介紹由兩組等距資料去推論兩個母群體平均數是否存在差異的檢定，包括獨立樣本 Z 檢定與獨立樣本 t 檢定，以及配對樣本 Z 檢定與配對樣本 t 檢定。

在第十章，介紹變異數分析，包括獨立樣本單因子變異數分析與隨機集區設計單因子變異數分析，以幫助讀者利用兩組以上等距資料檢定兩個以上母體的平均數是否相等。

在第十一章，介紹二項式檢定與適合度卡方檢定，以方便讀者在面對類別資料時，進行單一母體比率與設定值之比較，包括母體被某一變項劃分成兩類時，以 Z 檢定進行某一類所占比率與某一特定值之比較，以及母體分成三類以上時，以適合度卡方檢定進行母體分布 (各類所占之比率) 與某一特定分布之比較。

在第十二章，介紹兩母體比率比較之 Z 檢定、比率同質性卡方檢定、費雪精確性檢定與麥內瑪卡方檢定。同時也附帶簡介 Kappa 係數與常用的評價診斷方法的指標，以及勝算比與相對危險的概念。

在第十三章，介紹皮爾森相關係數、斯皮爾曼相關係數、古德曼與克魯斯卡的伽瑪係數與獨立性卡方檢定，以幫助讀者在面對不同測量尺度的資料時知道如何衡量或推論兩變項間的關係。

在第十四章，介紹線性迴歸模式，以幫助讀者根據自變項的數值來預測依變項的數值，或探討在特定條件下某一自變項的變化對依變項的具體影響。

習題一

1. 請到世界儀表網站 (http://www.worldometers.info) 查閱網站上的統計數據是怎麼得到的，你相信它們的統計數據嗎？請記錄某個時間點的統計數據，並與表 1-1 的數據相比較，你對哪些數據的變化印象最為深刻？
2. 新聞報導聲稱主要的研究已經發現，未成年的青少年人若常看電視中的暴力節目，往往會更容易表現出反社會行為。請問如果要讓未成年的青少年人有更少的反社會行為，那麼限制他們看電視中的暴力節目是否就能達成？
3. 根據統計，女性是否進行人工流產與是否結婚之間有關，請問這是否意味著鼓勵女性結婚便會降低人工流產的比例？
4. 請從報章剪報、雜誌文章或電視廣告中，收集有關誤用統計之嫌的生活例子，並分析它們是否真的誤用統計，並請提出應當怎樣糾正錯誤或改善資料展示的方法。
5. 找到一位在日常工作中會應用到統計學的人，他可能是在學校教書，可能是研究單位裡的研究人員，可能在公司裡看著統計圖表的員工，可能正在進行市場調查的人員，不論是什麼人，只要他在日常工作中會應用到統計學，請你訪問他，問他在工作中會用到哪些統計工具，以及統計學對他的幫助是什麼。
6. 請到東華書局網站下載王先生調查所得的資料，利用 Excel 之「設定格式化條件」，看看王先生為哪些變項設定格式化條件，以提醒輸入的錯誤。試問血糖機代號輸入哪些數字其字型色彩為黑色？輸入哪些數字其字型色彩為紅色？在王先生未設定格式化條件的變項中，你認為還有哪些變項可以利用「設定格式化條件」以提醒或檢查輸入錯誤？

Chapter 2 抽 樣

在前一章中,讀者已經知道所謂推論性統計,主要是在研究如何根據部分個體資料去推論群體所有資料的特徵,所以首先需要知道如何從想要推論的群體,選擇其中部分個體來收集資料,本章便是要介紹相關的觀念與方法。

當學完本章之後,讀者應該能:

1. 說明什麼是抽樣、為什麼需要抽樣。
2. 說明母體和樣本間的關係。
3. 說明抽樣有哪些步驟要做。
4. 評估樣本是否適當。
5. 區分隨機抽樣與非隨機抽樣。
6. 熟知常見的抽樣方法。

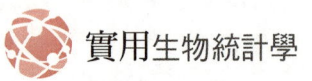

一、實務問題

　　如果我們主要的關心焦點是想要瞭解群體 (包含至少兩個個體或對象) 的整體特性，而非群體中的單一個體或對象的特性，那麼此時便需要進行統計，因此，我們會記錄每一個個體或對象的資料，每一筆資料記錄著不同的個體或對象的一個或數個特性 (如身高、體重、性別)，之後我們針對這些資料進行統合性的描述，以瞭解群體之整體特性。但是，如果群體中的個體個數過多，對所有個體或對象來進行統計工作，就必須耗費大量的人力、物力及財力，光是整理統計資料的時間便十分漫長，所得的統計結果便會有過期的風險，有時候更會因為工作量繁重，致使無法提高工作的品質，造成統計結果精確度不佳的憾事。為了降低統計工作的人力、物力及財力成本，加快收集資料的速度，提高調查品質與結果的精確度，在實務上，我們常從群體中抽取一部分個體或對象來進行統計工作，並利用這個統計結果來對整個群體的特性進行推論。例如，我們想要瞭解全國成年男子罹患心臟病、低血壓、高血壓、高血糖症、中風、心肌梗塞、血栓或動脈硬化等各類心血管疾病的比率，我們不可能對全國所有成年男子一一進行調查，因此，必須利用適當的方法，從全國成年男子中，抽取適當數量的代表性成年男子進行調查，以瞭解罹患各類心血管疾病的比率。在這裡，我們對全國成年男子這個群體的罹患各類心血管疾病的比率感到興趣，但因現實的限制與考量，我們只從中抽取一部分的個體來進行調查。抽取樣本的方法很多，不同的情境所適合的抽樣方法不盡相同，在上述情境中，將所有成年男子都編號，並從所有的號碼中隨機抽取若干號碼，雖然可以抽出相對應的成年男子來進行調查，但在這個情境下可能並不合適，因為這些成年男子可能散居全國各地，這樣我們為了收集他們的資料便需要大量的訪員在全國各地跑來跑去，似乎不符成本效益，所以針對不同情境，我們需要學習各種從群體中抽取部分個體的方法。因此，本章先簡介母體與樣本的概念，瞭解挑選適當樣本的重要性，介紹各種隨機或非隨機的抽樣方法，以便學習有關抽樣的相關議題。

二、母體與樣本

　　所謂母體就是研究者感興趣的所有對象 (個體、元素或成員) 形成的群體，這些對象具有研究者想要瞭解的特徵，它就是想要探究之某種特性事物的全部範圍。由於沒有那麼多時間或金錢來收集母體中的每一個體或每一項目的資訊，所以我們的目標變成了從母體中抽取足具代表性的部分個體，也就是樣本 (或子集)，而這個

抽取樣本的過程便是抽樣。例如，在前一節的實例中，全國所有成年男子即為母體，而最後被抽出來進行調查的部分成年男子即為樣本。

在抽樣的過程中，首先必須弄清楚的是目標母體 (target population) 究竟是什麼，通常它取決於你的研究目的。例如，醫院採購一批疫苗，廠商需要確保所出貨的這批疫苗不會因為品質等問題而被退貨，在這個情境裡，這批即將出貨的疫苗就是目標母體，因為醫院的目標就是這批貨。因此目標母體就是你的研究問題所包含全部的可能個體。

有時候，研究者能有機會接觸到想作結論的目標母體中的所有個體，有時卻不能。在前例中，品管人員可以接觸到這批疫苗中的所有疫苗，他可以從這批疫苗中抽驗一些疫苗，以決定是否要退貨。但是，如果我們想要研究全國 B 型肝炎 (以下簡稱 B 肝) 帶原者的年齡分布情況，此時全國的 B 肝帶原者所形成的群體便是目標母體，但並非所有 B 肝帶原者都是研究人員有機會接觸到的，因此我們通常會設立一些特定標準，從目標母體縮小範圍，使研究者有機會接觸到縮小範圍後的群體，以方便研究的進行，這個縮小範圍且可接觸到的群體，我們稱之為抽樣母體 (sampled population)，它的每一個體都有機會被研究者接觸到。在前例中，我們並非皆有機會接觸到所有 B 肝帶原者，因此，我們設立曾在醫療院所抽血檢驗判定為 B 肝帶原者為標準來縮小範圍，成為我們研究的抽樣母體，接著只要我們從醫療檔案中抽樣，便有機會接觸到抽樣母體中的每一個體。顯然，我們想要瞭解的母體 (目標母體) 與從中抽樣的母體 (抽樣母體)，兩者未必相同。就前例而言，有些 B 肝帶原者並未曾到任何醫療院所進行相關檢驗，自己都不知道是帶原者，因此，這個抽樣母體便包含於但不等於目標母體，兩群體並不相同。目標母體和抽樣母體不僅未必相同，甚至還可能完全不一樣，例如我們從目前出生嬰兒 (抽樣母體) 中抽樣，去瞭解未來出生嬰兒 (目標母體) 的健康狀況，此時兩者完全不同。

弄清楚目標母體後，接下來要清楚界定研究的抽樣母體，這是抽樣工作中最重要的一步，唯有盡可能地明確，並確保所界定的抽樣母體中的每一個體都有被抽到的機會，才能產生具代表性的樣本。例如，若研究者僅能在醫療院所調查 B 肝帶原者年齡分布情況，那麼可界定抽樣母體為根據醫療院所病歷記載之血中 B 肝表面抗原 (HBsAg) 檢驗結果，HBsAg 持續存在六個月以上的人所形成的群體 (見圖 2-1)。

界定好抽樣母體後，就要再界定抽樣單位 (sampling unit)，指的是實際抽樣時的基本單位或元素，亦即研究者所決定要收集的物件，好讓研究者對每個抽樣單位編號，建立抽樣底冊 (sampling frame)，來識別全部抽樣單位。抽樣單位與我們

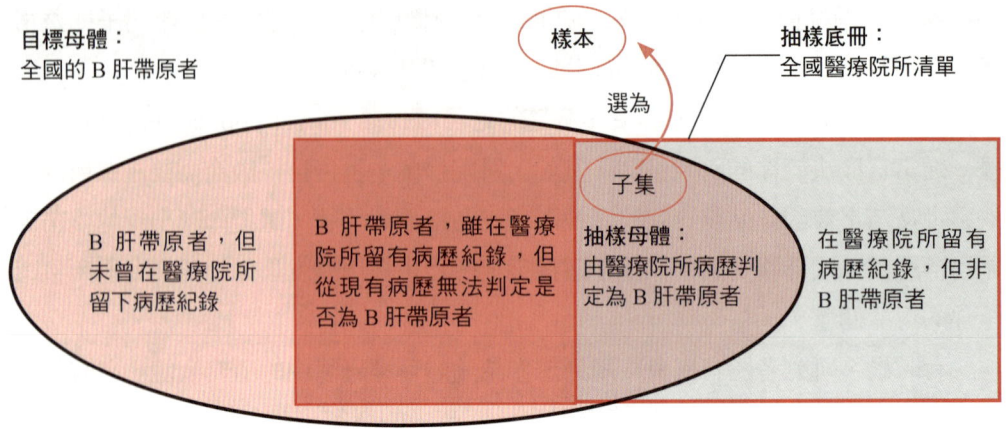

圖 2-1　目標母體、抽樣母體、抽樣底冊與樣本之關係示意圖

最終想要的 觀察單位 (observation unit) 未必相同，就以上例而言，研究者並沒有所有在醫療院所留有病歷者的全部名冊清單，但是若以每一間醫療院所做為抽樣單位，而以全國醫療院所的清單做為抽樣底冊 (見圖 2-1)，醫療院所中每一個合格的病患便為觀察單位，同樣可以對應出構成抽樣母體的所有基本單位或元素。在圖 2-1 中，研究者的目標母體是全國的 B 肝帶原者，但並非所有的 B 肝帶原者都曾到醫療院所就醫，有就醫者也未必知道自己為帶原者，因此，利用醫療院所的病歷資料是具有可行性的方式，研究者詳列全國醫療院所清單做為抽樣底冊，打算從中抽取若干醫療院所，並針對抽到的醫療院所中的每一個病歷篩選合格的病患進行研究。在醫療院所留有病歷紀錄的人，可能並非 B 肝帶原者；也有病人從現有病歷無法判定是否為 B 肝帶原但實際卻是 B 肝帶原者，這兩類病人皆非抽樣母體中的個體，由醫療院所病歷判定為 B 肝帶原的病人才是，他們是研究者最終想要的觀察單位，換言之，抽樣母體便是所有可能被抽到的觀察單位所形成的群體。

　　當抽樣底冊完成後，接下來要選擇一個利用抽樣底冊選取樣本的抽樣方法，以及決定要抽幾個觀察單位，亦即決定樣本大小。決定完成後，需建立如何執行抽樣的計畫，最後便是進行抽樣和資料的收集。就以上例而言，假如研究者決定以其人脈關係的強弱做為選取抽樣單位的依據，並決定選取 5 所與其關係較強的醫療院所，然後商請各醫療院所之病歷管理人員利用病歷資料庫篩選合格的病患，並將相關資料 (如年齡) 轉成 EXCEL 檔轉交研究者。在此，由這 5 所醫療院所病歷判定為 B 肝帶原的人便是抽樣母體的一個子集，亦即透過研究者決定的抽樣方式所得的樣本，我們可以利用此一樣本的年齡分布，來估計全國 B 肝帶原者的年齡分布情

況。此研究者以其人脈關係強弱決定抽樣方式，使抽樣母體 (即由全國醫療院所病歷判定為 B 肝帶原者) 的每一成員被抽到的機率 (probability) 無法被確定 (accurately determined)，如果研究者與某些醫療院所間根本毫無人脈關係的話，甚至會讓這些醫療院所的合格成員根本沒有被抽到的機會 (chance)，這種抽樣方式稱為非機率抽樣 (nonprobability sampling) 或非隨機抽樣 (nonrandom sampling)。換言之，如果抽樣方式會讓抽樣母體的某些成員沒有機會被抽到，或者成員被抽到的機率是無法確定的，那麼這種抽樣方式稱為非隨機抽樣；反之，如果所根據的抽樣方式能讓抽樣母體的每一成員都有機會被抽到 (即被抽到的機率大於 0)，而且成員被抽到的機率是可以確定的，那麼這種抽樣方式稱為機率抽樣 (probability sampling) 或隨機抽樣 (random sampling)。

三、挑選適當樣本的重要性

抽樣是從母體 (目標母體或抽樣母體) 中選擇部分個體 (此部分個體即為樣本) 的過程，並做為估計、推論或預測此群體的特性、事實、情況或結果的依據。一個理想的樣本，它應該是母體的完美縮影，這個樣本能夠反映母體的特徵，能讓研究者嘗鼎一臠[1]，反之，一個不適當的樣本，就是一個不具有母體代表性的樣本，它會讓研究者以偏概全 (見圖 2-2)。

顯然，挑選適當的樣本十分重要，如果樣本的代表性不足，將會造成研究者後續的推論產生嚴重偏誤，甚至做出與事實或結果相反的結論。從美國總統選舉史上的兩個著名案例[2]，更能感受到適當樣本的重要性。西元 1936 年，民主黨羅斯福 (F. D. Roosevelt) 與共和黨蘭登 (A. M. Landon) 一同競選美國總統，自西元 1916 年以來皆準確預測總統選舉結果的美國《文學文摘》(*Literary Digest*)，依據高達近 240 萬 (2,376,523) 份有效問卷，預測蘭登會以 57% 比 43% 大勝羅斯福，但剛成立的蓋洛普 (Gallup) 公司僅依據 5 萬人樣本，預測羅斯福將以 56% 對 44% 贏過蘭登，這兩個不同且當選結果相反的預測，所根據的樣本數量上有極大的差異，但是樣本數極多的《文學文摘》，其預測結果卻比樣本數較少的蓋洛普公司更為不準確，甚至在當選結果的預測上與實際結果完全相反──羅斯福以 62.5% 比 37.5%

---

[1] 品嘗鍋中的一塊肉，就可以知道整鍋肉的滋味。語本《呂氏春秋‧慎大覽‧察今》：「嘗一胾肉而知一鑊之味、一鼎之調。」後比喻可由部分推知全體。」宋王安石〈回蘇子瞻簡〉：「餘卷正冒眩，尚妨細讀，嘗鼎一臠，旨可知也。」──教育部國語辭典。
[2] 見 Freedman, D., Pisani, R., Purves, R. and Adhikari, A. (1991). *Statistics*, 2nd ed. W. W. Norton & Company, New York.

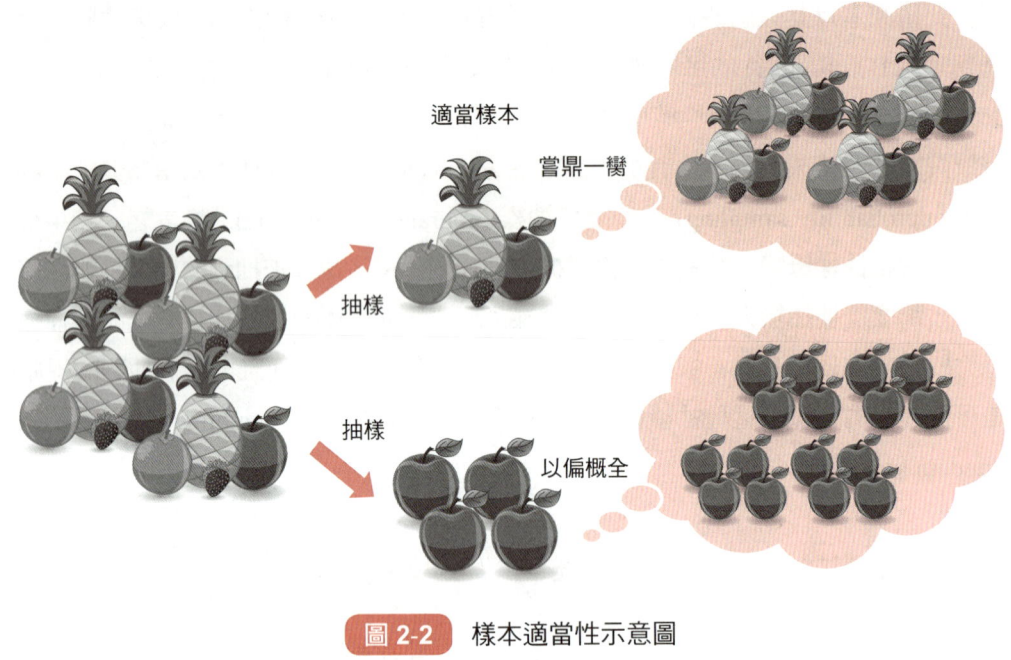

圖 2-2　樣本適當性示意圖

獲得壓倒性的大勝利。蓋洛普雖然在得票率的預測上有些誤差，但他們利用了更經濟、更少的樣本準確預測了當選結果。《文學文摘》的抽樣方法是郵寄 1,000 萬份的問卷，共回收了 240 萬份，郵寄問卷的對象是從他們的訂戶、電話簿及俱樂部會員中選取的，而這種抽樣底冊在電話尚未十分普及的當時，有排除貧窮者的傾向。《文學文摘》過去也是這麼抽樣的，為何這次卻慘遭滑鐵盧呢？因為在之前貧者與富者的投票行為差異並不太大，但這次選舉貧者與富者對羅斯福的「新政」有不同的看法，貧窮者較多選擇支持「新政」濟貧政策，票當然投給羅斯福；反之，富有者傾向反對「新政」動用行政手段干預市場經濟，故總統選舉大多支持蘭登。《文學文摘》利用了不適當的樣本，得到錯誤的推論並不意外。

另一個經常被拿來討論的抽樣實例是西元 1948 年美國民主黨籍的杜魯門 (H. Truman) 總統 (原為副總統，在羅斯福總統病逝後接任總統) 與共和黨籍的紐約市市長杜威 (T. Dewey) 的總統選舉預測。那時，主要的幾家民調公司皆一致地預測杜威會以約 5% 的得票率差距贏過杜魯門而當選美國總統，甚至知名的《芝加哥論壇》報也早早在頭版發表了「杜威戰勝杜魯門」的消息。但選舉結果卻恰恰相反，杜魯門以 49.5% 比 45.1% 獲勝，當選美國總統。我們以從剛成立到當次選舉之前皆準確預測當選結果的蓋洛普公司為例，它的預測結果是杜威以 49.5% 比 44.5% 獲勝，當時它的抽樣方式如同往昔是利用配額抽樣 (quota sampling)，每位訪員訪問

的對象事先依種族、性別、年齡、教育程度等等條件劃分成各類別，並事先依據全國各類的比例決定要訪問的各類對象固定配額，訪員依據各類配額進行訪問，至於要訪問誰，是由訪員全權處理，反正所有的配額總和為 5 萬人。為何蓋洛普前面三次皆能準確預測當選結果，而這次卻慘遭滑鐵盧呢？因為，訪員要完成其配額，總會選擇較容易被訪問到的人，共和黨員相對較富有、居有定所且交通較便利、也較容易聯絡到，所以蓋洛普的 5 萬人樣本中，總是有較多的共和黨員，它會高估共和黨的得票率，以及低估民主黨的得票率，之前之所以沒有對選舉結果的預測上造成太大的影響，那是因為民主黨的羅斯福都大獲全勝，所以這個偏差都被掩蓋過去，使得蓋洛普公司皆能正確預測羅斯福當選。但西元 1948 年不同，民主黨的杜魯門與共和黨的杜威兩者差距並不大，配額抽樣的偏差便會造成蓋洛普公司在預測上的錯誤。

從上面兩個真實案例，我們可以知道樣本是否適當，並不是依據該樣本的某些人口學資料的特徵是否與母體相似，例如，配額抽樣的各類別比例與母體相似，但由於美國的特殊制度，我們無法得知在最為關鍵的政黨支持比例上，樣本與母體是否相似，因此即使樣本與母體在依據眾多影響政黨支持的其他條件所劃分類別的比例上相似，也可能得到不適當的樣本。所以，評估樣本是否適當，應該是依據其抽樣的過程來評估，包括研究的目標母體和抽樣母體是否界定清楚、抽樣底冊是否恰當、樣本的抽取方式是否隨機、樣本**未答率** (non-response rate) 是否太高、樣本數是否大小適宜等，都影響著樣本的代表性。

首先，如果研究的目標母體和抽樣母體沒有界定清楚，就無法開始建立恰當的抽樣底冊。而抽樣底冊是否恰當，則直接影響了樣本的代表性，如果依據不恰當的抽樣底冊進行抽樣，則可能目標母體或抽樣母體中總有一些個體或對象會被永遠地排除在樣本之外，那樣本的代表性當然就會有問題。《文學文摘》的抽樣底冊是訂戶名冊、電話簿及俱樂部會員名冊，這個抽樣底冊顯然把目標母體中 (美國所有具有合格選舉資格的公民) 的眾多個體排除在外，較為貧窮者易被《文學文摘》的抽樣底冊所排除，這具有**選擇偏差** (selection bias) 的抽樣底冊是不恰當的。

樣本的抽取方式是否隨機，也會影響樣本的代表性，前述蓋洛普公司的配額抽樣便是一例。在配額抽樣的過程中，訪員為了顧及所分配的各類別對象的配額，以及所要取得對象的諸多條件限制，便很難再以隨機的方式來取得樣本，此時訪員潛藏的取樣傾向也會造成選擇偏差。蓋洛普公司吸取西元 1948 年的經驗後，放棄了配額抽樣而改採**多階段集群抽樣** (multi-stage cluster sampling)，在各階段都是以隨機的方式來取得樣本，其預測便未再出錯。

樣本未答率過高的原因之一是無法掌握樣本中的部分個體，包括抽樣方法或步驟，讓研究者無法聯絡或找到預定的受訪者，如此，這些個體根本沒機會受訪；另一個原因是樣本中的部分個體拒絕受訪，包括因生病、語言隔閡等等原因而沒有能力或意願回答。樣本未答率過高的影響是可能使最後所得到之樣本與原設定之抽樣母體有系統性之差異，因而不具代表性。

一般而言，樣本數愈多，樣本便愈有代表性，愈能降低抽樣時的隨機誤差，但如果有選擇偏差存在時，則未必，前述《文學文摘》雖有 240 萬人的樣本，其預測結果卻不如蓋洛普公司的 5 萬人樣本來得正確，便是一例。在無選擇偏差時，雖然樣本愈大，其結果會愈正確，但是如果進行調查的訪員是需要有一定的訓練方能保障調查的品質時，樣本愈大代表著需要大量的訪員、更多的訓練，以及大量的工作，因此樣本愈大表示調查品質下降的可能性也愈大。此外，樣本數愈多，代表著取樣成本愈高，如果以適量的樣本大小就有不錯的預測能力，那麼就不值得花更多的成本。例如，蓋洛普公司在西元 1948 年採用 5 萬人的樣本，但之後的取樣個數便大幅降低，在西元 1968 年以後，取樣個數更約在 3、4 千人左右，而誤差皆能控制在所預估的範圍左右，正確地預測大選結果[3]。所以，在調查前依據研究者所容許的誤差大小，精確地預估所需的樣本數，不僅能控制成本，減少不必要的支出，甚至也能對調查品質進行更佳的控管，顯見樣本「不在多，而在精」。

總之，適當而具母體代表性的樣本能讓研究者「嘗鼎一臠」，反之，如果研究的目標母體或抽樣母體沒有界定清楚、抽樣底冊不恰當、樣本的抽取方式非隨機、樣本未答率過高、樣本數大小不適宜，都有可能讓樣本不適當，容易得到錯誤的結論。

四、常見的隨機抽樣方法

如果研究者所採取的抽樣方式，能讓抽樣母體的每一個體都有一個大於 0 且確定的被選取機率，那麼這種抽樣方式稱為隨機抽樣。由於隨機抽樣樣本的選出，並非依據任何人的意志，而是依據隨機機制，因此抽樣母體的每一個體都有可能被選出，故此種樣本較具代表性。又因為被選出的機率是確定的，故可計算據此樣本所得估計之精確度，使得研究者能在調查前依據所容許的隨機誤差大小，預估所需的

---

[3] 如西元 1968 年蓋洛普依據 4,414 個樣本估計尼克森 (Richard Milhous Nixon) 得票率為 43%，而其實際得票率為 43.5%。同樣，西元 1972 年蓋洛普依據 3,689 個樣本估計尼克森得票率為 62%，而其實際得票率為 61.8%。

樣本數，以有效地控制成本與提高調查品質，故深受調查研究者重視。前節所述蓋洛普公司由非隨機的配額抽樣改為隨機的多階段集群抽樣，便是一例。常見的隨機抽樣包括簡單隨機抽樣 (simple random sampling)、系統抽樣 (systematic sampling)、分層隨機抽樣 (stratified random sampling)、集群抽樣 (cluster sampling)、多階段抽樣 (multi-stage sampling) 等等。

▶ 簡單隨機抽樣

　　首先要介紹的是簡單隨機抽樣，這是一種不對母體加以組織 (如分組、歸類)，直接由抽樣母體中抽出樣本，且讓抽樣母體中的每一成員均有相同的機率被抽中的抽樣方法。在進行簡單隨機抽樣時，必須先將抽樣母體的各成員編號，利用亂數 (random number) 法 (利用諸如抽籤、摸彩、套裝軟體中的亂數函數或書籍所附的亂數表) 抽出所需樣本數的隨機號碼，再根據號碼對應成員以組成樣本。例如，公衛護理人員想要瞭解某社區老人健康照護需求情形，打算利用亂數表 (見附表表 2) 從 250 位老人中抽取 15 位進行家訪，第一步需先將 250 位老人分別編號，從 1 號編至 250 號；第二步要確定從隨機亂數表中所要讀取的位數，此位數與抽樣母體成員總數的位數要相同，故此例的位數是 3 位；第三步採用隨機方式在亂數表上決定開始抽樣的起點，以及決定讀取亂數的方向 (向右或向下)，如利用抽籤決定起點為第 029 橫列號、第 11 直行開始，以及使用向右讀取亂數的方式；第四步從起點開始，然後向右讀取，每三位數字就取出，凡號碼落在 001 至 250 號之間者則為樣本成員，但數字超出範圍或重複者就放棄，直到取滿 15 個在 001 至 250 號範圍內的不同數字為止。因此，抽出的第 1 位老人的編號為 123，其餘依次為 125、150、187、101、229、223、130、239、036、016、132、245、147、209。

　　如果你手邊有應用軟體 (如 EXCEL 或 SPSS)，那麼上述的抽樣工作更為簡便。例如，利用 EXCEL 中「工具/資料分析/抽樣」(需先安裝增益集中的「分析工具箱」)，在「輸入範圍 (I)」中輸入欄 A (需先在欄 A 輸入 1 到 250)，並在內定選項「隨機 (R)/樣本數」中輸入 15 (見圖 2-3)，按確定後便可在新的工作表中獲得 15 位老人的編號。如果你是選擇 SPSS 做為分析的應用軟體 (250 位老人的社經地位及居住鄰里之 SPSS 21.0 資料檔，可在東華書局網站下載)，那麼有兩種方法可以進行簡單隨機抽樣，第一種方式只要在「資料 (D)/選擇觀察值 (S)/觀察值的隨機樣本 (D)/樣本 (S)」中點選「恰好 (E) □觀察值來自第一個 (F) □觀察值」並輸入 15 及 250 (見圖 2-4)，即可使用簡單隨機抽樣從變項 A 中抽取 15 個編號。第二種方式在「分析 (A)/複合樣本 (C)/選擇樣本 (S)」的內定之「設計樣本 (D)」中輸入檔名

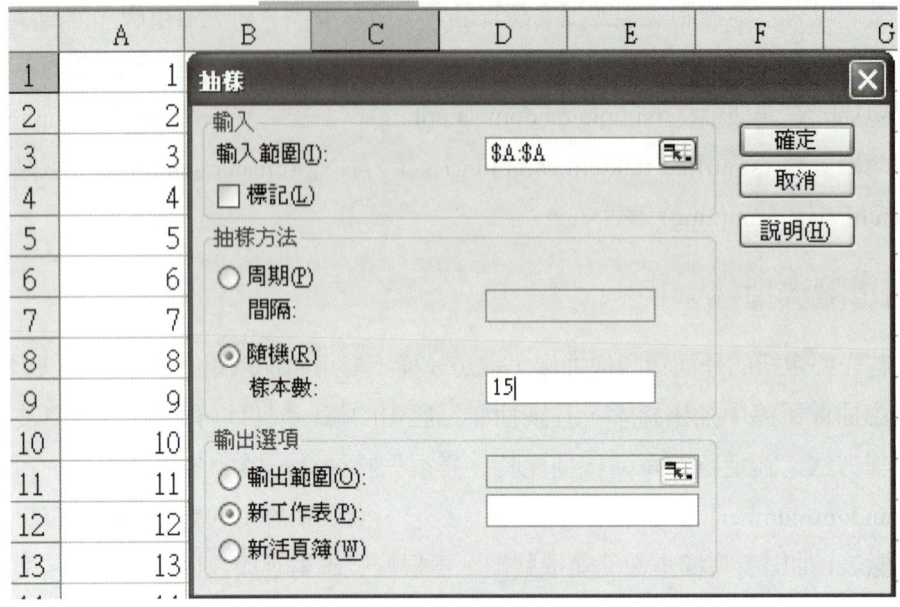

圖 2-3　EXCEL 的簡單隨機抽樣選項圖示

(請自行命名) 後，按下一步，再按下一步，然後再按下一步 (方法類型的預設值為簡單隨機取樣，故不需更動)，最後在數值欄位中輸入 15，並按完成，亦可使用簡單隨機抽樣從變項 A 中抽取 15 個編號。本書之後的章節中，僅以 SPSS 做為統計分析示範，並以標楷體顯示，簡略地介紹如何在應用軟體中進行相關的統計分析工作，其他軟體的操作，請參考相關書籍。

　　簡單隨機抽樣是最基本且最簡便的隨機抽樣方法，但是當抽樣母體的成員清單不易取得，或取得很耗成本時，簡單隨機抽樣操作起來就不簡單了。例如，抽樣母體內抽樣單位太多時，操作不方便；收集資料的時間可能會太長，但資料卻可能因時而變；樣本所在地較分散，調查也較不易。還有，當抽樣母體的成員差異很大時，或成員間的重要性並不相同時，簡單隨機抽樣的樣本代表性可能會有所不足。所以，在母體內抽樣單位不太多、可以列出抽樣單位完整的清單加以編號，且對研究的目的而言，抽樣單位間的差異不大時，採用簡單隨機抽樣便是不錯的選擇。

▶ 系統抽樣

　　系統抽樣是從抽樣母體中有系統地每間隔相同距離就抽取一個成員以組成樣本的方法。系統抽樣需知道抽樣母體的成員總數，此時先把全體總數 N 除以樣本數 n，四捨五入後得到整數 K，也就是每隔 K 個抽一個。再用亂數表從 1 到 N 選一個

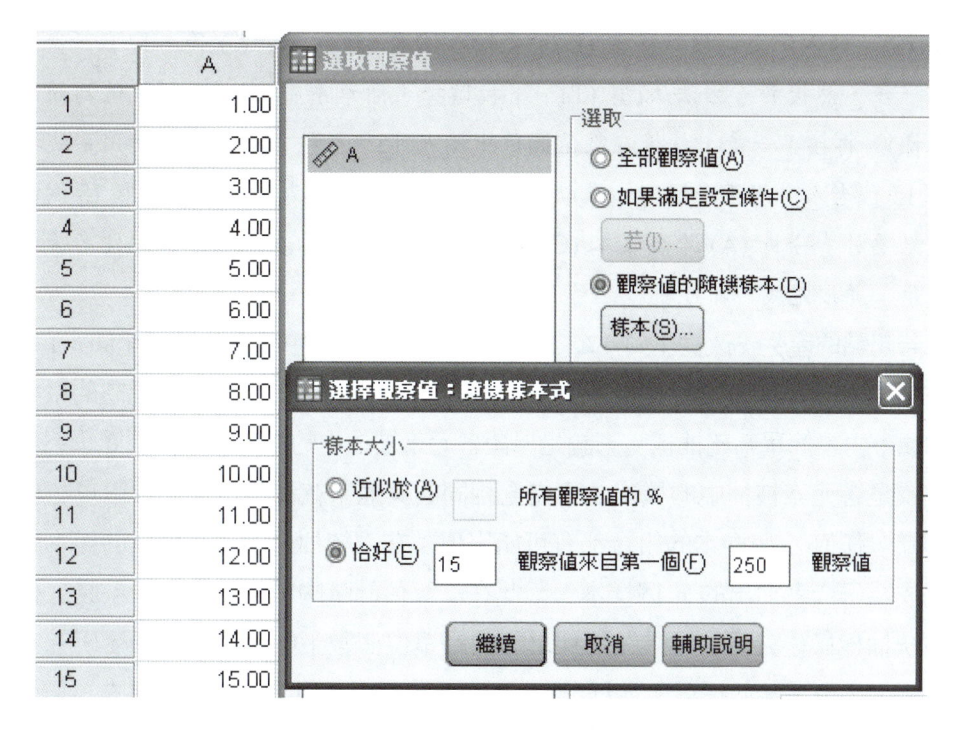

圖 2-4 SPSS 中的簡單隨機抽樣選項圖示

亂數 R 為起點，則 R, R+K, R+2K, …, R+(n−1)K 等號碼中選為系統抽樣的成員；若號碼超過 N，則減去 N 後即為中選號碼。雖然此抽樣法為有規律的選取樣本成員，但因為起點是隨機選出的，所以仍為隨機抽樣方法。

上述起點的產生，若改從1到 K 中選一個亂數 R，而非從1到 N 的話，則當 N 除以 n 並非整除時，母體各成員被抽中的機率便不再全部都是 1/K。例如，當 K 是由五入法而得時，那麼改從 1 到 K 中抽取起點，會讓編號 1 到 nK−N 號有 2 倍的被抽中機率 2/K；又如，當 K 是由四捨法而得時，那麼改從 1 到 K 中抽取起點，會讓編號 nK+1 到 N 號永不可能被抽中，亦即有成員被抽中的機率為 0，那麼此法便是非隨機抽樣，如果改成無條件進位法求得 K，雖然解決了「有成員被抽中的機率為 0」的問題，但仍然會使各成員被抽中的機率並不相同。總之，只有在 N 除以 n 整除時，從 1 到 N 中產生起點與從 1 到 K 中產生起點，兩者的結果才是相同的，母體各成員被抽中的機率都是 1/K (＝n/N)。

以前例而言，由 N＝250，n＝15，可得 K＝17，若由亂數表從 1 到 250 抽出的第 1 位老人的編號為 123，則其餘號碼依次為 140 (＝123+17)、157、174、191、208、225、242、9 (＝259−250)、26、43、60、77、94、111。母體各成員被抽中的機率都是 15/250＝0.06。在 SPSS 進行系統抽樣，於「分析 (A)/複合樣本 (C)/選擇

樣本 (S)」的內定之「設計樣本 (D)」中輸入檔名 (請自行命名) 後，按下一步，再按下一步，然後於「方法/類型 (T)」下拉選擇「簡單系統化」(原預設值為簡單隨機取樣)，再按下一步，最後在數值欄位中輸入 15，並按完成，即可使用系統抽樣抽取 15 位老人。附帶一提，如果以後還用利用系統抽樣對別的母體抽取 15 個樣本時，只要於「分析 (A)/複合樣本 (C)/取樣 (S)」中選擇你在上頭儲存的檔名後，按下一步，並按完成，即可。

若起點的產生，改從 1 到 17，此時母體各元素被抽中的機率並不相同，1 到 5 號被抽中的機率為 2/17，其餘 6 到 250 號被抽中的機率皆為 1/17。此時的系統抽樣，便不再是簡單系統抽樣。不論是母體各元素被抽中的機率皆相同的簡單系統抽樣，或是各元素被抽中的機率並不完全相同的其他系統抽樣，並不像簡單隨機抽樣一樣，任何 n 個樣本的組合都有可能出現；在系統抽樣中僅有部分的樣本組合才能成為研究者抽出的 n 個樣本，因此在計算估計量的精確度時十分不易，但由於系統抽樣操作方便，尤其在抽樣母體內的單位個數不能確定時，深受研究者喜愛，例如，要在某個投票所進行出口民調 (exit poll)，但我們不可能事先知道會有多少選民會到這個投票所投票，因此先預定每 20 位訪問 1 位剛投完票的選民，故從 1 到 20 選一個亂數 R，做為起點，例如 R＝7，那麼訪員便在投票所門口，訪問第 7 位、第 27 位、第 47 位、……，每走出 20 位就訪問一位，這便是系統抽樣的應用。

另外，研究者對母體狀況略有瞭解將有助系統抽樣的效能，例如，若能將成員的連續編號大約按照有興趣的特徵值之大小排列，那麼利用系統抽樣有助將樣本均勻散布於母體內，更能增進樣本的代表性，或者知道編號排列是隨機的，那麼使用系統抽樣雖不會比簡單隨機抽樣更精確，但在母體較大時卻更簡捷；又如，當研究者察覺母體內樣本單位特徵值可能潛藏著有週期性變動時，可避免採用系統抽樣，減少得到不適當樣本的可能性。

▶ 分層隨機抽樣

分層隨機抽樣是將母體按照某些特徵或性質，先分為幾個不重疊的群組，即稱為層 (stratum)，使得層中元素性質接近，變異程度較低，而各層間的變異程度較高；分完層後，再從各層分別以簡單隨機抽樣抽取個體組成樣本。當母體在感興趣之特徵值上分散度很大時，若直接採用簡單隨機抽樣抽出個體，將可能抽出太多極端的個體，或沒有抽出極端的個體，以致估計的準確度不高，此時採用分層隨機抽樣以增加各層樣本的代表性，使估計更為準確。

以前述公衛護理人員想要瞭解某社區老人健康照護需求情形為例，如果過去的文獻指出家庭社經地位的高低會影響其照護需求，因此該公衛護理人員可以將 250 位老人依家庭社經地位分成高、中、低三層，利用亂數表於每層各抽取 5 位，共 15 位老人進行家訪。若在 SPSS 中要直接執行分層隨機抽樣，需要有分層變項，例如，高社經地位編號為 1，共 70 位；中社經地位編號為 2，共 100 位；低社經地位編號為 3，共 80 位，在「分析 (A)/複合樣本 (C)/選擇樣本 (S)」的內定之「設計樣本 (D)」中輸入檔名 (請自行命名) 後，按下一步後，將代表社經地位的變項選入「分層依據 (S)」，再按下一步，然後再按下一步 (方法類型的預設值為簡單隨機取樣，故不需更動)，最後在數值欄位中輸入 5，並按完成，即可在各層抽取 5 位，共 15 位老人。

上述各層抽取人數的配置皆相等 (皆為 5 位)，此種配置稱為均等配置 (equal allocation)，是個很簡單的配置方法，但它的準確度一般說來不會很高，只適合在各層個體數大小相近且各層母體分散程度相似的情況下使用。還有其他的配置方法，如比例配置 (proportional allocation)、最適配置 (optimum allocation)、Neyman 配置 (Neyman allocation) 等方法，可供研究者選用，以下僅介紹比例配置法。顧名思義，比例配置就是按照各層個體數大小的比例來分配各層樣本數，例如，上述高、中、低三層的比例為 7：10：8，故高社經地位老人應抽取 15×7/25＝4.2≈4、中社經地位老人應抽取 15×10/25＝6、低社經地位老人應抽取 15×8/25＝4.8≈5，若使用 SPSS，則在「分析 (A)/複合樣本 (C)/選擇樣本 (S)」的內定之「設計樣本 (D)」中輸入檔名 (請自行命名) 後，按下一步後，將代表社經地位的變項選入「分層依據 (S)」，再按下一步，然後再按下一步，點選「各階層值不等 (S)」後按「定義」，接著輸入各層所需之樣本數 (見圖 2-5)，然後按「繼續」，最後按完成，即可在高社經地位層抽取 4 位、中社經地位層抽取 6 位、低社經地位層抽取 5 位，共 15 位老人。

雖然，分層隨機抽樣的抽樣工作，包括樣本資料的整理及估計，比簡單隨機抽樣更複雜，但透過分層隨機抽樣可以保證樣本中各層皆有 (成比例的) 代表，如果能仔細界定各層，使之不能有重疊現象，且使層內變異小，而層間變異大，將能提高樣本的代表性及估計的精確度。

▶ 集群抽樣

集群抽樣是根據經驗及實際狀況將母體分割成適當大小的集群 (cluster)，例如將地理位置相鄰近之個體組成為一集群，而以集群為抽樣單位，以簡單隨機抽樣抽

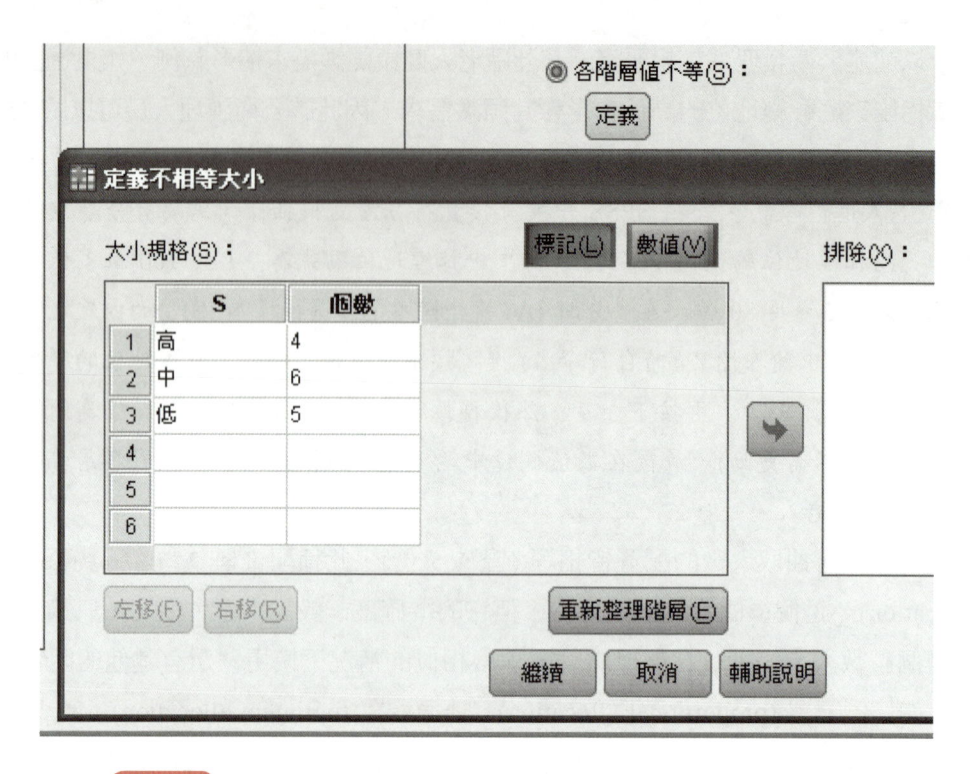

圖 2-5 SPSS 中的分層隨機抽樣定義各層樣本大小之對話框圖示

取數個集群，再針對這些集群中的元素進行探究。當編造母體元素清單困難，或清單龐大時，因對集群編號造冊容易許多，也容易讓樣本個體所在地較為集中，容易進行調查，故若希望節省抽樣成本，則可採用集群抽樣法。但是，集群內的成員易同受某一潛在因素影響，對某些事物容易有相同的看法，造成資訊重複，降低估計的精確度。例如，某安養中心的老人們，容易對護理照護品質有相同的看法。因此，在劃分集群時，應考慮讓集群內差異大，而集群間的變異小，方有較佳的效能。

如果前述公衛護理人員想要瞭解的社區是幅員廣大的村落，那麼為了讓調查時不會耗盡力氣地四處奔波，他可以利用老人地址所屬之「鄰」做為集群。假設該社區包含 30 個鄰，同一鄰的住家之地理位置相近，每一鄰的老人人數在 3 到 14 人之間，平均約有 8 人，該公衛護理人員決定將各鄰從 1 到 30 編號，再以亂數表抽取 2 個鄰，最後訪問這 2 鄰中的所有老人，以瞭解老人的健康照護需求情形。若在 SPSS 中要直接執行集群抽樣，需要有集群變項，於此例為鄰的代號，在「分析(A)/複合樣本 (C)/選擇樣本 (S)」的內定之「設計樣本 (D)」中輸入檔名 (請自行命名) 後，按下一步後，將代表鄰的變項選入「叢集 (C)」，再按下一步，然後再按

下一步 (方法類型的預設值為簡單隨機取樣，故不需更動)，最後在數值欄位中輸入 2，並按完成，即可抽取 2 個集群 (鄰)，得到所需的樣本。

▶ 多階段抽樣

在大規模抽樣實務中，由於製作元素清單不易、抽樣單位散布廣泛等等因素，無法僅使用上述單一種隨機抽樣方法便完成抽樣工作，常常需要結合上述各法，將選擇樣本的過程分成兩個或兩個以上的階段來完成，在每個階段的抽樣單位都由隨機抽樣取出，因此每一元素被抽選的機率，可由其在各階段被抽樣的機率相乘而得，故多階段抽樣仍是一種機率抽樣。例如，兩階段集群抽樣是在第一階段以集群做為抽樣單位，隨機抽取數個集群，然後在第二階段時，以各個前一階段所抽出之集群中的元素為抽樣單位，再利用簡單隨機抽樣抽取各集群中的若干元素。總之，研究者可依實際需求，彈性地利用數個階段、數種隨機抽樣方法，形成較為複雜的多階段抽樣。再以前述公衛護理人員為例，若他一方面不想要舟車勞頓，另一方面他還想要在高、中、低社經地位各有樣本，那麼就必須結合集群抽樣與分層隨機抽樣。如果各鄰皆有各種社經地位的老人，那麼該公衛護理人員可以在第一階段以集群抽樣抽取若干個鄰 (如 5 個鄰)，然後對所抽出的每個鄰進行分層隨機抽樣，在高、中、低社經地位各層中抽取若干位老人 (例如各層各抽 1 人)，即可得到所需的樣本 (如共 15 位老人)。

在 SPSS 中，多階段抽樣的操作也十分容易。以前例而言，在「分析 (A)/複合樣本 (C)/選擇樣本 (S)」的內定之「設計樣本 (D)」中輸入檔名 (請自行命名) 後，按下一步後，將代表鄰的變項選入「叢集 (C)」，且在「階段標記 (L)」輸入任何文字 (如 First stage: cluster sampling)，再按下一步，然後再按下一步 (方法類型的預設值為簡單隨機取樣，故不需更動)，最後在數值欄位中輸入 5，再按下一步，再按下一步；點選「是，立即新增階段 2 (Y)」，再按下一步後，將代表社經地位的變項選入「分層依據 (S)」，且在「階段標記 (L)」輸入任何文字 (如 Second stage: stratified random sampling)，再按下一步，然後再按下一步 (方法類型的預設值為簡單隨機取樣，故不需更動)，最後在數值欄位中輸入 1，並按完成，即可在第一階段 (階段標記為 First stage: cluster sampling) 抽取 5 個集群 (鄰)，接著在第二階段 (階段標記為 Second stage: stratified random sampling) 分別於這五個鄰中各抽取高、中、低社經地位老人各 1 名，總共得到 15 位老人。

五、常見的非隨機抽樣方法

所謂非隨機抽樣即是抽樣母體中的每一個體被抽取的機率無法全部確定，或甚至有些為 0 的抽樣方式。因抽取機率無法確定，故無法估計其精確度；又由於不按照隨機機制抽出樣本，常按研究者主觀意志或由自願者而獲得樣本，故樣本偏差往往較大，缺乏代表性。常見的非隨機抽樣有立意抽樣 (purposive sampling)、配額抽樣 (quota sampling)、雪球抽樣 (snowball sampling)，以及便利抽樣 (convenience sampling)。

▶ 立意抽樣

立意抽樣是研究者根據自己的專業知識及經驗，主觀判斷哪些母體中的個體具有較佳的代表性，並選出做為研究的樣本，故又稱為判斷抽樣 (judgmental sampling)。立意抽樣的操作十分簡易，可以滿足調查目的和特殊需要，例如，若有多組需要選樣時，可確保各組樣本數相當，樣本的依從性較佳，可以調查更多的樣本資訊，資料回收率也較高。但是，由研究者根據特定的特徵挑選樣本，會讓抽樣結果受到研究者的主觀性影響，易引起抽樣偏差，樣本的代表性可能會有問題。例如，前述公衛護理人員就平日常對健康照護問題提出看法的老人中，挑選出 15 位「意見領袖」，並訪查他們對健康照護需求的情形。

▶ 配額抽樣

配額抽樣是先根據母體某些特性分類，然後按其各類個體數比例予以配置樣本數，但取樣時卻由研究者或訪員任意抽取。此抽樣方法能確保各類別裡有適當數目的樣本，但仍潛藏著樣本代表性的問題，前述蓋洛普公司在西元 1948 年對美國總統選舉結果的錯誤預測便是經典案例。再以前述公衛護理人員為例，他可以根據性別、社經地位、年齡對母體劃分，決定按表 2-1 的各類配額尋求合乎資格的老人進行訪談，例如，該公衛護理人員需找到 2 位女性、中社經地位、年齡 70 歲以上的老人……，並訪查他們對健康照護需求的情形，按表 2-1 的配額，總共選出 15 位老人。

▶ 雪球抽樣

雪球抽樣是研究者藉由母體中具有所需特質或特徵的少數個體，在調查完後請

表 2-1　配額抽樣的各類別樣本配額規劃表

性別	社經地位	年齡 (歲)	配額
男	高	60～70	1
		70 以上	1
	中	60～70	2
		70 以上	1
	低	60～70	1
		70 以上	1
女	高	60～70	1
		70 以上	1
	中	60～70	2
		70 以上	2
	低	60～70	1
		70 以上	1
總和			15

他們引介其他符合條件的樣本個體名單。此法適合用在樣本不易取得時，或針對特殊族群 (如吸毒者、同性戀者、罪犯) 之調查，但由於樣本個體的獲得是依賴前一個樣本個體而來的，樣本的代表性仍是個問題。如果前述的公衛護理人員，只打算探討有運動習慣的老人之健康照護需求情形，那麼他可以早晨到社區公園，找到一位正在運動的老人，對其進行調查後，懇請他列出幾位住在這個社區又有運動習慣的老人名單。之後，該公衛護理人員便根據這份名單進行調查，每調查完後，同樣懇請列出名單，如此，直到找到 15 位有運動習慣的老人才停止。

▶ 便利抽樣

便利抽樣是研究者事先不預定樣本，只憑調查的便利性做為取樣的依據，包括碰巧遇到即取之為樣本的偶遇抽樣 (accidental sampling)，自願成為樣本的自願抽樣 (volunteer sampling)，這些抽樣方法都有樣本缺乏代表性的缺點；不過，此種抽樣方式能迅速取得足夠的樣本，也不會耗費太多的成本，所以經常被採用，例如，街頭訪問便是偶遇抽樣的常見實例，而電視政論節目的 call in 意見調查，便是自願抽樣的常見實例。再以前述公衛護理人員為例，如果他直接到社區活動中心，只要遇到一位老人，便進行有關健康照護需求情形的調查，直到調查完 15 位老人為止，那麼他採取的抽樣方法就是便利取樣。

▶ 總　結

抽樣是按照某種規則或方式從母體中選出一部分個體做為樣本的過程，不同的抽樣方法有不同的適用時機，故研究者需瞭解各種抽樣方法之優缺點 (見表 2-2)，方能讓所抽取的樣本，達到推斷和說明母體的最終目的。

表 2-2 各種抽樣方法之優缺點摘要表

方法	簡述	優點	缺點
簡單隨機抽樣	對整個母體利用均等機率的機制 (如亂數表) 抽取樣本成員	簡單方便；元素間的差異不大時會有高度代表性；是隨機抽樣的典型	若無完整母體清單則無法執行；可能很耗成本；樣本所在地較分散時，調查作業較不易；收集資料的時間可能會太長，但資料卻可能因時而變
系統抽樣	從母體中，每間隔一定的距離抽取一個成員	比簡單隨機抽樣更為簡易；可應用在母體總數不能確定時	受資料週期性的影響；不易計算估計量的精確度
分層隨機抽樣	從清楚界定的各分層中抽取樣本成員；層內變異小，層間變異大，各層不重疊	保證樣本中各層皆有 (成比例的) 代表，提高樣本的代表性及估計的精確度	抽樣工作比簡單隨機抽樣更複雜；需仔細界定各層
集群抽樣	根據經驗及實際狀況將母體分割成適當大小的集群；集群內變異大，集群間變異小	無母體個別成員清單時，將集群編號 (抽樣單位為集群) 即可進行；可降低樣本成員所在地較分散的干擾；調查成本較低	集群內的成員易趨同質 (如有相同的看法)，造成資訊重複，降低估計的精確度
多階段抽樣	結合上述各種隨機抽樣方法，將選擇樣本的過程分成兩個或兩個以上的階段來完成	適用於大規模抽樣實務；每個階段的抽樣單位都由隨機抽樣取出以確保最後樣本的機率性	十分複雜，也會把分層隨機抽樣、集群抽樣等方法的限制結合起來
立意抽樣	根據特定的特徵挑選樣本	若有多組需要選樣時，可確保各組樣本數相當	依賴研究者潛在的主觀性，故樣本代表性是個問題
配額抽樣	按母體某些特性分類，並按其各類個體數比例予以配置樣本數	能確保各類別裡有適當數目的樣本	各類別取樣時任由調查員抽取，樣本的代表性是個問題
雪球抽樣	母體中具有所需特質或特徵的少數成員能再給出其他適當的樣本成員名單	能針對某些無法掌握名單的特殊族群 (如吸毒者、同性戀者) 進行調查	樣本的獲得是依賴前一個樣本而來的，樣本的代表性是個問題
便利抽樣	尋找自願者；湊巧碰到的一組樣本；調查起來很便利的樣本	能十分便宜、迅速取得足夠的樣本	可能高度缺乏樣本代表性

習題二

1. 某醫院骨科的一位護理人員對於該院醫師之汽車的平均價格感到興趣，他調查了該院骨科醫師之汽車的平均價格以猜測全院醫師之汽車的平均價格，試問該護理人員所採取的抽樣方式最有可能為何？其母體為何？樣本為何？
2. 自金門酒廠高粱酒生產線上每隔 5 分鐘抽取一瓶高粱酒，則連續抽了 20 瓶高粱酒進行品管把關，試問該抽樣方式最有可能為何？其母體為何？樣本為何？
3. 分別由某大學大一、大二、大三、大四每一年級的學生中隨機選取 20 個學生，並訪問這 80 個被選取的學生對學校網路服務的看法，試問該抽樣方式最有可能為何？其母體為何？樣本為何？
4. 假設我們想要調查高雄市的農民對建立「高雄首選」品牌政策的支持程度。首先我們隨機抽取高雄市的 38 個區，再普查被抽中的區內之農民對該政策的支持程度，試問該抽樣方式最有可能為何？其母體為何？樣本為何？
5. 在一個大都會區的一個食品批發商想要測試某項新食品的需求量。他透過 5 家大型的超級市場連鎖店批發食品。該批發商選擇了一組樣本商店，這些商店位於那些他相信購物者樂於嘗試新食品的地區。這樣做代表了何種抽樣呢？
6. 請詳述你如何在一個就近的大都市選擇一個 4% 成人的系統樣本，以便完成一項關於一個政治議題的意見調查。
7. 假設你已受僱於一個體育電台團體要決定他們的聽眾之年齡分配情況。請詳述你如何從 35 個可收聽到的地區選擇一個 2,500 人的樣本？
8. 電話簿也許不是一個具代表性的抽樣清單。請解釋為什麼。
9. 根據《聯合報》於西元 2010 年 3 月 10 日晚間所進行的電話民調顯示，有 7 成 4 民眾反對廢除死刑，請討論這個調查的目標母體與抽樣母體可能為何？它們之間的差異為何？
10. 請你幫第一章中的王先生規劃他的抽樣方案。

Chapter 3 描述性統計

描述性統計是統計學的兩大部分之一，主要是探討如何使用表格、圖形或數字等等方式來概述或表現資料。為了能使用合適的方式來表現資料，首先要瞭解資料的**測量尺度** (level of measurement)，不同尺度的資料所用的表現方式會有所不同，因此，瞭解資料的測量尺度或分類，對於資料分析十分重要。接著，介紹兩種摘要資料最常使用的表格製作方法，一是**次數分布表** (frequency distribution table)，一是**列聯表** (contingency table)；以及各種常見用來摘要資料的圖形。最後，介紹以數字來描述資料的**集中趨勢** (central tendency) 和**分散程度** (dispersion)，以及資料分布的形狀。

當學完本章之後，讀者應該能：

1. 指出變項的測量尺度。
2. 製作次數分布表及列聯表。
3. 選擇適合的統計圖來描述資料。
4. 計算與區別集中趨勢的測量。
5. 計算與解釋百分位數。
6. 計算與區別分散程度的測量。
7. 瞭解偏態係數及峰度係數的意義和用途。

一、實務問題

在第一章中有關王先生的研究，我們可以把他的研究原始數據逐一列出，但這樣做實在無法讓人對王先生的研究資料得到整體的理解，也無法很方便地表述與溝通，因此需要將資料做適當的整理，能用簡單的表現方式來描述盡可能多的資料原始資訊。例如，我們可以用數字來摘要資料 (見表 1-2)；也可以按大小順序與範圍，將資料列成表格，用次數分布的形式來摘要資料 (見表 3-1)；也可將次數分布繪製成圖 (見圖 3-1)。透過各種摘要資料的表徵方式，我們對王先生的研究，有了初步的印象與理解，例如，在表 3-1 中，我們可以觀察到，約有 1/5 (見累積百分比 19.7%) 的差異值不為正，顯見多數的生化分析所量得的血糖值高於血糖機所量得的血糖值。又如，在圖 3-1 中，我們可以看到不同機型的血糖機所量得的血糖值和生化分析所量得的血糖值之間的差異分布情形，也不盡相同。但摘要整理資料的方式有千百種，我們如何知道哪些才是適當呢？最重要的關鍵在於要瞭解資料的測量尺度以及各種描述方式的功用。

二、資料的測量尺度

所謂資料的**測量尺度** (level of measurement)，簡單來說就是在問我們到底是拿哪一種「尺」來測量出變項的數值。Stevens (1951) 將測量尺度分為**名目尺度** (nominal level)、**序位尺度** (ordinal level)、**等距尺度** (interval level) 和**比率尺度** (ratio level)。

當你心中的「尺」，是不能排出大小順序的，只能測出資料的類別，那麼這種尺度被稱為名目尺度或**類別尺度** (categorical level)，拿這種「尺」所測得的變項

表 3-1 生化分析與血糖機血糖值差異之次數分布摘要表

差異範圍	次數	百分比	累積百分比
−2.0000 以下	3	1.0	1.0
−2.0000～−0.0001	56	18.7	19.7
0.0000～1.9999	131	43.7	63.4
2.0000～3.9999	87	29.0	92.3
4.0000～5.9999	22	7.3	99.7
6.0000 以上	1	0.3	100.0
總和	300	100.0	

圖 3-1 不同血糖機之生化分析與血糖機血糖值差異直方圖

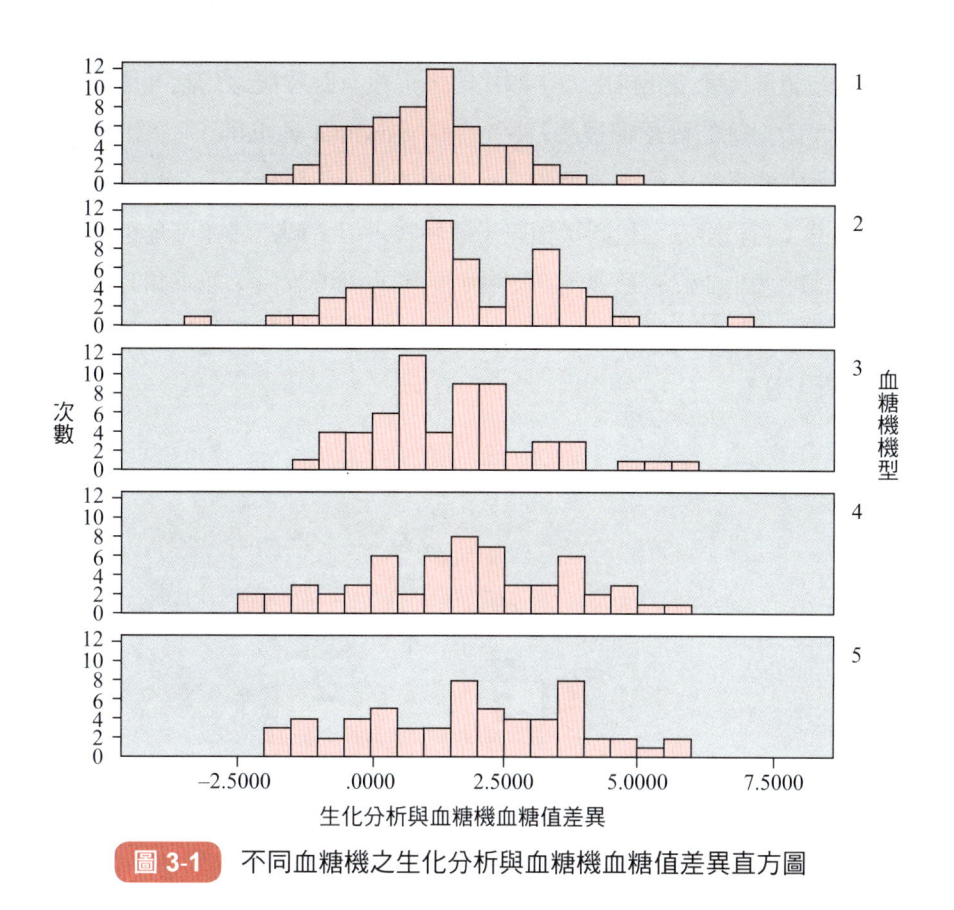

便被視為**類別變項** (categorical variable)，例如，當你要測量血型時，你心中的那把「尺」，是沒有大小優劣之分，只把各種血型歸類，故血型這個變項就是類別變項。此外，性別、婚姻狀況等變項也都是類別變項 (見圖 3-2)。

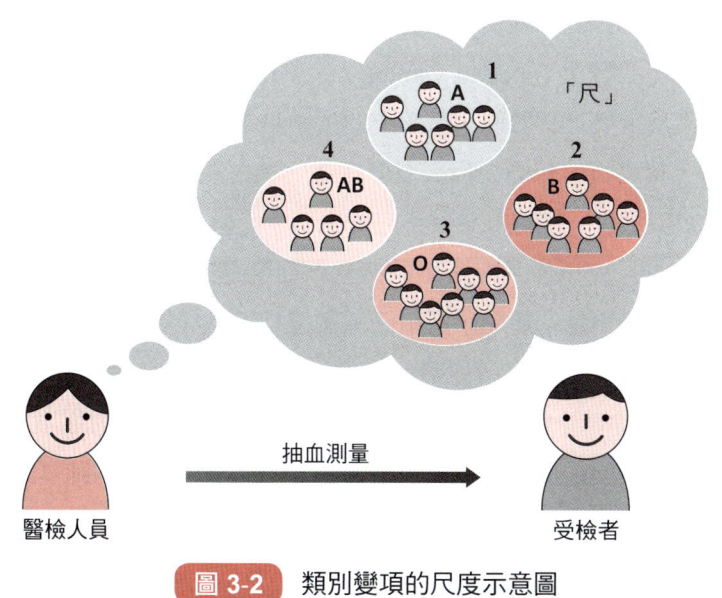

圖 3-2 類別變項的尺度示意圖

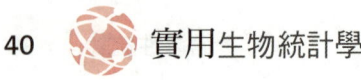

如果你的測量尺度是能排出大小順序的，但沒有距離概念的話，那麼就是所謂的序位尺度，所對應的變項便被視為**序位變項** (ordinal variable)，例如，當你評定名次時，你心中的那把「尺」，是要分出大小優劣，但雖然第一名和第二名相差一個名次，而第二名和第三名也同樣相差一個名次，但這個差異並不是距離的概念，因此差異數值的大小並沒有意義，亦即我們只關心誰優誰劣，並不關心優多少的差距問題，故名次就是序位變項。此外，飯店星等、疾病嚴重等級等變項，也都是序位變項 (見圖 3-3)。

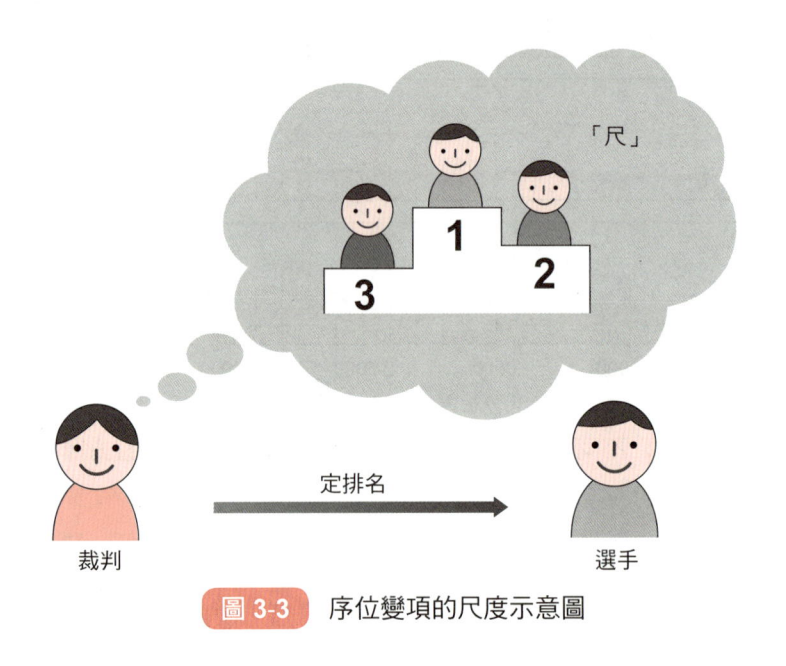

圖 3-3 序位變項的尺度示意圖

如果你的測量尺度不僅能排出大小順序，所測得的數字是有距離的概念，亦即任兩數字其差異數值相等，就表示它們的距離也相等，那麼就屬於等距尺度，相應的變項便被視為**等距變項** (interval variable)。例如，當你拿攝氏溫度計量溫度時，你心中的那把「尺」便是實數線，數線上的兩個點不僅可以比大小，它們之間的差異是有意義的，相差數值相同便代表溫度相距一樣，故攝氏溫度就是等距變項 (見圖 3-4)。等距變項還有一個特徵，就是它的數值一定具有明確的單位。

如果你的測量尺度不僅是有距離的概念，而且還有絕對的 0 點，代表絕對的「無」，而由於 0 是測量的起點，所以任兩數值是可以計算比率的，那麼這種尺度就稱為比率尺度，而這種尺度所對應的變項，便被視為**比率變項** (ratio variable)。例如，當你拿絕對溫度計量溫度時，由於絕對溫度的 0°K (絕對零度) 為其起點，你心中的那把「尺」便是非負實數線，數線上的兩個點不僅可以計算差異，它們的

圖 3-4　等距變項的尺度示意圖

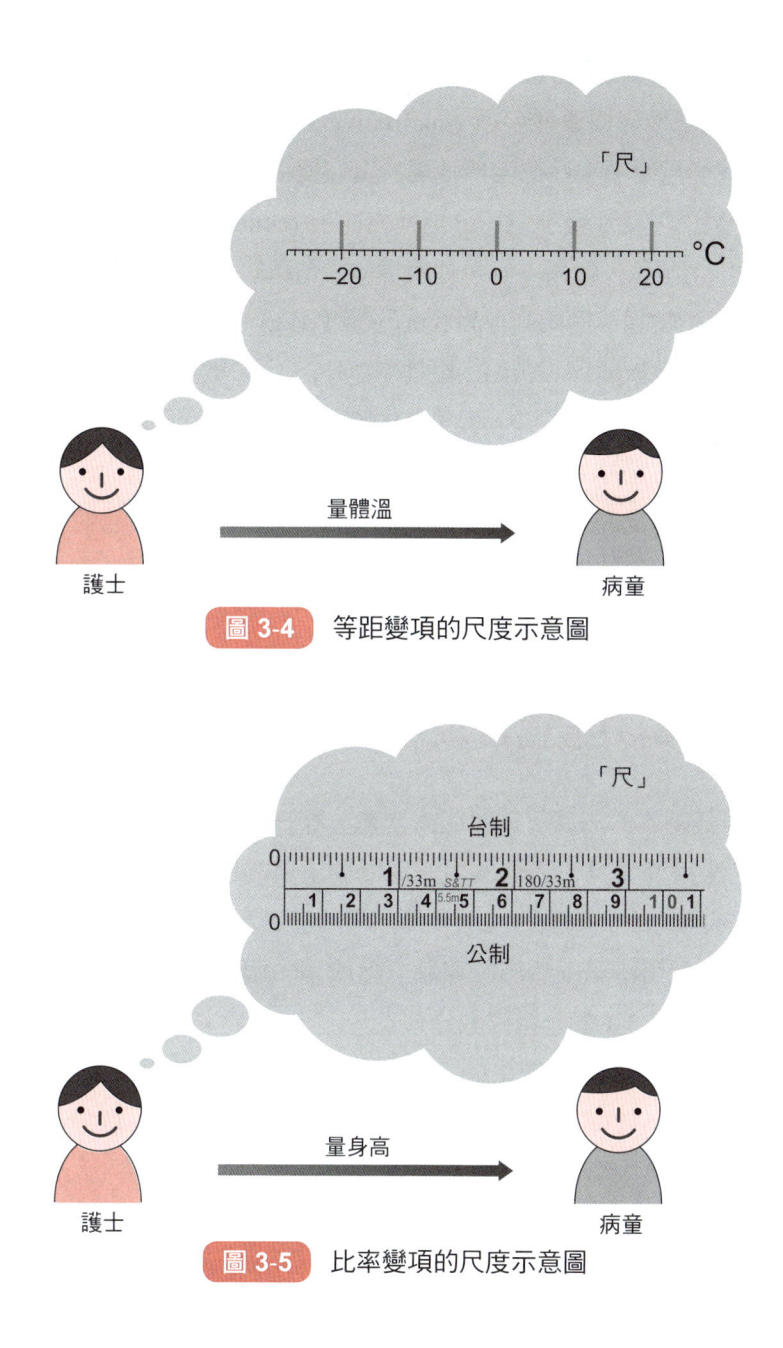

圖 3-5　比率變項的尺度示意圖

比率也是有意義的，故絕對溫度是比率變項。此外，身高、體重等變項也都是比率變項 (見圖 3-5)。而由於 0°C 並非攝氏溫度的起點，攝氏溫度還有零下幾度，故攝氏溫度不是比率變項。

　　以上四種不同測量尺度的資料依其所包含的資訊程度由低到高分別為：名目尺度、序位尺度、等距尺度和比率尺度，高層尺度的資料在分析時，可視為較低層尺度的資料來分析，但需注意資料的資訊會因此有所損失。

除了根據上述的四種測量尺度對變項分類外，變項還可以依其值是否具有數量的意義而簡單地分成**質性變項** (qualitative variable) 和**量性變項** (quantitative variable)，因此名目變項和序位變項就屬於質性變項，而等距變項和比率變項就屬於量性變項。另外，量性變項還可分為**連續變項** (continuous variable) 與**離散變項** (discrete variable) 兩類。如果一個量性變項的數值可以是某個或某些個區間中的任意值，便稱為連續變項，例如，身高 (cm)、體重 (kg)、時間 (小時)、濃度 (mg/l) 等等；否則，便稱為離散變項，例如，脈搏 (次/分)、人口數、候選人得票數等等。

雖然變項的分類有多種方式，但是其中瞭解變項的測量尺度，對於資料分析方法的選擇最為重要，因為變項的測量尺度不同，其分析方法就會有所不同，由於等距變項和比率變項的統計分析方法並無不同，因此在這之後，本書將不再細分等距變項和比率變項，而將兩者合併稱為等距變項。以下先介紹各種不同摘要資料的方式及每種方式所適用的資料測量尺度範圍。

三、運用表格來摘要資料

摘要資料最基本的方法，就是製成次數分布表，不論是哪一種測量尺度的變項，都能用它來摘要資料。將樣本中一個變項出現的值與各值出現的次數做成表格，便能完成次數分布表的製作；若變項出現的值過多，如等距變項，通常會將這些值分組或分成數個區間，然後計算每一組或每一個區間內的值出現的頻率或次數，便能製成如同表 3-1 的分組次數分布表。

在表 3-1 中，我們將王先生的 300 個生化分析與血糖機血糖值差異，分成 6 個區間，差異值小於或等於 −2 的共有 3 個，相對次數為 3/300=1/100，故相對次數百分比為 1%；第二個區間為介於 −2 和 0 之間的範圍 (大於 −2 且小於等於 0)，共有 56 個，相對次數百分比為 18.7%，累積相對次數百分比為與前一個區間合計共 19.7% (1+18.7=19.7)；第三個區間為介於 0 和 2 之間的範圍，共有 131 個，相對次數百分比為 43.7%，累積相對次數百分比為與前兩個區間合計共 63.4% (1+18.7+43.7=63.4)；第四個區間為介於 2 和 4 之間的範圍，共有 87 個，相對次數百分比為 29.0%，累積相對次數百分比為與前三個區間合計共 92.4% (1+18.7+43.7+29.0=92.4)；第五個區間為介於 4 和 6 之間的範圍，共有 22 個，相對次數百分比為 7.3%，累積相對次數百分比為與前三個區間合計共 99.7% (1+18.7+43.7+29.0+7.3=99.7)；最後，差異值大於 6 的只有 1 個，相對次數百分比為 0.3%，累積相對次數百分比為所有區間之和，故為 100%。

接下來，我們利用 SPSS 來製作次數分布表，我們先將王先生的調查所得的所有原始資料，轉換成 SPSS 21.0 內定的資料檔，請在東華書局網站下載，並針對 gender (性別) 這一個變項製成次數分布表。

在 SPSS 選單中，按「分析 (A)/敘述統計 (E)/次數分配表 (F)」，接著將「性別」這一個變項選入變數清單中，按「確定」即可獲得表 3-2。

表 3-2 王先生研究個案中性別次數分布摘要表

性別	次數	百分比	累積百分比
女性	167	55.7	55.7
男性	133	44.3	100.0
總和	300	100.0	

如果要製作如同表 3-1 的表格，那麼要先分組或分成數個區間，這在SPSS中有兩個程序能幫我們完成這件事，一為重新編碼，一為 Visual Binning，本書僅介紹後者，前者則請讀者自行嘗試。進行 Visual Binning 要先按「轉換 (T)/Visual Binning」，然後將 diff (生化-血糖機) 選入 Bin (B) 清單中，並按「繼續」後，於「已 Bin (B) 的變數」中輸入新的變項名稱 (如 newdiff)，在「上端點」選項中點選「排除 (E) (<)」，接著按「製作分割點 (M)」(見圖 3-6)。

在「製作分割點 (M)」的選單中，在「第一個分割點位置 (F)」中輸入 –2，在「寬度 (W)」中輸入 2，游標放在「分割點數目 (M)」的輸入欄位時，即會得到 5 個分割點，共 6 個區間，並按「套用 (A)」，以及「製作標記 (A)」，按確定，即可得到將原來 diff 這個變項的值分成 6 個區間的新變項 newdiff。最後，在 SPSS 選單中，按「分析 (A)/敘述統計 (E)/次數分配表 (F)」，接著將「newdiff」這一個變項選入變數清單中，按「確定」即可獲得表 3-1。

在表 3-1 中，王先生研究個案中，生化分析與血糖機血糖值差異小於 –2 的共有 3 人，占 1%；在 –2 ≤ 差異值 < 0 的範圍內的個案共 56 人，占 18.7%；生化分析與血糖機血糖值差異大於等於 0 的共占 80.3% (100–19.7＝80.3)，顯見 8 成以上的個案，其生化分析所得的血糖值高於血糖機所測得的血糖值。

除了將一個變項的資料摘要製成次數分布表外，還可以針對兩個或兩個以上的變項製成<u>聯合次數分布表</u> (joint frequency distribution table)。以<u>兩變項聯合次數分布表</u> (bivariate joint frequency distribution table) 而言，它常被稱為 (二維) 列聯表，如果我們延續表 3-2，並分別計算在男性與女性樣本中有無糖尿病病史各自的人數，

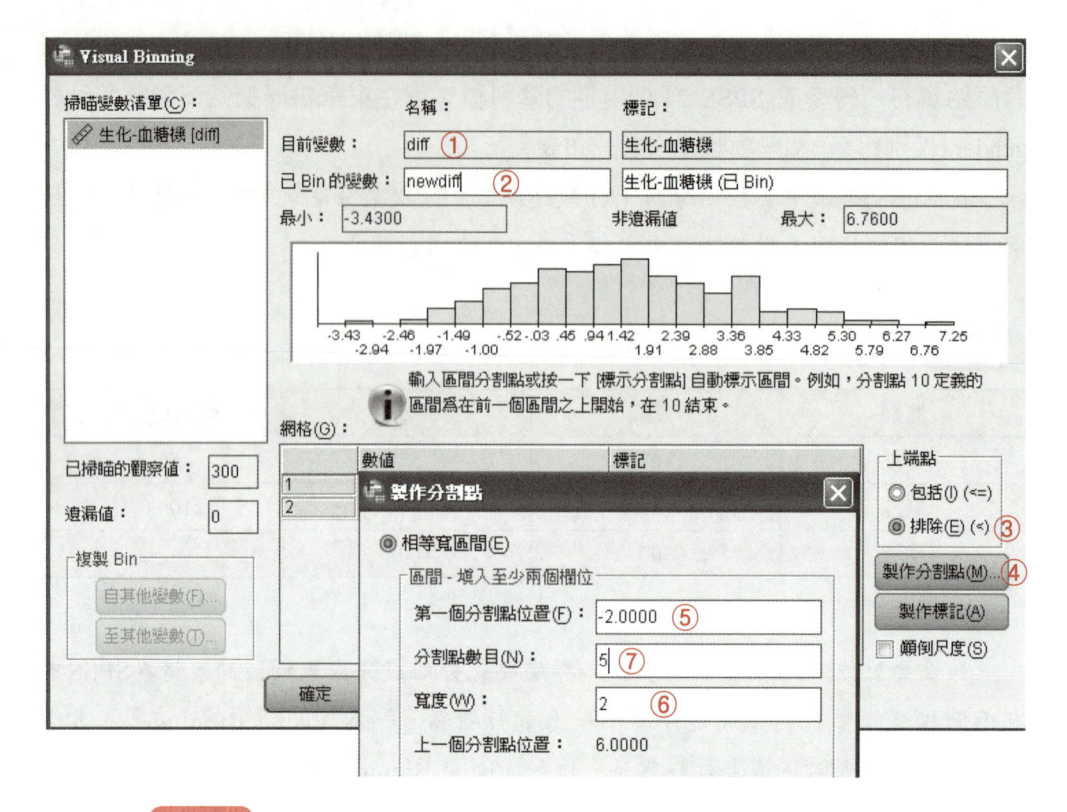

圖 3-6　在 SPSS 中利用 Visual Binning 分成數個區間之選單示意圖

那麼就可以得到如表 3-3 的列聯表。表 3-3 中最後一列與最後一行的總和處所列的數字，被稱為邊際次數 (marginal frequencies)，如 167、133、150、150，其餘的數字則為聯合次數 (joint frequencies)，如 73、94、77、56。

表 3-3　王先生研究個案中性別與有無糖尿病病史列聯表

		有無糖尿病病史		總和
		無	有	
性別	女性	73	94	167
	男性	77	56	133
總和		150	150	300

在 SPSS 中，按「分析 (A)/敘述統計 (E)/交叉表 (C)」，接著將「性別」選入「列 (W)」的變數清單中，而將「有無糖尿病病史」選入「欄 (C)」的變數清單中，按「確定」即可獲得表 3-3。

四、運用圖形來摘要資料

運用圖形來摘要資料，可以把感興趣的變項視覺化，可以讓人對資料具有直覺且整體的瞭解。目前已發展出許許多多描述資料的繪圖方法，然而選擇哪一種方式來呈現你的資料，通常取決於變項的測量尺度與你對呈現數據的想法。

常見用來摘要資料的圖形有：圓餅圖 (pie diagram)、長條圖 (bar chart)、柏拉圖 (Pareto chart)、直方圖 (histogram)、肩形曲線 (ogive curve)、莖葉圖 (stem and leaf plot) 與盒鬚圖 (box-and-whisker plot) 等圖形，分述如下。

▶ 圓餅圖

圓餅圖是一種被分割成若干個扇形的圓形圖，每個扇形的面積與它所代表的那個類別項目的次數或數量成比例。例如，某地區死因為：(1) 惡性腫瘤 30%；(2) 心臟疾病 (高血壓性疾病除外) 15%；(3) 腦血管疾病 12%；(4) 肺炎 10%；(5) 糖尿病 6%；(6) 其他疾病 27%。那麼繪製死因圓餅圖，需先計算各死因所占的角度：

1. 惡性腫瘤占 360°×30%＝108°
2. 心臟疾病 (高血壓性疾病除外) 占 360°×15%＝54°
3. 腦血管疾病占 360°×12%＝43.2°
4. 肺炎占 360°×10%＝36°
5. 糖尿病占 360°×6%＝21.6°
6. 其他疾病占 360°×27%＝97.2°

然後，按照所算得的角度，將圓分割成扇形，便可畫成如圖 3-7 的圓餅圖。

在 SPSS 中，按「統計圖 (G)/歷史對話紀錄 (L)/圓餅圖 (P)」，接著按「定義」將你所感興趣的變項 (如死因) 選入「定義圖塊依據 (B)」的變數清單中，按「確定」即可獲得圓餅圖。

圓餅圖簡單易懂，所以廣泛地被用在商業和媒體領域中，但是圓餅圖用面積取代了長度，而人們對長度的感知力勝過面積，用圓餅圖對各個數據進行比較便更加困難，故在科學文獻中較少用到圓餅圖。

▶ 長條圖

長條圖是一種用許多寬度相同、長度與類別變項各分類之數量成比例的長方形來摘要類別資料的統計圖。如果是序位變項，那麼各等第呈現的位置需保持與大小

圖 3-7　某地區死因圓餅圖

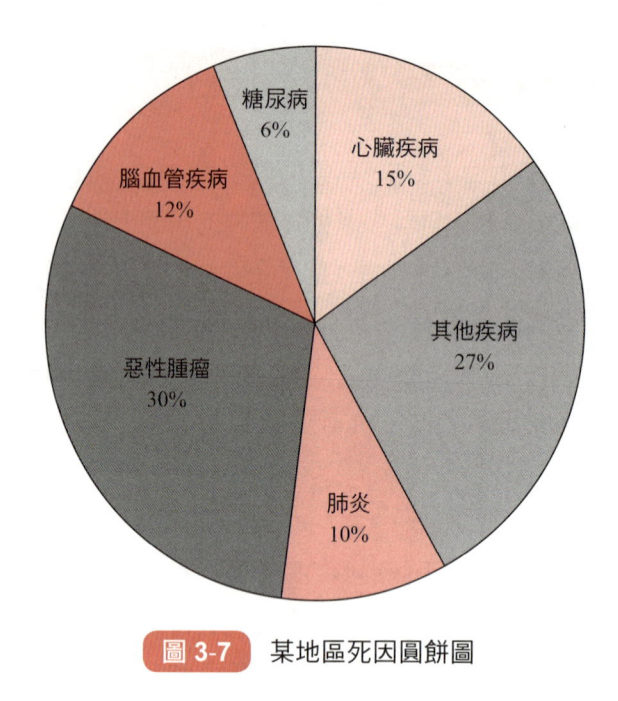

順序一致。例如，A 醫院護理人員學歷分布為護校占 20%，專科占 50%，大學占 20%，研究所以上占 10%，其長條圖如圖 3-8 所示。

在 SPSS 中，按「統計圖 (G)/歷史對話紀錄 (L)/條形圖 (B)」，接著按「定義」，點選「觀察值得 % (A)」，並將你所感興趣的變項 (如學歷) 選入「類別軸 (X)」的變數清單中，按「確定」即可獲得長條圖。

長條圖比圓餅圖更適合進行比較，例如，B 醫院護理人員學歷分布為護校占 15%，專科占 52%，大學占 21%，研究所以上占 12%，可與 A 醫院一同展示，方便比較，其集群長條圖如圖 3-9 所示。

在 SPSS 中，按「統計圖 (G)/歷史對話紀錄 (L)/條形圖 (B)」，接著點選「集群」並按「定義」，點選「觀察值得 % (A)」，並將你所感興趣的變項 (如學歷) 選入「類別軸 (X)」的變數清單中，以及將集群變項 (如醫院名稱) 選入「定義集群依據 (S)」的變數清單中，最後按「確定」即可獲得如圖 3-9 之長條圖。

▶ 柏拉圖

柏拉圖是一種根據「關鍵的少數和次要的多數」的原理而製作的長條圖，用來瞭解影響問題的主要因素為何，並針對主要因素來改善問題，在品質管理上經常使用的一種圖表方法。與一般的長條圖稍有不同的是，它有兩個縱坐標和一個橫坐標，並多了一條折線。左邊的縱坐標表示頻率，右邊的縱坐標則表示累積百分比，

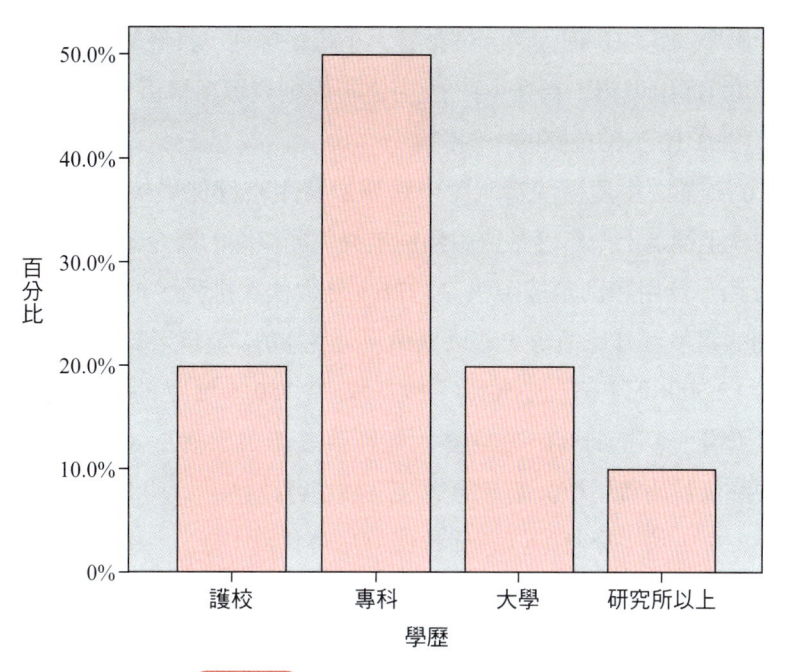

圖 3-8　A 醫院護理人員學歷長條圖

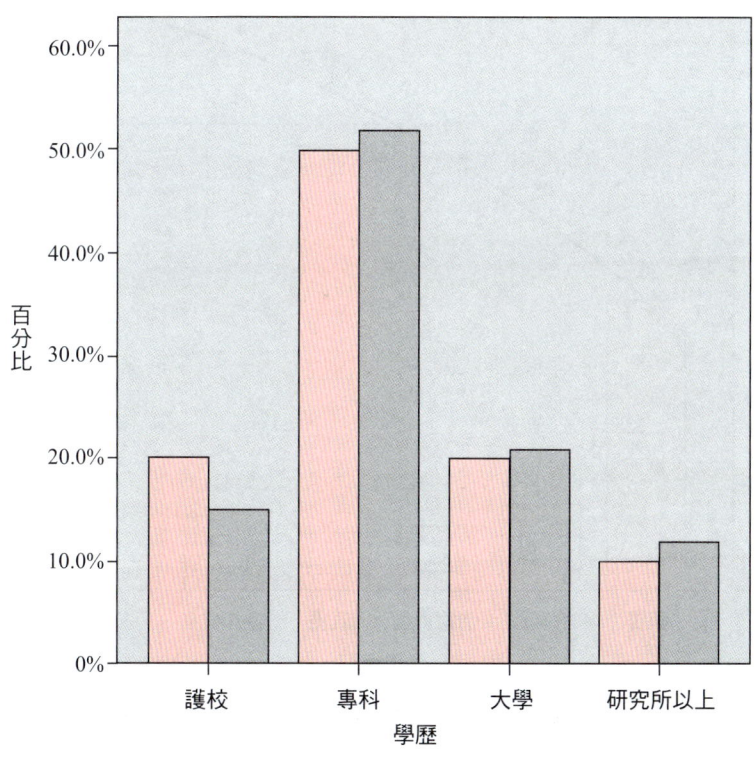

圖 3-9　A、B 兩醫院護理人員學歷長條圖

橫坐標表示影響問題的各種因素，按影響大小順序排列，長條的高度表示相應的因素的影響程度 (即出現頻率為多少)，上方之折線則表示累積百分比之連線 (又稱柏拉圖曲線)。圖 3-10 為柏拉圖的一個例子。

圖 3-10 為某中小型醫院為避免申報醫療費用被健保局核減，所繪製的柏拉圖，左邊的縱坐標為上一年度各費用類別被健保局核減的醫令筆數，右邊的縱坐標為累積百分比，費用類別是按照核減的醫令筆數依次排列，柏拉圖曲線為與排序在前之類別的累積百分比連線。若以累積百分比 80% 為參考線，最關鍵的主要類別為藥費 (共 2,500 筆醫令，占 50%)、檢查費 (共 750 筆醫令，占 15%) 與治療處置費 (共 550 筆醫令，占 11%)，三種費用類別共占 76%，約為 80%，為「關鍵的少數」，若要降低醫療費用核減率，應從這三類進行改善。

在 SPSS 中，按「分析 (A)/品質控制 (Q)/柏拉圖 (R)」，接著按「定義」，並將你所感興趣的變項 (如費用類別) 選入「類別軸 (X)」的變數清單中，按「確定」即可獲得如圖 3-10 之柏拉圖。

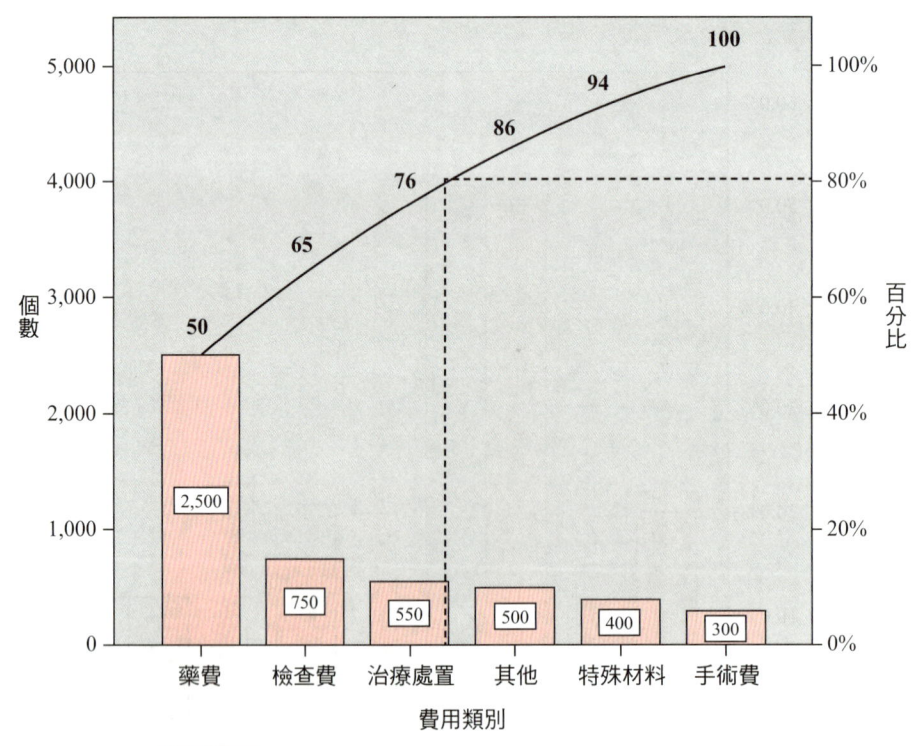

圖 3-10 某中小型醫院降低醫療費用核減率之柏拉圖

▶ 直方圖

　　直方圖是一種將等距資料分組後所得之次數分布表，用圖形呈現的摘要資料的方式，圖中每個長方形的寬度與各組區間長度 (組距) 成比例，而面積則與各組資料個數 (或百分比) 成比例。例如，在 SPSS 中要繪製與表 3-1 相應的直方圖，則按「統計圖 (G)/歷史對話紀錄 (L)/直方圖 (I)」，接著將感興趣的變項 (如生化分析與血糖機血糖值差異 diff) 選入「變數 (V)」的清單中，按「確定」。此時，在輸出視窗中所出現的是自動產生的直方圖，並非與表 3-1 相應的直方圖。將游標放在這個直方圖上，並快點兩下，則會出現圖表編輯器，再將游標移到長方形上，並快點兩下，則會出現「內容」選單。按「直方圖選項」，在「X 軸」選項中點選「自訂 (S)」，再點選「間隔寬度 (I)」後，輸入數字 2，接著點選「自訂錨定的值 (M)」，並輸入數字 −2，按「套用 (A)」(見圖 3-11) 後，關閉圖表編輯器，即可在輸出視窗中出現所要的直方圖 (見圖 3-12)。

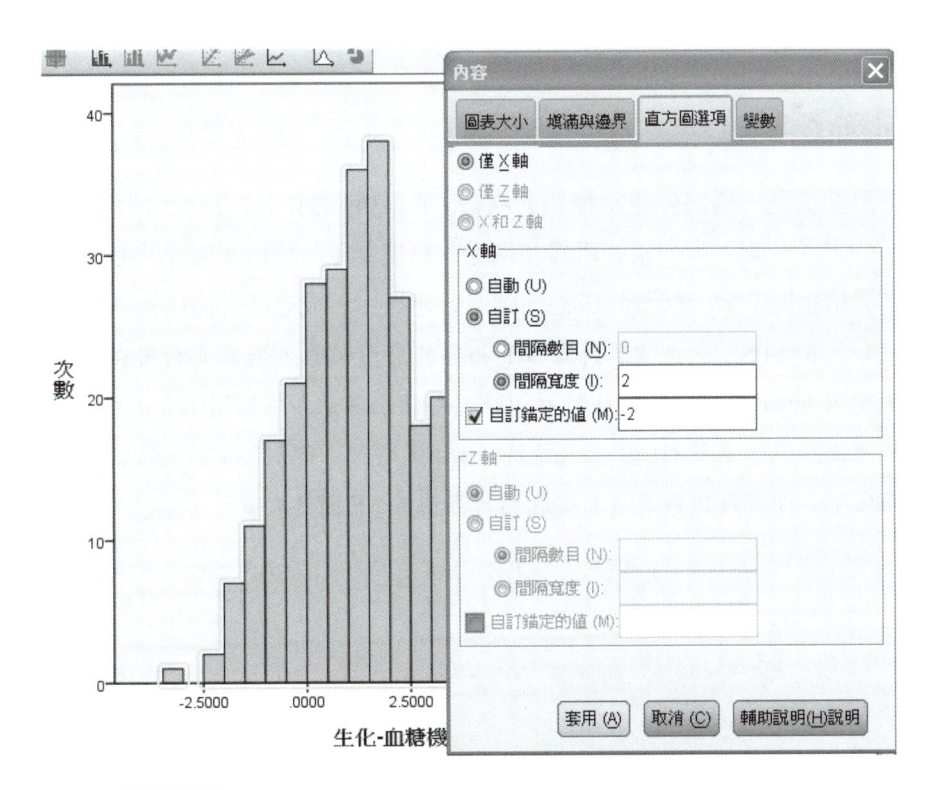

圖 3-11　SPSS 直方圖圖表編輯器中有關自訂區間選項示意圖

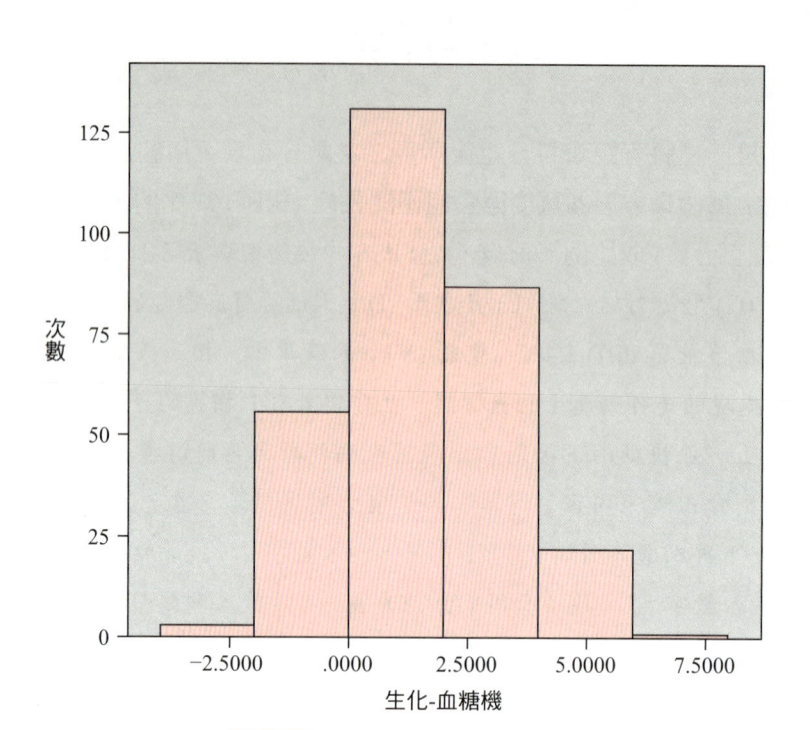

圖 3-12　與表 3-1 相應的直方圖

▶ 肩形曲線

　　肩形曲線是一種將分組累積相對次數 (或累積相對次數百分比) 用圖形呈現摘要資料的方式，圖中第一組的組界左端點的高度為 0，將每個組界的右端點的高度定為其累積相對次數，接著將這些高度進行連線，形成之統計圖稱為肩形曲線。

　　例如，在 SPSS 中要繪製與表 3-1 相應的肩形曲線，則需要利用在圖 3-6 中所得的新變項 newdiff，按「統計圖 (G)/歷史對話紀錄 (L)/線形圖 (L)」，接著按「定義」，然後點選「累計 (I) %」，並將 newdiff 選入「類別軸 (X)」的變數清單中後按「確定」，即可獲得與表 3-1 相應的肩形曲線 (見圖 3-13)。

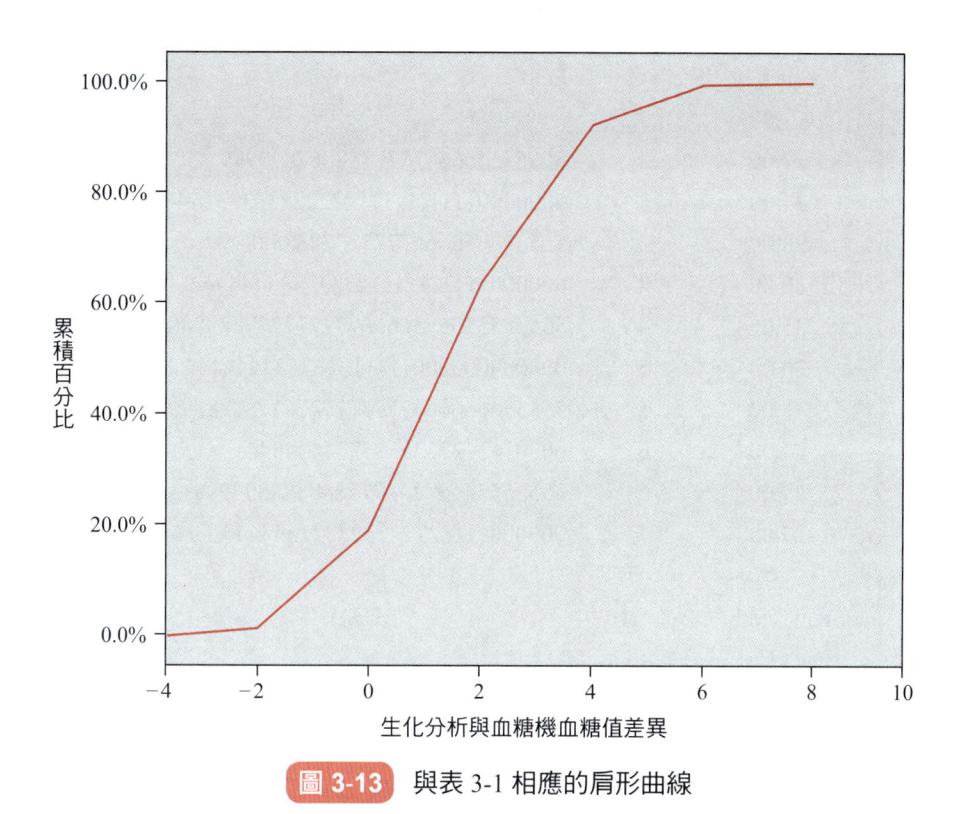

圖 3-13 與表 3-1 相應的肩形曲線

▶ 莖葉圖

莖葉圖是使用等距資料數值的位數，來摘要資料之統計圖。每個數值資料分為兩部分：莖與葉。莖為分組的主軸，莖的寬度代表軸定位數，而每個資料以一片葉子代表呈現資料的分布情況。例如，莖的寬度若為 1，在此莖上的某片葉子其數字為 3，那麼所對應的資料數值為 1.3；又如莖的寬度若為 10，在此莖上的某片葉子其數字為 3，那麼所對應的資料數值為 13。

圖 3-14 為王先生研究中，研究對象年齡之莖葉圖。該圖莖的寬度為 10，以最後一個莖為例，莖上的數字為7，故莖上各葉所代表的數字依次為 70、70、70、70、70、70、71、71、71、71、72、72、72、72、72、72、72、72、72、72、72、73、73、74、74、74、74，共 27 個數字。

```
 Frequency    Stem &    Leaf
      .00       2 .
     27.00      2 .     555556666667777788888899999
     34.00      3 .     00000001111111112222223333344444
     28.00      3 .     5555666666777777788888999
     30.00      4 .     000000111111111123333334444444
     35.00      4 .     55555555555566667777777788888888999
     30.00      5 .     000000000001111122233334444444
     36.00      5 .     555566666667777777777788888999999
     24.00      6 .     000011222222333333444444
     29.00      6 .     55555556677777778888888899999
     27.00      7 .     000000111222222222222334444

 Stem width:      10
 Each leaf:    1 case(s)
```

圖 3-14 王先生研究樣本年齡的莖葉圖

在 SPSS 中，按「分析 (A)/敘述統計 (E)/預檢資料 (E)」，將你所感興趣的變項 (如年齡) 選入「依變數清單 (D)」的變數清單中，並在顯示區塊點選「圖形 (L)」，按「圖形 (T)」後，勾選「莖葉圖 (S)」，按「繼續」後，再按「確定」即可獲得如圖 3-14 之莖葉圖。

▶ 盒鬚圖

由於盒鬚圖的製作需用到中位數等位置測度的概念，故於稍後再介紹。盒鬚圖之介紹請參考本章第五節之 (三) 分布形狀測量中的五數摘要 (5-number summary)。

五、運用數字來摘要資料

▶ 集中趨勢的測量

集中趨勢是以數值來描述一組資料的中心位置 (position) 或共同趨勢。用來表示集中趨勢的數值主要有三種：眾數 (mode)、中位數 (median)、平均數 (mean)，它們具有代表性與綜合性。如果我們使用數值來描述母體中所有的資料，那麼這個

數值就被稱為 母數 (parameter)，以它來代表母體之性質或相關特性。如果我們使用數值來描述樣本資料，那麼這個數值就被稱為 統計量 (statistic)，以它來代表樣本之性質或相關特性，以及用來對數據進行估計、檢定等工作。

1. 眾數

　　眾數就是一個樣本中出現次數最多的數值。例如，10 位 10 歲女童身高 (cm) 分別為 146、152、133、145、138、152、126、158、129、156，則出現次數最多的是 152，故眾數為 152。

　　如果測量尺度最高層級只是類別的資料，那我們只能使用眾數而不能使用中位數和平均數來描述此資料的集中趨勢。

2. 中位數

　　中位數 (以 Me 表示) 乃是使得比它小的數據不超過所有數據的 50%，而且比它大的數據也不超過所有數據的 50% 的那個數值。直覺地說，若樣本之數據為奇數個，那麼將一組樣本數據由小排到大，而排在中間位置的數據即為此樣本之中位數。若樣本之數據為偶數個，那麼理論上介於最中間的兩個數值之間的數值，都滿足前述定義，但一般而言，我們會取這兩個排在中間的數據之平均值做為其中位數的代表。由於中位數需要排序，故資料的測量尺度至少需要序位尺度。

　　以前述 10 位 10 歲女童身高為例，將之依次排列為 126、129、133、138、145、146、152、152、156、158，又因為 $\frac{10}{2}=5$，故要將這十筆資料分半，分隔點應落在排序後的第 5 筆和的 6 筆資料之間，亦即介於最中間的兩個數值 145 和 146 之間，那麼中位數 $Me = \frac{1}{2}(145+146) = 145.5$。

3. 平均數

　　這裡的平均數是指 算術平均數 (arithmetic mean)，就是把等距資料中所有的數值加總後求平均。由於平均數需要用到距離的性質，故資料的測量尺度需要等距尺度。平均數如果是用來描述母體，則被稱為母體平均數，通常會用希臘字母 μ 表示；如果是用來描述樣本，則被稱為樣本平均數，通常會在變項英文代號上加上一條橫線，如 $\bar{x}$。一組樣本資料 $x_1, \cdots, x_n$ 的平均數 $\bar{x}$，即

$$\bar{x} = \frac{1}{n}(x_1 + x_2 + \cdots + x_n) = \frac{1}{n}\sum_{i=1}^{n} x_i$$

以前述 10 位 10 歲女童身高為例，則平均數

$$\bar{x} = \frac{1}{10}(146+152+133+145+138+152+126+158+129+156)$$

$$= \frac{1}{10} \times 1,435 = 143.5 \,(\text{cm})$$

樣本平均數 $\bar{x}$ 有下列性質：

(1) 樣本各觀測值 (x_i) 與平均數之差的和為零，即離均差 ($x_i - \bar{x}$) 之和等於零：

$$\sum_{i=1}^{n}(x_i - \bar{x}) = 0 \,。$$

(2) 樣本各觀測值與平均數之差的平方和，比樣本各觀測值與其他任一實數值之差的平方和都來得小，即離均差平方 $(x_i - \bar{x})^2$ 之和為最小：

$$\sum_{i=1}^{n}(x_i - \bar{x})^2 \leq \sum_{i=1}^{n}(x_i - z)^2 \,，z \text{ 為任一實數。}$$

(3) $\bar{x}$ 是母體平均數 μ 的**不偏估計量** (unbiased estimator)。

前兩項性質，利用基本數學性質即可證得，在此省略。現在，我們以一個例子來說明第三項性質。假設有一個箱子中放了三個寫有數字的球，利用抽取後放回再抽的方式，進行兩次抽取，並利用抽取結果對箱中三個數字的平均數 (μ) 進行猜測。抽取結果為第一次抽出的數字為 1，第二次抽出的數字為 2，那麼這個樣本數為 2 的樣本平均數 $\bar{x}$ 為 1.5，我們可以用 1.5 ($\bar{x}$) 來猜測 (估計) μ。那麼什麼叫做不偏估計量？事實上，我們可以列出所有可能的抽取結果：

第一次	1	1	1	2	2	2	3	3	3
第二次	1	2	3	1	2	3	1	2	3
$\bar{x}$	1	1.5	2	1.5	2	2.5	2	2.5	3

從上表所有可能的結果，讀者應該已經知道這個箱子中三個數字為 1、2、3，而 $\mu = 2$。但若僅知某個結果 (如陰影區塊)，你是不會知道這些資訊的，只好拿 $\bar{x}$ ($=1.5$) 來估計 μ ($=2$)。當然，估計不見得估得準，可能會高估或低估，我們把所有可能抽取結果所得的 $\bar{x}$ 求平均：$\frac{1}{9}(1+1.5+2+1.5+2+2.5+2+2.5+3) = 2$，發

現 $\bar{x}$ 的平均就是 μ，故 $\bar{x}$ 為 μ 的不偏估計量。

如果你的研究數據，大致上是左右對稱的話，那麼中位數會和平均數相近，否則兩者可能會有很大的差距。比起平均數而言，中位數不易受極端值的影響，是較為穩健的集中趨勢統計量。

我們除了關心中心位置之外，還可以利用其他的位置測度來描述一組樣本中某個特別的資料所占的位置與其他資料的關係。在計算位置測度時，我們需要將資料排序，故資料的測量尺度至少需要序位尺度。四分位數與百分位數是除了中位數之外，最受歡迎的位置測度，以下分述之。

1. 四分位數

四分位數共有三個：第一四分位數 Q_1 乃是比它小的數據不超過所有數據的 25%，而且比它大的數據也不超過所有數據的 75% 的那個數值；第二四分位數 Q_2 就是中位數；第三四分位數 Q_3 乃是比它小的數據不超過所有數據的 75%，而且比它大的數據也不超過所有數據的 25% 的那個數值。直覺地說，若將一組樣本數據由小排到大，那麼三個四分位數便將它分隔成四等分。同樣，若有某個區間的數值都滿足上述定義的話，我們就以這個區間的中點做為代表。以前述 10 位 10 歲女童身高為例，因為 $\frac{1}{4} \times 10 = 2.5$，故滿足第一四分位數 Q_1 定義的是排序後的第 3 筆，亦即 $Q_1=133$。又 $\frac{3}{4} \times 10 = 7.5$，故 Q_3 為排序後的第 8 筆，亦即 $Q_3=152$。而 Q_2 的就是中位數，故 $Q_2=145.5$。

2. 百分位數

如果我們將一組樣本數據由小排到大，那麼百分位數便是將它分隔成 100 等分的數值。顯然，第 k 個百分位數 P_k 就是比它小的數據不超過所有數據的 k%，而且比它大的數據也不超過所有數據的 (100−k)% 的那個數值。同樣，若有某個區間的數值都滿足上述定義的話，我們就以這個區間的中點做為代表。

以前述 10 位 10 歲女童身高為例，$P_{25}=Q_1=133$、$P_{50}=Q_2=Me=145.5$、$P_{75}=Q_3=152$，這與前述相同，不再贅述。如果要計算 P_{10}，先算得 $\frac{10}{100} \times 10 = 1$，故 P_{10} 落在排序後的第 1 筆和第 2 筆資料之間，$P_{10}=\frac{1}{2}(126+129)=127.5$。如果要計算 P_{95}，先算得 $\frac{95}{100} \times 10 = 9.5$，故 P_{95} 為排序後的第 10 筆，亦即 $P_{95}=158$。

總之，想要求 n 筆資料的第 k 個百分位數 P_k，先算得 $\frac{k}{100}=n_k$，若 n_k 為整數，則 P_k 為排序後的第 n_k 筆和第 n_k+1 筆資料的平均；若 n_k 不為整數，那麼將它無條件進位得到整數 n_k'，則 P_k 為排序後的第 n_k' 筆資料數值。

其實，除了上述計算百分位數 (包括中位數、四分位數) 的方式外，還有很多其他的方式，不同的軟體採用計算百分位數的方式不盡相同，得到代表點的結果也會有些微的差異，但基本精神都是要對資料進行等分，瞭解其相關位置。

▶ 分散程度的測量

分散程度是以數值來描述一組資料的變異性。用來表示分散程度的數值主要有：眾數百分比、全距 (range)、四分位間距、平均離差 (mean deviation)、變異數 (variance) 與標準差 (standard deviation)，分述如下：

1. 眾數百分比

眾數百分比就是眾數出現的百分比，以前述 10 位 10 歲女童身高為例，眾數 152 出現的比率為 2/10，故眾數百分比為 20%。

如果測量尺度最高層級只是類別的資料，那我們只能使用眾數百分比來描述此資料的分散程度。

2. 全距

一組樣本資料中的最大值與最小值的差稱為此樣本之全距 (以 R 表示)。以前述 10 位 10 歲女童身高為例，R＝158－126＝32。除了等距資料之外，也可以利用全距來計算序位資料的等級變動範圍，以描述序位變項的分散程度。

3. 四分位間距

Q_3 與 Q_1 的差距稱為四分位間距，即為一組樣本資料排序後的中間 50% 數值的範圍距離。以前述 10 位 10 歲女童身高為例，四分位間距 IQR＝152－133＝19。利用四分位間距來描述分散程度，資料的測量尺度至少需要序位尺度。

4. 平均離差

由於離均差之和等於零，所以可以用離均差之絕對值總和的平均做為資料分散程度的一種測量，此種測量稱為平均離差。由於平均離差需要用到距離的性質，故資料的測量尺度需要等距尺度。如果樣本平均離差以 M.D. 表示，則

$$\text{M.D.}=\frac{1}{n}\sum_{i=1}^{n}\left|X_i-\overline{X}\right|$$

其中 $X_1, \cdots, X_n$ 為樣本所有的元素,而 $\overline{X}$ 為樣本平均數。

以前述 10 位 10 歲女童身高為例,則

$$\text{M.D. 觀測值} = \frac{1}{10}(|146-143.5|+|152-143.5|+|133-143.5|+\cdots+|156-143.5|)$$
$$= 9.6$$

5. 變異數

變異數是另一種只能用於描述等距尺度資料分散程度的測量。簡略地說,變異數為離均差平方的「平均」。如果我們以變異數做為描述母體變異的指標,這個母數就被稱為母體變異數,通常會使用希臘字母 σ^2 來表示,$\sigma^2 = E[(X-\mu)^2]$,其中 E[Y] 表示 Y 的期望值的意思,簡單地說,就是將 Y 這個變項的數值,乘上它出現的機率函數值然後累加而得。若母體總數為 N,那麼 $\sigma^2 = \sum_{i=1}^{N}[(x_i-\mu)^2 \times \frac{1}{N}] = \frac{1}{N}\sum_{i=1}^{N}(x_i-\mu)^2 = \sum_{i=1}^{N}[(x_i-\mu)^2 \times \frac{1}{N}] = \frac{1}{N}\sum_{i=1}^{N}(x_i-\mu)^2$,其中 $x_1, \cdots, x_N$ 為母體所有的元素,而 μ 為母體平均數。如果我們以變異數做為描述樣本變異的指標,這個統計量就被稱為樣本變異數,通常會使用英文字母 S^2 來表示,若樣本數為 n,那麼 $S^2 = \frac{1}{n-1}\sum_{i=1}^{n}(X_i-\overline{X})^2$,其中 $X_1, \cdots, X_n$ 為樣本所有的元素,而 $\overline{X}$ 為樣本平均數。請注意,S^2 是除以 $n-1$,而非真的平均——除以 n。這是因為若分母做了稍微的調整除以 $n-1$,那麼 S^2 才會是 σ^2 的不偏估計量。

我們再以前述箱中放三個數字球的例子來說明,所有可能的抽取結果如下所示:

第一次	1	1	1	2	2	2	3	3	3
第二次	1	2	3	1	2	3	1	2	3
$\overline{X}$	1	1.5	2	1.5	2	2.5	2	2.5	3
S^2	0	0.5	2	0.5	0	0.5	2	0.5	0

將所有抽取結果的 S^2 觀測值求平均,$\frac{1}{9}(0+0.5+2+0.5+0+0.5+2+0.5+0)$ $= \frac{2}{3}$,而 $\sigma^2 = \frac{1}{3} \times [(1-2)^2+(2-2)^2+(3-2)^2] = \frac{2}{3}$,兩個結果相等,故 S^2 為 σ^2 的不偏估計量。若是採除以 n,那麼平均而言將會低估 σ^2,這就是為什麼 S^2 的定義中是除以 $n-1$,而非除以 n 的原因。

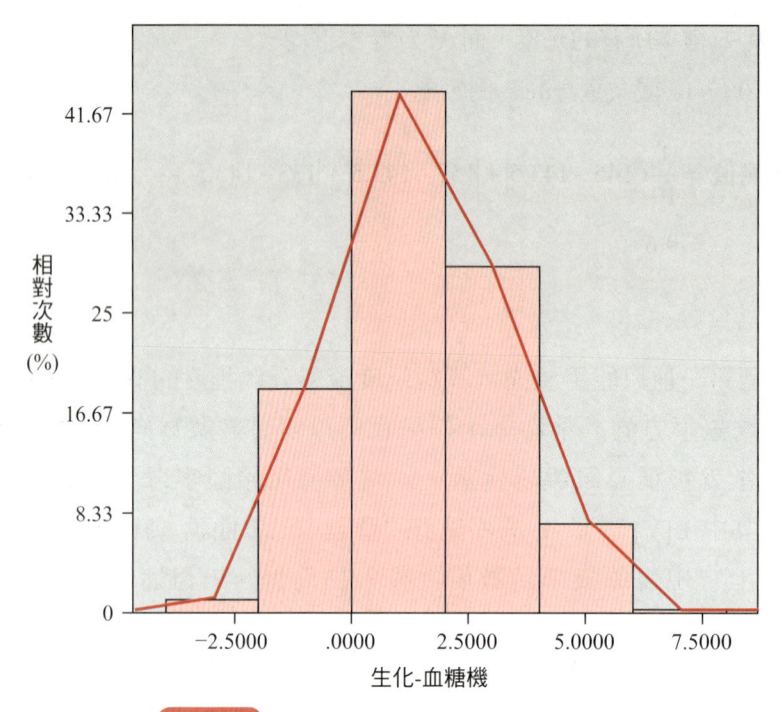

[圖 3-15 與圖 3-12 相應的相對次數曲線圖]

6. 標準差

變異數有不錯的運算性質，如式中的平方和 $\sum_{i=1}^{n}(X_i-\overline{X})^2=\sum_{i=1}^{n}X_i^2-\frac{1}{n}\{\sum_{i=1}^{n}X_i\}^2$，但其單位與原始數據的單位不一樣，這是以變異數來描述等距資料分散程度時的缺點。如果我們將它開平方根，即能得到與原始數據單位相同的指標，我們稱它為標準差。同樣，描述母體時，便有母體標準差 $\sigma=\sqrt{\sigma^2}$；描述樣本時，便有樣本標準差 $S=\sqrt{S^2}$。以前述 10 位 10 歲女童身高為例，S 觀察值 ≈ 11.43。

▶ 分布形狀的測量

在前面我們利用直方圖來描述等距資料的次數分布，如果將各分組中點的高度連線，所得的多邊形圖 (polygon) 稱為次數多邊圖或次數曲線圖 (frequency curve)，如果縱坐標由次數改為相對次數 (或百分比)，則被稱為相對次數曲線圖 (relative frequency curve)。圖 3-15 為圖 3-12 相應的相對次數曲線圖。

當樣本數愈多、(等組距) 分組組數愈多時，相對次數曲線就愈來愈接近一個母體曲線，這個曲線被稱為分布曲線 (distribution curve)。分布曲線的形狀千奇百怪，但是，分布曲線下的面積恆為 1 (100%)。我們對千奇百怪的分布形狀，主要關心它是否對稱以及兩端尾部的厚薄，以下將介紹幾個有關分布形狀的測量。

1. 五數摘要

一個尺度為序位以上尺度的變項,其樣本資料集的五數摘要彙總由下列五個數組成:

(1) Min,資料集內的最小值。
(2) Q_1,第一四分位數。
(3) Me,中位數。
(4) Q_3,第三四分位數。
(5) Max,資料集內的最大值。

從樣本資料集的五數摘要,我們大致可以看出母體的分布情形,尤其在一個尺寸圖上同時放置五數摘要時,它就具有更多的資訊。例如,從五數的相對位置,大致可看出分布曲線是否對稱。當 Q_1 和 Q_3、Min 和 Max 大致與 Me 對稱,亦即距離大致相等時,那麼分布曲線便大致對稱 (見圖 3-16 之對稱分布);當 Q_1 和 Me 的距離比 Q_3 和 Me 的距離遠、Min 和 Me 的距離比 Max 和 Me 的距離遠,亦即拉得比較遠的是左邊 Q_1 和 Min 那一側時,那麼分布曲線便稱為左偏分布 (negatively skewed distribution) (見圖 3-16 之左偏分布);相反地,當 Q_1 和 Me 的距離比 Q_3 和 Me 的距

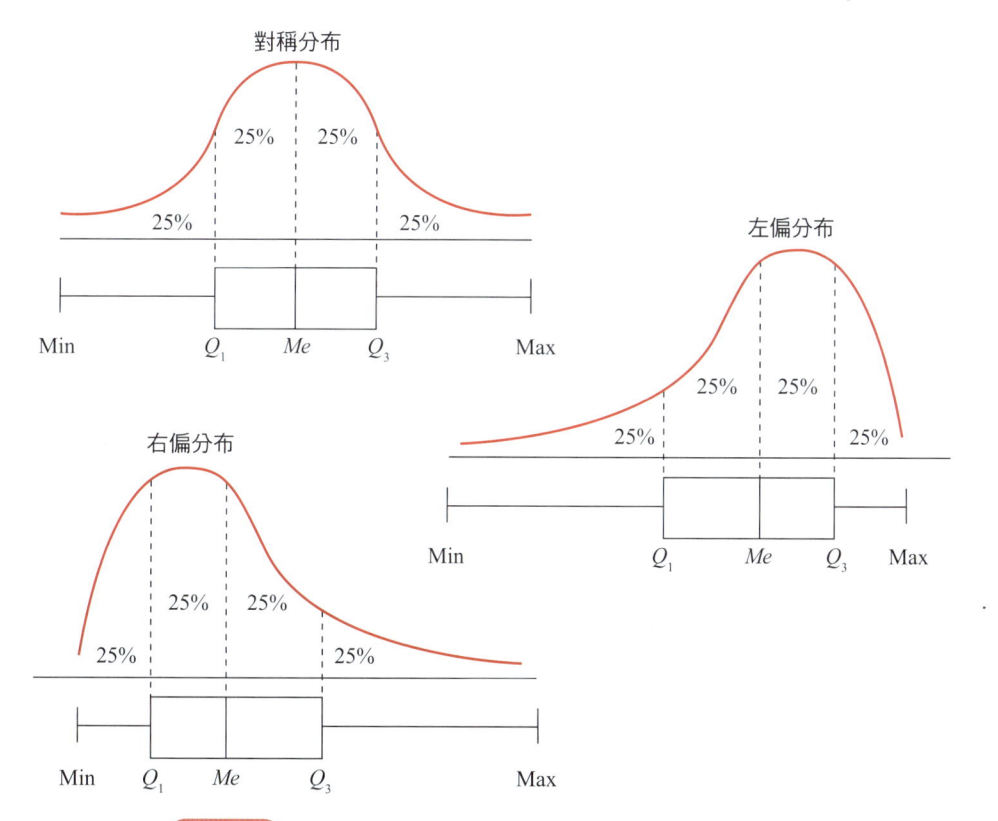

圖 3-16 五數相對位置與對稱、左偏、右偏分布的關係

離近、Min 和 *Me* 的距離比 Max 和 *Me* 的距離近，亦即拉得比較遠的是右邊 Q_3 和 Max 那一側時，那麼分布曲線便稱為右偏分布 (positively skewed distribution) (見圖 3-16 之右偏分布)。

從五數的相對位置可以判斷分布曲線是否對稱外，還可以判斷兩端尾部的厚薄。為了去除單位的影響，我們將原來的數值都除上各自的標準差，亦即以標準差為單位。諸如 10 歲女童身高這樣的變項，其分布曲線通常呈現鐘形、對稱的形狀，屬於常態分布。如果兩端尾部與常態分布相當，則稱為常態峰 (mesokurtosis)；如果兩端尾部比常態分布厚，則稱為高峽峰 (leptokurtosis)；如果兩端尾部比常態分布薄，則稱為低闊峰 (platykurtosis)。圖 3-17 為以標準差為單位且皆為對稱分布時，五數相對位置與常態峰、高峽峰、低闊峰分布的關係。顯然，具有高峽峰的分布，將單位變換成標準差後，其四分位間距 (IQR = $Q_3 - Q_1$) 會比常態分布更窄狹，而全距反而會更長 (Max − Min)；反之，具有低闊峰的分布，將單位變換成標準差後，其四分位間距會比常態分布更寬闊，而全距反而會更短。

在圖 3-16、圖 3-17 中，分布下方展示五數摘要的圖形，是由一個盒形圖和兩條鬚狀線組成，被稱為盒鬚圖。盒鬚圖的盒形是畫在上下兩個四分位數之間，盒內還有一條代表中位數的線，兩條鬚狀線分別從代表上下四分位數的點伸展到最大值

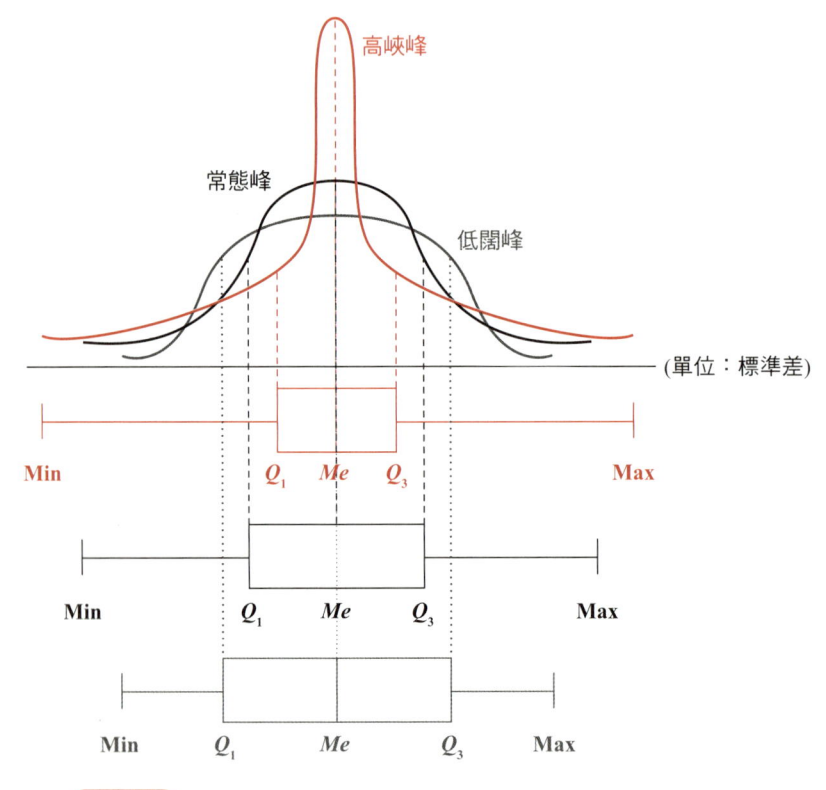

圖 3-17 五數相對位置與常態峰、高峽峰、低闊峰分布的關係

和最小值。

然而,不同的軟體對盒鬚圖的定義會略有出入,比較常見的是以 Q_3 加 1.5 倍的 IQR 為上限中的觀察值之最大值 (Max'),和以 Q_1 減 1.5 倍的 IQR 為下限中的觀察值之最小值 (Min'),取代 Max 和 Min,亦即所畫出來的兩條鬚狀線分別從上下四分位數伸展到 Max' 和 Min'。同時,若觀察值出現在 Q_3 加 (或 Q_1 減) 1.5 倍的 IQR 至 Q_3 加 (或 Q_1 減) 3 倍的 IQR 之內,通常會以空心圓圈來代表這些樣本數值,它們被稱為離群值 (outlier);若觀察值出現在 Q_3 加 (或 Q_1 減) 3 倍的 IQR 之外,通常會以實心圓圈或實心星號來代表這些樣本數值,它們被稱為極端值 (extreme values)。

利用五數的相對位置或盒鬚圖來判斷分布是否對稱或尾部的厚薄,不僅較為複雜,也容易流於主觀。下面介紹兩個係數來測量分布的形狀,一是測量分布對稱性的偏態係數 (coefficient of skewness);一是測量分布尾部厚度的峰度係數 (coefficient of kurtosis)。

2. 偏態係數

母體偏態可以用 $\gamma_1 = E[(\frac{X-\mu}{\sigma})^3]$ 來描述母體分布的對稱性,為了讓此係數不被單位大小影響了數值的大小,故採取的是將原變項 (X) 標準化 ($\frac{X-\mu}{\sigma}$) 後,取三次方求期望值,其中 μ 為母體平均數,σ 為母體標準差。若母體總數為 N,那麼 $\gamma_1 = \frac{1}{N}\sum_{i=1}^{N}(\frac{x_i-\mu}{\sigma})^3$,其中 $x_1, \cdots, x_N$ 為母體所有的元素。當 γ_1 大於 0 時,表示母體分布曲線為右偏分布 (見圖 3-18),亦即右側的尾部比左側的長,此時絕大多數的值 (包括中位數在內) 位於平均數的左側;當 γ_1 小於 0 時,表示母體分布曲線為左偏分布 (見圖 3-18),亦即左側的尾部比右側的長,絕大多數的值 (包括中位數在內) 位於平均數的右側;當 γ_1 等於 0 時,表示左右兩側大約相當,數值

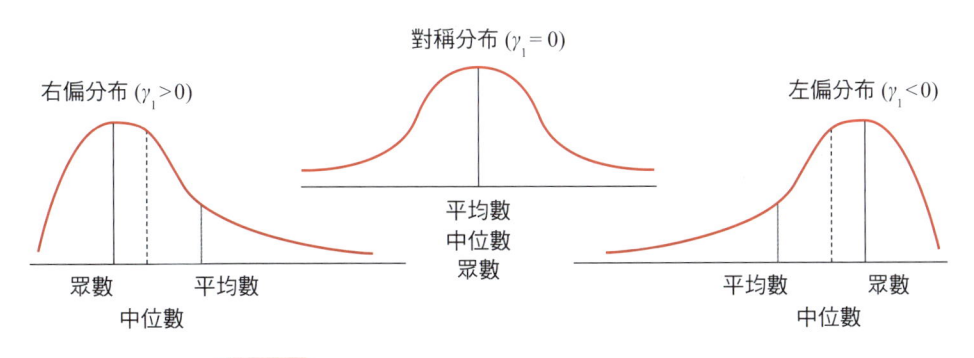

圖 3-18 對稱、左偏、右偏分布與偏態係數的關係

相對均勻地分布在平均數的左右兩邊 (見圖 3-18)。

樣本偏態係數定義為 $G_1 = \frac{n}{(n-1)(n-2)} \sum_{i=1}^{n} (\frac{X_i - \overline{X}}{S})^3$，若母體為對稱分布時，$G_1$ 為 γ_1 的不偏估計量。

3. 峰度係數

母體峰度可以用 $\gamma_2 = E[(\frac{X-\mu}{\sigma})^4] - 3$ 來描述母體分布尾部的厚薄，除了讓此係數不被單位大小影響了數值的大小，而採用標準化後的變項，取四次方求期望值外，尚以常態分布為比較基準，使得常態峰之 γ_2 為 0。由於如果 X 是常態分布，那麼 $E[(\frac{X-\mu}{\sigma})^4] = 3$，因此定義 $\gamma_2 = E[(\frac{X-\mu}{\sigma})^4] - 3$。若母體總數為 N，那麼 $\gamma_2 = \frac{1}{N} \sum_{i=1}^{N} (\frac{x_i - \mu}{\sigma})^4 - 3$，其中 $x_1, \cdots, x_N$ 為母體所有的元素。當 γ_2 大於 0 時，表示母體分布曲線為高峽峰 (見圖 3-19)，亦即尾部比常態分布厚；當 γ_2 小於 0 時，表示母體分布曲線為低闊峰 (見圖 3-19)，亦即尾部比常態分布薄；當 γ_2 等於 0 時，表示母體分布曲線為常態峰 (見圖 3-19)，亦即尾部大約與常態分布相當。

樣本峰度係數定義為 $G_2 = \frac{(n+1)n}{(n-1)(n-2)(n-3)} \sum_{i=1}^{n} (\frac{X_i - \overline{X}}{S})^4 - 3 \times \frac{(n-1)^2}{(n-2)(n-3)}$，若母體為常態分布時，$G_2$ 為 γ_2 的不偏估計量。

在 SPSS 中，可以在幾個程序中，都能找到有關集中趨勢、分散程度、分布形狀的測量，來幫助讀者摘要資料。例如，在「分析 (A)/敘述統計 (E)/次數分配表 (F)」這個程序中，其「統計量 (S)」選單中，除了「四分位距」和「盒鬚圖」以外，讀者皆可獲得其餘的測量。又如，在「分析 (A)/敘述統計 (E)/預檢資料 (E)」這個程序中，除了「眾數」與特定的「百分位數」(5、10、25、50、75、90、95) 以外，讀者皆可獲得其餘的測量 (含「盒鬚圖」)。詳細操作步驟，在此省略，讀者可以在習題三中獲得有用的資訊。

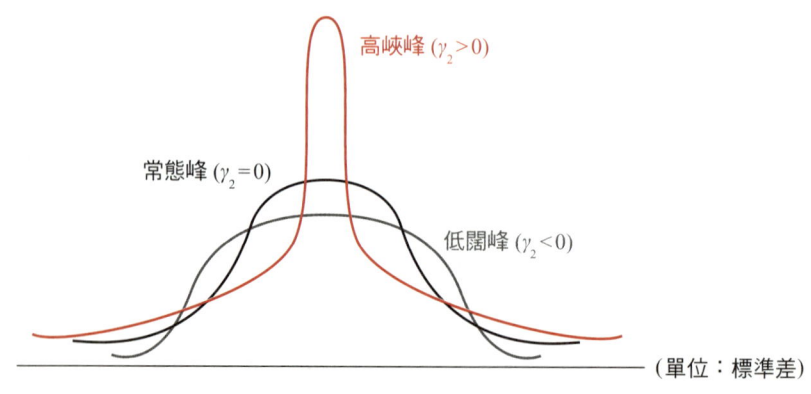

圖 3-19 高峽峰、低闊峰、常態峰分布與峰度係數的關係

習題三

1. 假設丟一個骰子 30 次所得之點數 x 如下：3, 5, 4, 1, 6, 3, 2, 4, 5, 1, 6, 5, 4, 3, 3, 2, 4, 6, 1, 1, 5, 3, 4, 6, 2, 1, 3, 4, 5, 5。
   (1) 在不使用任何套裝軟體的情況下，請你以次數分布表、長條圖、中位數、四分位數、全距、四分位間距來描述這組資料。
   (2) 在 SPSS 環境下，輸入上述 x 的 30 筆資料，按「分析 (A)/敘述統計 (E)/次數分配表 (F)」，將變項 x 選入「變數 (V)」中；按「圖表 (C)」，點選「長條圖 (B)」，按「繼續」；按「統計量 (S)」，勾選「四分位數 (Q)」、「範圍 (A)」(全距)、「中位數 (D)」，按「繼續」後，按「確定」(如下圖所示)。

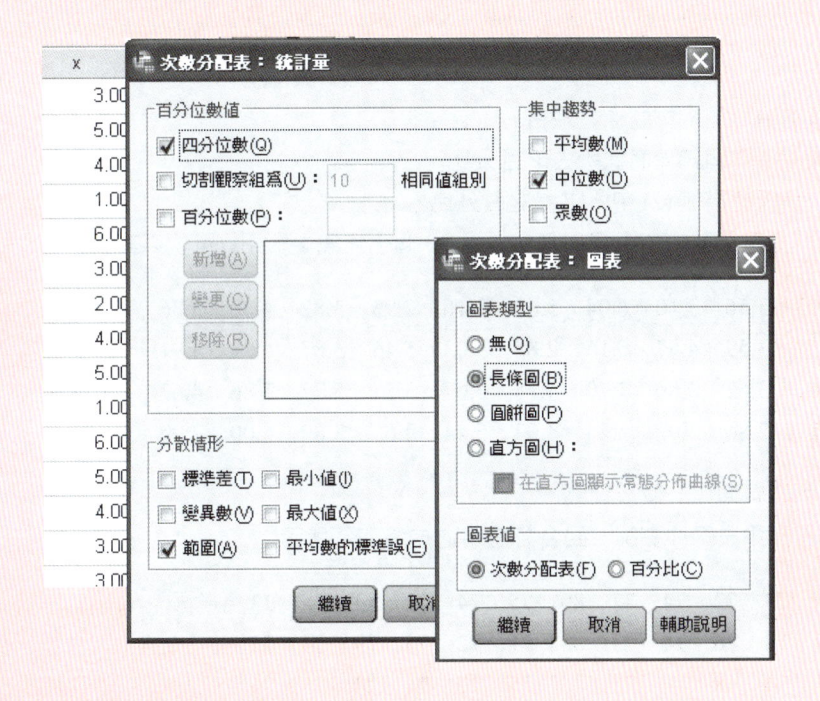

   (3) 請比較你在 (1) 的答案與 (2) 中所獲得的資訊是否相同？

2. 某飲料公司每年花費新台幣 6,000 萬元 (以下同) 做廣告，這筆廣告費用的分配如下：電視廣告花費 3,000 萬元、贊助體育活動花費 1,500 萬元、報紙廣告花費 1,000 萬元、海報廣告花費 500 萬元。
   (1) 請你在沒有套裝軟體的輔助下，根據上述資料畫成圓餅圖。
   (2) 在 SPSS 中，建立「廣告類別」這一個變項，並輸入 1-4，分別代表電視廣告、贊助體育活動、報紙廣告、海報廣告等四類，再建立另一個變項：「花費」，分別輸入相應的花費金額。接著，按「資料 (D)/加權觀察值 (W)」，點選「觀察值加權依據 (W)」，將「花費」這個變項選入「次數變數 (F)」中後，按「確定」。最後，按「統計圖 (G)/歷史對話紀錄 (L)/圓餅圖 (P)」，接著按「定義」將「廣告類別」這一個變項選入「定義圖塊依據 (B)」的變數清單中，按「確定」，即可獲得圓餅圖。

3. 某高一班級 30 位學生某次數學考試成績如下：75、88、51、62、48、65、92、77、64、56、38、73、45、83、62、95、57、78、61、85、75、68、50、80、74、67、82、73、69、53。請利用莖葉圖來展示上述成績資料。

4. 已知某次韻律體操比賽共有 7 名選手之成績為 8、9、7、8、6、8、10 (分)，則此樣本之中位數為何？

5. 一組學生所擁有的通用汽車公司的汽車樣本被確認了並且記錄其中每部汽車之商標。所得之樣本如下所示 (Ch = Chevrolet，P = Pontiac，O = Oldsmobil，B = Buick，Ca = Cadillac)：

Ch	B	Ch	P	Ch	O	B	Ch	Ca	Ch
B	Ca	P	O	P	P	Ch	P	O	O
Ch	B	Ch	B	Ch	P	O	Ca	P	Ch
O	Ch	Ch	B	P	Ch	Ca	O	Ch	B
B	O	Ch	Ch	O	Ch	Ca	B	Ch	B

(1) 求樣本中每個汽車商標之數目。
(2) 求樣本中每個汽車商標所占之百分比。
(3) 畫一長條圖描述 (2) 中所求得之百分比。

6. 下列資料是美國某快遞公司在某日運送 40 個小包裹之費用 (單位：美元)。

4.03	3.56	3.10	6.04	5.62	3.16	2.93	3.82	4.30	3.86
4.57	3.59	4.57	6.16	2.88	5.03	5.46	3.87	6.81	4.91
3.62	3.62	3.80	3.70	4.15	2.07	3.77	5.77	7.86	4.63
4.81	2.86	5.02	5.24	4.02	5.44	4.65	3.89	4.00	2.99

請就上列資料製作一個莖葉圖。

7. 某次女子高爾夫錦標賽第一回合各選手之成績如下所示：

69	73	72	74	77	80	75	74	72	83	68	73
75	78	76	74	73	68	71	72	75	79	74	75
74	74	68	79	75	76	75	77	74	74	75	75
72	73	73	72	72	71	71	70	82	77	76	73
72	72	72	75	75	74	74	74	76	76	74	73
74	73	74	72	74	71	72	73	72	72	74	74
67	69	71	70	72	74	76	75	74	74	73	74
74	78	77	81	73	73	74	68	71	74	78	70
68	71	72	72	75	74	76	77	74	74	73	73
70	68	69	71	77	76	68	72	75	78	77	79
79	77	75	75	74	73	73	72	71	68	70	71
78	78	76	74	75	72	72	72	75	74	76	77
78	78										

(1) 製作以上資料之次數分配表。

(2) 利用 (1) 中之次數分配表畫一個直方圖。

(3) 利用 (1) 中之次數分配表畫一個相對次數直方圖。

8. 隨機抽樣 15 個大學生昨晚睡眠時數，所得資料為 5、6、6、8、7、7、9、5、4、8、11、6、7、8、7。求下列各數：(1) 平均數 $\overline{X}$；(2) 中位數 Me；(3) 眾數；(4) 全距；(5) 四分位間距；(6) 變異數 S^2；(7) 標準差 S。

9. 某一所警察專科學校的新生被要求參加一項體能測驗。20 個新生的測驗成績 (以分鐘計) 如下所列：

  25 27 30 33 30 32 30 34 30 27
  26 25 29 31 31 32 34 32 33 30

求 (1) 平均數；(2) 全距；(3) 變異數；(4) 標準差。

10. 一項關於醫師的調查詢問樣本中每位醫師已生育的小孩數目。調查結果如下列次數分配表：

小孩數目	0	1	2	3	4	6
醫師數目	15	12	26	14	4	2

求樣本平均數、變異數與標準差。

11. 一項手的靈巧之研究包含了決定完成一項工作的時間 (以分鐘計)。40 個身障者完成該項工作的時間由少到多記錄如下：

  7.1 7.2 7.2 7.6 7.6 7.9 8.1 8.1 8.1 8.3
  8.3 8.4 8.4 8.9 9.0 9.0 9.1 9.1 9.1 9.1
  9.4 9.6 9.9 10.1 10.1 10.1 10.2 10.3 10.5 10.7
  11.0 11.1 11.2 11.2 11.2 12.0 13.6 14.7 14.9 15.5

(1) 請你在沒有套裝軟體的輔助下，計算 P_5、P_{10}、P_{90}、P_{95} 及五數摘要，並描繪盒鬚圖。

(2) 在 SPSS 中按「分析 (A)/敘述統計 (E)/預檢資料 (E)」，將代表工作時間的變項選入「依變數清單 (D)」中；按「統計量 (S)」，勾選「百分位數 (P)」，按「繼續」後，按「確定」，即可獲得相關資訊。

(3) 接續 (2) 的工作，按「貼上之後 (P)」，於語法視窗中將

/PERCENTILES (5, 10, 25, 50,7 5, 90, 95) HAVERAGE
置換成
/PERCENTILES (5, 10, 25, 50, 75, 90, 95) AEMPIRICAL

按「執行 (R)/全部 (A)」，即可獲得相關資訊。

(4) 比較 (1) (2) (3) 的結果，(2) 和 (3) 哪一個與 (1) 完全一致？

12. 考慮下列針對某種合成布料記錄其燃燒時間 (以秒鐘計) 所得之資料集。

    30.1　30.1　30.2　30.5　31.0　31.1　31.2　31.3　31.3　31.4
    31.5　31.6　31.6　32.0　32.4　32.5　33.0　33.0　33.0　33.5
    34.0　34.5　34.5　35.0　35.0　35.6　36.0　36.5　36.9　37.0
    37.5　37.5　37.6　38.0　39.5

　　求：(1) 中位數；(2) 全距；(3) 四分位數；(4) 五數摘要；(5) 描繪盒鬚圖。

Chapter 4 常態分布

常態分布是很重要的概念,它是由法國數學家棣莫弗 (Abraham de Moivre) 在西元 1718 年著作的書籍,及西元 1734 年發表的一篇關於二項機率分布 (binomial probability distribution) 文章中提出的,而在 19 世紀初,由法國數學家拉普拉斯 (P. S. Laplace) 及德國數學家高斯 (Gauss) 推廣,並應用在自然科學和社會科學上。由於許多變項都服從或近似常態分布,使得它在實務上能發揮功用,又由於許多統計理論與方法的發展都建立在常態分布的假設上,因此它在理論上也占有一席之地,成為統計學中極為重要的概念之一。

當學完本章之後,讀者應該能:

1. 瞭解常態分布的重要及其特性。
2. 說出二項分布與常態分布的差異。
3. 分辨常態分布與標準常態分布的差異。
4. 計算在常態分布曲線下某個範圍的面積。

一、實務問題

你聽過 6-標準差 或 6-西格瑪 (6-sigma) 嗎？這個做為製造生產流程常用的品質管制標準，它的理論依據為何？你聽過智商達 130 以上算是資優生的說法嗎？這個說法到底有沒有根據？你知道分子於理想氣體中速度的分布為何？更一般地說，任何處於熱力學平衡狀態的系統中的粒子，其速度的分布為何？上述問題都跟常態分布 (normal distribution) 有關，例如，根據最大熵原理 (the maximum entropy principle)，任何處於熱力學平衡狀態系統中的粒子，其速度的分布為常態分布。

在健康相關領域中，參考值範圍 (reference range or reference interval) 是指身心健康者的生理、生化等等測量數值的變異範圍，它是醫生或其他健康專業者在為特定病人解釋其檢驗結果時的根據之一。例如，已知約有 95% 的一般健康人的血清鈣濃度是介於 8.5～10.2 mg/dL 之間，若某人在成人健檢時，從抽血數據中意外發現血清鈣濃度是 12 mg/dL，醫師對照上述參考值範圍及其他臨床表現，或能找出高血鈣可能的原因 (例如是原發性副甲狀腺機能亢進或是惡性腫瘤引起的)，並安排更進一步的檢測及治療。那麼，如何建立參考值範圍呢？一個主要方法是利用常態分布的性質，找到這一個含有 95% 健康者的數值範圍。

許多現象，包括嬰兒出生時的身高、體重以及成年人的血壓、紅血球數等等，都服從或近似於第三節所要介紹的常態分布，透過常態分布曲線下的面積，即可界定參考值範圍。例如，35～44 歲男子收縮壓平均值約為 120 毫米汞柱 (mmHg)，標準差約為 24 毫米汞柱，其分布近似常態分布，由常態分布曲線下的面積可得約有 15% (15.45%) 的男子其收縮壓落在 140～160 mmHg 之間，約有 5% (4.16%) 的男子其收縮壓落在 160～180 mmHg 之間，而約有 1% (0.62%) 的男子其收縮壓超過 180 mmHg，我們可以根據上述範圍分別稱為 (A) 輕度高血壓、(B) 中度高血壓、(C) 重度高血壓 (見圖 4-1)。

在實務上，常態分布除了能提供建立參考值範圍的依據外，也提供在進行誤差分析和品質控制時的依據，這是因為大多數的測量誤差都服從或近似於常態分布的緣故。拉普拉斯在研究重複測量某一數值時的誤差，使用了常態分布來描繪隨機的測量誤差，如果某個極端值的出現機率很小，那麼便有可能並非偶然造成的誤差，而是系統誤差。同樣，如果我們以 6-標準差做為品質管制標準，在這個標準之下，常態分布的變項數值出現在正負三個標準差之外，只有 0.0027 的機率，也就是說，這種品質管制標準的產品不良率只有萬分之二十七。

總之，本章提供我們理解任何服從或近似於常態分布的變項可能數值範圍的機

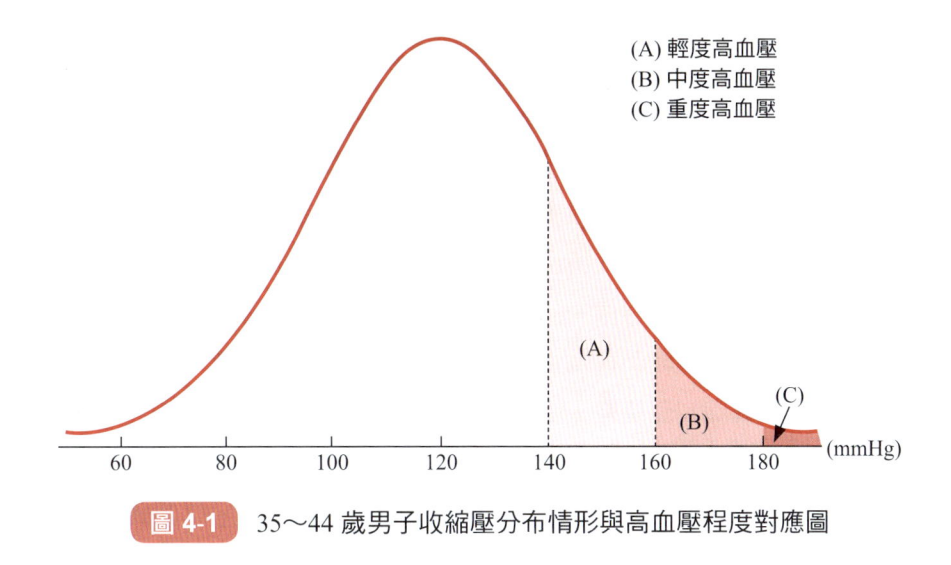

(A) 輕度高血壓
(B) 中度高血壓
(C) 重度高血壓

圖 4-1 35～44 歲男子收縮壓分布情形與高血壓程度對應圖

率,並為接續探討各種統計推論打下基礎。

二、何謂機率分布

在進行調查或實驗時,<u>機率分布</u> (probability distribution) 分配了或決定了所有可能獲得的結果中的任一組合或子集出現的可能性。例如,當我們投擲一枚硬幣,若出現正面就記下數字 1,若出現反面就記下數字 0,我們以變項 X 來代表記下來的數字,因為在投擲前不會知道記下來的數字是 1 或是 0,所以 X 被稱為<u>隨機變項</u> (random variable)。隨機變項 X 的機率分布被出現正面的機率 p 所決定,X=1 的機率為 p,以 P(X=1)=p 表示之。因為,X 不是 1 就是 0,所以 X=0 的機率為 $1-p$,以 P(X=0)=$1-p$=q 表示之。不是出現 1 就是出現 0 的分布,被稱為<u>柏努利機率分布</u> (Bernoulli probability distribution),以 X～B (1, p) 表示 X 為具有柏努利機率分布的隨機變項,且 P(X=1)=p。顯然,具有柏努利分布的隨機變項 X 的期望值 μ_x=E(X)=$1 \times p + 0 \times (1-p) = p$,變異數 Var(X)=$E(X-\mu_x)^2 = (1-p)^2 \times p + (0-p)^2 \times (1-p)$ =$p(1-p)=pq$。若此硬幣是公正的,亦即出現正面或反面的機率都是 1/2,此時,X～B(1, 1/2),μ_x=1/2,Var(X)=1/4。

我們投擲一枚硬幣 n 次,若 X 為出現正面的次數,則 P(X=k)=$C_k^n p^k q^{n-k}$,其中 k=0, 1, 2, …, n,$q=1-p$,$C_k^n = \dfrac{n!}{(n-k)!k!}$。隨機變項 X 的機率分布被稱為<u>二項機率分布</u> (binomial probability distribution) 或<u>二項分布</u>,記為 X～B(n, p)。二項分布的詳細介紹和其機率分布表見附錄 A 和附表表 3。

三、常態分布的特性

如第一節所述,自然界及生活中的許多隨機現象以常態分布的情形最普遍,所以常態機率分布是一個最常用且最重要的機率分布。如果隨機變項的數值大都集中於平均數的附近,其中特別大或特別小的數值不多,而且對稱地分布在平均數的左右兩邊,亦即其次數分布曲線像一個鐘形且其數值絕大部分集中在離平均數 3 個標準差之內,此種隨機變項我們稱為常態隨機變項,其分布稱為常態分布。

常態分布曲線具備四個特性,第一個特性是它的形狀為對稱的鐘形曲線,它的平均數、中位數和眾數都相同,也就是說,常態曲線並未向左或向右偏斜,偏度為 0,左右對稱;而且只有一個波峰,也剛好在正中央平均數處。這個曲線以平均數為中心,兩邊的尾巴漸進趨近於橫軸,完全左右對稱,亦即沿著中心線將曲線對折,左右兩半會完全重疊。

第二個特性是所有的常態分布都可以利用 Z 分布表 (見附表表 4) 算出曲線下的面積,不管平均數 (μ) 或是標準差 (σ) 是什麼,都可以求出各個區間的曲線下面積。例如,在 $\mu \pm \sigma$ 之間,曲線下的面積約為 68.26%;在 $\mu \pm 2\sigma$ 之間,曲線下的面積約為 95.45%;在 $\mu \pm 3\sigma$ 之間,曲線下的面積約為 99.74%,無論 μ 和 σ 多大多小,這些區間曲線下的面積都是固定的 (見圖 4-2)。

第三個特性是常態分布曲線完全被 μ 和 σ 所決定 (見圖 4-3),它僅需要兩個參

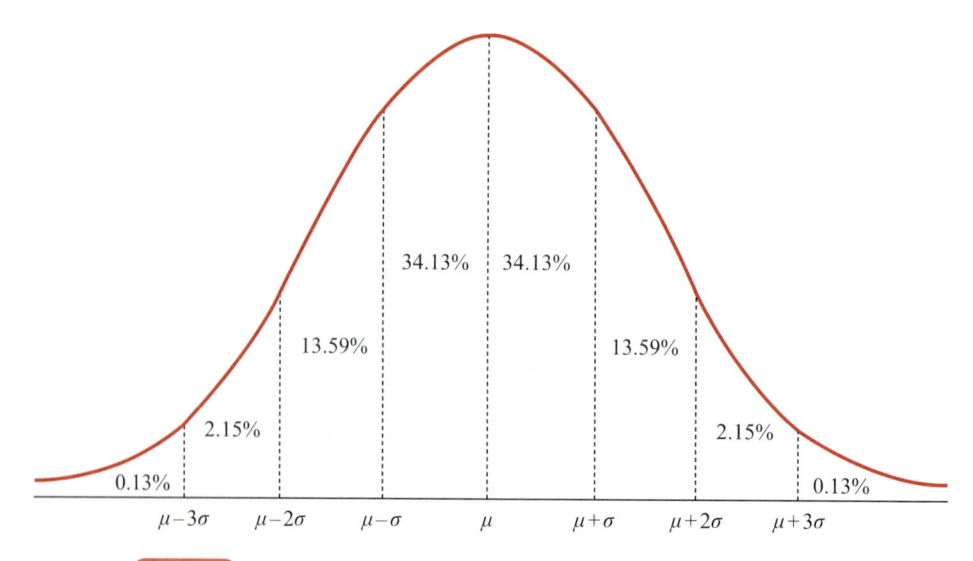

圖 4-2 以平均數為中心、標準差為間隔之常態曲線下的面積

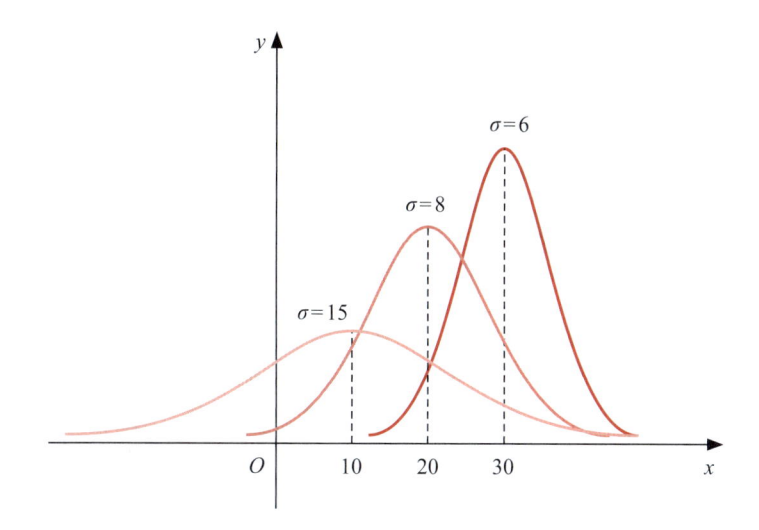

圖 4-3 具不同參數值之 $N(\mu, \sigma^2)$ 的曲線圖

數，通常以 $X \sim N(\mu, \sigma^2)$ 表示 X 是具有平均數為 μ 且標準差為 σ (變異數為 σ^2) 的常態隨機變項。已知 $X \sim N(\mu, \sigma^2)$，如果常態分布曲線在 $X=x$ 時所對應的高度為 $y=f(x)$，則有 $f(x) = \frac{1}{\sigma\sqrt{2\pi}}\exp[-\frac{1}{2}(\frac{x-\mu}{\sigma})^2]$，其中 x 為任意實數，$\exp[\cdot]$ 是以自然數 e 為底的指數函數，π 為圓周率。

第四個特性就是將任何常態分布進行線性轉換後，仍然為常態分布。簡言之，已知 $X \sim N(\mu, \sigma^2)$，若 $Y=aX+b$，因為

$$f(x) = \frac{1}{\sigma\sqrt{2\pi}}\exp[-\frac{1}{2}(\frac{x-\mu}{\sigma})^2] = \frac{1}{\sigma\sqrt{2\pi}}\exp[-\frac{1}{2}(\frac{(ax+b)-(a\mu+b)}{a\sigma})^2]$$

故 $f(y) = \frac{1}{\sigma\sqrt{2\pi}}\exp[-\frac{1}{2}(\frac{y-(a\mu+b)}{a\sigma})^2]$，亦即，若 $X \sim N(\mu, \sigma^2)$，則 $Y \sim N(a\mu+b, a^2\sigma^2)$。

例如，如果 X 是平均為 50、標準差為 3 的常態分布，那麼 2X+1 便是具有平均數為 101、標準差為 6、變異數為 36 的常態分布。

四、Z 轉換與標準常態分布

眾多常態分布曲線中，以平均數為 0、標準差為 1 的常態分布曲線最為常用，稱之為標準常態分布，有時簡稱為 Z 分布。亦即當 $Z \sim N(0, 1^2)$ 表示 Z 是標準常態

隨機變項，若 $Z=z$ 時，所對應的曲線高度為 $f(z)$，則有 $f(z) = \dfrac{1}{\sqrt{2\pi}} \exp[-\dfrac{z^2}{2}]$，其中 z 為任意實數。

Z 分布之所以常用，主要是因為將任何常態分布標準化後，便能獲得 Z 分布，亦即，若 $X \sim N(\mu, \sigma^2)$，則 $Z = \dfrac{X-\mu}{\sigma} \sim N(0, 1^2)$。這個標準化的線性轉換動作，有時簡稱 Z 轉換。

若 $\Phi(z)$ 為 Z 的**累積分布函數** (cumulative distribution function)，亦即 $\Phi(z) = P(\{Z \leq z\}) = \int_{-\infty}^{z} \dfrac{1}{\sqrt{2\pi}} \exp[-\dfrac{t^2}{2}] dt$，其幾何意義為標準常態曲線下小於等於 z 的面積 (見圖 4-4)。

顯然，利用常態分布的對稱特性，可得 $\Phi(z) + \Phi(-z) = 1$。一般而言，$\Phi(z)$ 的值不容易用手算出；所幸統計學書籍的作者一般會將 $\Phi(z)$ 或 $1-\Phi(z)$ 的值計算出來且製作成表，供讀者能迅速查得所需數值。本書在附表表 4-A 和附表表 4-B 中分別列出 z 等於 0.00, 0.01, …, 3.28, 3.29 所對應的右尾機率值 $1-\Phi(z)$ 或左尾機率值 $\Phi(-z)$，以及雙尾機率值 $2\times(1-\Phi(z))$ 或 $2\times\Phi(-z)$ 或 $1-\Phi(z)+\Phi(-z)$。例如，由附表表 4-A，在第一直行中找到 0.1，並在第一橫列中找到 9，其交叉處可查得 $1-\Phi(0.19) = \Phi(-0.19) = 0.4247$，以及由附表表 4-B 同樣位置處可查得 $2\times(1-\Phi(0.19)) = 2\times\Phi(-0.19) = 1-\Phi(0.19)+\Phi(-0.19) = 0.8493$。

如果 Φ^{-1} 為 Φ 的反函數，則 Z 的第 $100(1-\alpha)$ 個百分位數 (或上 100α 百分位數) $z_\alpha = \Phi^{-1}(1-\alpha)$，其幾何意義為標準常態曲線下大於等於 z_α 的面積為 α (見圖 4-5)，亦即右尾機率值為 α。顯然，$-z_\alpha = z_{1-\alpha}$，例如，$z_{0.4247} = 0.19$，$z_{0.5753} = -0.19$。

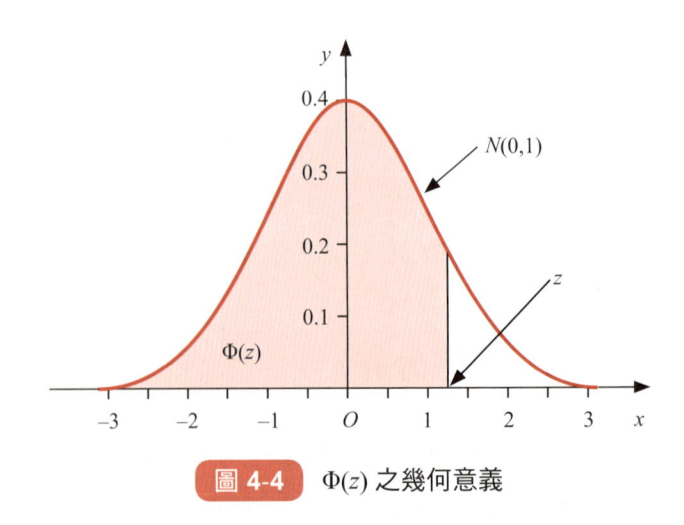

圖 4-4 $\Phi(z)$ 之幾何意義

图 4-5 z_α 之幾何意義

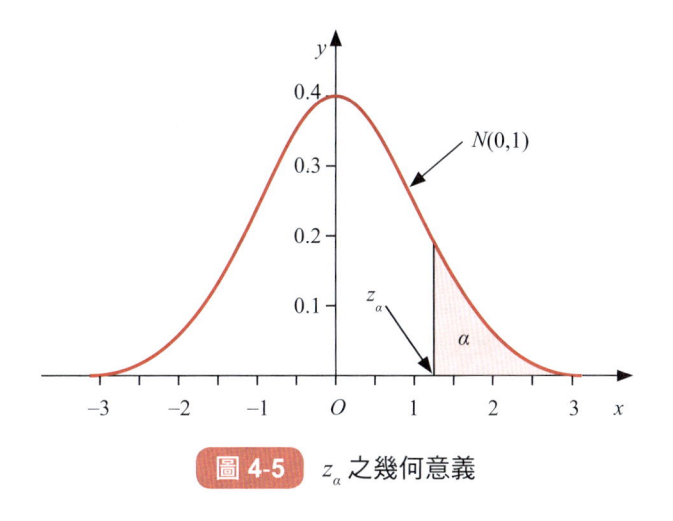

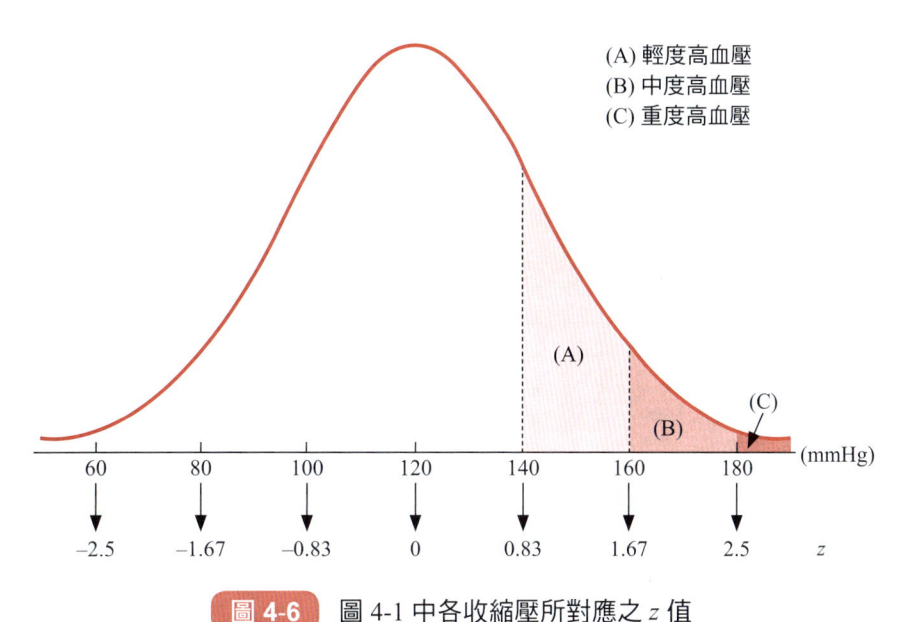

图 4-6 圖 4-1 中各收縮壓所對應之 z 值

我們回到本章第一節中所提到的以 6-標準差做為品質管制標準,根據附表表 4-B,查得 $1-\Phi(3)+\Phi(-3)=0.0027$,亦即在此品質管制標準的產品不良率只有萬分之二十七。

再以第一節所提,35～44 歲男子收縮壓 (mmHg) 分布近似 $N(120, 24^2)$ 為例,可由 Z 轉換與查表得知各範圍的面積。經 Z 轉換,收縮壓 140 所對應的 z 值為 $z=\dfrac{140-120}{24}=0.833$,收縮壓 160 所對應的 z 值為 $z=\dfrac{160-120}{24}=1.667$,收縮壓 180 所對應的 z 值為 $z=\dfrac{180-120}{24}=2.5$,即可由附表表 4-A 得知 (A)、(B)、(C) 三個區域分別的面積 (見圖 4-6)。

男子其收縮壓超過 180 mmHg 的機率，可由附表表 4-A 查得 $1-\Phi(2.5)=0.0062$，亦即占 0.62%；由附表表 4-A 查得 $1-\Phi(1.67)=0.0475$，所以男子收縮壓落在 160～180 mmHg 之間的機率為 $\Phi(2.5)-\Phi(1.67)=[1-\Phi(1.67)]-[1-\Phi(2.5)]=0.0475-0.0062=0.0413$，亦即占 4.13%；由附表表 4-A 查得 $1-\Phi(0.83)=0.2033$，所以男子收縮壓落在 140～160 mmHg 之間的機率為 $0.2033-0.0413=0.1620$，亦即占 16.20%。但由於前面在做 Z 轉換時，已是四捨五入後的近似值，故用這些近似值再由查表算得的機率值誤差便會稍大一些，但實務上仍可應用。

如果讀者想要獲得更精確一點的機率值，那麼就必須使用應用軟體。首先，先在 SPSS 新增新的資料集，並依次在同一直行輸入 140, 160, 180 三個數字與將此變項更名為 sbp (見圖 4-7(1))。按「轉換 (T)/計算變數 (C)」，在「目標變數 (T)」欄位輸入 z，並於「數值表示式 (E)」欄位中輸入 (sbp-120)/24 後按「確定」即可進行 Z 轉換 (見圖 4-7(2))。接著，再按「轉換 (T)/計算變數 (C)」，在「目標變數 (T)」欄位輸入 phi，並於「數值表示式 (E)」欄位中輸入 CDFNORM(z) 後按「確定」即可求得 $\Phi(z)$ (見圖 4-7(3))。再來，按「資料 (D)/轉置 (N)」，將 sbp 及 phi 選入「變數 (V)」的欄位中，按兩次「確定」，即可得到一個新的資料集 (見圖 4-7(4))。利用這個新資料集，即可算得 (A)、(B)、(C) 三個區域的面積。

(A)：按「轉換 (T)/計算變數 (C)」，在「目標變數 (T)」欄位輸入 A，並於

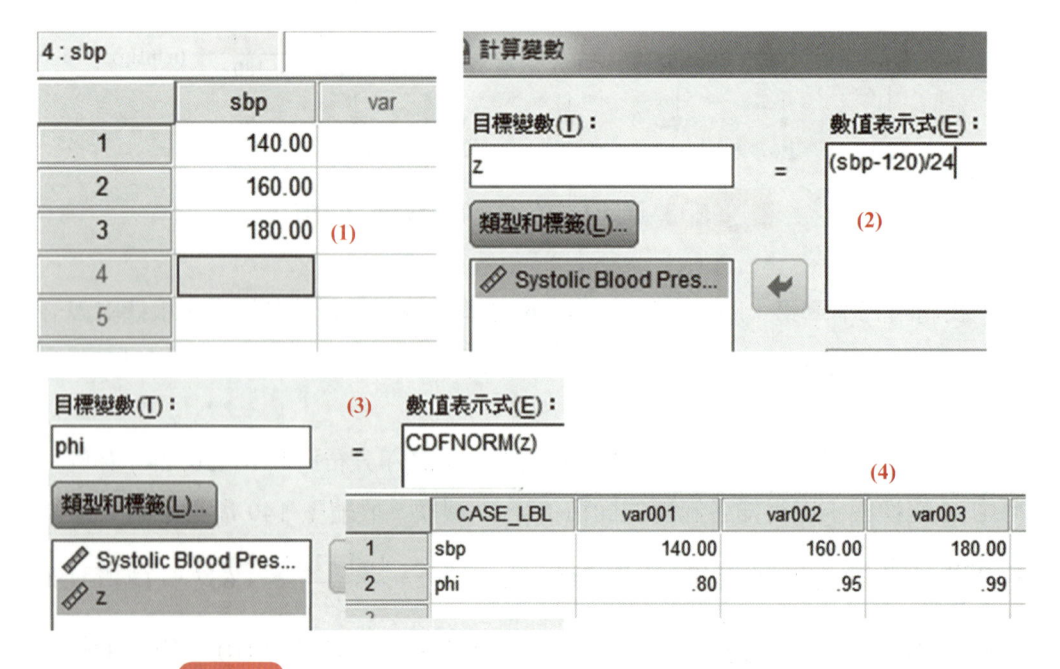

圖 4-7 利用 SPSS 計算圖 4-1 中各收縮壓範圍面積之示意圖

「數值表示式 (E)」欄位中輸入 var002-var001 後，按「確定」，即可在變項 A 的第二個觀察值獲得男子收縮壓落在 140～160 mmHg 之間的機率為 0.1545；

(B)：按「轉換 (T)/計算變數 (C)」，在「目標變數 (T)」欄位輸入 B，並於「數值表示式 (E)」欄位中輸入 var003-var002 後，按「確定」，即可在變項 B 的第二個觀察值獲得男子收縮壓落在 160～180 mmHg 之間的機率為 0.0416；

(C)：按「轉換 (T)/計算變數 (C)」，在「目標變數 (T)」欄位輸入 C，並於「數值表示式 (E)」欄位中輸入 1-var003 後，按「確定」，即可在變項 C 的第二個觀察值獲得男子收縮壓超過 180 mmHg 的機率為 0.0062。

我們再回到本章第一節中所提到的另一個問題，智商達 130 以上算是資優生的說法有沒有根據？以「魏氏智力測驗」而言，IQ 平均數大約是 100，標準差大約是 15。智商達 130 以上，意味著高過平均數兩個標準差，也就是說，所對應的 Z 值要大於 2，此範圍的面積查表可得 $1-\Phi(2)=0.0228$，亦即不超過 3% 的人智商達 130 以上，算是資賦優異。

如果某間學校，學生人數有 10,000 人，那麼 IQ 介於 95～125 之間約有多少人？要得到大約人數，先要求出此區間的人數比例為何，透過 Z 轉換，我們有 $z_1 = \frac{95-100}{15} = -0.33$、$z_2 = \frac{125-100}{15} = 1.67$，此範圍機率為 $\Phi(1.67)-\Phi(-0.33)$ $=1-[1-\Phi(1.67)]-[1-\Phi(0.33)]=1-0.0475-0.3707=0.5818$；然後，計算 $10,000 \times 0.5818=5818$，即可求得該校約有 5,818 位學生的 IQ 介於 95～125 之間。

同樣，我們也可以利用附表表 4-A 來求 z_α，例如，延續上述 IQ 的議題，求出 IQ 的第 90 百分位數，此時等同於求出 $z_{0.1}$ 後反推對應的 IQ 值。由附表表 4-A 查得 $1-\Phi(1.28)=0.1003$、$1-\Phi(1.29)=0.0985$，0.1003 比 0.0985 更接近 0.1，故 $z_{0.1}$ 大約等於 1.28，亦即 Z 分布的第 90 百分位數約為 1.28，因此 IQ 的第 90 百分位數 x 應當滿足 $\frac{x-100}{15}=1.28$，求得 $x=119.2$，即 IQ 的第 90 百分位數約為 119.2。

如果我們想要更精確些，同樣就必須使用應用軟體。先在 SPSS 新增新的資料集，任意輸入一筆資料後，按「轉換 (T)/計算變數 (C)」，在「目標變數 (T)」欄位輸入 iq，並於「數值表示式 (E)」欄位中輸入 IDF.NORMAL(0.9,100,15) 後按「確定」，即可獲得 IQ 的第 90 百分位數，約為 119.2233。

最後，在第二節曾提及當 n 很大時，離散型之 $B(n, 0.5)$ 與連續型之常態分布很接近，事實上，當 $np \geq 5$ 且 $n(1-p) \geq 5$ 時，我們便可以利用常態分布 $N(np, np(1-p))$ 來逼近 $B(n, p)$。具體而言，若 $X \sim B(n, p)$，且滿足 $np \geq 5$ 及 $n(1-p) \geq 5$ 時，對於任一整數 a，我們考慮在其端點做 ± 0.5 的校正，稱之為連續校正

(continuity correction)，以增加此逼近的精確度，故有 $P(X \leq a) \approx \Phi(\dfrac{a+0.5-np}{\sqrt{np(1-p)}})$、$P(X<a) \approx \Phi(\dfrac{a-0.5-np}{\sqrt{np(1-p)}})$、$P(X=a) \approx \Phi(\dfrac{a+0.5-np}{\sqrt{np(1-p)}}) - \Phi(\dfrac{a-0.5-np}{\sqrt{np(1-p)}})$。

例如，當 $n=50$，$p=0.5$ 時，$P(X=23) = C_{23}^{50}(\dfrac{1}{2})^{23}(\dfrac{1}{2})^{27} \approx \Phi(\dfrac{23+0.5-25}{\sqrt{12.5}}) - \Phi(\dfrac{23-0.5-25}{\sqrt{12.5}}) \approx \Phi(-0.42) - \Phi(-0.71)$。由附表表 4-A，查得左尾機率 $\Phi(-0.42)=0.3372$、$\Phi(-0.71)=0.2420$，故 $P(X=23) \approx 0.0952$。

當然，如果你手邊有應用軟體，它可以幫你求得更精確的值。先在 SPSS 新增新的資料集，任意輸入一筆資料後，按「轉換 (T)/計算變數 (C)」，在「目標變數 (T)」欄位輸入 p，並於「數值表示式 (E)」欄位中輸入 CDF.BINOM(23,50,0.5)–CDF.BINOM(22,50,0.5) 後按「確定」，即可獲得 $P(X \leq 23) - P(X \leq 22) = P(X=23)$，約為 0.0960。

習題四

1. 某飲料公司裝瓶流程嚴謹，採用 6-標準差的品質管制標準，若已知每罐飲料裝填量符合平均 1,200 cc，標準差 3 cc 的常態分布。求：(1) 隨機選取一罐，容量超過 1,206 cc 的機率；(2) 隨機選取一罐，容量小於 1,191 cc 的機率；(3) 在品質管制標準下，預期裝填容量的範圍。

2. 假設某校入學新生的智力測驗平均分數與標準差分別為 100 與 12，且分數的分布為常態分布。那麼隨機抽取 1 位學生，他的智力測驗分數大於 105 的機率？小於 90 的機率？

3. 令 X～N(3, 16)，求：(1) P({4 ≤ X ≤ 8})；(2) P({–2 ≤ X ≤ 1})；(3) P({0 ≤ X ≤ 5})

4. 請說出常態曲線有哪些特性？人類的哪些特徵或特性的分布是常態分布？

5. 用力肺活量 (forced vital capacity, FVC) 是肺功能的一個重要指標，但它會受到年齡、性別及身高等變項的影響。因此，在研究抽菸、家中油煙等危險因子對孩童肺活量的影響時，必須先修正上述變項的影響。對於某位受測者，一種校正方法是計算同年齡、同性別及同身高 (差距不超過 5 公分) 的一組人，計算出這組人的平均數 (μ) 和標準差 (σ)，然後對此受測者的原始 FCV 值 (X) 進行標準化，即 $Z = \frac{X - \mu}{\sigma}$，這個標準化 FVC 值 (Z) 近似標準常態分布 $N(0, 1^2)$。如果孩童的標準化 FVC 值小於 –1.5，那麼會被判定其肺部健康不佳，試問這樣的孩童所占的比例有多大？

6. 就傳統身高體重測量法而言，男生的理想體重為 [身高 (公分)–80]×0.7，而女生的理想體重為 [身高 (公分)–70]×0.6，如果實際體重超出理想體重的百分比 (簡稱超重百分比)，即超重百分比=100%×(實際體重–理想體重)/理想體重，在 10%～20% 之間為過重；若超重百分比超過 20%，則為肥胖。假設一群胰島素依賴型糖尿病 (IDDM) 病人的超重百分比是具有平均數 110、標準差 13 的常態分布，試問 IDDM 病人中有多少比例的人過重？有多少比例的人超重？

7. 已知一個白血球 (leucocytus) 是嗜中性球 (Neutrophil granulocyte) 的機率為 0.6，正常人每 100 個白血球中約有 50 到 75 個嗜中性球，試問在此正常範圍的定義下，正常人的百分比為何？如果 100 個白血球中嗜中性球數大於或等於 76，或者小於或等於 49，則稱為嗜中性白血球數異常，請分別求出異常高的機率及異常低的機率。

8. 成年男性的紅血球數近似常態分布，平均數為 5.1 million/uL，標準差為 0.56 million/uL：(1) 若紅血球數在 4.5 million/uL 以下為貧血，問成年男性貧血所占的比例；(2) 成年男性紅血球數介於 4～5.5 million/uL 之間的比例為何？

9. 假設正值青少年的男孩的碳水化合物攝取量呈常態分布，平均數為 124 克/千卡，標準差為 20 克/千卡，試問：(1) 青少年男孩的碳水化合物攝取量低於 90 克/千卡的比例為何？(2) 青少年男孩的碳水化合物攝取量高於 140 克/千卡的比例為何？

10. 我們如何得知變項分布是否為常態分布呢？除了依據理論或經驗外，還可以利用檢定方法來進行判定。有關檢定的概念需要等到第十一章才有相關的介紹，不過有時候可以利用偏態係數和峰度係數，進行簡單的判定：如果偏態係數或峰度係數的絕對值除以其標準差後所得的數值超過 2，則判定該變項分布不為常態分布，否則暫時接受該變項分布為常態分

布的假設。請你利用上述簡單的判定準則，判斷王先生的研究資料中 (mrwangsdata.sav)，diff 此一變項 (生化血糖值–血糖機血糖值) 是否為常態分布？

Chapter 5 樣本平均數的分布

在實務上我們經常使用樣本平均數做為一組樣本數值的代表，或用以進行決策，原因之一是因為樣本平均數的分布與母體分布之間有某種關聯。本章的主要目的便是要探討樣本平均數的分布與母體分布之間的關聯性，並介紹中央極限定理，在大樣本的情況下，即使不知原分布為何，我們也能對樣本平均數的分布有所掌握。

當學完本章之後，讀者應該能：

1. 分辨母體分布與抽樣分布的不同。
2. 說出樣本平均數的分布與母體分布之間的關聯。
3. 說明中央極限定理的適用條件與其重要性。
4. 計算與解釋平均數的標準誤。
5. 說明 t 分布的用處。

一、實務問題

慢性 B 型肝炎在診斷、治療及抗病毒藥療效的判斷，HBV DNA 濃度的檢測結果是最重要的指標之一。但是，聚合酶鏈鎖反應 (polymerase chain reaction，簡稱 PCR) 檢測結果誤差很大，通常容許會有上下 10 倍之差，亦即，如果某位慢性 B 肝患者真正的 HBV DNA 濃度 PCR 檢測值應該為 1,000 U/mL，那麼 100～1,0000 U/mL 之間都是可接受的。因此，並不是每一次的病毒量檢測結果都能準確反映 B 肝患者體內病毒複製的真實情況，在抗病毒治療期間，如果出現 HBV DNA 檢測數值變化與臨床表現不相符，也是有可能的，所以實務上最好多做幾次取平均值，做為 B 肝患者 HBV DNA 濃度的檢測數值，方能更準確地反映其體內病毒複製的真實情況。

在環境衛生方面的檢測，其標準作業程序上都規定了以數次檢測數值的平均值做為結果，而非報告單次檢測數值。例如，「水污染防治措施及檢測申報管理辦法」第 60 條第 2 項水質檢測方式補充規定載明其採樣方式：屬 24 小時連續排放者，依中央主管機關公告標準檢測方法規定，水樣不得分裝之檢測項目，每 8 小時採樣一次，共採樣 3 次進行檢測，取其平均值。同樣，「中小型廢棄物焚化爐戴奧辛管制及排放標準」第 5 條、「使用中汽車召回改正辦法」第 7、8、16 條、「固定污染源戴奧辛排放標準」第 5 條、「機器腳踏車車型排氣審驗合格證明核發及廢止辦法」附錄五、「放流水標準」第 2 條等等，皆有以平均數做為檢測結果的規定。

在實務上，可以是針對同一受測者或同一檢體進行重複測量取樣求取平均，例如「勞工健康體能測試方法與建議修正方式一覽表」中建議量測兩次腰圍、臀圍後求其平均以做為該勞工的腰圍、臀圍數值；也可以針對不同的受測者或不同的檢體進行測量取樣求取平均，例如《美國藥典》(United States Pharmacopeia) 中允許生物檢驗體系使用各樣本的平均值來反映樣本的情況。不論如何，皆常見到樣本平均數的身影，顯見它在實務上的重要性。到底樣本平均數有多大的功用，使得它在實務上獲得如此青睞呢？以下我們將從樣本平均數的分布與母體分布的關係談起。

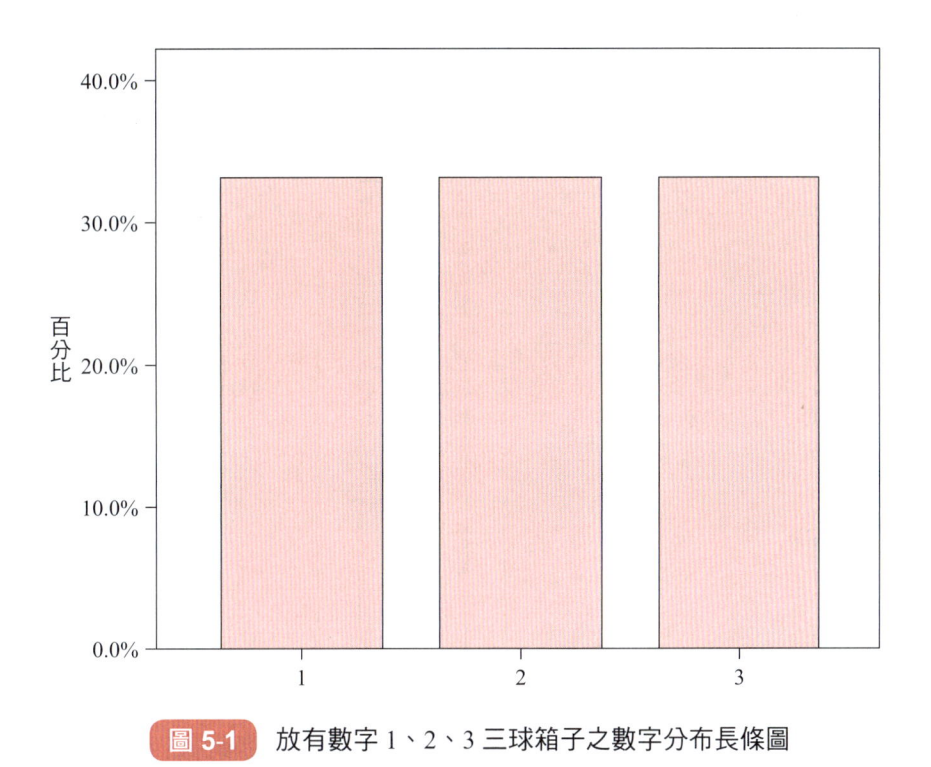

圖 5-1　放有數字 1、2、3 三球箱子之數字分布長條圖

二、樣本平均數的分布與母體分布的關係

在第三章，我們曾經以下列的例子來說明 $\overline{X}$ 為 μ 的不偏估計量。假設有一個箱子中放了三個分別寫有數字 1、2、3 的球，利用抽取後放回再抽的方式，進行 2 次抽取，並求這 2 次抽取所得數字的樣本平均數。此箱中數字 (X) 分布如圖 5-1 所示。

我們從具有圖 5-1 之分布的母體中重複抽取兩個樣本，並求得樣本平均數 $\overline{X}$，將其所有可能的分布情形繪製長條圖如圖 5-2 所示。比較圖 5-1 和圖 5-2，前者母體分布為數字 1、2、3 之機率各為 $\frac{1}{3}$ 的均勻分布，而後者樣本數為 2 之樣本平均數分布，為數字 1、3 之機率各為 $\frac{1}{9}$、數字 1.5、2.5 之機率各為 $\frac{2}{9}$、數字 2 之機率為 $\frac{1}{3}$ 的分布，但這兩個分布的平均數皆為 2，在第三章，我們便是以此來說明 $\overline{X}$ 為 μ 的不偏估計量。

如果將重複抽取的次數增加到 5 次，這五個樣本的平均數分布直方圖如圖 5-3 所示。圖 5-3 是 5 個樣本的平均數所形成的分布，它是從具有圖 5-1 之分布的母體中，抽出樣本大小同為 5 的所有可能之樣本，每個平均數的數值組成的一個新的母

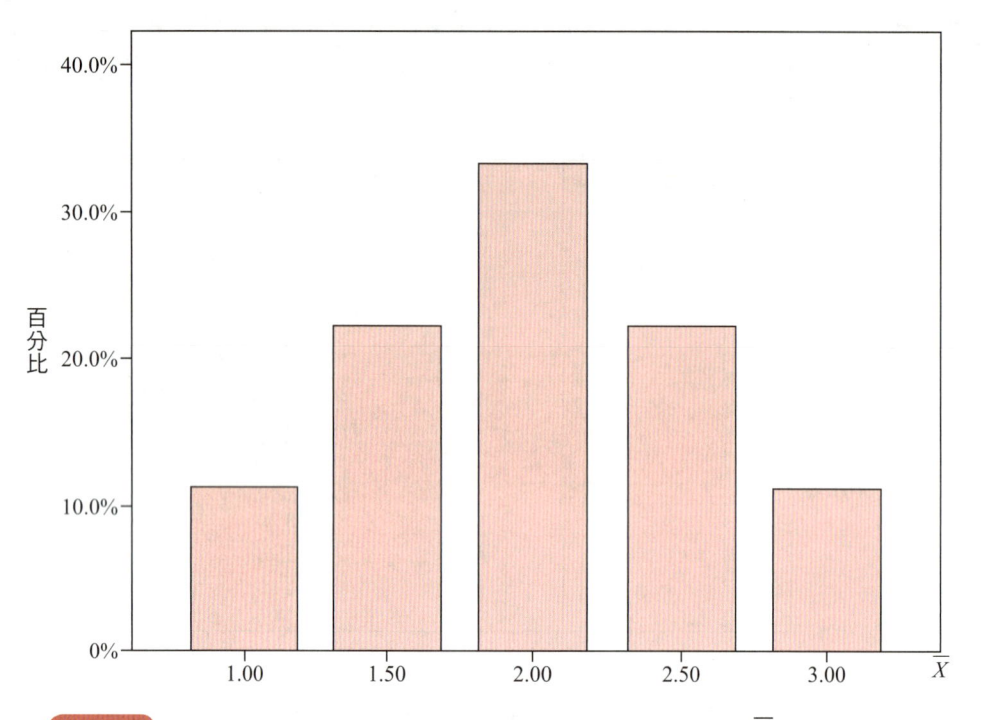

圖 5-2　從數字 1、2、3 中重複抽取 2 個樣本之樣本平均數 ($\bar{X}$) 分布長條圖

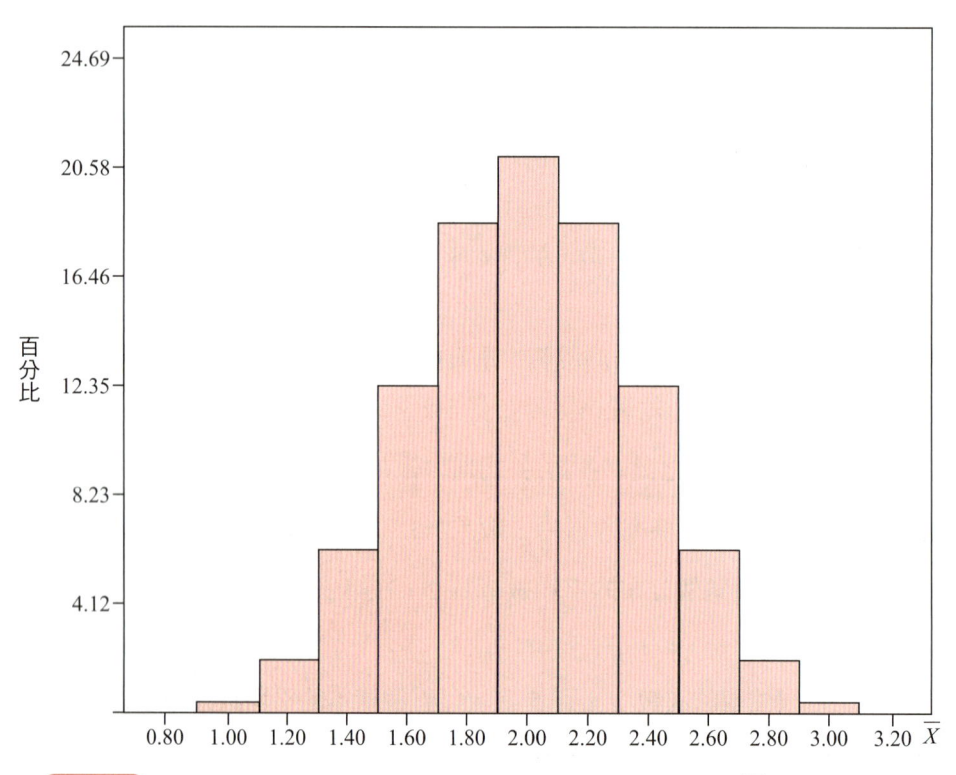

圖 5-3　從數字 1、2、3 中重複抽取 5 個樣本之樣本平均數 ($\bar{X}$) 分布直方圖

體,其分布就是樣本平均數的抽樣分布。亦即,把理論上抽出樣本大小為 5 的組合皆算出其樣本平均數,這些依據抽樣所算出來的數值形成一個新的分布,稱之為抽樣分布;實際上,我們只會有一組樣本,算出一個樣本平均數。

雖然,圖 5-3、圖 5-2 和圖 5-1 顯然形狀不同,但前兩個抽樣分布各自的母體平均數仍是和後者原母體分布的平均數相同,皆為 2。樣本平均數的分布與母體分布的關係,除了它們的分布平均數相同外,它們的變異數之間也有某種關係存在。在第三章,我們已算得圖 5-1 這個母體分布的變異數為 $\frac{2}{3}$,讀者可利用定義算得圖 5-2 這個抽樣分布的變異數為 $\frac{1}{3}$,以及圖 5-3 這個抽樣分布的變異數為 $\frac{2}{15}$。如果把抽取個數考慮進來,讀者或許可以發現:$\frac{1}{3}=\frac{2}{3}\times\frac{1}{2}$、$\frac{2}{15}=\frac{2}{3}\times\frac{1}{5}$,隨著樣本數變大,相應的樣本平均數抽樣分布的變異數會變小。換言之,樣本平均數 $\overline{X}$ 的分布與母體分布雖然不同,但它們的平均數和變異數有如下的關係:

令 $X_1, \cdots, X_n$ 為相互獨立從同一個具有平均數為 μ、變異數為 σ^2 的母體分布中,隨機抽取出來的一組樣本,若 $\overline{X}$ 為樣本平均數,則 $\overline{X}$ 的抽樣分布平均數仍為 μ、變異數為 $\frac{\sigma^2}{n}$ (標準差為 $\frac{\sigma}{\sqrt{n}}$)。樣本平均數抽樣分布之標準差常被稱為平均數之標準誤 (standard error of mean),記為 SE($\overline{X}$),即 SE($\overline{X}$)=$\sigma_{\overline{X}}=\frac{\sigma}{\sqrt{n}}$;上述的關係可以用下列符號簡便地描述:$\mu_{\overline{X}}=\mu$、$\sigma_{\overline{X}}=\frac{\sigma}{\sqrt{n}}$。

這也是在實務上會多量幾次求平均的原因,如第一節提到的 HBV DNA 濃度檢測,只測一次的誤差很大,實務上多做幾次取平均數,做為 B 肝患者 HBV DNA 濃度的檢測數值,隨著測量次數 n 的增加,$\overline{X}$ 的標準差 $\frac{\sigma}{\sqrt{n}}$ 便愈來愈小,取平均數更能準確地反映病毒複製的真實情況。

眼尖的讀者或許從圖 5-2 到圖 5-3 的變化,發現好像樣本數愈大,樣本平均數抽樣分布的形狀,似乎愈來愈「常態」,即使原來母體的分布 (見圖 5-1) 不怎麼「常態」。下一節將深入研究上述的觀察,在此之前,我們先來看看,如果原母體分布本身就是一個常態分布時,樣本平均數的分布與母體分布的關係:

令 $X_1, \cdots, X_n$ 為相互獨立從 N(μ, σ^2) 隨機抽取出來的一組樣本,若 $\overline{X}$ 為樣本平均數,則 $\overline{X}$ 的抽樣分布去除數仍為常態分布,亦即 $\overline{X}$ 的分布為 N($\mu, \frac{\sigma^2}{n}$)。

例如,$X_1, \cdots, X_{16}$ 為常態母體 N(100, 20^2) 的一組隨機樣本,則樣本平均數 $\overline{X}\sim$ N(100, $\frac{20^2}{16}$),也就是說,$\overline{X}\sim$N(100, 5^2)。所以由附表表 4-B 之 Z 分布雙尾機率表,

吾人可得 $\bar{X}$ 介於 90～110 之間的機率

$$P(\{90 \le \bar{X} \le 110\}) = P(\{\frac{90-100}{5} \le \frac{\bar{X}-100}{5} \le \frac{110-100}{5}\})$$

$$= P(\{-2 \le Z \le 2\})(Z = \frac{\bar{X}-100}{5} \sim N(0, 1^2))$$

$$= 1 - [1 - \Phi(2) + \Phi(-2)] = 1 - 0.0455 = 0.9545$$

三、中央極限定理

我們已經知道常態分布母體之樣本平均數 $\bar{X}$ 的機率分布亦為常態分布，不管樣本數 n 有多小；再加上：$\mu_{\bar{X}} = \mu$、$\sigma_{\bar{X}} = \frac{\sigma}{\sqrt{n}}$，即可獲得上節末之關係。但是，若隨機樣本 $X_1, \cdots, X_n$ 之母體分布不是常態的，則 $\bar{X}$ 的分布為何便不清楚。

然而在一些情況 (如大樣本或母體為對稱分布) 下，$\bar{X}$ 的分布會近似於常態分布，這個性質被稱為 中央極限定理 (Central Limit Theorem)：

令 $X_1, \cdots, X_n$ 為相互獨立地從同一個具有平均數 μ、非 0 變異數 σ^2 的母體分布抽出的一組隨機樣本，若樣本數 $n \ge 30$，則 $\bar{X}$ 之機率分布近似於 $N(\mu, \frac{\sigma^2}{n})$，亦即 $\frac{\bar{X} - \mu}{\sigma/\sqrt{n}} = \frac{\sqrt{n}(\bar{X} - \mu)}{\sigma}$ 之分布近似於 $N(0, 1)$。

大致上，當母體的機率分布為對稱分布，此時樣本數只要大於或等於 10，就可保證中央極限定理表現不錯。我們可藉由圖 5-4 來理解中央極限定理，原分布 A 和原分布 B 是對稱的分布，在 n 等於 5 時，它們 $\bar{X}$ 的分布都已近似常態，即使像原分布 C 那麼偏斜的分布，在 $n=30$ 時，$\bar{X}$ 的分布也近似常態了。

原分布 A 是屬於 連續均勻分布 (continuous uniform distribution) 或稱為 矩形分布 (rectangular distribution)，如果 X 值的範圍為 a 到 b，此時在此範圍內每一個 X 所對應 Y 軸高度皆為 $\frac{1}{b-a}$，此範圍外所對應 Y 軸高度皆為 0，則記為 X~U(a, b)。U(a, b) 之平均數 (μ) 與變異數 (σ^2) 分別為 $\mu = \frac{a+b}{2}$ 與 $\sigma^2 = \frac{(b-a)^2}{12}$。

假設 $X_1, \cdots, X_{20}$ 為均勻分布 U(0, 1) 的一組隨機樣本，且令 $Y = X_1 + \cdots + X_{20}$。我們可以利用中央極限定理求出 Y 介於 8.5 到 11.7 之間的機率。因為 U(0, 1) 之平均數與變異數分別為 $\mu = 1/2$ 與 $\sigma^2 = 1/12$，所以 $W = \frac{Y/20 - 1/2}{\sqrt{\frac{1}{20} \times \frac{1}{12}}} = \frac{Y - 20 \times 1/2}{\sqrt{20/12}} = \frac{Y - 10}{\sqrt{5/3}}$

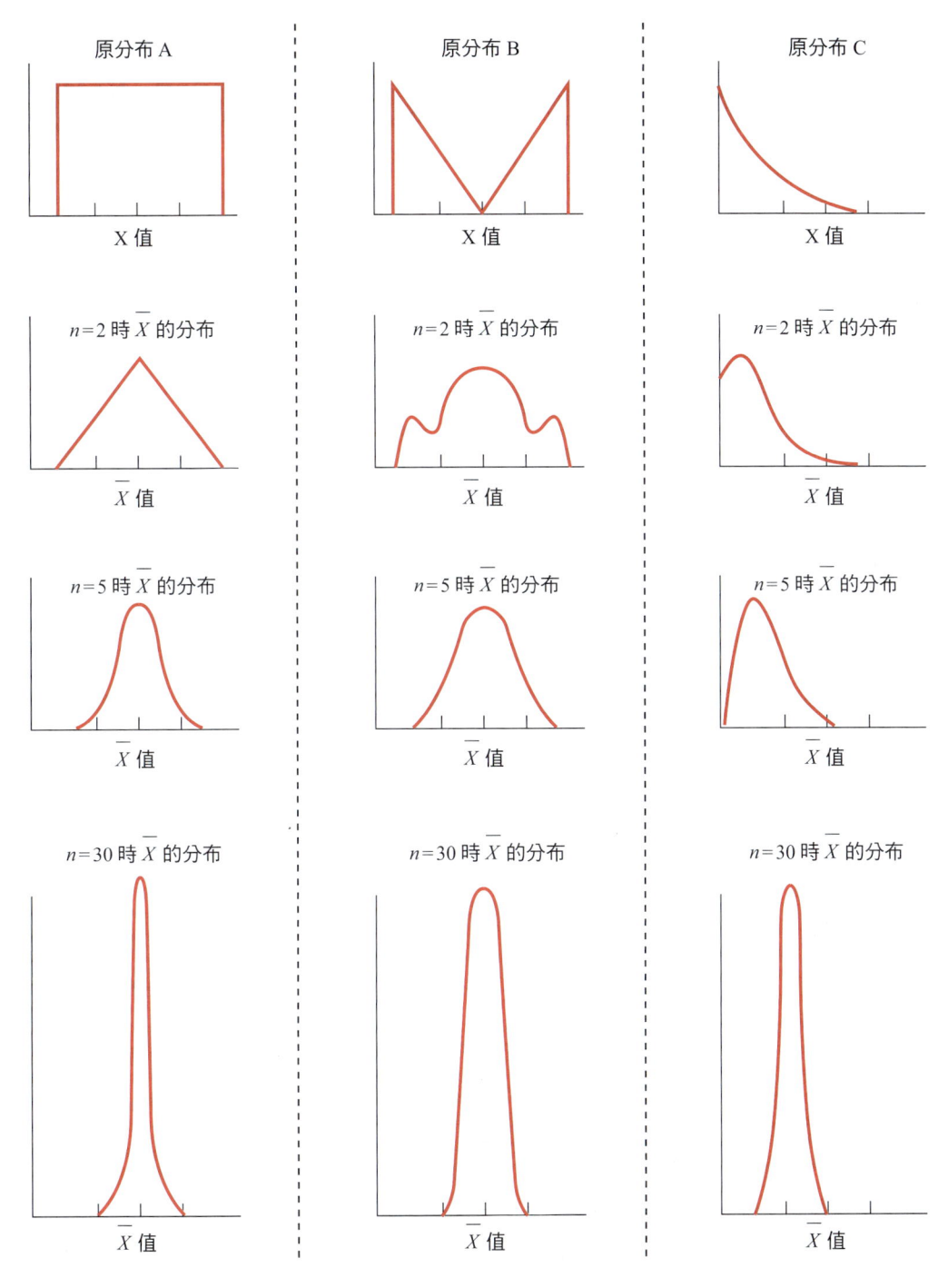

圖 5-4　原分布 A、B、C 之隨機樣本各自在不同樣本數時 $\overline{X}$ 的分布

之分布近似於 N(0, 1)。由附表表 4-A 可得

$$P(\{8.5 \leq Y \leq 11.7\}) = P(\{\frac{8.5-10}{\sqrt{5/3}} \leq W \leq \frac{11.7-10}{\sqrt{5/3}}\}) \approx 1-\Phi(-1.16)-(1-\Phi(1.32))$$
$$= 1-0.1230-0.0934 = 0.7836$$

四、t 分布

在上一節，中央極限定理告訴我們，當 n 很大時，例如 $n \geq 30$，若 $X_1, \cdots, X_n$ 為相互獨立從同一個具有平均數為 μ、非 0 變異數為 σ^2 的母體分布的一組隨機樣本，則 $\frac{\overline{X}-\mu}{\sigma/\sqrt{n}}$ 之分布近似於 N(0, 1)。此時若因 σ 未知，而用樣本標準差 S 來代替，

$S = \sqrt{\frac{\sum_{i=1}^{n}(X_i-\overline{X})^2}{n-1}}$，由於 n 很大時，S 便趨近於 σ，那麼 $\frac{\overline{X}-\mu}{S/\sqrt{n}}$ 也會近似於 N(0, 1)。但小樣本的時候，$\frac{\overline{X}-\mu}{S/\sqrt{n}}$ 便與 $\frac{\overline{X}-\mu}{\sigma/\sqrt{n}}$ 會有些差距，所以若不知道 σ，而用 S 來代替 σ 時，卻無法得知 $\frac{\overline{X}-\mu}{S/\sqrt{n}}$ 的分布或近似分布為何，應用上便遇到了困難。

在上上節，我們已經知道，若 $X_1, \cdots, X_n$ 為相互獨立從 $N(\mu, \sigma^2)$ 隨機抽取出來的一組樣本，則樣本平均數 $\overline{X}$ 的分布為 $N(\mu, \frac{\sigma^2}{n})$，亦即 $Z = \frac{\overline{X}-\mu}{\sigma/\sqrt{n}}$ 之分布為 N(0, 1)。因此若原分布為常態分布，則不管樣本數的大小，$\frac{\overline{X}-\mu}{\sigma/\sqrt{n}}$ 之分布皆為 N(0, 1)。同樣，許多時候原母體標準差 σ 是無從得知的，就無法算得變項 Z 之數值。但是，用 S 來代替 σ 所得的統計量 $\frac{\overline{X}-\mu}{S/\sqrt{n}}$，不再是變項 Z，其分布也不再是 Z 分布，而是由戈塞特 (W. S. Gosset) 所推導出來的 t 分布。

西元 1908 年，任職愛爾蘭都柏林的吉尼斯 (Guinness) 啤酒廠的化學家兼統計學家戈塞特，以筆名斯都鄧 (Student) 發表了 t 分布的發現，之後經由費雪 (Sir R. A. Fisher) 命名為**斯都鄧的 t 分布** (Student's t distribution) 並發揚光大。t 分布曲線完全被**自由度** (degree of freedom, df) ν 所決定 (見圖 5-5)，若 t 分布曲線在 X=x 時所對應的高度為 y=f(x)，則有 $f(x) = \frac{\Gamma(\frac{\nu+1}{2})}{\sqrt{\nu\pi}\Gamma(\frac{\nu}{2})}(1+\frac{x^2}{\nu})^{-\frac{\nu+1}{2}}$，其中 x 為任意實數，

$\Gamma(x) = \int_0^\infty t^{x-1}e^{-1}dt$ 為**伽瑪函數** (Gamma function)。前述自由度是指當以統計量來估計母體參數時，樣本中獨立或能自由變化的數據的個數，稱為該統計量的自由度。就以 $t = \dfrac{\overline{X} - \mu}{S/\sqrt{n}}$ 這個統計量為例，計算 S 時必須用到樣本平均數 $\overline{X}$ 來計算，而 $\overline{X}$ 在抽樣完成後已確定，所以大小為 n 的樣本中只要其中 $n-1$ 個數值確定了，第 n 個數值就被唯一確定了，就是那個能使這組樣本平均數等於 $\overline{X}$ 的唯一數值。換言之，樣本中只有 $n-1$ 個數值可以自由變化，只要確定了這 $n-1$ 個數值，樣本標準差 S 就確定了，t 統計量的值也跟著確定了。這裡，平均數 $\overline{X}$ 就相當於一個限制條件，由於加了這個限制條件，S 的自由度為 $n-1$，進而 t 統計量的自由度也是 $n-1$。

從圖 5-5，讀者可以發現 t 分布與 Z 分布很相似，都是單峰、鐘形、左右對稱於平均數 0，且兩邊尾部無限延伸。與 Z 分布不同的是，t 分布變異數為 $\dfrac{\nu}{\nu-2}$ ($\nu \geq 3$)，較 Z 分布變異數 (1) 大，尾部較標準常態分布厚，為高峽峰。從圖 5-5 也可發現，當自由度 $\nu (=n-1)$ 較小時，t 分布與 Z 分布差異較大，但隨著自由度變大 (樣本數 n 增加)，t 分布與 Z 分布便愈來愈接近。當自由度為 25 時，t 分布便與 Z 分布很接近；到了自由度為 30 時，t 分布便與 Z 分布幾乎要重疊了。

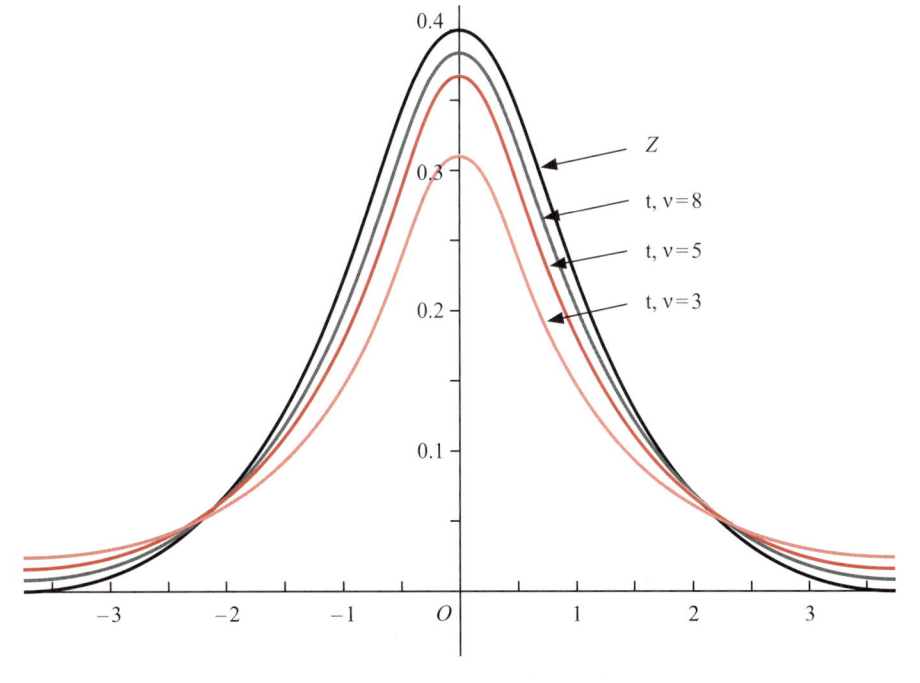

圖 5-5 不同自由度 ν 的 t 分布曲線圖

總之，在小樣本的情況下，若原抽樣母體分布為常態分布，則 $\frac{\overline{X}-\mu}{\sigma/\sqrt{n}}$ 之分布為標準常態分布；此時若用 S 來代替 σ，則 $\frac{\overline{X}-\mu}{S/\sqrt{n}}$ 之分布不再是 Z 分布，而是與之有些差距的 t 分布，其自由度為 $n-1$，n 為樣本數。在大樣本的情況下，不管原分布為何，由中央極限定理，$\frac{\overline{X}-\mu}{\sigma/\sqrt{n}}$ 之分布近似標準常態分布；此時若用 S 來代替 σ，則 $\frac{\overline{X}-\mu}{S/\sqrt{n}}$ 之分布仍近似 Z 分布，由於 t 分布與 Z 分布在大樣本時也十分接近，此時利用 t 分布也能得到相近的估計。

附表表 5 列出 t 分布右尾機率為 α 時 (此時雙尾機率為 2α)，所對應的 t 值，亦即自由度為 v 的 t 分布之 $100(1-\alpha)$ 百分位數 $t_\alpha(v)$，顯然有 $P(\{T \geq t_\alpha(v)\})=\alpha$、$P(\{T \leq -t_\alpha(v)\})=\alpha$、$P(\{-t_\alpha(v) < T < t_\alpha(v)\})=1-2\alpha$。在實務上，可以使用附表表 5 幫助我們解決相關的問題。例如，某私立住宿中學，採隨機抽籤的方式分配新生到各間寢室，每間寢室住 4 位學生，皆配有一名輔導學長 (姐)。由於今年增列了些許輔導經費，決定針對寢室平均入學測驗成績在後 5% 的寢室，增加一名輔導學長 (姐)。從以往新生入學測驗的資料得知，測驗分數的分布近似常態分布，測驗平均分數大約是 60 分；某寢室 4 位新生的入學平均成績為 55 分，標準差為 5 分，試以該寢室資料估計寢室平均入學測驗成績大約在幾分以下，需要增配一名輔導學長 (姐)？

由附錄 F，在右尾機率 (α) 處找到 0.05，自由度 (v) 處找到 3 (=4-1)，縱橫交叉處為 $t_{0.05}(3)=2.3534$，亦即 $P(\{T \leq -2.3534\}=0.05$，又由 $\frac{\overline{X}-60}{5/\sqrt{4}} \leq -2.3534$，可推得 $\overline{X} \leq 54.1165$，因此若寢室平均入學測驗成績大約在 54.1165 分以下，需要增配一名輔導學長 (姐)，該寢室平均分數為 55 分，故不需增配。

若利用軟體，先在 SPSS 新增新的資料集，任意輸入一筆資料後，按「轉換 (T)/計算變數 (C)」，在「目標變數 (T)」欄位輸入 t，並於「數值表示式 (E)」欄位中輸入 IDF.T(0.05,3) 後按「確定」，即可獲得 -2.3534，即可獲得前述結果。

若想求出寢室新生入學平均成績超過 70 分的比例，首先，求出 70 所對應的 t 值，$\frac{70-60}{5/\sqrt{4}}=4$；接著，由附錄 F 自由度 ($v$) 為 3 處找到 3.1824 及 4.5407，4 介於這兩個數字之間；最後，利用這兩個數字所對應的右尾機率 (α)，0.025 及 0.01，透過內插法求得 $p=0.025+(4-3.1824)\times\frac{0.01-0.025}{4.5407-3.1824}=0.0160$，故寢室新生入

平均成績超過 70 分的比例約為 1.6%。使用軟體可以算得更精確的答案，在 SPSS 按「轉換 (T)/計算變數 (C)」，在「目標變數 (T)」欄位輸入 p，並於「數值表示式 (E)」欄位中輸入 1-CDF.T(4,3) 後按「確定」，即可獲得 0.0140，約為 1.4%。

習題五

1. 設 $X_1, \cdots, X_{16}$ 係由常態分布 N(77, 25) 所抽出的一組隨機樣本,求:(1) $P(77 < \overline{X}_{16} < 79.5)$、(2) $P(74.2 < \overline{X}_{16} < 78.4)$。

2. 在常態分布 N(20, 3) 的母體中隨機抽取樣本數分別為 10 及 15 的兩組獨立的樣本,其對應的樣本平均數分別為 $\overline{X}_{10}$ 及 $\overline{Y}_{15}$,請利用第四章曾提及的性質:「a, b, c 為任一實數,任意兩個隨機變數 Y 和 Z,我們有 E(aY+bZ+c)=aE(Y)+bE(Z)+c,以及如果 Y 和 Z 獨立,則有 Var(aY+bZ+c)=a²Var(Y)+b²Var(Z)」,求出 $P(\{|\overline{X}_{10} - \overline{Y}_{15}| > 0.3\})$。

3. 假設 $X \sim N(40, 5^2)$,
   (1) $\overline{X}_{36}$ 為一組樣本數為 36 的隨機樣本之平均數,求 $P(\{38 \leq \overline{X}_{36} \leq 43\})$。
   (2) $\overline{X}_{64}$ 為一組樣本數為 64 的隨機樣本之平均數,求 $P(\{|\overline{X}_{64} - 40| < 1\})$。
   (3) 樣本數 n 多大時,才能使 $P(\{|\overline{X}_n - 40| < 1\}) = 0.95$。

4. 令 $\overline{X}_{36}$ 表由均勻分布 U(0,2) 中所抽出的一組樣本數為 36 的隨機樣本之平均數,求 $P(1.5 < \overline{X}_{36} < 1.65)$ 的近似值。

5. 請練習查 t 表 (附表表 5),求以下 t 值與面積:
   (1) 自由度為 23,雙尾機率為 0.01,對應之 t 值為何?
   (2) 自由度為 17,左尾機率為 0.05,對應之 t 值為何?
   (3) 自由度為 31,t 值大於 2.4528 之面積為何?
   (4) 自由度為 29,t 值介於 −1.6991~2.7564 之間的面積為何?
   (5) 請用 SPSS 之 IDF.T 及 CDF.T 驗證上述之結果。

6. 假設 $X \sim N(\mu, \sigma^2)$,μ、σ^2 皆未知。已知樣本數 $n=16$,樣本平均數 $\overline{X}$ 觀測值=12.5、S^2 觀測值=5.332,求 $P(\{|\overline{X} - \mu| < 0.4\})$。

Chapter 6 推論性統計：估計

　　如果我們知道母體的分布，就能以此計算抽取某一個樣本會落在各個範圍的機率，但是，別說是母體分布的形式，甚至連它的參數 (如母體平均數及母體變異數)，在現實上總是不知道的，因此，我們需要抽取一組樣本，去推論這組樣本背後的母體分布的性質。例如，從這組樣本的平均數及變異數，來猜測母體平均數及變異數，那麼在大樣本的情況下，即使不清楚母體的分布為何，也可以根據中央極限定理，估算出樣本平均數與母體平均數差異範圍的機率。透過樣本獲得統計量 (如樣本平均數)，以進行有關母體參數值 (如母體平均數) 的推論，便是推論性統計。

　　推論性統計包括兩個主要的課題：估計 (estimation) 與假說檢定 (hypothesis testing)。估計是指利用樣本資料去猜測特定的母數，例如，母體平均數及變異數；假說檢定是指利用樣本資料去推斷有關母數之假設的正確性，例如，檢驗某個母數是否等於某個特定值。本章聚焦在估計問題，在下一章將會介紹假說檢定，期望讀者透過本章的學習應該能：

1. 指出點估計 (point estimation) 與區間估計 (interval estimation) 的不同。
2. 從資料中計算信賴區間 (confidence interval)。
3. 說出縮短信賴區間的方法。
4. 指出各種單一母體平均數估計方法的假設及其適用時機。
5. 指出各種單一母體比率估計方法的假設及其適用時機。

一、實務問題

估計問題在實務上是常見的，例如：

1. 基礎體溫 (basal body temperature) 是指女性在較長時間 (6～8 小時以上) 的睡眠後醒來，尚未進行任何活動之前所測量的體溫，有理論說排卵是在體溫上升 0.3～0.6°C 時發生。一位婦女為了避孕，希望精確地估算排卵日期，在經期後頭 10 天早上起床測量體溫，她的基礎體溫最佳估計為何？
2. 我們想要知道高雄地區 HIV 陽性者比率，若假設樣本數為 n 的人群中，HIV 陽性人數服從二項分布，此比率參數為 p，如何估計 p？
3. 國民健康調查測量了台灣各個地區 35～44 歲男性收縮壓，由經驗認為收縮壓的分布是常態分布，如何估計台灣 35～44 歲男性收縮壓的平均數及變異數？
4. 急性擴張性心肌病患左室射出分數 (LVEF) 平均數為何？
5. 血液透析病患透析後之 K^+ 平均值為何？
6. 高血鉛兒童平均智商為何？
7. 裝潢工人死於膀胱癌的比率為何？
8. 罹患惡性乳房疾病患者平均年齡為何？
9. 護理工作人員酒精成癮的比率為何？
10. 利用第一章王先生的資料，分別估計有、無糖尿病史者之血糖機檢測與醫院生化檢查所得空腹血糖值。

面對上述估計問題，在實務上可抽取一組隨機樣本，並從該組樣本得到的樣本統計值做為母體參數的估計值；也可以估計一個上下限的區間，並指出該區間包含母體參數的可靠度。前者稱為點估計，後者稱為區間估計。例如，第 1 個問題中，我們認為該婦女的基礎體溫是圍繞某個固定的體溫做為中心點的左右變動的一個分布，要對她的基礎體溫進行估計，亦即對此中心點進行估計；若該婦女在經期後頭 10 天早上起床測量體溫所得數據如下：36.2°C、36.0°C、36.3°C、36.3°C、36.3°C、36.1°C、36.2°C、36.3°C、36.2°C、36.3°C。我們以這 10 天的早上起床測量體溫的平均值 ($\bar{x}$)，做為她的基礎體溫估計：

$$\bar{x}=\frac{36.2+36.0+36.3+\cdots+36.2+36.3}{10}=36.22°C$$

因此該婦女的基礎體溫之點估計為 36.22°C。當然，除了以平均數做為該婦女的基礎體溫之點估計外，尚可利用樣本中位數估計之，此時該婦女的基礎體溫

之點估計為 36.25°C。若以樣本眾數估計之，此時該婦女的基礎體溫之點估計為 36.3°C。那麼，各種基礎體溫的點估計中，哪一個是「最佳」估計？在下一節我們將介紹良好估計的性質，以瞭解什麼樣的估計具有較好的性質。

　　實務上我們很難評估一個點估計是否完全猜中該婦女的基礎體溫 (中心點)，理論上剛好猜中的情況似乎是不會發生，因此，僅以一個數值去估計基礎體溫，不如以一個範圍來估計它。例如，我們可以求得上述 10 天的早上起床測量體溫的標準差 $s=0.10$°C，以平均數加減 1 個標準差得到的區間做為基礎體溫的估計，宣稱基礎體溫在 (36.12, 36.32) 這個區間內，也可以用平均數加減 2 個標準差得到的區間做為基礎體溫的估計，宣稱基礎體溫在 (36.02, 36.42) 這個區間內，或者用其他的區間來估計。顯然，上述區間長度愈短，代表估計的**精確度** (precision) 愈高，區間正確涵蓋所估計的參數值之機率愈大，代表估計的**可靠度** (reliability) 愈高。一般而言，讓估計的區間長一點，涵蓋基礎體溫的機率就大一些，但是，長度過長的猜測，精確度便太低，似乎沒什麼意義。因此，如何保持特定的可靠度，並縮短所估計區間的長度，便是重要的課題，本章將會一一介紹。

二、點估計

　　何謂點估計呢？若我們想要估計一個母體的未知參數 θ，我們首先由母體抽取一組隨機樣本 $X_1, \cdots, X_n$，接著選擇由 $X_1, \cdots, X_n$ 所算得之適當的統計量 $\hat{\theta}$ 來估計 θ 的值，這就是點估計。例如樣本平均數 $\overline{X}$ 就是母體平均數 μ 的一個點估計。

　　一般說來，執行點估計可分為下列四個步驟：

1. 由母體選取一組隨機樣本。
2. 選擇一個合理的且較佳的統計量做為估計量。
3. 計算估計量的數值 (估計值)。
4. 利用估計值推論母體參數值並做決策。

　　例如，在前節基礎體溫的例子中，若以 10 天的早上起床測量體溫的平均值 36.22°C，做為她的基礎體溫估計，若某日該婦女早上起床測得體溫在 36.52～36.82°C 時，便據此判斷排卵發生並進行後續之作為。

　　一個良好的估計量通常需滿足所謂的不偏性，具有不偏性的估計量稱為**不偏估計量** (unbiased estimator)，否則稱為**有偏估計量** (biased estimator)。在第三章「五、運用數字來摘要資料」這一節中，我們已經說明樣本平均數 $\overline{X}$ 為母體平均數 μ 的

不偏估計量,以及樣本變異數 S^2 為母體變異數 σ^2 的不偏估計量。

在二個不偏估計量中,具有較小變異數者,稱為相對較有效 (relatively more efficient) 的估計量。例如母體分布為常態分布 $N(\mu, \sigma^2)$,其樣本平均數 ($\overline{X}$) 與樣本中位數 (Me) 皆為 μ 的不偏估計量,但 $\text{Var}(\overline{X}) = \dfrac{\sigma^2}{n} \leq \text{Var}(Me) = \dfrac{\pi}{2} \times \dfrac{\sigma^2}{n}$,故樣本平均數比中位數相對較有效,因而我們採用樣本平均數 $\overline{X}$ (而非樣本中位數) 做為常態母體平均數 μ 的估計量。

良好的估計量通常也需滿足所謂的一致性,一致性估計量 (consistent estimators) 會隨著樣本數的增加而愈接近母體參數,樣本平均數 $\overline{X}$ 及樣本變異數 S^2 皆為一致性估計量。

充分性 (sufficiency) 是良好估計量的另一個性質,它是由費雪 (R. A. Fisher) (1922) 所提出的,如果一個估計量具充分性,意味著它已經使用了所有樣本中可對母體參數推估之資訊,沒有其他估計量可以提供更多有關其估計之參數的資訊,例如,樣本平均數推估母體平均值時,其他的估計 (如樣本中位數) 亦無法提供更多資訊以增加估計的正確性。

在上一節中,如果基礎體溫的分布是常態分布,那麼我們對這個中心點的估計以樣本平均數 ($\overline{X}$) 為最佳,它不僅具有不偏性、充分性、一致性,也是相對較有效的估計量。

三、區間估計

除了點估計可估計母體未知參數外,還可以利用一組隨機樣本觀察值計算出兩個統計量的值 a 和 b 且 a < b,再利用區間 (a, b) 來估計母體未知參數,這種估計方法稱為區間估計。

執行區間估計可分為下列五個步驟:

1. 為了保持我們心中想要的特定可靠度,在進行區間估計時,首先要設定此一特定的可靠度——稱做信賴水準 (confidence Level) $1-\alpha$,亦即所有區間估計中包含欲估計之母體參數者之比例,通常以 $1-\alpha$ 表示,其中 α 被稱為第一型錯誤的機率。
2. 選擇較佳的統計量做為點估計,並推導該統計量的抽樣分布。
3. 利用點估計及抽樣分布導出信賴水準為 $1-\alpha$ 之母體參數的信賴區間

(confidence interval) 公式。

4. 進行抽樣，利用所得之樣本算得點估計之數值，並將相應數值代入信賴區間公式。

5. 得到信賴水準為 1−α 之母體參數的信賴區間值並做統計推論。

再以基礎體溫為例，假設其分布是常態分布 N(μ, σ^2)，若我們要求信賴水準為 95% 之 μ 的信賴區間，則步驟如下：

1. $\alpha=0.05$。

2. 如前節所述，選擇樣本平均數 $\overline{X}$ 做為 μ 的點估計，由第五章可得 $\overline{X}$ 的抽樣分布為 N(μ, $\frac{\sigma^2}{n}$)，可推得 $\frac{\overline{X}-\mu}{\sigma/\sqrt{n}}$ 之分布為 N(0, 1)，若以樣本標準差 S 取代 σ，則得到 $\frac{\overline{X}-\mu}{S/\sqrt{n}}$ 之分布為自由度 $n-1$ 的 t 分布。

3. 我們有 $P(\{-t_{\alpha/2}(n-1) < \frac{\overline{X}-\mu}{S/\sqrt{n}} < t_{\alpha/2}(n-1)\}) = 1-\alpha$，其中，$t_{\alpha/2}(n-1)$ 為自由度是 $n-1$ 的 t 分布之 $100(1-\alpha/2)$ 百分位數，並經移項運算可得 $P(\{\overline{X}-t_{\alpha/2}(n-1)\times S/\sqrt{n} < \mu < \overline{X}+t_{\alpha/2}(n-1)\times S/\sqrt{n}\})=1-\alpha$，亦即，經由每次抽樣算得的區間 ($\overline{X}-t_{\alpha/2}(n-1)\times S/\sqrt{n}$, $\overline{X}+t_{\alpha/2}(n-1)\times S/\sqrt{n}$) 包含 μ 之比例為 $100(1-\alpha)\%$，即 ($\overline{X}-t_{\alpha/2}(n-1)\times S/\sqrt{n}$, $\overline{X}+t_{\alpha/2}(n-1)\times S/\sqrt{n}$) 為 μ 的 $100(1-\alpha)\%$ 信賴區間。

4. 將前節基礎體溫的例子中的數值，亦即 $n=10$、$\overline{X}$ 觀測值=36.22°C、S 觀測值=0.10°C、代入區間 ($\overline{X}-t_{\alpha/2}(n-1)\times S/\sqrt{n}$, $\overline{X}+t_{\alpha/2}(n-1)\times S/\sqrt{n}$)，並利用 $\alpha=0.05$ 從附表表 5 可查得 $t_{0.025}(9)=2.2622$。

5. 得到 μ 的 95% 信賴區間為 $(36.22-2.2622\times 0.10/\sqrt{10}, 36.220+2.2622\times 0.10/\sqrt{10})$ =(36.15, 36.29)，又有理論說排卵是在體溫上升 0.3～0.6°C 時發生，故若某日該婦女早上起床測得體溫在 36.45°C (=36.15°C+0.3°C)～36.89°C (=36.29°C+0.6°C) 時，便據此判斷排卵發生並進行後續之作為。

利用 SPSS 進行上述分析工作，需先輸入 10 天體溫數據，接著在選單中，按「分析 (A)/描述性統計資料 (E)/探索 (E)」(見圖 6-1)，然後將代表體溫的變項選入因變數清單中，按「確定」即可獲得上述信賴區間。

在上例信賴區間的公式中，信賴區間的長度為 $2\times t_{\alpha/2}(n-1)\times S/\sqrt{n}$，顯然它的長度由 n、S 及 α 所決定，首先，當樣本數 n 愈大，長度便愈短，精確度就愈

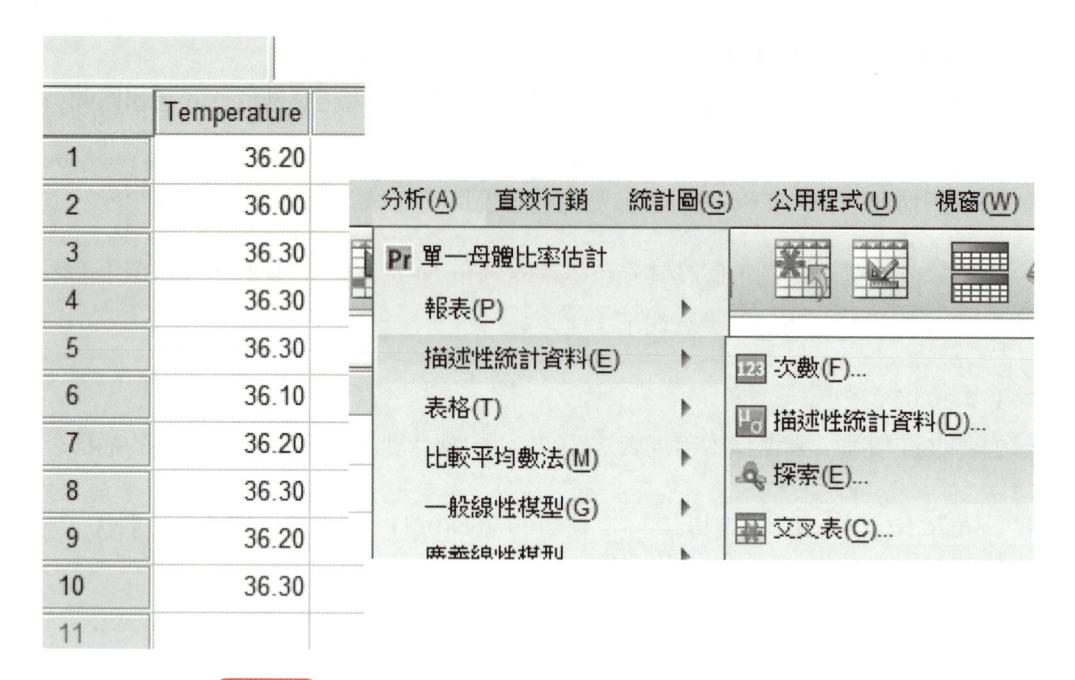

圖 6-1　基礎體溫資料輸入及信賴區間相關程序位置圖

高，增加樣本數便是縮短信賴區間長度的方式之一；其次，樣本標準差 S 愈小，長度便愈短，也就是說隨機樣本的分散程度愈小，精確度就愈高；最後，加大第一型錯誤的機率 α，亦即降低信賴水準，會讓長度愈短。對於最後一點，我們仍以前述基礎體溫為例，當 $\alpha=0.1$ 時，即要求信賴水準為 90% 之 μ 的信賴區間，則利用附表表 5 可查得 $t_{0.05}(9)=1.8331$；最後，得到 μ 的 90% 信賴區間為 $(36.22-1.8331\times 0.10/\sqrt{10},\ 36.220+1.8331\times 0.10/\sqrt{10})=(36.16, 36.28)$，在其他條件不變的情況下，損失一點可靠度，會增加一點精確度，μ 的 90% 信賴區間 (36.16, 36.28) 比 μ 的 95% 信賴區間 (36.15, 36.29) 更窄一些。大體上，n 和 α 是研究者可以控制的，而 S 是和所研究的變項有關，能減小 S 是很重要的。實務上，常用來減小 S 的一個重要方法是利用重複測量，以重複測量的平均數取代單一次測量的數值，以達降低 S 的目的，例如，上述婦女早上起床測量體溫三次，以這三次測得體溫的平均數做為該日體溫的代表，用同樣方式進行 10 天，共取得 10 天的代表體溫，據用以計算 μ 的信賴區間。

另外，再重述 95% 信賴區間的意涵：對於某次抽樣而言，所算得的信賴區間 [如前述之 (36.15, 36.29)]，不是包含了真正的基礎體溫分布中心點 μ，就是沒包含 μ；但是，也可能在另外 10 天進行溫度測量，也代入上述 μ 的 $100(1-\alpha)$% 信賴區間公式 $(\overline{X}-t_{\alpha/2}(n-1)\times S/\sqrt{n},\ \overline{X}+t_{\alpha/2}(n-1)\times S/\sqrt{n})$ 中，得到另一個區間，它也

可能包含 μ，也可能不包含 μ，如此透過不同樣本，代入同一區間公式所算得的所有區間估計中，包含 μ 之比例為 95%。也就是說，在所有可能的隨機樣本所算得的 μ 的 95% 信賴區間中，有 95% 會包含 μ。

總而言之，信賴區間是在一個既定的信賴水準之下，利用樣本統計量與抽樣誤差所構成的一個包含上、下限且用來估計母體未知參數的區間。通常信賴區間是利用樣本統計量與統計分布表中的百分位數計算而得，樣本數愈大，信賴區間長度愈短；亦即母體參數的估計也愈準確。

四、單一母體平均數之估計

在上一節，若隨機變數 X 的分布是常態分布 $N(\mu, \sigma^2)$，我們已經推得 μ 的 $100(1-\alpha)$% 信賴區間為 $(\overline{X}-t_{\alpha/2}(n-1)\times S/\sqrt{n}, \overline{X}+t_{\alpha/2}(n-1)\times S/\sqrt{n})$，以此區間做為母體平均數 μ 之區間估計，當然，如前所述，μ 的點估計為 $\overline{X}$。如果知道 σ 為何，就不需要以 S 來估計它，雖然在實務上此情形並不多見，我們來看看多得知這一個資訊的影響：由 $\dfrac{\overline{X}-\mu}{\sigma/\sqrt{n}}$ 之分布為 $N(0, 1)$，可得 μ 的 $100(1-\alpha)$% 信賴區間為 $(\overline{X}-z_{\alpha/2}\times\sigma/\sqrt{n}, \overline{X}+z_{\alpha/2}\times\sigma/\sqrt{n})$。再以前述基礎體溫為例，若知道 $\sigma=0.10°C$，其他資訊不變 ($n=10$、$\overline{X}$ 觀測值 $=36.22°C$、$\alpha=0.05$)，可得 μ 的 95% 信賴區間為 $(36.22-1.96\times0.10/\sqrt{10}, 36.220+1.96\times0.10/\sqrt{10})=(36.16, 36.28)$，比前一節所得區間 $(36.15, 36.29)$ 更窄一些，這是因為 $Z_{0.025}=1.96 < t_{0.025}(9)=2.2622$ 之故，由此可見多得到一些資訊，也能縮短信賴區間的長度。

不論在前一節 σ 未知時 μ 的信賴區間公式，或是前一段 σ 已知時 μ 的信賴區間公式，都假設了抽樣母體分布為常態分布，如果母體分布未知或是並非常態分布時，母體平均數 μ 之區間估計又當如何？由於缺少了母體分布假設的資訊，只好增加樣本，利用中央極限定理，以求得 μ 的 $100(1-\alpha)$% 之近似信賴區間。由中央極限定理，在大樣本 (樣本數 $n \geq 30$) 時有 $\dfrac{\overline{X}-\mu}{\sigma/\sqrt{n}}$ 之近似分布為 $N(0, 1)$，故在 σ 已知時 μ 的 $100(1-\alpha)$% 近似信賴區間為 $(\overline{X}-z_{\alpha/2}\times\sigma/\sqrt{n}, \overline{X}+z_{\alpha/2}\times\sigma/\sqrt{n})$。

如果 σ 未知時，由於 S 是 σ 的一致性估計量，當樣本數愈大時，S 與 σ 會愈接近。在一般的情況下，樣本數 $n \geq 30$ 時，兩者的差距算是可接受；樣本數需要超過 200，兩者的差距才會夠小，實務上，在樣本數 $n \geq 30$ 時便可以用 $(\overline{X}-z_{\alpha/2}\times S/\sqrt{n}, \overline{X}+z_{\alpha/2}\times S/\sqrt{n})$ 做為 μ 的 $100(1-\alpha)$% 近似信賴區間，當然，樣本數能超過 200 更

佳。在自由度愈大時 $t_{\alpha/2}(n-1)$ 與 $z_{\alpha/2}$ 也會愈接近，此大樣本的情況下，也可以採用 $(\overline{X}-t_{\alpha/2}(n-1)\times S/\sqrt{n},\ \overline{X}+t_{\alpha/2}(n-1)\times S/\sqrt{n})$ 做為 μ 的 $100(1-\alpha)$% 近似信賴區間。

上述信賴區間皆是單一母體平均數之雙側信賴區間，亦即有一個下限及一個上限，但是在實務上有許多情形，可能僅關心上限或僅關心下限，此時我們需要的是單側信賴區間。例如，假設母體分布是常態分布 $N(\mu, \sigma^2)$，在 σ 未知的情況下，我們關心母體平均數的上限，要求信賴水準為 95% 之 μ 的右側信賴區間，由 $\dfrac{\overline{X}-\mu}{S/\sqrt{n}}$ 之分布為自由度 $n-1$ 的 t 分布，可得 $P(\{-t_\alpha(n-1) < \dfrac{\overline{X}-\mu}{S/\sqrt{n}}\})=1-\alpha$，其中，$t_\alpha(n-1)$ 為自由度是 $n-1$ 的 t 分布之 $100(1-\alpha)$ 百分位數，並經移項運算有 $P(\{\mu < \overline{X}+t_\alpha(n-1)\times S/\sqrt{n}\})=1-\alpha$，亦即，經由每次抽樣算得的右側信賴區間 $(-\infty, \overline{X}+t_\alpha(n-1)\times S/\sqrt{n})$ 包含 μ 之比例為 $100(1-\alpha)$%。

表 6-1 整理了在各條件下單一母體平均數 μ 之單側及雙側信賴區間，例如，若母體分布為常態分布且母體標準差 σ 未知時，我們關心母體平均數的下限，此時 μ 之 $100(1-\alpha)$% 左側信賴區間為 $(\overline{X}-t_\alpha(n-1)\times S/\sqrt{n},\ \infty)$；又如，若母體分布未假設常態分布且母體標準差 σ 也未知時，我們需要大樣本 (至少需要 30，能超過 200 更佳)，方能求得 μ 之 $100(1-\alpha)$% 雙側信賴區間為 $(\overline{X}-t_{\alpha/2}(n-1)\times S/\sqrt{n},\ \overline{X}+t_{\alpha/2}(n-1)\times S/\sqrt{n})$。其餘情況請讀者自行參閱表 6-1。

表 6-1 各條件下單一母體平均數 μ 之 $100(1-\alpha)$% 信賴區間摘要表

母體分布	σ 是否已知	樣本數 n	右側	雙側[註]	左側
常態分布	已知	$n \geq 1$	$(-\infty, \overline{X}+z_\alpha \times \sigma/\sqrt{n})$	$\overline{X} \pm z_{\alpha/2} \times \sigma/\sqrt{n}$	$(\overline{X}-z_\alpha \times \sigma/\sqrt{n}, \infty)$
常態分布	未知	$n \geq 2$	$(-\infty, \overline{X}+t_\alpha(n-1)\times S/\sqrt{n})$	$\overline{X} \pm t_{\alpha/2}(n-1)\times S/\sqrt{n}$	$(\overline{X}-t_\alpha(n-1)\times S/\sqrt{n}, \infty)$
無假設	已知	$n \geq 30$	$(-\infty, \overline{X}+z_\alpha \times \sigma/\sqrt{n})$	$\overline{X} \pm z_{\alpha/2} \times \sigma/\sqrt{n}$	$(\overline{X}-z_\alpha \times \sigma/\sqrt{n}, \infty)$
無假設	未知	$n \geq 30$ 可接受	$(-\infty, \overline{X}+z_\alpha \times S/\sqrt{n})$	$\overline{X} \pm z_{\alpha/2} \times S/\sqrt{n}$	$(\overline{X}-z_\alpha \times S/\sqrt{n}, \infty)$
		$n > 200$ 更佳	$(-\infty, \overline{X}+t_\alpha(n-1)\times S/\sqrt{n})$	$\overline{X} \pm t_{\alpha/2}(n-1)\times S/\sqrt{n}$	$(\overline{X}-t_\alpha(n-1)\times S/\sqrt{n}, \infty)$

註：$\overline{X} \pm k$ 代表雙側信賴區間為 $(\overline{X}-k, \overline{X}+k)$，其中 $k > 0$。

五、單一母體比率之估計

在許多實際應用中，經常會遇到母體比率的估計問題。例如：我們想要知道某地區 HIV 陽性者比率、裝潢工人死於膀胱癌的比率、護理工作人員酒精成癮的

比率、醫事人員施打流感疫苗的比率等等。在母體中具有某種特徵的個數占母體全部個數的比率稱為母體比率，記為 p；在樣本中具有某種特徵的個數占樣本全部個數的比率稱為樣本比率，記為 $\hat{p}$。利用柏努利分布或二項分布，由第四章可得 $E(\hat{p})=p$、$Var(\hat{p})=\dfrac{p(1-p)}{n}$，其中 n 為樣本數。因此，$\hat{p}$ 為 p 的不偏點估計，且在 $np \geq 5$ 且 $n(1-p) \geq 5$ 時，$\hat{p}$ 的抽樣分布近似 $N(p, \dfrac{p(1-p)}{n})$，我們可以據此求出 p 的區間估計。

於是，對信賴水準 $1-\alpha$，有 $P(-Z_{\alpha/2} < \dfrac{\hat{p}-p}{\sqrt{\dfrac{p(1-p)}{n}}} < Z_{\alpha/2}) = 1 - \alpha$。接著，有兩個方法可以求得母體比率 P 的 $100(1-\alpha)$% 信賴區間：

▶ Wilson 法 (Wilson, 1927)

基本上，此法利用不等式 $\left| \dfrac{\hat{p}-p}{\sqrt{\dfrac{p(1-p)}{n}}} \right| < z_{\alpha/2}$ 兩邊取平方後，與 $ap^2+bp+c < 0$ 等價，其中 $a = n + Z_{\alpha/2}^2$、$b = -(Z_{\alpha/2}^2 + 2n\hat{p})$、$c = n\hat{p}^2$。最後可解出此一元二次不等式 p 的範圍，即母體比率 p 的 $100(1-\alpha)$% 近似信賴區間為

$$\dfrac{n\hat{p} + \dfrac{1}{2}z_{\alpha/2}^2}{n + z_{\alpha/2}^2} \pm Z_{\alpha/2} \times \sqrt{\dfrac{n\hat{p}(1-\hat{p}) + z_{\alpha/2}^2/4}{(n + z_{\alpha/2}^2)^2}}$$

，此區間被稱為 Wilson 計分區間 (Wilson score interval)，這是因為它也可以由 Rao 的計分檢定 (Rao's score test) 推導而得。

讀者可以這樣理解 Wilson 計分區間：中心點是 $\hat{p}$ 與 $1/2$ 之間的加權平均，這是因為 $\dfrac{n\hat{p} + \dfrac{1}{2}z_{\alpha/2}^2}{n + z_{\alpha/2}^2} = \left(\dfrac{n}{n + z_{\alpha/2}^2}\right)\hat{p} + \left(\dfrac{z_{\alpha/2}^2}{n + z_{\alpha/2}^2}\right)\dfrac{1}{2}$，請注意，當 n 趨近於無窮大時，$\dfrac{n\hat{p} + \dfrac{1}{2}z_{\alpha/2}^2}{n + z_{\alpha/2}^2} \approx \hat{p}$；相似地，信賴區間中根號裡的 $\dfrac{n\hat{p}(1-\hat{p}) + z_{\alpha/2}^2/4}{(n + z_{\alpha/2}^2)^2}$ 可以看成是先求出 $\hat{p}(1-\hat{p})$ 與 $1/2(1-1/2)$ 之間的加權平均後，再除以調整後的樣本數 $(n + z_{\alpha/2}^2)$，亦即 $\dfrac{n\hat{p}(1-\hat{p}) + z_{\alpha/2}^2/4}{(n + z_{\alpha/2}^2)^2} = \left\{\left(\dfrac{n}{n + z_{\alpha/2}^2}\right)\hat{p}(1-\hat{p}) + \left(\dfrac{z_{\alpha/2}^2}{n + z_{\alpha/2}^2}\right)\dfrac{1}{2}(1-\dfrac{1}{2})\right\}/(n + z_{\alpha/2}^2)$，請注意，當 n 趨近於無窮大時，$\dfrac{n\hat{p}(1-\hat{p}) + z_{\alpha/2}^2/4}{(n + z_{\alpha/2}^2)^2} \approx \dfrac{\hat{p}(1-\hat{p})}{n}$，以至於這個區間便會趨

近於由下法所得的區間。

▶ 標準的常態近似法 (Pierre-Simon Laplace, 1812)，亦可被歸類為 Wald 法

同樣由 $P(-z_{\alpha/2} < \frac{\hat{p}-p}{\sqrt{\frac{p(1-p)}{n}}} < z_{\alpha/2}) = 1-\alpha$ 開始推導，從而有 $P(\hat{p} - z_{\alpha/2}\sqrt{\frac{p(1-p)}{n}} < p < \hat{p} + z_{\alpha/2}\sqrt{\frac{p(1-p)}{n}}) = 1-\alpha$。因此，母體比率 p 的 $100(1-\alpha)\%$ 信賴區間為 $\hat{p} \pm z_{\alpha/2}\sqrt{\frac{p(1-p)}{n}}$。然而，此區間中含有待估計的 p，故無實用性；所幸 $\hat{p}$ 不僅為 p 的不偏點估計，也是一致性點估計，在樣本數夠大時，以 $\hat{p}$ 取代 p 即能得到具實用性的區間估計，換言之，在大樣本的情況下，母體比率 p 的 $100(1-\alpha)\%$ 近似信賴區間為 $\hat{p} \pm z_{\alpha/2}\sqrt{\frac{\hat{p}(1-\hat{p})}{n}}$。此法在教科書上多會提及，由於式子比 Wilson 法較為簡單，在電腦不普及的年代，僅能利用筆算時，它是最受喜愛的方法，但因可靠度多會低於預設的信賴水準，故現今較不被建議採用 (Agresti & Coull, 1998; Brown, Cai, & DasGupta, 2001; Newcombe, 1998; Vollset, 1993)。

例如，為了宣導預防心血管疾病，針對 100 位吸菸者進行宣導勸告戒菸，其中有 10 人參加至少維持 1 個月的戒菸活動，一年之後進行追蹤，發現這 1 人中有 6 人又恢復抽菸。這種進行戒菸卻又恢復吸菸的比率稱為再犯率 (recidivism rate)，利用上述資料求得戒菸再犯率的點估計為 $\hat{p} = \frac{6}{10} = 0.6$，我們可以假設每位吸菸者戒菸後再犯的機率為 p，利用二項分布來估計母體比率。首先，Wilson 計分區間為 $\frac{6+\frac{1}{2}(1.96)^2}{10+(1.96)^2} \pm 1.96 \times \sqrt{\frac{6(1-0.6)+(1.96)^2/4}{[10+(1.96)^2]^2}} = (0.313, 0.832)$，Wald 區間為 $0.6 \pm 1.96\sqrt{\frac{0.6(1-0.6)}{10}} = (0.296, 0.904)$。

我們可以利用 SPSS 套裝軟體進行上述之計算，讀者可自行撰寫語法，或由東華書局網站下載「自訂對話框封包檔案」estimates_of_the_single_population_proportion.spd。按「公用程式 (U)/自訂對話框 (D)/安裝自訂對話框 (D)」，找到 estimates_of_the_single_population_proportion.spd 下載時所儲存的路徑並點選之，完成安裝程序。安裝完成後，即可在「分析 (A)」下拉選單中，找到「單一母體比

率估計」此一自訂對話框 (見圖 6-2)。

利用「單一母體比率估計」對話框進行上述戒菸再犯率估計之步驟如下：1. 建立兩個變項，可分別命名為 recidivism 及 number，然後在 recidivism 輸入 1 和 0 兩筆資料，並在 number 輸入 6 和 4 (見圖 6-3)；2. 按「資料 (D)/加權觀察值 (W)」，接著點選「觀察值加權依據 (W)」，然後將 number 選入「次數變數 (F)」中並按「確定」(見圖 6-4)；3. 按「分析 (A)/單一母體比率估計」，將 recidivism 此一變項選入事件狀態變項框中後按「選項」，勾選想要計算的估計方式並按「繼續」，最後按「確定」(見圖 6-5)，即可得到前述兩種信賴區間。

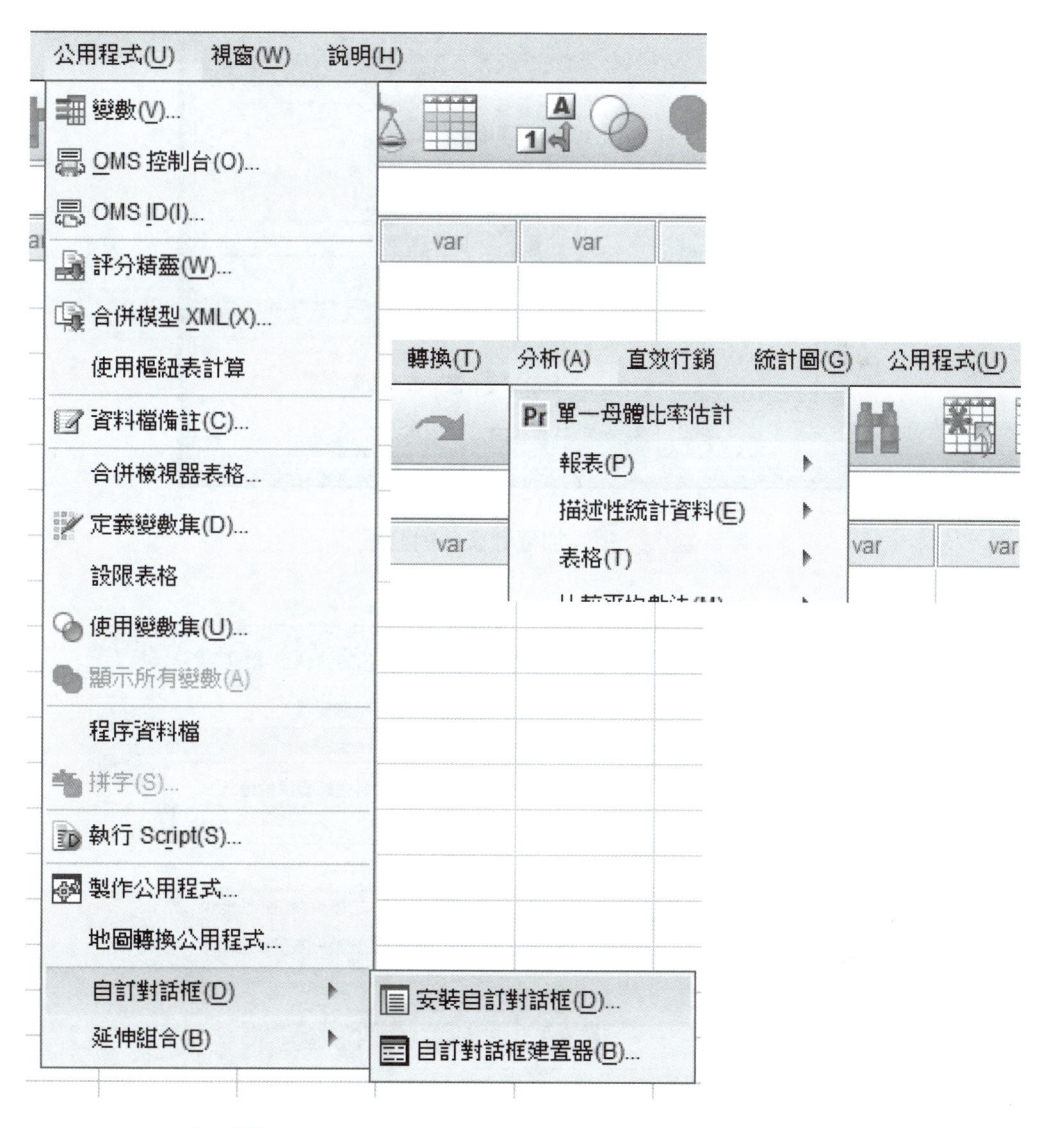

圖 6-2 安裝「單一母體比率估計」自訂對話框示意圖

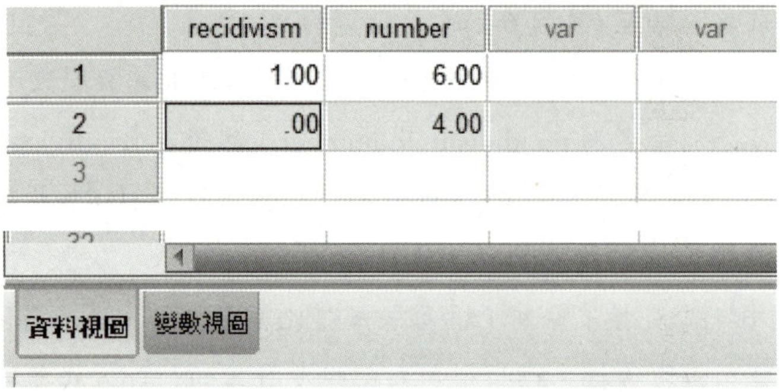

圖 6-3　建立 recidivism 及 number 兩變項後輸入資料示意圖

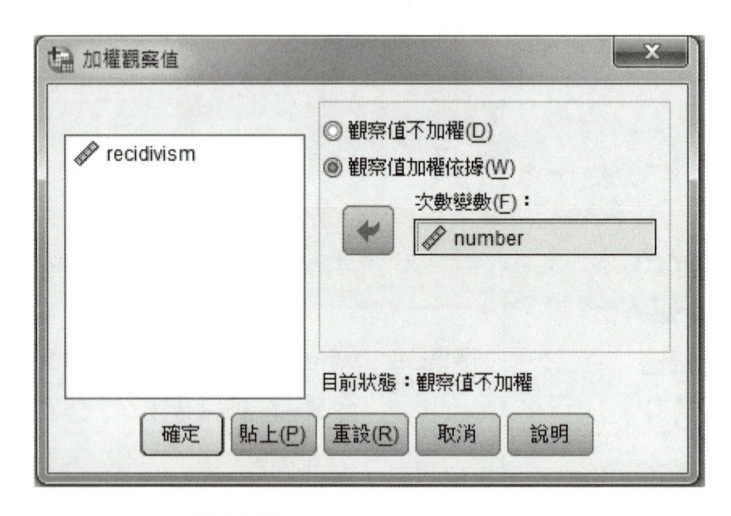

圖 6-4　加權觀察值對話框

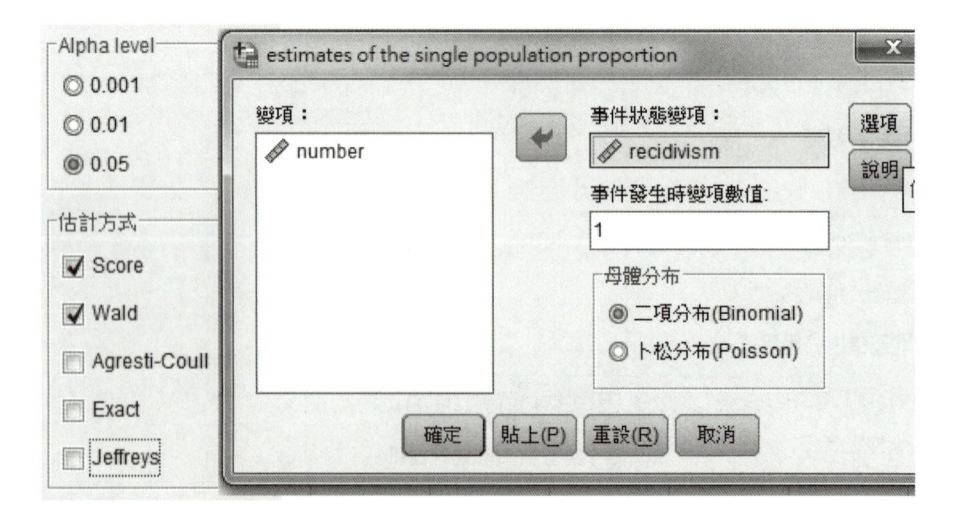

圖 6-5　「單一母體比率估計」對話框及其選項

參考文獻

Agresti, A. & Coull, B. A. (1998). Approximate is better than 'exact' for interval estimation of binomial proportions. *Am. Stat. 52*, 119-126.

Blyth, C. R. & Still, H. A. (1983). Binomial confidence intervals. J. *Am. Stat. Assoc. 78*, 108-116.

Brown, L. D., Cai, T. T. & DasGupta, A. (2001). Interval estimation for a binomial proportion. *Stat. Sci. 16,* 101-133.

Cai, T. T. (2005). One-sided confidence intervals in discrete distributions. *Journal of Statistical Planning and Inference, 131,* 63-88.

Newcombe, R. (1998). Two-sided confidence intervals for the single proportion: comparsion of seven methods. *Stat. Med., 17,* 857-872.

Vollset, S. (1993). Confidence intervals for a binomial proportion. *Stat. Med. 12,* 809-824.

習題六

1. 為估計高雄市民眾為 HIV 陽性者比率，今隨機抽取 1 萬名高雄市市民，採匿名篩檢方式進行 HIV 抗體檢驗，發現有 19 位市民為 HIV 陽性，試問高雄市民眾為 HIV 陽性者比率之 95% 計分信賴區間為何？

2. 承上題，若高雄市市民約有 280 萬人，試問高雄市民眾為 HIV 陽性者人數之 95% 計分信賴區間為何？

3. 市售某種品牌的蔓越莓乾果子被隨機選取 16 瓶，並測得其淨重 (單位：公克) 如下：

    101　103　99　100　98　102　100　97
    103　99　100　104　98　101　103　98

    (1) 計算樣本平均數與樣本標準差。
    (2) 假設母體具常態分配，求母體平均數 μ 的一個 98% 信賴區間。

4. 某生物學家研究某種雄蜘蛛的身長，他觀測得 20 隻此種雄蜘蛛的身長 (單位：公分) 如下：

    5.20　4.70　5.75　7.50　4.60　6.45　4.80　5.95　5.20　6.35
    5.70　6.95　5.40　5.85　6.20　6.80　5.75　6.10　5.80　6.50

    假設此種雄蜘蛛的身長為常態分布 $N(\mu, \sigma^2)$，求身長平均數 μ 的一個 95% 信賴區間。

5. 在一項最大呼吸容量的研究中，選取 16 位女士接受測試，並記錄其血漿容量，而下列資料為她們的血漿容量 (單位：公升)：

    3.15　2.98　2.77　3.12　2.45　3.85　2.96　3.87
    4.06　2.94　3.56　3.20　3.52　2.87　3.46　2.92

    假設這些觀測值來自於具有平均數 μ 和標準差 σ 的常態隨機變項。
    (1) 給一個 μ 的點估計值。
    (2) 決定一個 σ 的點估計值。
    (3) 求 μ 的一個 90% 信賴區間。

6. 設 p 表美國人贊成死刑的比例。假如由一組樣本數 $n=1,234$ 美國人之隨機樣本中得到 $y=846$ 人是贊成死刑的。試求 p 的一個近似 95% 信賴區間。

7. 張先生經營一家便利商店，他記錄了連續 10 天的營業金額 (單位：新台幣元) 如下：

    5,700　4,300　5,230　4,820　4,050
    5,900　4,500　5,500　6,120　3,880

    試求該便利商店每日營業金額平均數的 95% 信賴區間。

8. 由某位檢驗師，在血液檢驗室對 20 位男士做膽固醇的檢驗，而得下列之檢驗值：

    164　272　261　248　235　192　203　230　242　305
    286　310　345　289　335　297　328　400　228　194

試求男士膽固醇檢驗值平均數的 95% 信賴區間。

9. 某照明公司所生產的 200 瓦省電燈泡經過品管人員檢測 50 個，結果發現有 8 個是壞掉的，則該款燈泡的不良率 p 的 95% 信賴區間。

10. 設 X 表示在春天被捕捉的秋刀魚之長度 (以公分計)。X 的一組隨機樣本觀察值為：

   25.6　30.5　28.6　23.4　31.2　26.7　33.6　27.8
   30.6　26.4　29.2　31.8　23.8　27.9　32.7　25.3

(1) 給一個秋刀魚長度的平均值 μ 的點估計值。
(2) 求 μ 的一個 95% 信賴區間。

Chapter 7

推論性統計：假說檢定

在第六章中，我們已經介紹有關母數的點估計與區間估計的概念，也實際討論了單一母體平均數及單一母體比率的估計方法。但是，人們常常對這些母數已有先入之見，有時也會想要收集資料以檢驗這些先入之見的正確性，此類議題是屬於假說檢定的範疇，是推論統計的另一個重要主題。在日常生活中，我們經常會看到假說檢定的例子，例如某電腦主機板廠商宣稱其產品不良率為 0.02，此即為該廠商對其產品品質的主張或假設，而其經銷部品管人員為檢驗此一不良率之假設，就隨機抽取了 100 部的電腦主機板檢驗並計算其不良率，並根據統計假說檢定的方法，決定是否拒絕不良率為 0.02 之假設。此外，在經濟、政治、教育、生物、醫藥、農業等等方面，也都必須利用假說檢定之統計方法來驗證主張。

本章主要是介紹假說檢定相關的概念，包括假說檢定的相關定義及進行步驟，以便瞭解此種統計方法之基本內涵，期望讀者透過本章的學習應該能：

1. 解釋虛無假說及對立假說的意義。
2. 簡述假說檢定之步驟。
3. 定義統計顯著水準。
4. 分辨單尾及雙尾檢定。
5. 分辨臨界值及檢定統計值。
6. 解釋檢定力及 p 值的意義。

一、實務問題

假說檢定問題在實務上是常見的，例如：

1. 已知台灣新生兒平均體重為 3,402 公克，有人認為低社經地位的母親在分娩時易生出低於「正常」體重的嬰兒。為檢定這個猜想，收集 16 位低社經地位母親之足月分娩的新生兒體重資料，其平均體重為 3,260 公克，標準差為 680 公克，能否因此論斷低社經地位的母親之足月分娩的新生兒平均體重低於全台灣新生兒平均體重？

2. 骨關節炎 (osteoarthritis, OA) 是一種以關節軟骨退行性變和繼發性骨質增生為特性的慢性關節疾病。有種新藥宣稱能緩解 OA 病人的疼痛。為檢定此宣稱，收集 50 位尚未服用任何緩解 OA 病人疼痛的藥物之前，主訴其疼痛程度 (1 代表無痛、2 代表極弱的痛、3 代表剛剛注意到的痛、4 代表很弱的痛、5 代表弱痛、6 代表輕度痛、7 代表中度痛、8 代表不適性痛、9 代表強痛、10 代表劇烈痛、11 代表很強烈的痛、12 代表極劇烈的痛、13 代表很劇烈的痛、14 代表不可忍受的痛、15 代表難以忍受的痛)，服用該新藥一個月後，再次主訴其疼痛程度，試問此新藥能否有效緩解病人的疼痛？

3. 進行心血管危險因子流行病學研究時，想要探討父親死於心臟病的孩子，其平均膽固醇值是否超過一般孩童的平均膽固醇值 175 mg/dl。今有 10 位父親死於心臟病的孩子，測得平均膽固醇值為 200 mg/dl，樣本標準差為 36 mg/dl，則結論應為何？

4. 已知過去 24 小時內有心肌梗塞但尚未醫治的病人之平均梗塞大小為 25 (ck-g-EQ/m^2)。某種新藥宣稱能減小梗塞大小。為檢定此宣稱，今測量 8 位接受此新藥治療的病人梗塞大小，得到平均值為 16 (ck-g-EQ/m^2)，標準差為 10 (ck-g-EQ/m^2)，試問此新藥能否有效減小梗塞大小？

5. 欲瞭解住院期間感染 AB 菌的病人和未感染 AB 菌的病人在年齡上有無差異，今收集 33 位住院期間感染 AB 菌的病人的年齡平均值為 70.00 歲，標準差為 15.79 歲；另 169 位住院期間未感染 AB 菌的病人的年齡平均值為 59.91 歲，標準差為 20.36 歲，試問住院期間有無感染 AB 菌的病人的年齡是否有差異？

6. 健康者的膽固醇正常值，20 歲左右為 170 mg/dl。某單位調查自認為宅男的科技大學男學生 100 名，測得膽固醇的平均值為 180 mg/dl，標準差為 40 mg/dl。試問自認為宅男的科技大學男學生的膽固醇值，是否與健康者的膽固醇值相同？

7. 欲瞭解患纖維囊腫者的平均休息能量消耗量是否與健康者有所不同。今已知健康者平均休息能量消耗量約為 1,400 kcal，測量 81 位纖維囊腫患者之休息能量消耗量，求得平均值為 1,600 kcal，標準差為 300 kcal。試問纖維囊腫患者與健康者之休息能量消耗量是否相同？

二、假說檢定之概念

假說 (hypothesis) 是指人們為解釋某一現象所作的一個尚未得到證明的論述。在學術研究上，假說不是隨便提出來的，它必須具有合理性，提出者相信他的論述是正確，且能以實證資料加以檢驗的。例如，前節所述有人認為低社經地位的母親在分娩時易生出低於「正常」體重的嬰兒，便是一個假說，人們可以收集低社經地位新生兒出生時體重資料來進行檢驗。又如，有人認為住院期間有無感染 AB 菌的病人在年齡上是有差異的，便是一個假說，人們可以分別收集住院期間有感染 AB 菌的病人和未感染 AB 菌的病人的年齡來進行檢驗。

統計假說檢定 (statistical hypothesis testing) 便是一種利用統計理論對假說進行檢驗的一種決策過程，幫助研究者在兩個互相對立的假說之間，利用樣本資料做出決策──決定接受某假說而拒絕另一假說。然而，在統計假說檢定中，假說的陳述方式，一般會先對母體特性 (未知母數) 做適當的描述，如「低社經地位新生兒出生平均體重 (μ) 不低於全台灣新生兒平均出生體重 (μ_0)」及「低社經地位新生兒出生平均體重 (μ) 低於全台灣新生兒平均出生體重 (μ_0)」便是兩個互相對立假說的陳述。又如，以 μ_1 代表住院期間有感染 AB 菌的病人的平均年齡，μ_2 代表住院期間未感染 AB 菌的病人的平均年齡，「$\mu_1 = \mu_2$」及「$\mu_1 \neq \mu_2$」便是另外兩個互相對立假說的陳述。

對於採用統計假說檢定進行決策的研究者而言，兩個互相對立的假說的角色，在其心中並非對等，一個是研究者想要檢視它與所收集資料間的差異情形，並據此情形做出判斷，被稱為虛無假說 (null hypothesis)，通常是傳統的論述，為研究者所懷疑而欲推翻的假說；另一個是對立假說 (alternative hypothesis)，當研究者做出拋棄前一個假說的決策後，所要替代的假說，通常是創新的論述，為研究者所確信而欲支持的假說。例如，若研究者認為低社經地位的母親在分娩時易生出低於「正常」體重的嬰兒，那麼「低社經地位新生兒出生平均體重 (μ) 不低於全台灣新生兒平均出生體重 (μ_0)」便是其虛無假說，反之「$\mu < \mu_0$」便是對立假說。有關虛無假說及對立假說的相關概念，在下一節有進一步的說明。

統計假說檢定的判斷原則類似**無罪推定原則** (presumption of innocence)，意指應先假設被告是無罪的，而檢警必須要提出足夠的證據去證明被告確實有罪，因此假設被告無罪的假設，在檢警的心中就相當於虛無假說；假設被告有罪的假設，則相當於對立假說；而檢警提出的證據，是否足以確定該被告有罪，則要經過檢驗的。統計學家羅納德・費雪 (Ronald Fisher) 將統計假說檢定的檢驗方式稱為**顯著性的檢定** (test of significance)，這是因為它是根據一個被稱為**顯著水準** (significance level) 之預先設定的概率閾值來進行判斷，如果所收集的資料在虛無假說為真的情況下，被預測其發生的機率小於顯著水準，即被認為不太可能是偶然發生的，因此判定須拒絕虛無假說，否則不能拒絕虛無假說。有關顯著水準與決策判定的相關概念，在之後的小節中將會陸續介紹。

三、虛無假說及對立假說

前一小節已大略地介紹了假說檢定的概念，本節及後續小節，將更進一步地說明與介紹其相關概念。本節將要進一步說明虛無假說及對立假說，並介紹假說檢定的四種可能的結果，及其伴隨的錯誤類型。

如前所述，我們將要檢定的假說叫做虛無假說，它是關於母數的一個主張，通常以 H_0 (讀作 H-naught) 表示。在科學實驗裡，以觀察數據進行統計推斷時，虛無假說是指一般的或默認的立場，例如，兩個觀察或測量的現象間沒有關係，或者一種研發藥物沒有治療效果；它是相信能得到兩個觀察或測量的現象間有關係，或者一種研發藥物有治療效果等結論的基礎。拒絕或駁斥虛無假說是現代科學實踐的中心任務，對能被否證的主張給出了一個精確的意義。在統計假說檢定裡，虛無假說是被普遍認為真的，除非直到有證據表明為非。在此，統計顯著性起著檢驗的關鍵作用，它被用於確定是否可以被拒絕或暫時保留一個虛無假說。

在設定虛無假說時，考慮或選擇其方向性是至關重要的，它會影響從統計假說檢定得出的結論。例如，對一枚硬幣是否公正 (即，平均而言投擲此硬幣時正面朝上的機率為 50%) 的問題。一個可能的虛無假說是「H_0：這枚硬幣並非向面偏差 (即，平均而言投擲此硬幣時正面朝上的機率不超過 50%)」，而「H_0^1：這枚硬幣是公正的」，又是另一個可能的虛無假說。如果我們設定顯著水準為 5%，並連續 5 次投擲此枚硬幣，結果 5 次都是正面朝上，根據 H_0 此一假說，這是不可能的 (若硬幣是公正的，這樣的概率是 $1/2^5 = 3.1\%$ 小於所設定的顯著水準，如果硬幣是偏向反面的，亦即正面朝上的機率小於 50% 時，這樣的概率將比 3.1% 還要小，此結果

是更不可能)，因此要拒絕 H_0，結論是此枚硬幣偏向正面；反之，根據 H_0^1 此一假說，若要推翻它，需要通過任何過多的反面朝上或過多的正面朝上才能拒絕「這枚硬幣是公正的」假說，因此被認為是不可能的機率閾值，是要包含兩個方向 (正面朝上及反面朝上) 的極端現象的發生機率，當 H_0^1 為真時，兩個方向出現的機率是對稱的，所以在顯著水準為 5% 時，不論出現反面朝上或正面朝上之極端現象的機率，分別不能低於 2.5%，否則是不可能發生的現象，但由於 3.1% 未低於 2.5%，因此無法拒絕 H_0^1，需暫時保留這枚硬幣是公正的假說。

在統計假說檢定裡，對立假說又被稱為主張假說 (maintained hypothesis) 或研究假說 (research hypothesis)，它是對母數提出一個在某種意義上與虛無假說相反的研究主張，通常以 H_a 表示。例如，在探討「母親是否為職業婦女的青少年在對女性就業態度問卷上的反應是否有所不同？」時，若以 μ_1 代表母親為職業婦女的青少年對女性就業態度問卷上的平均得分，μ_2 代表母親為非職業婦女的青少年對女性就業態度問卷上的平均得分，則 H_0 為「$\mu_1=\mu_2$」及 H_a 為「$\mu_1 \neq \mu_2$」。顯然，當 H_0 為真時 H_a 為假，當 H_0 為假時 H_a 為真。

當研究者利用樣本資料做出拒絕 H_0 或是不拒絕 H_0 的決定後，那麼將有可能會發生如下的錯誤：

1. 當 H_0 為真時而拒絕 H_0 所發生的錯誤，稱為型 I 錯誤 (type I error)。
2. 當 H_0 為假時而不拒絕 H_0 所發生的錯誤，稱為型 II 錯誤 (type II error)。

當然，研究者的決策也有可能是正確的，正確的決策也有兩種不同的類型：

1. 當 H_0 為真時而不拒絕 H_0 稱為型 A 正確決策。
2. 當 H_0 為假時而拒絕 H_0 稱為型 B 正確決策。

我們可藉由表 7-1 來瞭解上述假設檢定的可能結果及所屬決策錯誤或正確類型。

表 7-1 假說檢定的四種可能結果及所屬決策錯誤或正確類型

可能結果		真實性	
		H_0 為真	H_0 為假
決策	拒絕 H_0	當 H_0 為真而決策為拒絕 H_0 型 I 錯誤	當 H_0 為假而決策為拒絕 H_0 型 B 正確決策
	不拒絕 H_0	當 H_0 為真而決策為不拒絕 H_0 型 A 正確決策	當 H_0 為假而決策為不拒絕 H_0 型 II 錯誤

假說檢定之型 I 錯誤發生的機率就是該檢定之顯著水準 (significance level)，通常以 α 表示，即 α=P (拒絕 H_0|H_0 為真)。研究者需先選擇能承受犯下型 I 錯誤的閾值，以做為顯著性檢定結果的判定依據。

型 II 錯誤發生的機率通常以 β 表示，即 β=P (不拒絕 H_0|H_0 為假)。也許有人要找一個檢定使得 α 與 β 達到最小，但是魚與熊掌不可兼得，這樣的檢定是不存在的。一般而言，我們做一個假說檢定的問題是先設定顯著水準 α，然後再尋找具有較低 β 之檢定。

四、假說檢定之步驟

在學術發展裡，統計假說檢定起著重要的作用，其進行的步驟通常為如下所示：

1. 有一個真相未明的初步的研究假說。
2. 設定有關的虛無假說與對立假說。這是重要的步驟，因為錯誤地陳述假說將打亂其他的步驟。
3. 在針對樣本進行檢定時，要考慮統計的前提假設 (assumption)，例如，有關的統計獨立性的假設，或是有關觀測值的分布形式的假設。這也是非常重要的，因為違反統計的前提假設意味著該檢定的結果是無效的。
4. 選定檢定統計量 (test statistics)：決定哪些檢定是合適的，並說明有關的檢定統計量。檢定統計量是一個統計量，由樣本資料計算得其函數值被用來做「拒絕 H_0」或「不拒絕 H_0」之決策。
5. 在虛無假說為真的假設下，推導檢定統計量的分布。在標準情況下，這將是一個眾所周知的結果。例如，在虛無假說為真的假設下，檢定統計量可能遵循 t 分布或 Z 分布。
6. 設定顯著水準 (α) 與建立檢定法則：選擇一個顯著水準，低於此機率閾值的虛無假說將被拒絕。一般 α 取值為 5% 或 1%。
7. 求出拒絕域 (rejection region)：在虛無假說下，檢定統計量的可能的值，可分割成屬於拒絕域 [或稱為臨界域 (critical region)] 的部分，和不屬於拒絕域的部分。在虛無假說下，檢定統計量的值落在拒絕域的機率是 α，因此拒絕域的大小依賴於檢定中所設定的顯著水準 α。拒絕域邊界上的一個統計量的值稱為臨界值 (critical value)。

8. 計算檢定統計量之樣本函數值：從觀測的資料中計算出檢定統計量的觀測值（又稱為檢定統計值），記為 T_{OBS}。
9. 做出是否拒絕虛無假說之決策：決定拒絕虛無假說而偏向對立假說，或是不拒絕虛無假說。決策規則是「如果檢定統計值是落在拒絕域內，那麼就拒絕虛無假說 H_0；否則不拒絕 H_0」。總之，當我們設定 α 與檢定規則之後，接著找出臨界值與拒絕域，然後計算檢定統計值，如果該值 T_{OBS} 落在拒絕域，則拒絕虛無假說；否則就不拒絕該虛無假說。

再以前述低社經地位的母親之新生兒體重為例來說明上述步驟：

1. 「低社經地位的母親在分娩時易生出低於『正常』體重的嬰兒」是一個真相未明的初步的研究假說，尚待實證資料檢驗。
2. 若低社經地位新生兒出生平均體重為 μ，全台灣新生兒平均體重為 μ_0，那麼虛無假說 H_0 為「$\mu \geq \mu_0$」，而對立假說 H_a 為「$\mu < \mu_0$」。
3. 所收集的 16 位低社經地位母親是採隨機抽樣取得，她們的新生兒之間是相互獨立的，足月分娩的新生兒體重分布是常態分布。
4. 若以 n 位低社經地位母親之足月分娩的新生兒平均體重 $\overline{X}$ 來估計 μ，那麼 $\overline{X}$ 的觀測值 $\overline{x}$ 愈小於 μ_0，則代表 H_0 為真的可能性就愈低，換言之，我們以 $\overline{x} - \mu_0$ 做為一個訊號，當它負得很多時，代表 $\overline{x}$ 愈小於 μ_0。然而，$\overline{x}$ 與 μ_0 的差距，可能由於抽樣誤差所造成，如果此訊號能相對於抽樣誤差而言，仍然很凸顯，那麼這種差異應不太可能是偶然發生的，因此以 $\dfrac{\overline{X} - \mu_0}{\sigma/\sqrt{n}}$ 做為檢定統計量應是合適的，其中 σ 為低社經地位新生兒出生體重的標準差。但是，當 σ 未知時，前述統計量做為檢定統計量便不合適了，以樣本標準差 S 來估計 σ，所得的 $\dfrac{\overline{X} - \mu_0}{S/\sqrt{n}}$ 做為檢定統計量更為合適。當 $\dfrac{\overline{X} - \mu_0}{S/\sqrt{n}}$ 的觀測值極端地小，應「拒絕 H_0」，否則應「不拒絕 H_0」。
5. 因為 $\dfrac{\overline{X} - \mu}{S/\sqrt{n}} = \dfrac{\overline{X} - \mu_0}{S/\sqrt{n}} + \dfrac{\mu_0 - \mu}{S/\sqrt{n}}$，所以在虛無假說「$\mu \geq \mu_0$」為真的假設下，$\dfrac{\mu_0 - \mu}{S/\sqrt{n}} \leq 0$，故有 $\dfrac{\overline{X} - \mu}{S/\sqrt{n}} \leq \dfrac{\overline{X} - \mu_0}{S/\sqrt{n}}$。換言之，當 $\dfrac{\overline{X} - \mu_0}{S/\sqrt{n}}$ 的觀測值極端地小，那麼 $\dfrac{\overline{X} - \mu}{S/\sqrt{n}}$ 的觀測值也會極端地小，但反之不然，因此只需看低社經地位新

生兒出生體重分布為 $N(\mu_0, \sigma^2)$ 的情況。由第五章，$\dfrac{\overline{X} - \mu_0}{S/\sqrt{n}}$ 的分布為自由度 $n-1$ 的 t 分布。

6. α 取值為 0.05。

7. 在虛無假說下，由於 $\dfrac{\overline{X} - \mu_0}{S/\sqrt{n}}$ 的分布為自由度 $n-1$ 的 t 分布，因此可由 t 表 (附表表 5) 得到 $t_{0.05}(n-1)$，亦即 $P(\{\dfrac{\overline{X} - \mu_0}{S/\sqrt{n}} \le -t_{0.05}(n-1)\}) = 0.05$。換言之，$\dfrac{\overline{X} - \mu_0}{S/\sqrt{n}}$ 小於等於 $-t_{0.05}(n-1)$ 的機率未超過前一步驟所設定的機率閾值，代表此現象為偶然發生的機率很小，故只要 $\dfrac{\overline{X} - \mu_0}{S/\sqrt{n}}$ 小於等於 $-t_{0.05}(n-1)$，應拒絕虛無假說，故拒絕域為 $(-\infty, -t_{0.05}(n-1)]$，臨界值為 $-t_{0.05}(n-1)$。由於 $n=16$，從 t 表可得 $t_{0.05}=1.7531$，故拒絕域為 $(-\infty, -1.7531]$，臨界值為 -1.7531。

8. 由於 $n=16$、$\mu_0=3,402$ (公克)、$\overline{X}$ 之觀測值 $=3,260$ (公克)，S 之觀測值 $=680$ (公克)，因此 $T_{OBS} = \dfrac{3,260 - 3,402}{680/\sqrt{16}} = -0.835$。

9. 因為 -0.835 未落入拒絕域 (如圖 7-1 所示)，故不拒絕 H_0。換言之，依目前的證據無法拒絕「低社經地位新生兒出生平均體重不低於全台灣新生兒平均出生體重」的假說。

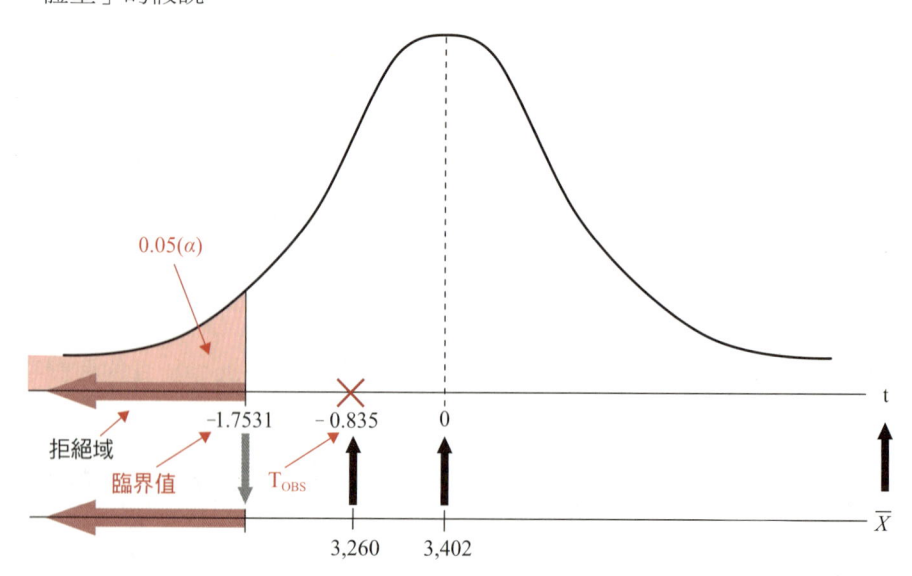

圖 7-1 檢定「H_0：低社經地位的母親之足月分娩的新生兒平均體重不低於全台灣新生兒平均體重」之拒絕域、臨界值及統計量 T 之樣本函數值 (T_{OBS}) 示意圖。

五、單尾、雙尾假說檢定

前述拒絕域為 $(-\infty, -1.7531]$，檢定統計值 T_{OBS} 落入此區域，則應拒絕虛無假說。此區域是由較小的 $\overline{X}$ 觀測值所構成的，因為對立假說 H_a 為「$\mu < \mu_0$」，其中 μ 為未知的低社經地位新生兒出生平均體重，μ_0 為已知的全台灣新生兒平均體重。這種形式的檢定稱為單尾檢定 (one-tailed test)。上例之拒絕域位於數線左側 (見圖 7-1)，此類單尾檢定亦被稱為左尾檢定 (left-tailed test 或 lower-tailed test)。

同理，當拒絕域是由數線上較大的數值所構成的，因位於數線右側，故此類單尾檢定亦被稱為右尾檢定 (right-tailed test 或 upper-tailed test)。例如，檢定「進行心血管危險因子流行病學研究時，想要探討父親死於心臟病的孩子，其平均膽固醇值是否超過一般孩童的平均膽固醇值 175 mg/dl」此一實務問題時，即屬右尾檢定 (見圖 7-2)。以前節統計假說檢定的步驟對此實務問題進行檢定：

1. 「父親死於心臟病的孩子，其平均膽固醇值超過一般孩童的平均膽固醇值」是一個真相未明的初步的研究假說，尚待實證資料檢驗。
2. 若父親死於心臟病的孩子之平均膽固醇值為 μ，一般孩童的平均膽固醇值為 μ_0，那麼虛無假說 H_0 為「$\mu \leq \mu_0$」，而對立假說 H_a 為「$\mu > \mu_0$」。
3. 所收集的 10 位父親死於心臟病的孩子是採隨機抽樣取得，這些孩童之間是相互獨立的，膽固醇值的分布是常態分布。
4. 若以 n 位父親死於心臟病的孩子之平均膽固醇值 $\overline{X}$ 來估計 μ，那麼 $\overline{X}$ 的觀測值 $\overline{x}$ 愈大於 μ_0，則代表 H_0 為真的可能性就愈低，換言之，我們以 $\overline{x} - \mu_0$ 做為一個訊號，當它正得很多時，代表 $\overline{x}$ 愈大於 μ_0。如前節所述 $\dfrac{\overline{X} - \mu_0}{S/\sqrt{n}}$ 為合適的檢定統計量，其中 n 為樣本數、S 為樣本標準差。當 $\dfrac{\overline{X} - \mu_0}{S/\sqrt{n}}$ 的觀測值極端地大，應「拒絕 H_0」，否則應「不拒絕 H_0」。
5. 因為 $\dfrac{\overline{X} - \mu}{S/\sqrt{n}} = \dfrac{\overline{X} - \mu_0}{S/\sqrt{n}} + \dfrac{\mu_0 - \mu}{S/\sqrt{n}}$，所以在虛無假說「$\mu \leq \mu_0$」為真的假設下，$\dfrac{\mu_0 - \mu}{S/\sqrt{n}} \geq 0$，故有 $\dfrac{\overline{X} - \mu}{S/\sqrt{n}} \geq \dfrac{\overline{X} - \mu_0}{S/\sqrt{n}}$。換言之，當 $\dfrac{\overline{X} - \mu_0}{S/\sqrt{n}}$ 的觀測值極端地大，那麼 $\dfrac{\overline{X} - \mu}{S/\sqrt{n}}$ 的觀測值也會極端地大，但反之不然，因此只需看父親死於心臟

病的孩子之膽固醇值分布為 $N(\mu_0, \sigma^2)$ 的情況，其中 σ 為父親死於心臟病的孩子之膽固醇值的標準差。由第五章，$\dfrac{\bar{X}-\mu_0}{S/\sqrt{n}}$ 的分布為自由度 $n-1$ 的 t 分布。

6. α 取值為 0.05。

7. 在虛無假說下，由於 $\dfrac{\bar{X}-\mu_0}{S/\sqrt{n}}$ 的分布為自由度 $n-1$ 的 t 分布，因此可由 t 表 (附表表 5) 得到 $t_{0.05}(n-1)$，亦即 $P(\{\dfrac{\bar{X}-\mu_0}{S/\sqrt{n}} \geq t_{0.05}(n-1)\})=0.05$。換言之，$\dfrac{\bar{X}-\mu_0}{S/\sqrt{n}}$ 大於等於 $t_{0.05}(n-1)$ 的機率未超過前一步驟所設定的機率閾值，代表此現象為偶然發生的機率很小，故只要 $\dfrac{\bar{X}-\mu_0}{S/\sqrt{n}}$ 的觀測值大於等於 $t_{0.05}(n-1)$，應拒絕虛無假說，故拒絕域為 $[t_{0.05}(n-1), \infty)$，臨界值為 $t_{0.05}(n-1)$。由於 $n=10$，從 t 表可得 $t_{0.05}(9)=1.8331$，故拒絕域為 $[1.8331, \infty)$，臨界值為 1.8331。

8. 由於 $n=10$、$\mu_0=175$ (mg/dl)、$\bar{X}$ 之觀測值 $=200$ (mg/dl)，S 之觀測值 $=36$ (mg/dl)，因此 $T_{OBS}=\dfrac{200-175}{36/\sqrt{10}}=2.196$。

9. 因為 2.196 落入拒絕域 (如圖 7-2 所示)，故拒絕 H_0，亦即拒絕「父親死於心臟病的孩子之平均膽固醇值不超過一般孩童的平均膽固醇值」的假說，換言之，本研究結論為「父親死於心臟病的孩子之平均膽固醇值超過一般孩童的平均膽固醇值」。

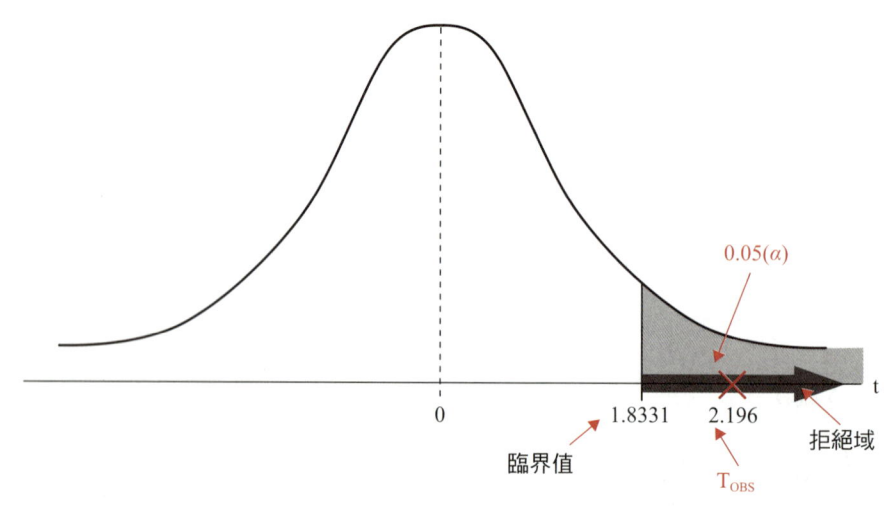

圖 7-2　檢定「H_0：父親死於心臟病的孩子之平均膽固醇值不超過一般孩童的平均膽固醇值」之拒絕域、臨界值及統計量 T 之樣本函數值 (T_{OBS}) 示意圖。

檢定除了有單尾檢定這種形式外，如果拒絕域是由數線上較小及較大的數值所構成的，因位於數線的兩側，故此形式的檢定稱為**雙尾檢定** (two-tailed test)。例如，在「患纖維囊腫者的平均休息能量消耗量是否與健康者有所不同」此一實務問題中，即屬雙尾檢定 (見圖 7-3)。再以前節統計假說檢定的步驟對此實務問題進行檢定：

1. 「患纖維囊腫者的平均休息能量消耗量是否與健康者有所不同」的研究假說，尚待實證資料檢驗。

2. 若患纖維囊腫者的平均休息能量消耗量為 μ，健康者的平均休息能量消耗量為 μ_0，那麼虛無假說 H_0 為「$\mu = \mu_0$」，而對立假說 H_a 為「$\mu \neq \mu_0$」。

3. 所收集的 81 位患纖維囊腫者是採隨機抽樣取得，這些患者之間是相互獨立的，雖然休息能量消耗量的分布並非常態分布，但樣本數 81 屬大樣本，由中央極限定理，樣本平均數 $\overline{X}$ 的分布近似常態分布。

4. 若以 n 位患纖維囊腫者的平均休息能量消耗量 $\overline{X}$ 來估計 μ，那麼 $\overline{X}$ 的觀測值 $\overline{x}$ 愈不等於 (大於或小於) μ_0，則代表 H_0 為真的可能性就愈低，換言之，我們以 $\overline{x} - \mu_0$ 做為一個訊號，當它離 0 很遠時，代表 $\overline{x}$ 愈不等於 μ_0。故當 $\dfrac{\overline{X} - \mu_0}{S/\sqrt{n}}$ 的觀測值極端地不等於 0，亦即 $\left|\dfrac{\overline{X} - \mu_0}{S/\sqrt{n}}\right|$ 的觀測值極端地大時，應「拒絕 H_0」，否則應「不拒絕 H_0」。其中 n 為樣本數、S 為樣本標準差。

5. 在虛無假說「$\mu = \mu_0$」為真的假設下，$\overline{X}$ 的分布近似於為 $N(\mu_0, \dfrac{\sigma^2}{n})$，其中 σ 為患纖維囊腫者的休息能量消耗量的標準差。由第五章，$\left|\dfrac{\overline{X} - \mu_0}{S/\sqrt{n}}\right|$ 的分布為自由度 $n-1$ 的 t 分布。

6. α 取值為 0.05。

7. 在虛無假說下，由於 $\dfrac{\overline{X} - \mu_0}{S/\sqrt{n}}$ 的分布為自由度 $n-1$ 的 t 分布，因此可由 t 表 (見附表表 5) 得到 $t_{0.025}(n-1)$，亦即 $P(\{\left|\dfrac{\overline{X} - \mu_0}{S/\sqrt{n}}\right| \geq t_{0.025}(n-1)\}) = 0.05$。換言之，$\left|\dfrac{\overline{X} - \mu_0}{S/\sqrt{n}}\right|$ 大於等於 $t_{0.025}(n-1)$ 的機率未超過前一步驟所設定的機率閾值，代表此現象為偶然發生的機率很小，故只要 $\left|\dfrac{\overline{X} - \mu_0}{S/\sqrt{n}}\right|$ 的觀測值大於等於

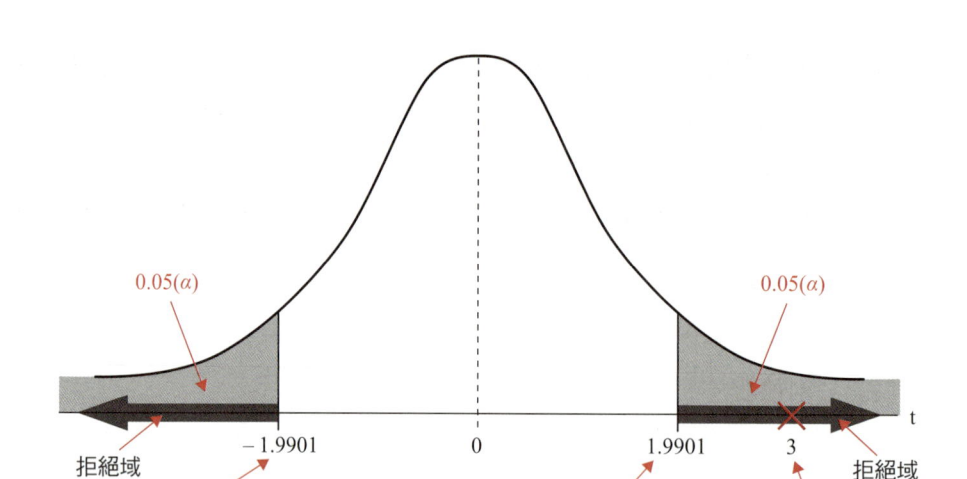

圖 7-3 檢定「H_0：患纖維囊腫者的平均休息能量消耗量與健康者相同」之拒絕域、臨界值及統計量 T 樣本函數值 (T_{OBS}) 示意圖。

$t_{0.025}(n-1)$，應拒絕虛無假說，故拒絕域為 $(-\infty, -t_{0.025}(n-1)] \cup [t_{0.025}(n-1), \infty)$，臨界值為 $\pm t_{0.025}(n-1)$。由於 $n=81$，從 t 表可得＝1.9901，故拒絕域為 $(-\infty, -1.9901] \cup [1.9901, \infty)$，臨界值為 ± 1.9901。

8. 由於 $n=81$、$\mu_0=1,400$ (kcal)、$\overline{X}$ 之觀測值＝1,500 (kcal)，S 之觀測值＝300 (kcal)，因此 $T_{OBS} = \dfrac{1,600-1,400}{300/\sqrt{81}} = 3$。

9. 因為 3 落入拒絕域 (如圖 7-3 所示)，故拒絕 H_0。換言之，患纖維囊腫者的平均休息能量消耗量與健康者有所不同。

在第三節曾提及設定虛無假說時，考慮或選擇其方向性是至關重要的，這裡所謂的方向性，從拒絕域的形式而言，就是單尾或雙尾，顯然它會影響從統計假說檢定得出的結論。例如，在父親死於心臟病的孩子，其平均膽固醇值與一般孩童平均膽固醇值的比較問題裡，如果虛無假說 H_0 改為「$\mu=\mu_0$」，而對立假說 H_a 改為「$\mu \neq \mu_0$」，亦即從單尾檢定變成了雙尾檢定。若 α 取值為 0.05，則由於 $t_{0.025}(9) = 2.2622$，$T_{OBS} = \dfrac{200-175}{36/\sqrt{10}} = 2.196 < 2.2622$，未落入拒絕域，故在進行雙尾檢定時，結論應為不拒絕 H_0。

六、p 值、檢力

假說檢定的四種可能結果 (見表 7-1) 中，有兩種決策是屬錯誤決策，當拒絕真的虛無假說 H_0 時，犯下型 I 錯誤的機率就是我們要事先控制的顯著水準 α；當不拒絕假的 H_0 時，犯下型 II 錯誤的機率就是 β。另外兩種決策是屬正確決策，當不拒絕真的 H_0 時，稱為型 A 正確決策，其發生的機率為 $1-\alpha$；當拒絕假的 H_0 時，稱為型 B 正確決策，其發生的機率為 $1-\beta$，我們將 $1-\beta=P$ (拒絕 $H_0|H_0$ 為假) 稱為該假說檢定的檢定力 (test power) 或簡稱檢力。

令 $X_1, \cdots, X_{25}$ 是常態母體 $N(\mu, 1^2)$ 的一組隨機樣本，其中 $\mu=0$ 或 1。我們設立虛無假說與對立假說分別為 $H_0: \mu=0$ 與 $H_a: \mu=1$。由於 μ 不是 0 就是 1，因此若由樣本算得的 $\overline{X}$ 之觀測值足夠大，則拒絕 H_0，是一個合理的檢定規則。又因為 $\overline{X} \sim N(\mu, \frac{1}{5^2})$，故 $\frac{\overline{X}-\mu}{1/5} \sim N(0, 1^2)$，亦即若檢定統計量 $Z=\frac{\overline{X}-0}{1/5}$ 的觀測值足夠大則拒絕 H_0。令 $\alpha=0.05$，由 Z 分布右尾機率表可求得 $z_{0.05}=1.645$，故在 H_0 為真的情況下，則 $Z=\frac{\overline{X}-0}{1/5} \sim N(0, 1^2)$，可求得如圖 7-4 之拒絕域。此時從臨界值 1.645 反推可得當 $\overline{X} \geq 0.329$ 時，則拒絕 H_0。而在 H_0 為假的情況下，$\frac{\overline{X}-1}{1/5} \sim N(0, 1^2)$，則此檢定之檢力為 $1-\beta=P(\{\overline{X} \geq 0.329\}|\mu=1)=P(\{\frac{\overline{X}-1}{1/5} \geq \frac{0.329-1}{1/5}\}|\mu=1)=P(Z \geq -3.355)=0.9996$，即為圖 7-4 中的灰色面積所示。

最後要介紹的是 p 值 (p value)，它就是當虛無假說 H_0 為真時，所得到的樣本觀察結果或「更極端結果」出現的概率。這裡所謂「更極端結果」的意義，在單尾檢定或在雙尾檢定裡，稍有不同的意涵。若檢定統計量為 T，樣本函數值為 T_{OBS}，那麼，在左尾檢定中，比樣本觀察結果 T_{OBS} 更小的便是「更極端結果」，亦即 p 值 $=P(T \leq T_{OBS})$；在右尾檢定中，比樣本觀察結果 T_{OBS} 更大的便是「更極端結果」，亦即 p 值 $=P(T \geq T_{OBS})$；在雙尾檢定中，$|T|$ 比樣本觀察結果 $|T_{OBS}|$ 更大的便是「更極端結果」，亦即 p 值 $=P(|T| \geq |T_{OBS}|)$。

例如，在檢定「進行心血管危險因子流行病學研究時，想要探討父親死於心臟病的孩子，其平均膽固醇值是否超過一般孩童的平均膽固醇值 175 mg/dl」此一實務問題時，$T_{OBS}=\frac{200-175}{36/\sqrt{10}}=2.196$，因此，p 值 $=P(T \geq 2.196)$。由於此 p 值要利用附表表 5 求得並不容易，這也是傳統教科書中較不採用 p 值來進行假說檢定的原

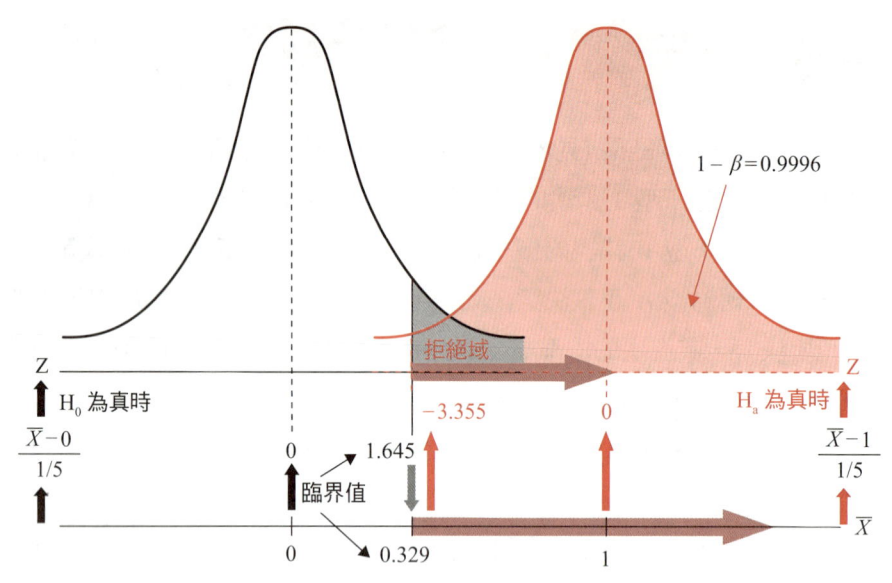

圖 7-4 使用來自 $N(\mu, 1^2)$ 的一組隨機樣本 ($n=25$) 檢定「$H_0：\mu=0$ vs. $H_a：\mu=1$」之拒絕域、臨界值及檢力關係示意圖。

因。但隨著電腦的發展，p 值的計算不再是個難題，利用第五章所介紹的方法，先在 SPSS 新增新的資料集，任意輸入一筆資料後，按「轉換 (T)/計算變數(C)」，在「目標變數 (T)」欄位輸入 p，並於「數值表示式 (E)」欄位中輸入 1-CDF.T(2.196,9) 後按「確定」，即可獲得 p 值為 0.028。

又如，在檢定「患纖維囊腫者的平均休息能量消耗量是否與健康者有所不同」此一實務問題中，$T_{OBS}=\dfrac{1,600-1,400}{300/\sqrt{81}}=3$，因此，p 值=$P(|T|\geq 3)$。同樣，按「轉換 (T)/計算變數 (C)」，在「數值表示式 (E)」欄位中改輸入 2*(1-CDF.T(3,80)) 後按「確定」，即可獲得 p 值為 0.004。

除了電腦發展的原因外，由於 p 值能給出觀測資料與虛無假說之間不一致程度的精確度量，使得 p 值變成最常用的統計指標之一。前面介紹利用觀察結果 T_{OBS} 是否落入拒絕域做為假說檢定的步驟，無法給出觀測資料與虛無假說之間不一致程度的精確度量，這是因為我們在檢定之前確定顯著性水準 α，也就是說，事先確定了拒絕域；但是，如果選中相同的 α，所有檢定結論的可靠性都一樣。然而，若事先將 α 這個閾值，依程度分成幾類，再視計算出來的 p 值落在哪個程度類別中，便能給出觀測資料與虛無假說之間不一致程度的度量。據此，我們可以將前述假說檢定的步驟修正為：

6'. 設定顯著水準閾值範圍：一般來說，可分為「0.01 以下」、「0.01 與 0.05

之間」、「0.05 與 0.1 之間」、「0.1 以上」等四個閾值範圍。亦即，如果 $p<0.01$，代表非常強烈地認為觀測資料與虛無假說 H_0 之間有不一致；如果 $0.01 \leq p<0.05$，代表強烈地認為觀測資料與虛無假說 H_0 之間有不一致；如果 $0.05 \leq p<0.1$，代表較弱地認為觀測資料與虛無假說 H_0 之間有不一致；如果 $p>0.1$，代表無法認為觀測資料與虛無假說 H_0 之間有不一致。也可以把「0.05 與 0.1 之間」與「0.1 以上」合併成為「0.05 以上」，分為三個閾值範圍，端視研究者的設定。

7'. 計算檢定統計量之樣本函數值：從觀測的資料中計算出的檢定統計量的觀測值 T_{OBS}。

8'. 求出 p 值：在虛無假說下，從 T_{OBS} 計算出 p 值。

9'. 做出是否拒絕虛無假說之決策：若 p 值未落入最大數值的閾值範圍裡 (例如，未落入「0.05 以上」此一範圍中，亦即 $p<0.05$)，則可依不同程度的認定做出拒絕 H_0 的結論。

習題七

1. 在第一章王先生提出的具體問題：「醫院取靜脈血進行生化分析所測得的血糖指標和個人自己取肢體末梢血利用血糖機快速測得的血糖指標是否有所差異？」中，你認為其虛無假說 (H_0) 為何？對立假說 (H_a) 又為何？

2. (1) 若虛無假說為真，則可能會犯何種錯誤的決策？
   (2) 若虛無假說為假，則可能會犯何種錯誤的決策？
   (3) 若做了「拒絕 H_0」之決策，則可能犯何種錯誤？
   (4) 若做了「不拒絕 H_0」之決策，則可能犯何種錯誤？

3. 當型 II 錯誤的機率為下列各值時，求一個檢定之檢定力：(1) 0.035；(2) 0.072；(3) 0.165。

4. 一個常態母體之標準差為 5，但其平均數 μ 未知。檢定虛無假設 H_0：$\mu=80$ 相對於 H_a：$\mu=90$，我們將使用一個隨機選取的資料並與臨界值 86 比較，若該資料大於或等於 86，則拒絕 H_0。(1) 求原定的型 I 錯誤的機率 α；(2) 求型 II 錯誤的機率 β。

5. 已知過去 24 小時內有心肌梗塞但尚未醫治的病人之平均梗塞大小為 25 (ck-g-EQ/m^2)，某種新藥宣稱能減小梗塞大小，並測量 8 位接受此新藥治療的病人梗塞大小，得到平均值為 16 (ck-g-EQ/m^2)，標準差為 10 (ck-g-EQ/m^2)，試問此新藥能否有效減小梗塞大小？($\alpha=0.05$)

6. 健康者的膽固醇正常值，20 歲左右為 170 mg/dl。某單位調查自認為宅男的科技大學男學生 100 名，測得膽固醇的平均值為 180 mg/dl，標準差為 40 mg/dl，試問自認為宅男的科技大學男學生的膽固醇值，是否與健康者的膽固醇值相同？($\alpha=0.05$)

7. 黑醋栗 (Black Currant) 又名黑加侖或黑豆果，學名黑穗醋栗 (Ribesnigrum L.)，過去研究已發現黑醋栗能夠掃除自由基，因此能發揮許多對抗慢性病的功效。某保健食品公司生產一款黑醋栗油 (Black Currant Oil) 軟膠囊，並進行治療高脂血症療效實驗，30 名患者治療後三酸甘油酯 (triglycerides) 檢測結果平均降低約 1.38 (mmol/L)，前後差異值的標準差為 0.76 (mmol/L)，試問治療後三酸甘油酯是否有所降低？($\alpha=0.05$)

Chapter 8

等距資料的比較檢定(一)：單一母體平均數與設定值之比較

　　許多實務問題皆涉及由一個測量尺度為等距的母體 (如體重、膽固醇值、能量消耗量等) 隨機抽取一組資料以推論的平均數與某一預先設定的數值之比較，亦即由一組等距樣本去推論單一母體平均數是否為某特定值 (或大於某特定值、或小於某特定值等等比較)。此類單一母體平均數與設定值之比較的問題，是等距資料的比較檢定之一，一般而言需假設此單一母體為一常態分布，母體平均數不知道，仍待推論，標準差 σ 通常也是未知的，故最常使用的是單一樣本 t 檢定。前章所介紹的假說檢定概念中，有關「低社經地位的母親在分娩時是否易生出低於正常體重 (3,402 公克) 的嬰兒」、「父親死於心臟病的孩子，其平均膽固醇值是否超過一般孩童的平均膽固醇值 (175 mg/dl)」、「患纖維囊腫者的平均休息能量消耗量是否與健康者 (1,400 kcal) 有所不同」等皆屬之。然而，本章將從單一樣本 Z 檢定開始，介紹在母體標準差 σ 已知的情況下，如何用它來進行單一母體平均數與設定值之比較，並與平均數的信賴區間相對應。接著，再次介紹單一樣本 t 檢定，以及檢定結果與信賴區間的關聯。最後，舉例說明如何在 SPSS 的環境中進行單一樣本 t 檢定。總之，期望讀者透過本章的學習應該能：

1. 判斷單一樣本 Z 檢定與單一樣本 t 檢定各自的使用時機。
2. 使用 SPSS 進行單一母體平均數與設定值之比較。

一、實務問題

在實務上常見到單一母體平均數與設定值比較的問題，例如：

1. 某血液透析中心病患透析後之 K^+ 平均值與腎臟醫學會公布之平均值 (5.4 meg/l) 是否相同？
2. 某精神科醫院病患其出院後返診次數平均值與一般精神科病患 (為某一已知值) 是否相同？
3. 罹患惡性乳房疾病患者平均年齡跟往年 (為某一已知值) 是否相同？
4. 高雄市苓雅區出生嬰兒之平均頭圍與全國 (為某一已知值) 有無差異？
5. 某醫院手術後病人其術後滿意度平均值是否高於 3 分？
6. 彰化市某幼稚園小朋友的平均體重與全彰化市幼稚園 (16 公斤) 有無差異？
7. 某醫院之平均急診留觀時數與全國醫院 (為某一已知值) 有無差異？
8. 某醫學中心放置永久心律調節器病患之平均年齡是否為 65 歲？
9. 某醫院護理人員其生活滿意度之平均值與 3 分是否相同？
10. 某醫院心臟科門診病人的膽固醇平均值是否為 200 mg/dl？
11. 南部某醫學中心護理人員對醫院滿意度之平均值與 20 分是否相同？
12. 南部某地區醫院在職進修護理人員薪資之平均值是否為 3 萬？
13. 某醫院五專三年級實習護生對臨床老師滿意度之平均值與 18 分是否相同？
14. 某區域教學醫院住院病患平均住院天數是否與 6 天有差異？
15. 某教學醫院新生兒體重平均值與全國新生兒 (3,000 公克) 是否相同？
16. 某捐血中心捐血者平均肝酶指數值與正常值 (45) 有無差異？
17. 高雄市護理人員本土護理價值之平均得分是否等於 45 分？
18. 住院病患中跌倒者之平均年齡與一般住院病患 (50 歲) 是否相同？
19. 某醫學中心腫瘤病房住院病人平均住院天數與一般病人 (28 天) 是否相同？

二、單一樣本 Z 檢定

令 $X_1, \cdots, X_9$ 是常態母體 $N(\mu, \sigma^2)$ 的一組隨機樣本且其樣本平均數為 $\overline{X}$。我們欲檢定虛無假設 $H_0: \mu=4$ 及對立假設 $H_a: \mu \neq 4$。設定檢定之顯著水準為 $\alpha=0.1$，當 $\sigma=1$ 為已知時，則在虛無假說下，由於 $\dfrac{\overline{X}-4}{1/\sqrt{9}}$ 的分布為 Z 分布，故拒絕域

表 8-1 當母體分布為常態分布且母體標準差 σ 已知時，
採單一樣本 Z 檢定比較母體平均數 μ 之拒絕域一覽表

虛無假說 H_0	對立假說 H_a	拒絕域[註]
$\mu = \mu_0$	$\mu \neq \mu_0$	$\|Z\| = \left\|\dfrac{\bar{X} - \mu_0}{\sigma/\sqrt{n}}\right\| \geq z_{\alpha/2}$
$\mu \leq \mu_0$	$\mu > \mu_0$	$Z = \dfrac{\bar{X} - \mu_0}{\sigma/\sqrt{n}} \geq z_{\alpha}$
$\mu \geq \mu_0$	$\mu < \mu_0$	$Z = \dfrac{\bar{X} - \mu_0}{\sigma/\sqrt{n}} \leq -z_{\alpha}$

註：當大樣本、母體分布未假設為常態分布時，此拒絕域為近似拒絕域。$\bar{X}$ 為樣本平均數、z_α 為 Z 分布之 $100(1-\alpha)$ 百分位數。

為 $|Z| = \left|\dfrac{\bar{X} - 4}{1/\sqrt{9}}\right| \geq z_{0.05} = 1.645$。由於 $\bar{x} = 4.3$，所以 $|Z|$ 之觀測值為 $|z| = \left|\dfrac{4.3 - 4}{1/\sqrt{9}}\right|$ = 0.9 < 1.645，未落入拒絕域裡，所以當顯著水準為 0.1 時，結論為不拒絕 $\mu = 4$。同理可求出當母體分布為常態分布且母體標準差 σ 已知時，採**單一樣本 Z 檢定** (one-sample Z-test) 比較母體平均數 μ 之拒絕域的一般情況，見表 8-1。

在大樣本的情況下，即使母體分布未知，但由中央極限定理，$\dfrac{\bar{X} - \mu}{\sigma/\sqrt{n}}$ 的分布近似 Z 分布，其中 μ 為母體平均數，σ 為母體標準差，n 為樣本數。我們欲檢定虛無假說 H_0：$\mu = \mu_0$ 及對立假說 H_a：$\mu \neq \mu_0$。設定檢定之顯著水準為 α，當 σ 已知時，則在虛無假說下，由於 $\dfrac{\bar{X} - \mu_0}{\sigma/\sqrt{n}}$ 的分布近似 Z 分布，故近似拒絕域為 $|Z| = \left|\dfrac{\bar{X} - \mu_0}{\sigma/\sqrt{n}}\right| \geq Z_{\alpha/2}$。同理 (見表 8-1)，若欲檢定虛無假說 H_0：$\mu \leq \mu_0$ 及對立假說 H_a：$\mu > \mu_0$，則近似拒絕域為 $Z = \dfrac{\bar{X} - \mu_0}{\sigma/\sqrt{n}} \geq z_\alpha$；若欲檢定虛無假說 H_0：$\mu \geq \mu_0$ 及對立假說 H_a：$\mu < \mu_0$，則近似拒絕域為 $Z = \dfrac{\bar{X} - \mu_0}{\sigma/\sqrt{n}} \leq -z_\alpha$。

我們再以一個虛擬的例子來做說明。某藥品工廠使用全自動分裝儀器進行分裝咳嗽糖漿，對於所有可能的設定容量而言，該儀器分裝後每瓶容量分布將為常態分布，其平均數為所設定的容量，標準差為 3 cc。某日某操作人員欲將某分裝線之每瓶容量設定為 200 cc，但不慎弄壞了設定鈕，雖然操作人員認為已完成設定工作，應可立即進行分裝工作，以應付出貨在即的大量訂單，無須等候儀器廠商來修復設

定鈕，可是廠長決定先分裝 16 瓶，並測得這 16 瓶的平均數為 201.5 cc，以此數據進行檢定該分裝線之每瓶容量是否設定為 200 cc。若是，則繼續進行分裝工作；若否，則停止該分裝線，等候修復後重新設定再啟用。若顯著水準為 $\alpha=0.05$，試問廠長的決策為何？

欲檢定虛無假說 $H_0：\mu=200$ 及對立假說 $H_a：\mu\neq 200$。當 $\sigma=3$ 為已知時，則在虛無假說下，由於 $\dfrac{\overline{X}-200}{3/\sqrt{16}}$ 的分布為 Z 分布，故拒絕域為 $|Z|=\left|\dfrac{\overline{X}-200}{3/\sqrt{16}}\right|\geq z_{0.025}=1.96$。由於 $|Z|$ 之觀測值為 $|z|=\left|\dfrac{201.5-200}{3/\sqrt{16}}\right|=2\geq 1.96$，落入拒絕域裡，所以當顯著水準為 0.05 時，結論為拒絕 H_0，故需等候修復後重新設定再啟用該分裝線。

我們以上述的例子和信賴區間進行比較。根據表 6-1，母體分布為常態分布且母體標準差 σ 已知的情況下，單一母體平均數 μ 之 $100(1-\alpha)\%$ 雙側信賴區間為 $(\overline{X}-z_{\alpha/2}\times\sigma/\sqrt{n}, \overline{X}+z_{\alpha/2}\times\sigma/\sqrt{n})$，故在 $\alpha=0.05$、$\sigma=3$、$n=16$、$\overline{x}=201.5$ 的條件下，μ 之 95% 信賴區間為 (200.03, 202.97)，而 200 並未落入此信賴區間內，因此假說檢定的結果 (在 $\alpha=0.05$ 下，拒絕 $\mu=200$ 之虛無假說) 與信賴區間的結果一致。

三、單一樣本 t 檢定

繼續前一小節的例子，令 $X_1, \cdots, X_9$ 是常態母體 $N(\mu, \sigma^2)$ 的一組隨機樣本且其樣本平均數與樣本標準差分別為 $\overline{X}$ 與 S。我們欲檢定虛無假說 $H_0：\mu=4$ 及對立假說 $H_a：\mu\neq 4$。設定檢定之顯著水準為 $\alpha=0.1$，當 σ 未知時，則在虛無假說下，由於 $\dfrac{\overline{X}-4}{S/\sqrt{9}}$ 的分布為自由度 8 之 t 分布，故拒絕域為 $|T|=\left|\dfrac{\overline{X}-4}{S/\sqrt{9}}\right|\geq t_{0.05}(8)=1.8595$。由於 $|T|$ 之觀測值為 $|t|=\left|\dfrac{4.3-4}{1.2/\sqrt{9}}\right|=0.75<1.8595$，未落入拒絕域裡，所以當顯著水準為 0.1 時，結論為不拒絕 H_0。同理可求出當母體分布為常態分布且母體標準差 σ 未知時，採**單一樣本 t 檢定** (one-sample t-test) 比較母體平均數 μ 之拒絕域的一般情況，請見表 8-2。

當大樣本、母體分布未假設為常態分布時，表 8-1 列出了 σ 已知時的近似拒絕域。若 σ 未知，我們以 S 來估計 σ，此時 Z 分布變成了自由度為 $n-1$ 的 t 分布，故當大樣本、母體分布未假設為常態分布、σ 未知時，表 8-2 所呈現的是此情況的近

表 8-2 當母體分布為常態分布且母體標準差 σ 未知時採單一樣本 t 檢定比較母體平均數 μ 之拒絕域一覽表

虛無假說 H_0	對立假說 H_a	拒絕域[註]
$\mu = \mu_0$	$\mu \neq \mu_0$	$\|T\| = \left\|\dfrac{\overline{X} - \mu_0}{S/\sqrt{n}}\right\| \geq t_{\alpha/2}(n-1)$
$\mu \leq \mu_0$	$\mu > \mu_0$	$T = \dfrac{\overline{X} - \mu_0}{S/\sqrt{n}} \geq t_{\alpha}(n-1)$
$\mu \geq \mu_0$	$\mu < \mu_0$	$T = \dfrac{\overline{X} - \mu_0}{S/\sqrt{n}} \leq -t_{\alpha}(n-1)$

註：當大樣本、母體分布未假設為常態分布時，此拒絕域為近似拒絕域。$\overline{X}$ 為樣本平均數、S 為樣本標準差、$t_{\alpha}(n-1)$ 為自由度為 $n-1$ 的 t 分布之 $100(1-\alpha)$ 百分位數。

似拒絕域。

我們再以一個例子來做說明。已知一般新生兒平均出生體重為 3,300 公克，今要探究某一空氣品質優良地區之新生兒出生體重是否高於一般新生兒出生體重，從該地區隨機抽取 36 名新生兒做為研究樣本，其平均出生體重為 3,420 公克，標準差為 400 公克，試問結論應為何？此例以單一樣本 t 檢定進行該地區新生兒平均出生體重與設定值 (3,300 公克) 之比較，虛無假說 H_0 為 $\mu \leq 3,300$，亦即未高於一般新生兒出生體重；而對立假說 H_a 為 $\mu > 3,300$，亦即高於一般新生兒平均出生體重。若顯著水準為 $\alpha = 0.05$，則因為 $t = \dfrac{3,420 - 3,300}{400/\sqrt{36}} = 1.8 > t_{0.05}(35) = 1.6896$，落入拒絕區域，故顯示該地區新生兒平均出生體重高於一般新生兒平均出生體重。

我們以上述的例子和信賴區間進行比較。根據表 6-1，新生兒出生體重分布為常態分布，且母體標準差 σ 未知的情況下，單一母體平均數 μ 之 $100(1-\alpha)\%$ 左側信賴區間為 $(\overline{X} - t_{\alpha}(n-1) \times S/\sqrt{n}, \infty)$，故在 $\alpha = 0.05$、S 觀測值 $= 400$、$n = 36$、$\overline{X}$ 觀測值 $= 3,420$ 的條件下，μ 之 95% 信賴區間為 $(3,307.36, \infty)$，而 3,300 並未落入此信賴區間內，因此假說檢定的結果 (在 $\alpha = 0.05$ 下，拒絕 $\mu \leq 3,300$ 之虛無假說) 與信賴區間的結果一致。

同理，當虛無假設 H_0 為 $\mu \geq \mu_0$、對立假說 H_a 為 $\mu < \mu_0$、顯著水準為 α、樣本數為 n 時，若 $\dfrac{\overline{X} - \mu_0}{S/\sqrt{n}} > -t_{\alpha}(n-1)$，則未落入拒絕區域，結論為不拒絕 H_0。而 $\dfrac{\overline{X} - \mu_0}{S/\sqrt{n}} > -t_{\alpha}(n-1)$ 與 $\mu_0 < \overline{X} + t_{\alpha}(n-1) \times S/\sqrt{n}$ 等價，亦即當 μ_0 落入 μ 之 $100(1-\alpha)\%$ 右側信賴區間 $(-\infty, \overline{X} + t_{\alpha}(n-1) \times S/\sqrt{n})$ 時，則不拒絕 H_0；反之，當 μ_0 未落入 μ 之

$100(1-\alpha)\%$ 右側信賴區間時,則應拒絕 H_0。

總之,使用單一樣本 t 檢定的時機,主要在小樣本、母體分布假設為常態、母體標準差未知時,或者在大樣本、母體分布未假設為常態、母體標準差未知時。之外,由於在自由度很大時,t 分布與 Z 分布很接近,故前節所介紹的 Z 檢定亦可採用 t 檢定做為近似結果。因此,要推論單一母群體平均數是否等於 (大於、小於) 某特定值時,單一樣本 t 檢定是假說檢定中最基本也是最常用的方法之一。

以下將介紹如何在 SPSS 的環境中進行單一樣本 t 檢定,我們以第一章王先生的資料 (spss 資料檔於第三章下載,檔名為 mrwangsdata.sav) 為例,若要檢定生化檢測測得的血糖值與血糖機測得的血糖值兩者間的差異值平均數是否為 0,其具體操作步驟如下:

1. 開啟資料檔——按「檔案 (F)/開啟 (O)/資料 (D)」,再將 mrwangsdata.sav 選入「檔案名稱」對話框裡後按「開啟 (O)」。
2. 選分析程序——按「分析 (A)/比較平均數法 (M)/單一樣本 T 檢定 (S)」,再將 diff (生化檢測測得的血糖值減去血糖機測得的血糖值) 選入「檢定變數 (T)」對話框裡後按「確定」(見圖 8-1)。

依據上述步驟,可得如圖 8-2 所示之分析結果。若要檢定生化檢測測得的血糖值與血糖機測得的血糖值兩者間的差異值 (簡記為 diff) 平均數是否為 0,則虛無假設 H_0 為 $\mu_{diff}=0$、對立假說 H_a 為 $\mu_{diff}\neq 0$,其中 μ_{diff} 為 diff 的母體平均數。由於王先生的資料中共有 300 位受測者,故樣本數為 300,亦即在圖 8-2 中上表 N 欄位

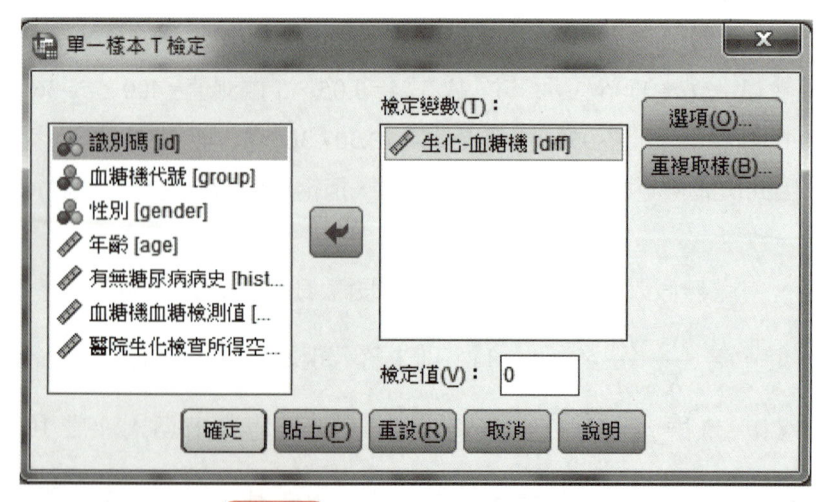

圖 8-1 單一樣本 T 檢定對話框

所列之數字。這 300 位受測者之 diff 的樣本平均數，即約為上表平均數欄位所列之 1.528033；而樣本標準差，即約為上表標準偏差欄位所列之 1.7556103。所謂平均數標準誤差 (standard error of the mean, SEM)，定義為樣本標準差除以樣本數平方根 (即 $\frac{S}{\sqrt{n}}$)，在母體分布假設為常態時，可用來估計樣本平均數 $\bar{X}$ 的標準差 (即 $\frac{\sigma}{\sqrt{n}}$)，這 300 位受測者之 diff 的平均數標準誤差在圖 8-2 中即為上表標準錯誤平均值欄位所列之 0.1013602，亦即 $\frac{S}{\sqrt{n}}$ 之觀測值 $=\frac{1.7556103}{\sqrt{300}}=0.1013602$。

由於要檢定 μ_{diff} 是否為 0，故 0 即為檢定值，由於在圖 8-1「檢定值 (V)」欄位中內定為 0，所以圖 8-2 下表呈現出「檢定值=0」。利用單一樣本 t 檢定，檢定統計值 $t=\frac{\bar{x}-\mu_0}{s/\sqrt{n}}=\frac{1.528033-0}{0.1013602}=15.075$。若顯著水準為 $\alpha=0.05$，則可利用 SPSS 之「轉換 (T)/計算變數 (C)」功能，計算 IDF.T(0.025, 299) 後可得 $t_{0.025}(299)=1.967929669$，據此可算得拒絕域。然而，從圖 8-2 下表「顯著性 (雙尾)」欄位中之數字 0.000 可知 p 值在四捨五入後約為 0.000 (若要更詳細的資訊可雙擊該欄位數字，可得 $p=1.3712\times10^{-38}$)，亦即 $p=P(|T|\geq15.075)<0.001$。由於 $\alpha=0.05$，故 $p<\alpha$，結論應為拒絕 $\mu_{diff}=0$ 的虛無假說，亦即生化檢測測得的血糖值與血糖機測得的血糖值兩者間存有差異。從圖 8-2 下表「95% 差異數的信賴區間」欄位中可得 μ_{diff} 的 95% 信賴區間為 (1.328564, 1.727503)，由於 0 未落入此信賴區間，故可得到相同的結論。

王先生根據病友們的經驗，認為血糖機測得的血糖值會低於生化檢測測得的血

單一樣本統計資料

	N	平均數	標準偏差	標準錯誤平均值
生化-血糖機	300	1.528033	1.7556103	.1013602

單一樣本檢定

	檢定值 = 0					
					95% 差異數的信賴區間	
	T	df	顯著性 (雙尾)	平均差異	下限	上限
生化-血糖機	15.075	299	.000	1.5280333	1.328564	1.727503

圖 8-2　單一樣本 t 檢定分析結果

糖值，此時虛無假說 H_0 為 $\mu_{diff} \leq 0$、對立假說 H_a 為 $\mu_{diff} > 0$。若顯著水準為 $\alpha=0.05$，則利用圖 8-2 下表，此時的 p 值＝P(T≥15.075)＝P(|T|≥15.075)/2＜0.001，結論為拒絕 $\mu_{diff} \leq 0$ 的虛無假說，亦即支持王先生的猜想：血糖機測得的血糖值低於生化檢測測得的血糖值。

如果要求 μ_{diff} 的 95% 左側信賴區間或以此進行前述檢定，則在單一樣本 T 檢定對話框中 (見圖 8-1) 按「選項 (O)」，並將原內定數字 95 改為 90 (見圖 8-3)，按繼續及確定，即可得 90% 雙尾信賴區間 (見圖 8-3)，據此可得 μ_{diff} 的 95% 左側信賴區間為 (1.360792, ∞)。由於 0 未落入此區間，故拒絕 $\mu_{diff} \leq 0$ 的虛無假說。

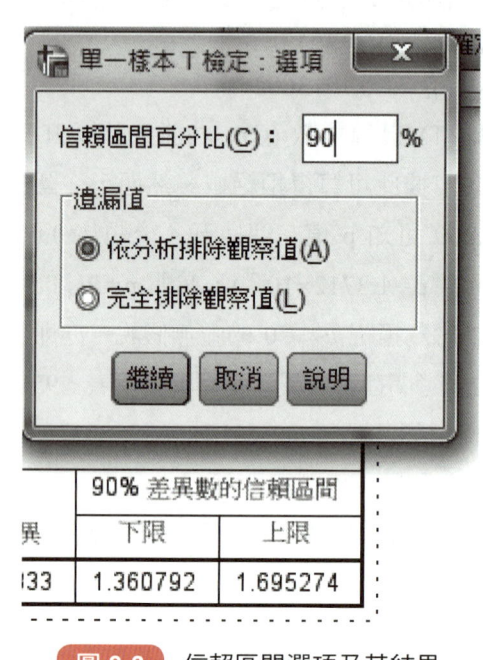

圖 8-3　信賴區間選項及其結果

習題八

1. 由第一章王先生的資料 (spss 資料檔於第三章下載，檔名為 mrwangsdata.sav) 中，請舉出一個可以進行單一樣本 t 檢定的問題，其虛無假說 (H_0) 為何？對立假說 (H_a) 又為何？若顯著水準為 $\alpha=0.05$ 時，其結論為何？

2. 為評估西安大略和麥克馬斯特大學骨性關節炎指數 (Western Ontario and McMaster Universities Osteoarthritis Index, WOMAC) 問卷台語翻譯版之效度，測得患有嚴重髖關節或膝關節疼痛的 81 名說台語婦女之 WOMAC 分數 (範圍從 0 到 100，數字愈大表愈失能)，其平均數為 70.9 及標準差為 15.2。如果我們想知道患有嚴重髖關節或膝關節疼痛的說台語婦女之 WOMAC 平均分數是否小於 75 分？($\alpha=0.05$)

3. 下面的數據是隨機抽樣 16 個細胞懸浮液在孵化過程中的氧氣吸收量 (單位：毫升)：

    11.2, 13.7, 14.3, 12.9, 14.5, 13.2, 11.3, 13.2,
    13.9, 14.2, 15.9, 12.8, 14.0, 14.1, 12.2, 12.7

    在顯著水準為 0.05 時，這些數據是否提供足夠的證據說明母體平均數不是 12 毫升？必要的假設是什麼？

4. 我們是否可以從下列 49 個樣本數值得到「純合子鐮狀細胞病患者平均死亡年齡不到 30 歲」此一結論？($\alpha=0.01$)

    13.4, 1.8, 6.2, 39.8, 23.7, 4.8, 28.1, 18.2, 27.6, 45.0, 1.0, 66.4,
    2.0, 67.4, 2.5, 33.2, 30.9, 1.1, 23.6, 0.9, 7.6, 23.5, 27.1, 36.7,
    3.2, 37.8, 3.5, 9.0, 2.6, 15.5, 2.3, 45.1, 1.7, 0.8, 1.1, 18.2,
    9.7, 60.8, 16.2, 2.6, 6.9, 29.7, 13.5, 31.7, 14.4, 20.6, 30.9, 36.5,
    21.9

    必要的假設是什麼？

5. 我們是否可以從下列 20 個樣本數值得到「看起來健康的大學高年級學生的平均最大通氣量為每分鐘 110 升」此一結論？($\alpha=0.05$)

    168, 55, 204, 131, 35, 89, 31, 186, 21, 108,
    67, 190, 133, 96, 110, 157, 63, 166, 84, 138

    必要的假設是什麼？

6. 以下為 25 位老年受試者的眼壓 (單位：毫米汞柱) 樣本數值：

    10.2, 18.4, 20.7, 14.9, 16.3, 14.8, 12.2, 16.4, 14.5, 12.9, 14.0, 16.1, 12.4,
    24.2, 17.5, 14.1, 12.9, 17.9, 12.3, 14.6, 17.0, 19.6, 16.1, 14.7, 19.2

    根據上述數據，在顯著水準為 0.05 時，我們可以得到母體平均數小於 16.5 的結論嗎？必要的假設是什麼？

7. 下面是 12 名接受藥物治療之高血壓患者的收縮壓 (單位：毫米汞柱)：

   164, 143, 116, 176, 184, 151, 153, 117, 158, 178, 157, 194

   根據上述數據，在顯著水準為 0.05 時，我們可以得到母體平均數大於 14 的結論嗎？必要的假設是什麼？

8. 已知一般成年女性的血紅蛋白平均值為 130 (g/L)，隨機調查某工廠女性作業員 49 人，其血紅蛋白平均值為 115 (g/L)，標準差為 14 (g/L)。試問該工廠女性作業員的血紅蛋白平均值與一般成年女性的血紅蛋白平均值是否有所不同？($\alpha=0.05$)

Chapter 9

等距資料的比較檢定 (二)：兩個母體平均數之比較

前一章介紹了如何進行單一未知的母體平均數與某一預先設定的數值之間的比較檢定，但實務上，我們常常是想比較兩個母體平均數，而且對這兩個母體的資訊都不明，此時並非是前章面對的情形，因此我們必須從這兩個母體都進行隨機取樣後，再由兩組等距資料之比較對兩個母體平均數之差異進行推論。

此類兩個母體平均數的比較檢定，是由兩組測量尺度為等距的樣本資料去推論兩個母群體平均數之間的大小關係，例如兩者是否為相等，或某一個大於 (或小於) 另一個等等之比較。兩個母群體平均數之比較，因為從兩個母體隨機取樣的方式，可分為獨立樣本及配對樣本，所以本章介紹的方法包括利用此兩種取樣方式的樣本所進行的檢定方法。與前章所述類似，在小樣本時，仍需常態分布的假設，只是屬於獨立取樣及配對取樣時對母體的常態假設略有不同。本章將從區別獨立樣本與配對樣本開始談起，接著分別介紹如何利用兩獨立樣本或兩配對樣本等距資料進行兩平均數的比較檢定，最後，舉例說明如何在 SPSS 的環境中進行兩個母體平均數之比較檢定。總之，期望讀者透過本章的學習應該能：

1. 區別獨立樣本與配對樣本。
2. 進行變異數同質性假設的檢定。
3. 瞭解兩樣本 Z 檢定與 t 檢定各自的使用時機。
4. 使用 SPSS 進行兩母體平均數之比較檢定。

一、實務問題

在實務上常見到兩母體平均數之比較的問題，例如，利用兩獨立樣本來推論的有：

1. 血液透析後男、女病人血中 K^+ 濃度有無差異？
2. 有無患糖尿病之心臟血管外科病人其術後距傷口感染之天數有無差異？
3. 有無規律性返診之精神科病人其住院次數有無差異？
4. 高職護生與專科護生之抽血知識是否相同？
5. 有無乳房自我檢查之婦女其年齡是否相同？
6. 有無胃癌者體重是否相同？
7. 未婚與已婚之護理人員其執行臨終關懷行為分數有無差異？
8. 哺餵母乳產婦與未哺餵母乳產婦之年齡有無差異？
9. 加護中心有無氣管內管自拔之病人其插管天數有無差異？
10. 有無照顧者之腦中風病人其住院天數有無差異？
11. 初診與複診病人之就診滿意度有無差異？
12. 剖腹產與自然產之產婦其年齡有無差異？
13. 有無宗教信仰之腦瘤病人其焦慮分數是否相同？
14. 有無罹患乳房疾病之婦女其初經年齡是否相同？
15. 男女嬰兒之頭圍有無差異？
16. 手術後有無使用 Demerol 止痛劑之病人其手術後的滿意度有無差異？
17. 某醫院健保及軍人身分之就診病人，對急診留觀滿意度是否相同？
18. 放置永久心律調節器之男性與女性病人年齡是否相同？
19. 男、女護理人員之生活滿意度是否相同？
20. 某醫院內科病房男性與女性住院病人在環境介紹滿意度是否相同？
21. 不同性別冠狀動脈疾病病人之三酸甘油酯有無差異？
22. 住院病人中跌倒者與未跌倒者的年齡是否相同？
23. 內科與外科護理人員對醫院滿意度是否相同？
24. 南部某地區醫院在職進修護理人員中，資深與資淺者其自覺壓力嚴重度是否相同？
25. 某醫院五專三年級及五年級實習護生，對實習單位滿意度有無差異？
26. 某區域教學醫院不同性別之住院病人對服務品質滿意程度有無差異？

27. 某醫院不吸菸與吸菸之產婦其新生兒體重有無差異？
28. 某教學醫院新生兒中有無鎖骨骨折者其體重是否相同？
29. 某捐血中心捐血者中，B 型肝炎陰性及陽性反應者其肝酶指數是否相同？
30. 高雄市護理人員中，資深與資淺者之本土護理價值是否相同？
31. 南部某醫學中心梗塞性與出血性腦中風病人之昏迷指數是否相同？

由兩組配對樣本推論兩母群體平均數之差異的則有：

32. 病人血液透析前後血中尿素氮值是否改變？
33. 晨泳運動一個月前後體重是否改變？
34. 一般國小新生左、右眼視力有無差異？
35. 精神科病人在給予藥物治療前後，其睡眠時數是否改變？
36. 護生於醫院實習前後，其抽血知識有無差異？
37. 手術後病人使用 Demerol 止痛劑前後，其疼痛程度是否改善？
38. 某衛生所推動行政改革前後，民眾對該所護理人員的服務滿意度是否有差異？
39. 耳溫槍與水銀體溫計所測之體溫有無差異？
40. 本態性血壓患者在治療前後之收縮壓有無差異？
41. 加護中心病人在自拔氣管內管前後，其 FiO2 數值有無差異？
42. 吸菸者在給予戒菸口香糖前後，其抽菸支數有無差異？
43. 腦中風患者入院時及出院時之自我照顧能力有無差異？
44. 第一胎自然產而第二胎剖腹產之產婦，其兩胎懷孕週數有無差異？
45. 糖尿病病人在給予飲食衛教前後，其飯前血糖值有無差異？
46. 某醫院急診留觀病人對護理人員之知識與技術兩類滿意度是否相同？
47. 某醫院接受注射藥物催生之孕婦，於催生前後的血壓是否有差異？
48. 高血壓病人使用降血壓的新藥物前後之收縮壓有無差異？
49. 某醫院血液透析室病人經給予 Vit-C250mg 針劑治療前後，其 Fe 值是否相同？
50. 非素食者被施予 6 個月素食飲食控制後，其膽固醇值是否相同？
51. 某醫院糖尿病病人在給予飲食控制前後，其血糖值是否相同？
52. 南部某醫學中心腦中風病人在給予藥物治療前後，其收縮壓是否相同？
53. 某醫院護理人員對醫院給予的薪資與升遷管道的滿意度是否相同？
54. 南部某地區醫院在職進修護理人員自覺工作單位與工作負荷影響進修之嚴重

度有無差異？

55. 某醫院透析室為改善病人貧血狀況，予以實施 VIT-C100mg 治療，試問病人治療前後之 HCT 值是否相同？
56. 本態性高血壓病人在給予 2 mg 之 reserpine 前後半小時，其收縮壓是否相同？
57. 南部某醫學中心護理人員對護理專業與護理工作兩方面的本土護理價值是否相同？
58. 某透析中心尿毒症病人在給予 EPO (紅血球生成素) 治療前後，其血比容積是否相同？
59. 某醫學中心內科病房之護理人員，在「周邊靜脈注射感染護理」在職訓練課程前後之認知分數是否相同？

(以上各例中畫底線之變項表示其為等距尺度之變項。)

二、獨立樣本及配對樣本

　　所謂獨立樣本便是各組樣本的取得在統計上是獨立的，以兩組數據而言，這兩組數據是分別從各自的母體抽取出來的，一組數據的取得並不會影響另外一組數據的取得，由於這兩組數據之間是無關的，所以各組的個數 (樣本數) 並不一定會相同。在獨立樣本設計中，我們會把各組樣本各自當成一個整體，進而求出其整體反應，並比較之，例如，在兩獨立樣本的情況下，我們將施予特殊處置之實驗組的整體反應 (如實驗組收縮壓平均值) 與另一組未接受該特殊處置之對照組的整體反應 (如對照組收縮壓平均值) 相比較 (見圖 9-1)。

　　獨立樣本設計具有可以有足夠多的受試者、可以同時測量多個變項、可以同時測得同一變項的多個水準、可以省時等等優點。因此，在時間緊迫或在乎時間的議題上，或是要探討多個變項效果時，通常會採用獨立樣本設計。

　　獨立樣本設計的主要缺點在於它可能是複雜的，這是因為獨立樣本設計通常需要大量的參與者，才能獲得有用的和可靠的數據。例如，如果處置有 2 個水準，那麼實驗組及控制組就各自需要若干受試者 (如各需 25 個)，但水準數每增加 1 個，例如想新增另一種治療方式之比較，那麼研究者將需要另一組受試者。獨立樣本設計在實驗性研究中的另一個主要問題是偏見，包括分配、觀察者的預期和受試者的預期等偏差，這些都是在獨立樣本設計中使得各組數據結果偏誤而獲得錯誤結論的常見原因。這些問題可以透過隨機分配和讓實驗成為「盲」(blind) 實驗來防止。所

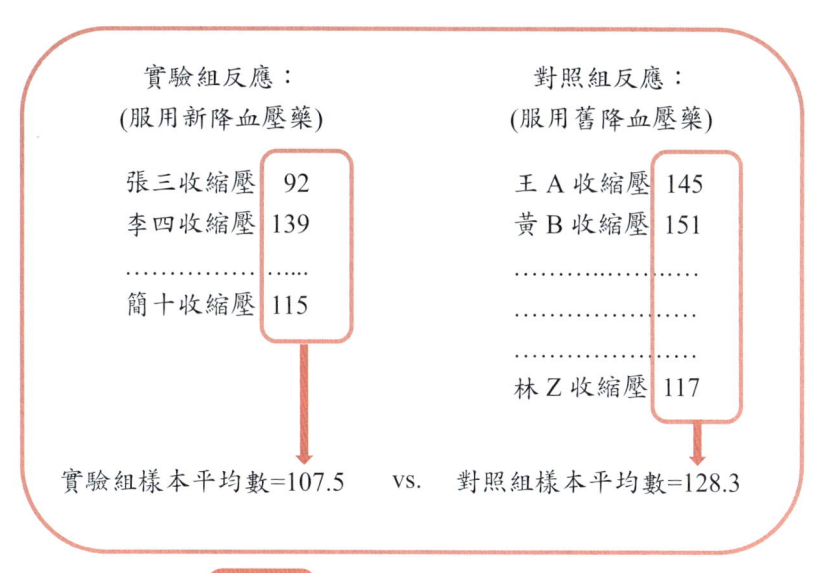

```
實驗組反應：                     對照組反應：
(服用新降血壓藥)                  (服用舊降血壓藥)

張三收縮壓  92           王 A 收縮壓  145
李四收縮壓  139          黃 B 收縮壓  151
..................       ..................
簡十收縮壓  115          ..................
                         林 Z 收縮壓  117

實驗組樣本平均數=107.5   vs.   對照組樣本平均數=128.3
```

圖 9-1 兩獨立樣本之比較示意圖

謂「盲」實驗，就是在實驗中排除參與者有意識的或下意識的個人偏愛或預期。最常用的類型是單盲 (single-blind)，這種實驗使受試者不能確知自己是屬於實驗組或是屬於對照組；在單盲實驗中，通常會提供安慰劑給對照組中的成員。在雙盲 (double-blind) 實驗中，除了使受試者不能確知自己是屬於哪一組外，同時也讓施測者不能確知其施測對象是屬於哪一組，此時，不僅是受試者不知道他們接受到的處置是否為安慰劑，連施測者也不知道他們給予的處置是否為安慰劑，以防止可能的預期效果。各組個體基本差異的問題是獨立樣本設計不可避免的缺點，它混淆著實驗效果，模糊了真正的模式和趨勢。

　　為了控制各組個體基本差異，以彰顯真正的實驗效果，研究者有時會在研究設計中採用配對樣本，這些樣本雖是從各自的母體抽取出來的，但每對樣本除了施予的處置不同外，其餘條件要盡可能地類似。在配對樣本設計中，一個資料集裡的單元 (unit) 是直接與另一個資料集裡的特定觀察有關，故稱這兩個樣本是相依的 (dependent)。於配對數據中，我們感興趣的是比較每一對的反應，分析每一對反應的差異。同卵孿生子實驗 (見圖 9-2) 與重複測量實驗 (見圖 9-3) 是典型的兩種配對樣本設計，一種是對同對的兩個個體進行測量，由於同卵孿生子實驗嚴格地對遺傳條件進行配對控制，若有實驗效果時，則可歸因非遺傳因素；另一種是對同一個體進行重複兩次 (或以上) 的測量，由於是針對同一個體進行測量，故重複測量實驗最主要的優點便是能消除幾乎所有的各組基本差異問題，然而與時間或順序有關的效果，將混淆實驗效果的評估，是其需要克服的缺點。

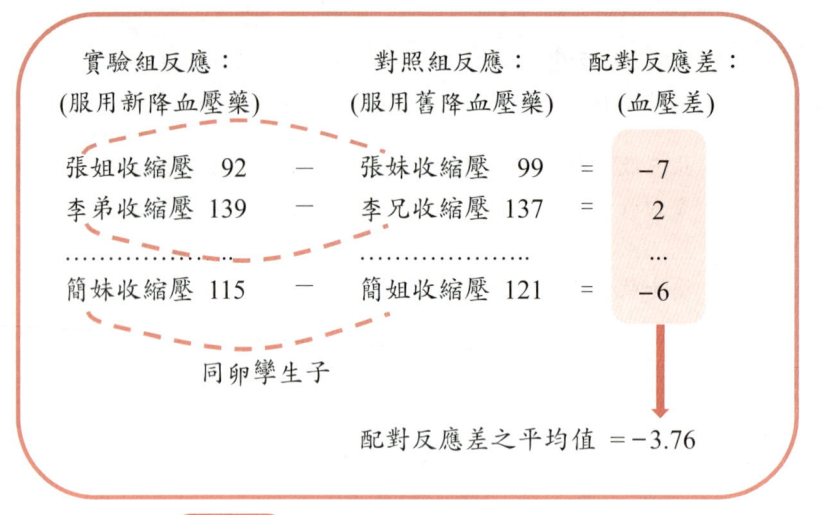

```
                實驗組反應：              對照組反應：           配對反應差：
              (服用新降血壓藥)         (服用舊降血壓藥)          (血壓差)

              張姐收縮壓  92   —   張妹收縮壓  99    =    −7
              李弟收縮壓 139   —   李兄收縮壓 137    =     2
              ..................          ..................           ...
              簡妹收縮壓 115   —   簡姐收縮壓 121    =    −6

                        同卵孿生子

                                         配對反應差之平均值 = −3.76
```

圖 9-2 同卵孿生子實驗之比較示意圖

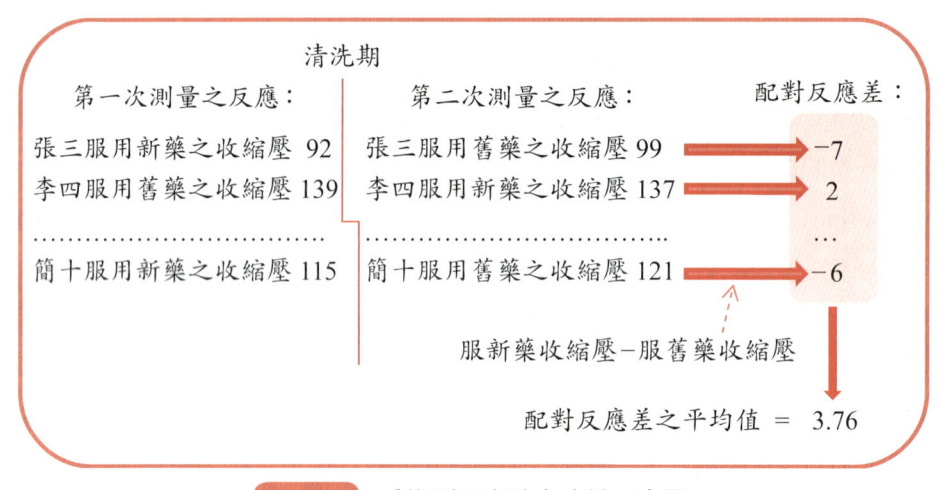

```
                              清洗期
         第一次測量之反應：          第二次測量之反應：        配對反應差：
         張三服用新藥之收縮壓 92    張三服用舊藥之收縮壓 99   →  −7
         李四服用舊藥之收縮壓 139   李四服用新藥之收縮壓 137  →   2
         ..................                ..................              ...
         簡十服用新藥之收縮壓 115   簡十服用舊藥之收縮壓 121  →  −6

                                     服新藥收縮壓−服舊藥收縮壓

                                     配對反應差之平均值 = 3.76
```

圖 9-3 重複測量實驗之比較示意圖

三、獨立樣本 t 檢定

將若干位糖尿病病人隨機分派到藥物治療組 (控制組) 及合併藥物治療及飲食治療組 (實驗組)，三個月後量測各病人之空腹血糖值 (mmol/L)，以檢定以單純藥物療法及合併療法治療病人三個月後，病人之血糖值是否相同？

為解決上述問題，我們假設病人在給予單純藥物療法及合併療法治療三個月後空腹血糖值 X_1 和 X_2 的分布為常態分布，病人在以單純藥物療法治療三個月後，其血糖平均值為 μ_1 (mmol/L)，標準差為 σ_1 (mmol/L)；病人在以合併療法治療三個

月後，其血糖平均值為 μ_2 (mmol/L)，標準差為 σ_2 (mmol/L)。控制組有 n_1 人，其血糖平均值為 $\overline{X}_1$ (mmol/L)，標準差為 S_1 (mmol/L)；實驗組有 n_2 人，其血糖平均值為 $\overline{X}_2$ (mmol/L)，標準差為 S_2 (mmol/L)。此研究問題的虛無假說 H_0 為 $\mu_1=\mu_2$，對立假說 H_a 為 $\mu_1\neq\mu_2$，顯著水準設為 α。我們要檢定 H_0 ($\mu_1=\mu_2$)，很合理地探討 $\overline{X}_1-\overline{X}_2$ 此差異的大小，做為是否拒絕 H_0 的判準。由於兩個母體分布皆為常態分布，亦即 $X_1 \sim N(\mu_1, \sigma_1^2)$、$X_2 \sim N(\mu_2, \sigma_2^2)$。因為病人是隨機分派的，不僅組內樣本是相互獨立的，兩組樣本之間也是獨立的，故有 $\overline{X}_1 \sim N(\mu_1, \sigma_1^2/n_1)$、$\overline{X}_2 \sim N(\mu_2, \sigma_2^2/n_2)$、$\overline{X}_1-\overline{X}_2 \sim N(\mu_1-\mu_2, \sigma_1^2/n_1+\sigma_2^2/n_2)$。接著，我們可以決定是否再假設兩母體變異數相等 ($\sigma_1^2=\sigma_2^2$)。

▶ 變異數同質性假設的檢定

我們將兩母體變異數相等 ($\sigma_1^2=\sigma_2^2$) 的假設稱為變異數同質性假設，對此假設進行檢定之虛無假說 H_0' 為 $\sigma_1^2=\sigma_2^2$，對立假說 H_a' 為 $\sigma_1^2\neq\sigma_2^2$。合理的檢定方法應該建立在兩組樣本變異數之相對度量上，即用兩樣本變異數之比值 (S_1^2/S_2^2) 來做為是否拒絕 H_0 的判準，因此需要先瞭解 S_1^2/S_2^2 的抽樣分布。R. A. Fisher 與 G. Snedecor 推導出在 H_0 成立時，此抽樣分布為具有分子自由度 n_1-1 及分母自由度 n_2-1 的 F 分布，記為 $S_1^2/S_2^2 \sim F(n_1-1, n_2-1)$。F 分布通常是偏斜的，偏度取決於分子和分母自由度的相對大小。如果分子自由度是 1 或 2，則分布的眾數為 0，其他情況則眾數大於 0。此分布在某些自由度之機率函數的圖形請見圖 9-4，附表表 6 列出分子自由度為 r_1、分母自由度 r_2 的 F 分布之 $100(1-\alpha)$ 百分位數 $F_\alpha(r_1, r_2)$。查表時，可能需使用 $F_{1-\alpha}(r_1, r_2)=1/F_\alpha(r_2, r_1)$ 此一性質。

顯然，若對前述檢定 H_0'：$\sigma_1^2=\sigma_2^2$ vs. H_a'：$\sigma_1^2\neq\sigma_2^2$，而顯著水準為 α 時，計算統計量 $F=S_1^2/S_2^2$，則在 H_0 成立時，有 $F \sim F(n_1-1, n_2-1)$，故

若 F 之觀測值 $\geq F_{\alpha/2}(n_1-1, n_2-1)$ 或 $\leq F_{1-\alpha/2}(n_1-1, n_2-1)$，則拒絕 H_0' ($\sigma_1^2=\sigma_2^2$)；
若 $F_{1-\alpha/2}(n_1-1, n_2-1)<$ F 之觀測值 $<F_{\alpha/2}(n_1-1, n_2-1)$，則不拒絕 H_0' ($\sigma_1^2=\sigma_2^2$)。

以前述為例，若 $n_1=12$、$n_2=13$、S_1^2 之觀測值 $=9$、S_2^2 之觀測值 $=25$、$\alpha=0.05$，則 F 之觀測值 $=9/25=0.36$，並查附表表 6 可得 0.36 介於 $F_{0.975}(11,12)=1/F_{0.025}(12,11)=1/3.42961=0.29158$ 與 $F_{0.025}(11,12)=3.32148$ 之間，故在顯著水準 α 為 0.05 的條件下，目前的證據並無法拒絕變異數同質性的假設。若是利用計算 p 值來進行檢定，則在 $F\geq 1$ 時 $p=2\times Pr(\{F(n_1-1, n_2-1)\geq F\})$；在 $F<1$ 時 $p=2\times Pr(\{F(n_1-1, n_2-1)\leq F\})$。以前例而言，$p=2\times Pr(\{F(11, 12)\leq 0.36\})=0.1011>0.05$，故不拒絕變異

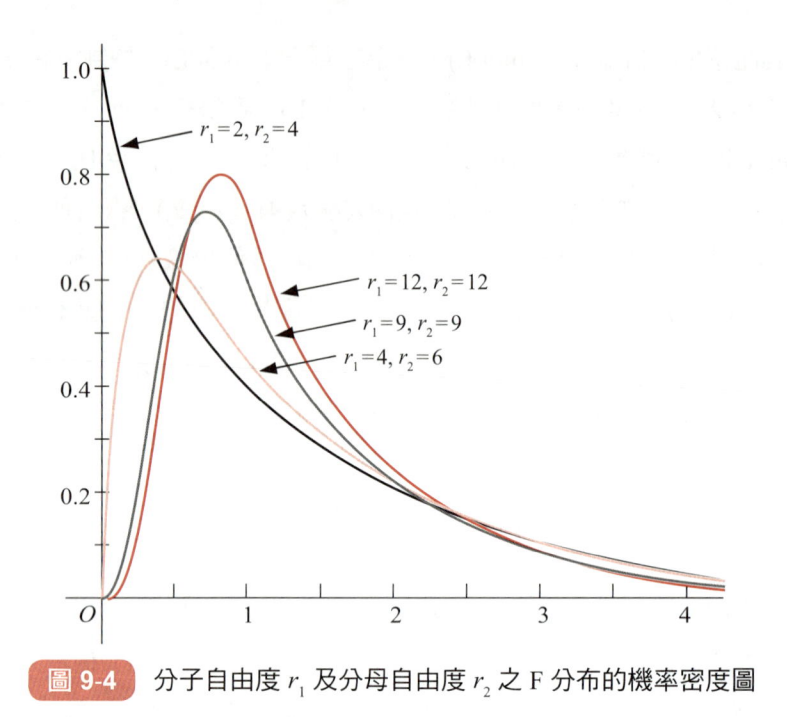

圖 9-4　分子自由度 r_1 及分母自由度 r_2 之 F 分布的機率密度圖

數同質性的假設。

▶ 變異數同質性假設下的兩獨立等距樣本之檢定

令 $\sigma_1^2=\sigma_2^2=\sigma^2$。如前所述，在常態假設下 $\overline{X}_1-\overline{X}_2 \sim N(\mu_1-\mu_2, \sigma^2(1/n_1+1/n_2))$，如果 $H_0(\mu_1=\mu_2)$ 為真，此時 $\overline{X}_1-\overline{X}_2 \sim N(0, \sigma^2(1/n_1+1/n_2))$。

1. 當 σ^2 已知，則有 $\dfrac{\overline{X}_1-\overline{X}_2}{\sigma\sqrt{1/n_1+1/n_2}} \sim N(0, 1^2)$，並可據此進行 Z 檢定。

2. 當 σ^2 未知 (一般情況多為此)，則 $T=\dfrac{\overline{X}_1-\overline{X}_2}{S_P\sqrt{1/n_1+1/n_2}}$ 的分布為自由度 n_1+n_2-2 的 t 分布，其中 $S_P=\sqrt{\dfrac{(n_1-1)S_1^2+(n_2-1)S_2^2}{n_1+n_2-2}}$ (S_P 稱為混合標準差)，並可據此進行變異數同質性假設下的獨立樣本 t 檢定 (又稱為混合 t 檢定)。

以前例而言，σ^2 為未知，除前述數據外，若 $\overline{X}_1$ 之觀測值 = 15.62、$\overline{X}_2$ 之觀測值 = 10.91，則 S_P 之觀測值 = $\sqrt{\dfrac{(12-1)\times 9+(13-1)\times 25}{12+13-2}} \approx 4.165$、t = $\dfrac{15.62-10.91}{4.165\sqrt{1/12+1/13}}$ ≈ 2.825。由於 2.825 > $t_{0.025}(23)$ = 2.0687 (見附表表 5)，故拒絕 $H_0(\mu_1=\mu_2)$，亦即將 25

位糖尿病病人隨機分派到藥物治療組 (控制組) 12 位與合併藥物治療及飲食療法組 (實驗組) 13 位，三個月後量測各病人之空腹血糖值 (mmol/L)，由獨立樣本 t 檢定可知兩組樣本平均血糖值有顯著差異 ($\alpha=0.05$)，故單用藥物與合併飲食療法兩種治療方式對血糖值有不同的效果，而合併飲食療法的病人平均血糖值低於單用藥物治療的病人平均血糖值，顯示合併飲食療法更具療效。

▶ 未假設變異數同質時的兩獨立等距樣本之檢定

如果在變異數同質性假設的檢定中，拒絕了變異數同質性假設，那麼要比較兩母體平均數時便無採用假設變異數同質而進行混合 t 檢定的理由。例如，我們將前述 S_1^2 之觀測值 9 改成 4，其餘數據相同，此時 F 之觀測值 $=4/25=0.25<F_{0.975}(11, 12)=0.29158$，故拒絕變異數同質性假設。如前所述，在 x_1 及 x_2 的常態假設下，$\overline{X}_1-\overline{X}_2 \sim N(\mu_1-\mu_2, \sigma_1^2/n_1+\sigma_2^2/n_2)$，如果 $H_0(\mu_1=\mu_2)$ 為真，此時 $\overline{X}_1-\overline{X}_2 \sim N(0, \sigma_1^2/n_1+\sigma_2^2/n_2)$。

1. 當 σ_1^2、σ_2^2 已知，則 $\dfrac{\overline{X}_1-\overline{X}_2}{\sqrt{\sigma_1^2/n_1+\sigma_2^2/n_2}} \sim N(0, 1^2)$，則可據此進行 Z 檢定。

2. 當 σ_1^2、σ_2^2 未知 (一般情況多為此)，則 $T=\dfrac{\overline{X}_1-\overline{X}_2}{\sqrt{S_1^2/n_1+S_2^2/n_2}}$ 的分布為具近似自由度 $\dfrac{(S_1^2/n_1+S_2^2/n_2)^2}{(S_1^2/n_1)^2/(n_1-1)+(S_2^2/n_2)^2/(n_2-1)}$ 的 t 分布，並可據此進行未假設變異數同質時的獨立樣本 t 檢定 (又稱為分離 t 檢定)。

如前所述，S_1^2 之觀測值 $=4$ 時 (其餘數據維持相同)，$t=\dfrac{15.62-10.91}{\sqrt{4/12+25/13}}$ ≈ 3.136，近似自由度為 15.996。若要利用附表表 5，則可對近似自由度進行四捨五入後查表，由於 $3.136>t_{0.025}(16)=2.1199$ (見附表表 5)，故拒絕 $H_0(\mu_1=\mu_2)$。

▶ SPSS 的操作說明

我們再以王先生的研究 (mrwangsdata.sav) 為例，想要探討不同性別受檢者其生化檢驗血糖值與血糖機所得血糖值之間的差異是否有所不同，先讀入 mrwangsdata.sav 於 SPSS 資料集中，按「分析 (A)/比較平均數法 (M)/獨立樣本 T 檢定 (T)」(見圖 9-5)，將「生化－血糖機 (diff)」此一變項選入「檢定變數 (T)」的欄位中，並將「gender」此一變項選入「分組變數 (G)」中，點選「定義組別 (D)」

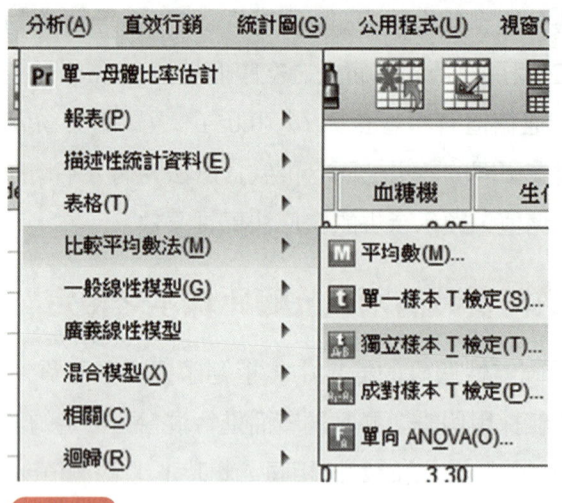

圖 9-5　SPSS 中的獨立樣本 t 檢定程序位置圖

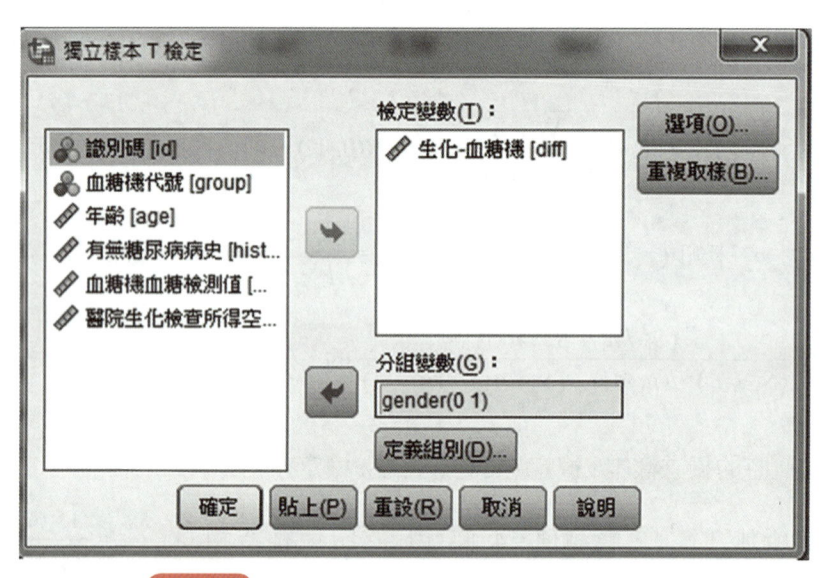

圖 9-6　SPSS 之獨立樣本 t 檢定之選單與設定

後分別輸入 0 和 1 後按「繼續」及「確定」(見圖 9-6)，即可獲得獨立樣本 t 檢定結果 (見圖 9-7)。結果為：目前無證據顯示不同性別者其生化檢驗血糖值與血糖機所得血糖值之間的差異有所不同。附帶說明，在 SPSS 報表中 (見圖 9-7) 所呈現的 Levene 變異數同質性檢定，並非本節前述之 F 檢定，前述之兩母體變異數同質性檢定僅能適用在兩組獨立樣本，而 Levene 變異數同質性檢定可用在兩組以上獨立樣本。

第 9 章　等距資料的比較檢定 (二)：兩個母體平均數之比較

群組統計資料

性別		N	平均數	標準偏差	標準錯誤平均值
生化-血糖機	女性 n_1	167	1.494491 $\bar{X}_1$	1.7475851 S_1	.1352322 $\frac{S_1}{\sqrt{n_1}}$
	男性 n_2	133	1.570150 $\bar{X}_2$	1.7713447 S_2	.1535951 $\frac{S_2}{\sqrt{n_2}}$

獨立樣本檢定

		Levene 的變異數相等測試		針對平均值是否相等的 t 測試					95% 差異數的信賴區間	
		F	顯著性	T	df	顯著性（雙尾）	平均差異	標準誤差	下限	上限
生化-血糖機	採用相等變異數	.059	.808	-.370	298	.711	-.0756594	.2043301	-.4777720	.3264533
	不採用相等變異數			-.370	281.472	.712	-.0756594	.2046441	-.4784864	.3271677

此為變異數同質性檢定的 p 值，在此例中 p > 0.05，故不拒絕變異數同質性假設。

在不拒絕變異數同質性假設的情況下，我們要進行的是未假設變異數同質時的獨立樣本 t 檢定，判讀此列。此例，判讀此列，不需判讀此列。

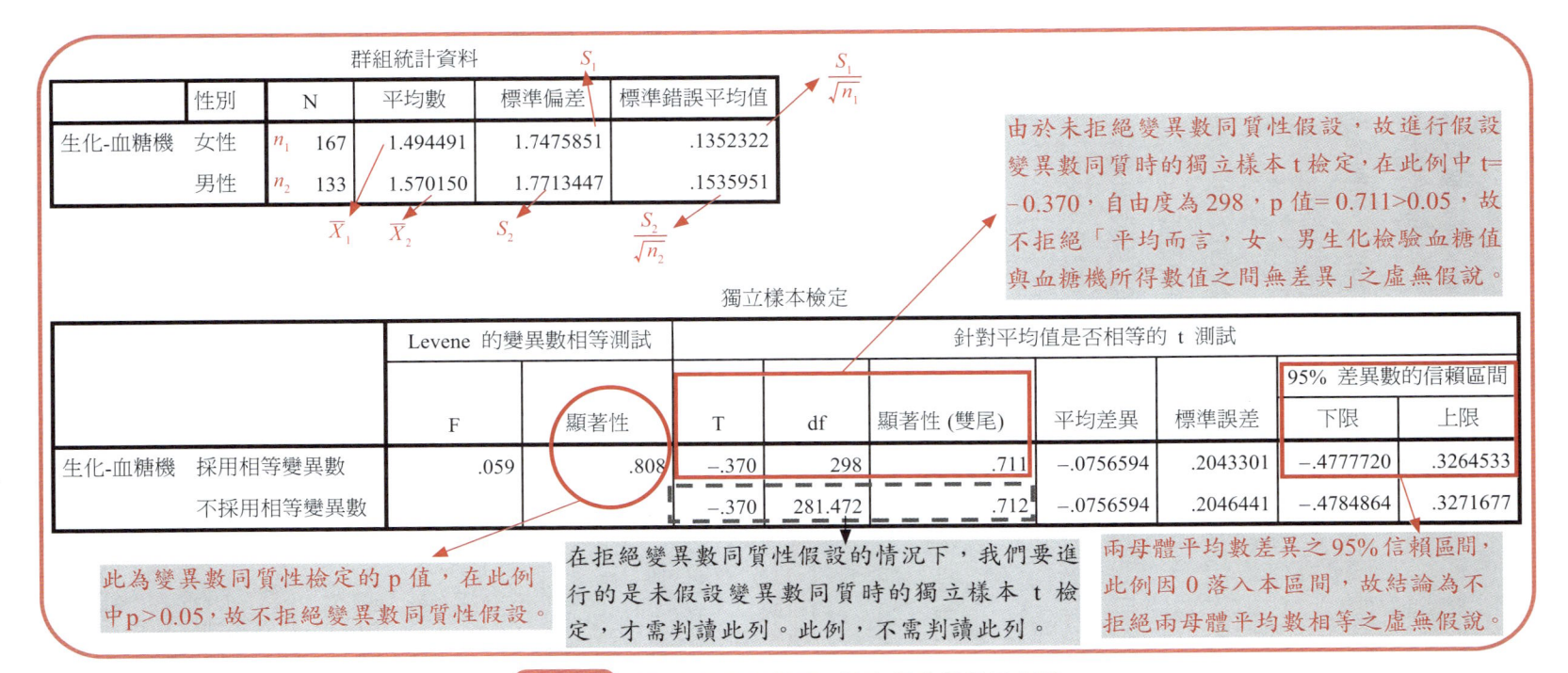

由於未拒絕變異數同質性假設，故進行假設變異數同質時的獨立樣本 t 檢定，在此例中 t = -0.370，自由度為 298，p 值 = 0.711 > 0.05，故不拒絕「平均而言，女、男生化檢驗血糖值與血糖機所得數值之間無差異」之虛無假設。

兩母體平均數差異之 95% 信賴區間，此例因 0 落入本區間，故結論為不拒絕兩母體平均數相等之虛無假設。

圖 9-7 SPSS 之獨立樣本 t 檢定程序結果及判讀

▶ 小結

當我們想利用兩組獨立等距樣本比較兩母體的平均數是否存在差異時，例如比較男、女血壓有無差異時，會採獨立樣本 t 檢定。常見的比較為自變項內的不同水準 (level) 或不同分類的組別在依變項上所得到的平均數是否有顯著差異，換言之，比較的目的之一是要瞭解自變項是否會對依變項產生影響 (自變項為因，依變項為果)。然而，在這裡自變項必須是只有兩個水準或分類，像實驗性研究中之組別變項分為實驗組、控制組兩個水準；像性別變項分為男、女兩類。

在進行獨立樣本 t 檢定時，各組數值不僅皆屬等距尺度，其各自母體分布還必須為常態分布，例如，男生血壓 X_1 為常態分布，女生血壓 X_2 為常態分布。如果兩組樣本數 n_1、n_2 皆為大樣本 ($n_1 \geq 30$、$n_2 \geq 30$)，由於中央極限定理，故有 $\overline{X}_1$ 近似 $N(\mu_1, \sigma_1^2/n_1)$、$\overline{X}_2$ 近似 $N(\mu_2, \sigma_2^2/n_2)$，依然在兩組樣本相互獨立的條件下，可得 $\overline{X}_1 - \overline{X}_2$ 近似 $N(\mu_1 - \mu_2, \sigma_1^2/n_1 + \sigma_2^2/n_2)$，據此仍可獲得上述種種近似結果。總之，在兩組獨立樣本皆為大樣本時，我們可以使用獨立樣本 t 檢定來比較兩母體的平均數是否存在差異，否則兩母體便必須為常態分布。

四、配對樣本 t 檢定

記錄若干位糖尿病初診病人在治療前的空腹血糖值 (mmol/L) (簡稱血糖前測值)，使用合併藥物治療及飲食治療三個月後，量測各病人之空腹血糖值 (簡稱血糖後測值)，以檢驗此合併療法治療病人三個月後是否能有效降低其血糖值？

為解決上述問題，我們假設病人之血糖前、後測值差異 d (d = 血糖後測值 – 血糖前測值) 的分布為常態分布，其平均值為 μ_d (mmol/L)，標準差為 σ_d (mmol/L)，今抽出糖尿病初診病人 n 位，這 n 位病人之血糖前、後測值差異的樣本平均數為 $\overline{d}$ (mmol/L)，樣本標準差為 S_d (mmol/L)。此研究問題的虛無假說 H_0 為 $\mu_d \geq 0$ (降低血糖值無效之假說)，對立假說 H_a 為 $\mu_d < 0$ (降低血糖值有效之假說)，顯著水準設為 α。我們要檢定 H_0 ($\mu_d \geq 0$)，很合理地探討 $\overline{d}$ 的大小，做為是否拒絕 H_0 的判準。由於病人血糖前、後測值之差異 $d \sim N(\mu_d, \sigma_d^2)$，故有 $\overline{d} \sim N(\mu_d, \sigma_d^2/n)$。因為 $\dfrac{\overline{d} - \mu_d}{\sigma_d/\sqrt{n}} = \dfrac{\overline{d}}{\sigma_d/\sqrt{n}} + \dfrac{-\mu_d}{\sigma_d/\sqrt{n}}$，所以在虛無假說「$\mu_d \geq 0$」為真的假設下，有 $\dfrac{\overline{d} - \mu_d}{\sigma_d/\sqrt{n}} \leq \dfrac{\overline{d}}{\sigma_d/\sqrt{n}}$。換言之，當 $\dfrac{\overline{d}}{\sigma_d/\sqrt{n}}$ 之觀測值極端地小，那麼 $\dfrac{\overline{d} - \mu_d}{\sigma_d/\sqrt{n}}$ 之觀測

值也會極端地小，但反之不然，因此此時只需看血糖前、後測值差異 (d) 之分布為 $N(0, \sigma_d^2)$ 的情況。此時

1. 當 σ_d 已知，則有 $\dfrac{\bar{d}}{\sigma_d/\sqrt{n}} \sim N(0, 1^2)$，則可據此進行 Z 檢定。

2. 當 σ_d 未知 (一般情況多為此)，則 $T = \dfrac{\bar{d}}{S_d/\sqrt{n}}$ 的分布為具自由度 $n-1$ 的 t 分布，並可據此進行配對樣本 t 檢定：若顯著水準為 $\alpha = 0.05$，則只要 $\dfrac{\bar{d}}{S_d/\sqrt{n}} \leq -t_{0.05}(n-1)$，應拒絕虛無假說，否則暫不拒絕 H_0。若是利用計算 p 值來進行檢定，則 $p = P(\{t(n-1) \leq \dfrac{\bar{d}}{S_d/\sqrt{n}}\})$。

以前述為例，若樣本數 $n = 25$、血糖前、後測值差異的樣本平均數 $\bar{d}$ 之觀測值 $= -4.71$、樣本變異數 S_d^2 之觀測值 $= 36$、$\alpha = 0.05$，則 $t = \dfrac{-4.71}{6/\sqrt{25}} = -3.925$，並查附表表 5 可得 $t_{0.05}(24) = 1.7109$，由於 $-3.925 < -1.7109$，故在顯著水準為 0.05 的條件下，拒絕降低血糖值無效之假說。

▶ SPSS 的操作說明

我們再以王先生的研究 (mrwangsdata.sav) 為例，想要探討 300 位受試者血糖機所得血糖值是否顯著地低於生化檢驗血糖值，假設所有可能的受試者血糖機所得血糖值與生化檢驗血糖值的平均差異值為 μ_d，此研究問題的虛無假說 H_0 為 $\mu_d \geq 0$，對立假說 H_a 為 $\mu_d < 0$，顯著水準設為 0.05。先讀入 mrwangsdata.sav 於 SPSS 資料集中，按「分析 (A)/比較平均數法 (M)/成對樣本 T 檢定 (P)」，同時點選「血糖機」、「生化」兩個變項 (按 Shift 或 Ctrl 鍵) 選入「配對變數 (V)」的欄位中 (見圖 9-8)，並按「選項 (O)」，在「信賴區間百分比 (C)」中將內定的 95 改為 90 後，按「繼續」與「確定」，即可獲得配對樣本 t 檢定結果 (見圖 9-9)。結果顯示，300 位受試者血糖機所得血糖值顯著地低於生化檢驗血糖值 ($p = 6.856 \times 10^{-39}$)。

▶ 小結

當我們想利用兩組配對等距樣本比較兩母體的平均數是否存在差異時，例如比較同一受試樣本之血糖機所得血糖值與生化檢驗血糖值有無顯著差異時，我們會採用配對樣本 t 檢定。常見的比較為研究對象在介入措施前、後之某依變項平均數是否有顯著改變，換言之，比較的目的之一是要瞭解介入措施是否會對依變項產生

影響。在進行配對樣本 t 檢定時，兩個配對樣本不僅屬等距尺度，其配對差異的母體分布還必須為常態分布，例如，血糖機所得血糖值與生化檢驗血糖值的配對差異 (d=血糖機血糖值－生化檢驗血糖值) 為常態分布。如果配對對數為大樣本，由於中央極限定理，故有 $\bar{d}$ 之分布近似 $N(\mu_d, \sigma_d^2/n)$，其中 n 為配對對數、μ_d 為 d 之分布的平均數、σ_d^2 為 d 之分布的變異數，據此仍可獲得上述種種近似結果。總之，在配對對數為大樣本時，我們可以使用配對樣本 t 檢定來比較兩母體平均數是否存在差異，否則兩母體配對差異值便必須為常態分布。

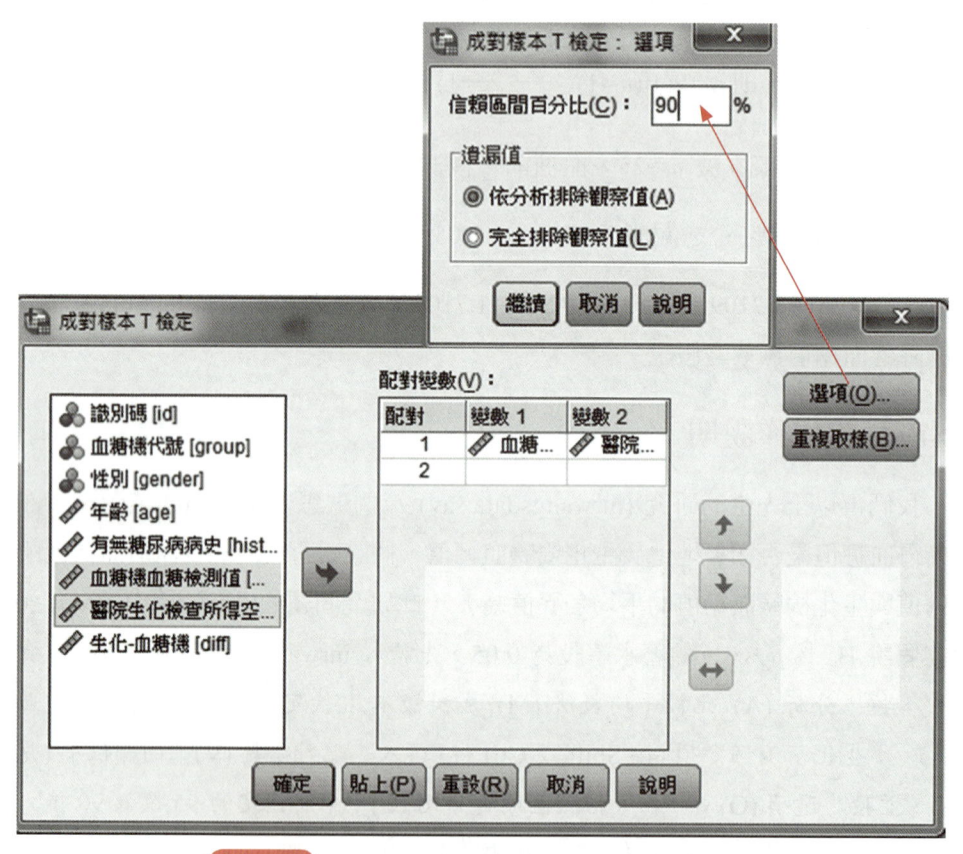

圖 9-8 SPSS 之配對樣本 t 檢定之選單與設定

第 9 章　等距資料的比較檢定 (二)：兩個母體平均數之比較　147

成對樣本統計資料

		平均數	N	標準偏差	標準錯誤平均值
對組 1	血糖機血糖檢測值	6.5992	300	2.74351	.15840
	醫院生化檢查所得空腹血糖	8.1272	300	2.09227	.12080

成對樣本相關性

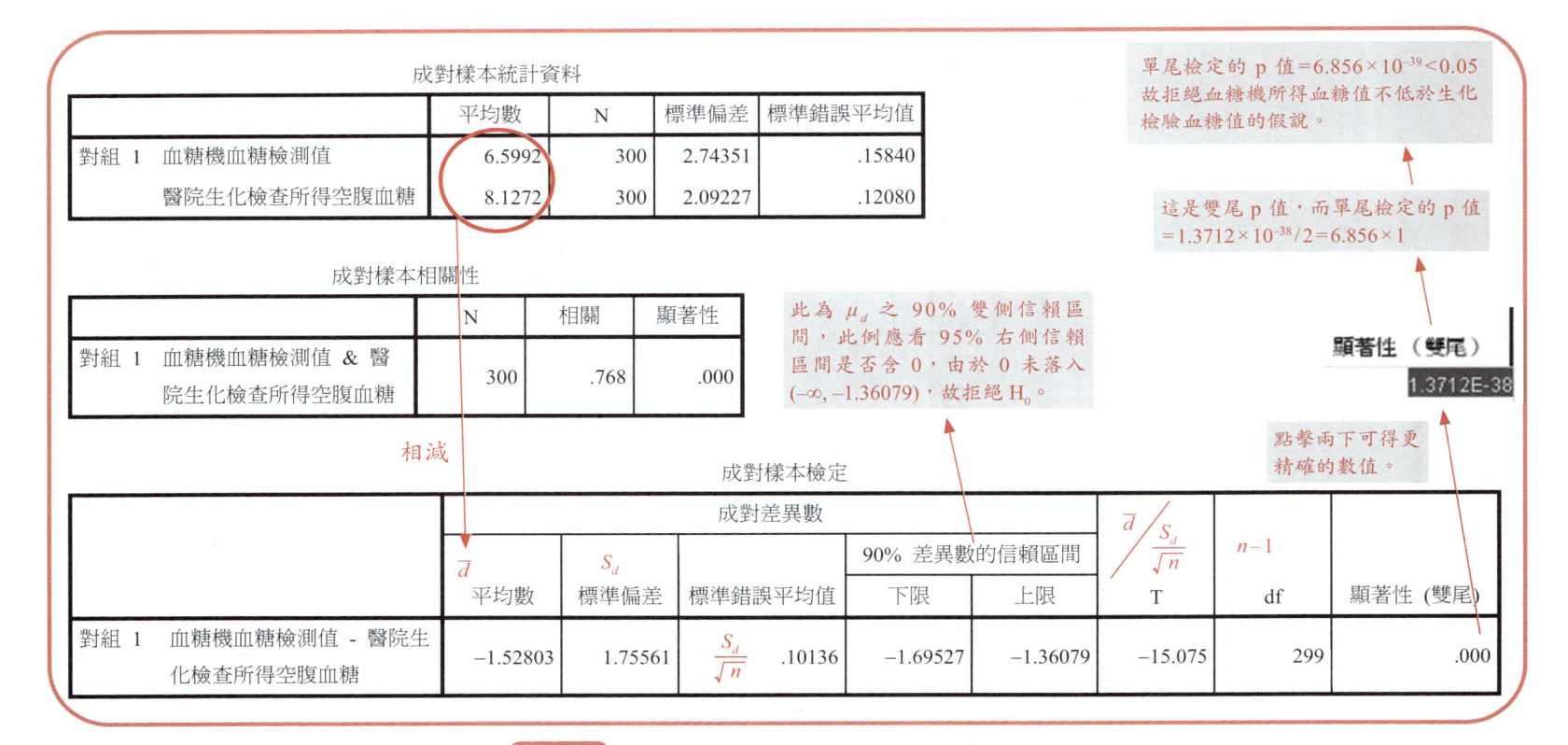

		N	相關	顯著性
對組 1	血糖機血糖檢測值 & 醫院生化檢查所得空腹血糖	300	.768	.000

成對樣本檢定

成對樣本差異數

		$\bar{d}$ 平均數	S_d 標準偏差	$\dfrac{S_d}{\sqrt{n}}$ 標準錯誤平均值	90% 差異數的信賴區間 下限	上限	T	df	顯著性 (雙尾)
對組 1	血糖機血糖檢測值 - 醫院生化檢查所得空腹血糖	-1.52803	1.75561	.10136	-1.69527	-1.36079	-15.075	299	.000

註解：
- 單尾檢定的 p 值 = $6.856 \times 10^{-39} < 0.05$，故拒絕血糖機所得血糖值不低於生化檢驗血糖值的假說。
- 這是雙尾 p 值，而單尾檢定的 p 值 = $1.3712 \times 10^{-38}/2 = 6.856 \times 10^{-39}$
- 顯著性 (雙尾) $1.3712\text{E-}38$
- 點擊兩下可得更精確的數值。
- $\dfrac{\bar{d}}{S_d/\sqrt{n}}$
- $n-1$
- 此為 μ_d 之 90% 雙側信賴區間，此例相應之 95% 右側信賴區間是否含 0，由於 0 未落入 $(-\infty, -1.36079)$，故拒絕 H_0。
- 相減

圖 9-9　SPSS 之配對樣本 t 檢定程序結果及判讀

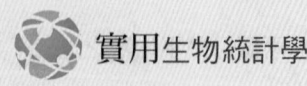

習題九

1. 下列數據為男人和女人各 14 位之膽固醇數值，在顯著水準 $\alpha=0.05$ 下，請檢定 H_0：膽固醇與性別無關。

    女：221、213、202、183、185、197、162、262、193、224、201、161、178、265；
    男：271、192、189、209、227、236、142、192、253、248、278、232、267、289。

2. 下列數據為各 14 位小於 50 歲和 50 歲以上成年人之膽固醇數值，在顯著水準 $\alpha=0.05$ 下，請檢定 H_0：小於 50 歲和 50 歲以上成年人的膽固醇無差異。小於 50 歲組：221、213、202、183、185、197、162、271、192、189、209、227、236、142；50 歲以上組：262、193、224、201、161、178、265、192、253、248、278、232、267、289。

3. 想要瞭解某種藥品是否能有效降低外來種動物福壽螺的活動能力 ($\alpha=0.05$)，今隨機選取 36 隻福壽螺，在實驗前後量測其活動能力指標，得以下數據：

	使用藥物前	使用藥物後	差異 (使用藥物後－使用藥物前)
平均數	155.82	152.68	−3.14
標準差	10.95	13.56	3.50
變異數	119.90	183.87	12.25

    請依據上述資料寫出本研究之假說與檢定方法，並進行檢定與做出結論。

4. 某研究中 16 位病人使用新藥後，收縮壓平均下降 4.2 mmHg，這 16 位病人血壓差 (difference) 的標準差為 3.9 mmHg，請依據上述資料寫出本研究之假說與檢定方法，並進行檢定與做出結論 ($\alpha=0.05$)。

5. 新生兒的種族與心跳頻率 (beats per minute) 關係如下表：

種族	平均數	標準差	樣本數
A	124	10	226
B	134	12	145

    請檢定新生兒的種族與心跳頻率的關係，並做出結論 ($\alpha=0.05$)。

6. 想要瞭解懷孕婦女吸菸是否會造成小孩骨骼礦物質含量不足。今訪得 49 位在懷孕時曾抽菸的母親，並測得其新生兒平均骨骼礦物質含量 $\bar{x}_1=0.1$ g/cm，標準差為 $s_1=0.02$ g/cm；另訪得 64 位在懷孕時未曾抽菸的母親，並測得其新生兒平均骨骼礦物質含量 $\bar{x}_2=0.108$ g/cm，標準差為 $s_2=0.02$ g/cm。試問：(1) 這兩組資料是配對資料還是獨立資料？(2) 請以顯著水準 $\alpha=0.05$ 進行雙尾假說檢定。

7. 有人認為身高較高者較易當選美國總統，今以系統抽樣抽出下列競選年份，並以網路搜尋該年份兩位競選者之身高，除西元 1848 年敗選者劉易斯・卡斯搜尋不到身高資料外，其餘資料見下表：

西元年	勝選者 人名	勝選者 身高	敗選者 人名	敗選者 身高
1800	托馬斯・傑佛遜	189	阿龍・伯爾	168
1816	詹姆斯・門羅	183	魯弗斯・金	178
1832	安德魯・傑克遜	185	亨利・克萊	185
1864	亞伯拉罕・林肯	192	喬治・麥克萊倫	168
1880	詹姆斯・加菲爾德	183	溫菲爾德・漢考克	188
1896	威廉・麥金萊	170	威廉・詹寧斯・布萊恩	183
1912	伍德羅・威爾遜	180	西奧多・羅斯福	178
1928	赫伯特・胡佛	182	艾爾弗雷德・E・史密斯	168
1944	富蘭克林・羅斯福	188	托馬斯・杜威	173
1960	約翰・甘迺迪	183	理察・尼克森	182
1976	吉米・卡特	175	傑拉爾德・福特	185
1992	比爾・柯林頓	180	喬治・赫伯特・沃克・布希	188
2008	巴拉克・歐巴馬	185	約翰・麥肯	175

上述兩組身高資料是配對資料還是獨立資料？請寫出本研究之假說，並進行檢定與做出結論 ($\alpha=0.05$)。

8. 在王先生的研究資料 (mrwangsdata.sav) 中，男、女受檢者的年齡有無顯著差異？有無糖尿病病史的受檢者其生化檢驗血糖值與血糖機所得血糖值之間的差異是否有顯著不同？($\alpha=0.05$)

Chapter 10

等距資料的比較檢定 (三)：多個母體平均數之比較

本章主要介紹變異數分析 (analysis of variance, ANOVA)，它是一種將特定變項所觀察到的變異劃分為各自屬於不同變異來源的成分，用來檢定兩個以上母體的平均數是否相等，或檢定兩個水準 (level) 以上的因子 (factor) 對依變項是否有影響的統計方法，廣泛應用於實驗數據的分析中。例如某個農業改良場將 3 種小麥種子種植在耕作條件相同的幾塊土地上，以檢驗不同種的小麥產量是否有不同，以便做為改良品種來提高產能，此時即可利用實驗設計的方法來進行。在實驗設計中，我們稱小麥品種為因子，小麥品種有 3 種，稱為 3 個處理或水準，3 個水準就有 3 個產量母體。實驗的目的在於研究 3 種小麥的產量是否相同，而小麥產量稱為依變項或反應變項。變異數分析可視為前章所述 t 檢定的推廣：抽樣資料從兩組變成多組。在比較三個以上母體平均數是否相等時，兩兩進行 t 檢定會增加犯型 I 錯誤的機會，因此，在進行三個或更多個母體平均數的比較檢定時，變異數分析是更為有效。

在實驗設計裡，「因子」是一個由實驗者操控的自變項，依照「因子水準是否由研究者所決定，是否由隨機產生」的因子特性的不同，可以將變異數分析分成三類：固定效果變異數分析 (fixed-effect analysis of variance)、隨機效果變異數分析 (random-effect analysis of variance) 與混合效果變異數分析 (mixed-effect analysis of variance)。以前述小麥產量實驗為例，雖然小麥品種眾多，如果研究者所感興趣的只有「台中 31 號」、「台中選 2 號」和「台中 34 號」三種，儘管小麥品種不只三種，但研究者只想比較這三種小麥之間產量的差異，並不想根據這三種品種的實驗結果來推論到其他不包括在實驗內的小麥品種，那就使用固定效果變異數分析，來

說明這三種品種小麥產量的差異情形。與之相反，如果研究者是利用隨機抽樣的方式，並非依據個人意志選出三種小麥，則應使用隨機效果變異數分析來說明各種可能品種的小麥產量的差異情形。當隨著因子個數的增加，變異數分析的樣態便更形複雜，例如，除了考量小麥品種外，尚可加入耕作方式對小麥產量的影響，如果研究者主要是要瞭解「不整地法」與「耕地法」這兩種耕作方式對產量的影響，以及想要瞭解各種可能品種的小麥產量的差異情形，那麼可將耕作法視為固定因子，小麥品種視為隨機因子，這種有些因子為固定因子、有些因子為隨機因子的變異數分析，就稱為混合效果變異數分析。

此外，變異數分析也可以依照因子的數量及各因子之間是否有交互作用進行分類，或者針對實驗設計的類型進行分類，但由於篇幅有限，本章僅介紹獨立樣本 (independent samples)、單因子變異數分析 (one-way analysis of variance, one-way ANOVA)、隨機集區設計 (randomized block design) 之變異數分析兩種模式，各模式中的效果檢定的運算過程，皆以固定效果為例，在變異數分析中隨機效果與固定效果的檢定上並無太大差異，其差別僅在於均方期望值上，除截距項 (總體平均數) 的檢定之外，並不影響其他效果 (主效果和交互效果) 的檢定結果 (亦即隨機效果與固定效果之 F 檢定的結果不變)。

最後，期望讀者透過本章的學習應該能：

1. 區別固定效果與隨機效果。
2. 進行獨立樣本單因子變異數分析。
3. 進行隨機集區設計之變異數分析。
4. 進行線性對比及多重比較。

一、實務問題

在實務上常見到多個母體平均數之比較的問題，例如：

1. 五種膜面積的人工腎臟之血液透析病患，其<u>血中白蛋白值</u>是否相同？
2. 三種學制之護生，其<u>抽血知識</u>有無差異？
3. 三種病理切片結果之惡性乳房疾病患者，其<u>初經年齡</u>有無差異？
4. 三種餵食方法下，嬰兒<u>體重</u>有無差異？
5. 三種教育程度之病患，其<u>就診滿意度</u>有無差異？
6. 三種教育程度之婦女，其<u>乳房自我檢查認知</u>有無差異？
7. 母親懷孕週數不同 (分三類) 的出生嬰兒，其<u>頭圍</u>是否相同？
8. 使用三種不同麻醉方式之病人，其<u>手術後疼痛程度</u>是否相同？
9. 四種抽菸數量 (每天少於 10 支、每天 10～19 支、每天 20～39 支、每天 40 支及以上) 的孕婦，其<u>新生兒體重</u>是否相同？
10. 醫院護理人員之<u>生活滿意度</u>是否會因婚姻狀態不同而有差異？
11. 四種教育程度之護理人員對<u>主管領導能力滿意度</u>是否相同？
12. 三種婚姻狀態之在職進修護理人員，其<u>家庭支持影響進修之程度</u>有無差異？
13. 某醫院實習護生之實習病房科別與<u>對實習單位之滿意程度</u>是否相關？
14. 某區域教學醫院不同年齡層之住院病患，其<u>滿意度</u>是否相同？
15. 不同門診科別 (內科、外科、兒科及其他) 病患之<u>護理服務滿意度</u>是否相同？
16. 某教學醫院不同懷孕週數的母親，其<u>新生兒體重</u>是否相同？
17. 捐血中心不同職業捐血者之<u>肝酶指數值</u>是否相同？
18. 高雄市不同年資的護理人員其<u>本土護理價值</u>是否相同？
19. 菸癮戒菸者隨機分派到三種不同之治療方案，試問三種治療方案之菸癮戒菸者在介入治療後一個月的<u>抽菸量</u>是否相同？

(以上各例中畫底線之變項表示其為等距尺度之變項。)

二、獨立樣本單因子變異數分析

獨立樣本單因子變異數分析從實驗設計類型的角度而言，又稱為<u>完全隨機設計</u> (completely randomized design) 的變異數分析，是針對將實驗對象隨機分配到不同處理組別，以進行各組平均數比較的一種分析方法。假設我們有 k 個處理組別其資料為相互獨立 (獨立性假設：各組樣本必須獨立)，第 i 組有 $y_{i1}, y_{i2}, \cdots, y_{in_i}$ 共 n_i 個觀

表 10-1　k 組樣本觀察值的代號及其樣本平均數、樣本標準差與樣本數

組別	第 1 組	第 2 組	⋯	第 i 組	⋯	第 k 組
觀察值	$y_{11}, y_{12}, \cdots, y_{1n_1}$	$y_{21}, y_{22}, \cdots, y_{2n_2}$	⋯	$y_{i1}, y_{i2}, \cdots, y_{ij}, y_{in_i}$	⋯	$y_{k1}, y_{k2}, \cdots, y_{kn_k}$
平均數	$\bar{y}_1$	$\bar{y}_2$	⋯	$\bar{y}_i$	⋯	$\bar{y}_k$
標準差	s_1	s_2	⋯	s_i	⋯	s_k
樣本數	n_1	n_2	⋯	n_i	⋯	n_k

察值，如表 10-1 所示。

假設上述資料滿足 $Y_{ij} = \mu + \alpha_i + e_{ij}$，其中 $e_{ij} \sim N(0, \sigma^2)$。因此 $Y_{ij} \sim N(\mu+\alpha_i, \sigma^2)$，$e_{ij}$ 代表第 i 組中第 j 個隨機變量 Y_{ij} 與平均數 $\mu+\alpha_i$ 之間的隨機誤差，換言之，我們假設了這 k 組資料的母體分布皆是常態分布 (常態性假設：各組樣本背後所隱含的各母體之分布必須為常態分布或者是近似常態分布)，它們的變異數都等於 σ^2 (變異數同質性假設：各母體變異數必須相等)。上述模式中包括了 $\mu, \alpha_1, \alpha_2, \cdots, \alpha_k$ 共 $k+1$ 個參數，然而要用 k 組資料來估計 $k+1$ 個參數是不可能的，因此需要多加一個限制條件。常見的限制條件有：(1) $\sum_{i=1}^{k} \alpha_i = 0$，即 k 個 α_i 之和為 0；(2) 選定第 i 組為參考組，令其 $\alpha_i = 0$，例如令最後一組為 $0 (\alpha_k = 0)$，此時稱最後一組為參考組。不同的限制條件下，各參數的意義亦有所不同，在 (1) 中，μ 代表混合 k 個母體的總體平均數、α_i 代表第 i 個母體平均數與總體平均數 μ 之間的差異，有時簡稱第 i 個處理效果；在 (2) 中，μ 代表參考組母體的平均數、α_i 代表第 i 個母體平均數與參考組母體平均數 μ 之間的差異。大多數的軟體都會提供使用者選取自己所偏好的限制，而本章將採用在 (1) 中的限制條件。

我們利用上述單因子變異數分析的模式來比較各母體平均數，比較的方式主要是將資料的變異來源分解為：(1) 組內變異，及 (2) 組間變異。進行多個母體平均數的比較時，其雙尾檢定的虛無假說 H_0 為 k 個母體平均數皆相等，對立假說 H_a 為至少有兩個母體平均數不相等。在前述 $\sum_{i=1}^{k} = 0$ 此一限制條件下，H_0 等價於所有 $\alpha_i = 0$，H_a 等價於至少有一個 $\alpha_i \neq 0$。

假設混合 k 組樣本資料的總體平均數為 $\bar{Y}$，我們可以將隨機變量 Y_{ij} 與樣本總體平均數 $\bar{Y}$ 的偏差 (簡稱離均差) 分解成下式：

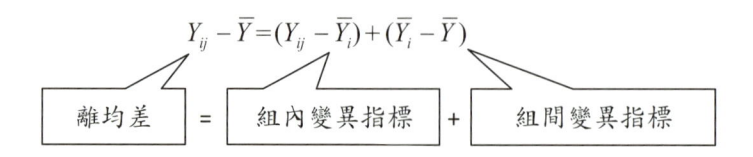

$$Y_{ij} - \bar{Y} = (Y_{ij} - \bar{Y}_i) + (\bar{Y}_i - \bar{Y})$$

離均差 ＝ 組內變異指標 ＋ 組間變異指標

利用 $(Y_{ij} - \bar{Y})^2 = (Y_{ij} - \bar{Y}_i)^2 + 2(Y_{ij} - \bar{Y}_i)(\bar{Y}_i - \bar{Y}) + (\bar{Y}_i - \bar{Y})^2$ 以及交乘項之總和為 0，可得離均差**平方的總和** (簡稱**總平方和**，total sum of squares, TSS) 為**組內平方和** (within-group sum of squares, WSS) 與**組間平方和** (between-group sum of squares, BSS) 之和：

$$\sum_{i=1}^{k}\sum_{j=1}^{n_i}(Y_{ij}-\bar{Y})^2 = \sum_{i=1}^{k}\sum_{j=1}^{n_i}(Y_{ij}-\bar{Y}_i)^2 + \sum_{i=1}^{k}\sum_{j=1}^{n_i}(\bar{Y}_i-\bar{Y})^2$$

$$= \sum_{i=1}^{k}\sum_{j=1}^{n_i}(Y_{ij}-\bar{Y}_i)^2 + \sum_{i=1}^{k}n_i(\bar{Y}_i-\bar{Y})^2$$

TSS = WSS + BSS

顯然，如果組間變異大而組內變異小，那麼可以認為未知的各母體平均數有所不同；反之，如果組間變異小而組內變異大，那麼不應認為未知的各母體平均數有所不同。但是在比較組間變異及組內變異的大小時，需要考慮它們的大小會受到樣本數與組數的多少而有所差異，換言之，需針對自由度進行調整。我們定義**組間均方和** BMS＝BSS／$(k-1)$ 及**組內均方和** WMS＝WSS／$(n-k)$，並利用兩者之比值來進行假說檢定：當這個比值很大時，則應拒絕 H_0 (k 個母體平均數皆相等)；反之，當這個比值很小時，則不應拒絕 H_0。統計學家已經證明：在 H_0 為真的情況下，BMS／WMS～F $(k-1, n-k)$。因此，在顯著水準為 α 時，要檢定「H_0：所有 $\alpha_i = 0$ vs. H_a：於至少有一個 $\alpha_i \neq 0$」，其具體的檢定步驟如下，並可將分析結果摘要如表 10-2 所示：

1. 計算組間平方和 BSS 及組內平方和 WSS 之觀測值；
2. 計算組間均方和 BMS、組內均方和 WMS 及 F＝BMS／WMS 之觀測值；

表 10-2 變異數分析摘要表

變異來源	平方和 (SS)	自由度 (df)	均方和 (MS)	F	p 值
因子 (組間)	BSS	$k-1$	BMS	$\dfrac{\text{BMS}}{\text{WMS}}$	
誤差 (組內)	WSS	$n-k$	WMS		
總和	TSS	$n-1$			

3. 若 F 之觀測值 $F_{OBS} \geq F_\alpha(k-1, n-k)$，則拒絕 H_0；$F_{OBS} < F_\alpha(k-1, n-k)$，則不拒絕 H_0；或

3'. 計算 $p = P(\{F(k-1, n-k) \geq F_{OBS}\})$，若 $p < \alpha$，則拒絕 H_0；若 $p \geq \alpha$，則不拒絕 H_0。

舉例來說，某營養學研究者為了研究不同飲食習慣 (一般飲食者、乳蛋素食者、全素食者) 的停經後婦女之蛋白質攝取量是否有所差異，抽取一般飲食之停經後婦女共 15 名，測得其蛋白質攝取量平均值為 75.3 mg、標準差為 9.2 mg；乳蛋素食之停經後婦女共 13 名，測得其蛋白質攝取量平均值為 56.1 mg、標準差為 12.9 mg；全素食之停經後婦女共 10 名，測得其蛋白質攝取量平均值為 47.4 mg、標準差為 16.8 mg，試問在顯著水準為 0.05 的條件下，結論應為何？

首先，本研究的檢定之假說應為「H_0：一般飲食、乳蛋素食、全素食等三種不同飲食習慣的停經後婦女之蛋白質攝取量皆無差異 vs. H_a：至少有兩種不同飲食習慣的停經後婦女之蛋白質攝取量有差異」。

其次，計算組間平方和 BSS 及組內平方和 WSS：

$$BSS \text{ 之觀測值} = \sum_{i=1}^{k} n_i(\bar{y}_i - \bar{y})^2 = \sum_{i=1}^{3} n_i(\bar{y}_i - \frac{15 \times 75.3 + 13 \times 56.1 + 10 \times 47.4}{15 + 13 + 10})^2$$
$$= 15 \times (75.3 - 61.3895)^2 + 13 \times (56.1 - 61.3895)^2 + 10 \times (47.4 - 61.3895)^2$$
$$= 5,223.3158$$

$$WSS \text{ 之觀測值} = \sum_{i=1}^{k} \sum_{j=1}^{n_i} (y_{ij} - \bar{y}_i)^2 = \sum_{i=1}^{3} (n_i - 1)s_i^2$$
$$= (15-1) \times 9.2^2 + (13-1) \times 12.9^2 + (10-1) \times 16.8^2 = 5,722.0400$$

接著，計算組間均方和 BMS、組內均方和 WMS 及 F=BMS/WMS 之觀測值：

BMS 之觀測值 = BSS 之觀測值/$(k-1)$ = 5,223.3158/(3-1) = 2,611.6579
WMS 之觀測值 = WSS 之觀測值/$(n-k)$ = 5,722.0400/(15+13+10-3) = 163.4869
F_{OBS} = BMS 之觀測值/WMS 之觀測值 = 2,611.6579/163.4869 = 15.97

最後，計算 $F_\alpha(k-1, n-k)$ 後比較 F_{OBS} 和 $F_\alpha(k-1, n-k)$ 的大小，並據此下結論：

F_{OBS} = 15.97 > $F_\alpha(k-1, n-k)$ = $F_{0.05}(2, 35)$ = 3.26742 (見附表表 6)，故拒絕 H_0，亦即至少有兩種不同飲食習慣的停經後婦女之蛋白質攝取量有差異。

在拒絕 H_0 之後，我們只知道至少有兩母體平均數不相等，但卻不知道是哪些母體平均數有差異，故必須針對特定的組別進行事後比較，以便研究者找出哪些組別之間的平均數有顯著差異。

指定兩組之間平均數比較的最小顯著差異 (Least Significant Different, LSD) 法

不失一般性，假如我們要檢定第 1 組和第 2 組的平均數是否有顯著的差異，在常態性、獨立性、變異數同質性假設下，$\bar{Y}_1-\bar{Y}_2 \sim N(\mu_1-\mu_2, \sigma^2(\frac{1}{n_1}+\frac{1}{n_2}))$。又在兩母體平均數無差異的虛無假說 H_0（「$\alpha_1=\alpha_2$」或「$\mu_1=\mu_2$」）下，$\bar{Y}_1-\bar{Y}_2 \sim N(0, \sigma^2(\frac{1}{n_1}+\frac{1}{n_2}))$。若 σ^2 已知，可進行 Z 檢定來決定是否拒絕 H_0，

$z = \dfrac{\bar{y}_1 - \bar{y}_2}{\sqrt{\sigma^2(\dfrac{1}{n_1}+\dfrac{1}{n_2})}}$；若 σ^2 未知，那麼我們需要去估計 σ^2。在前一章，我們是以

$S_p^2 = \dfrac{(n_1-1)S_1^2 + (n_2-1)S_2^2}{(n_1-1)+(n_2-1)}$ 來估計 σ^2，然而在此 S_p^2 並非最佳選擇，這是因為我們擁有 k 組資料，而 S_p^2 只用到兩組資料，既然變異數同質性假設成立，我們不應該只合併兩組資料的變異數，而是合併 k 組資料的變異數，亦即

$$\dfrac{(n_1-1)S_1^2+(n_2-1)S_2^2+\cdots+(n_k-1)S_k^2}{(n_1-1)+(n_2-1)+\cdots+(n_k-1)} = \sum_{i=1}^{k}(n_i-1)S_i^2 / (n-k) = WMS$$

也就是說，以 WMS 來估計 σ^2 更佳。所以，若 σ^2 未知，可進行 t 檢定來決定是否拒絕 H_0，檢定統計量 $T = \dfrac{\bar{Y}_1 - \bar{Y}_2}{\sqrt{WMS(\dfrac{1}{n_1}+\dfrac{1}{n_2})}} \sim t(n-k)$，其中 $t(n-k)$ 為自由度 $n-k$ 之 t 分布。如果要計算 $\mu_1-\mu_2$ 此差異之 95% 信賴區間，則由下式計算即可獲得：

$\bar{y}_1 - \bar{y}_2 \pm t_{0.025}(n-k) \times \sqrt{wms(\dfrac{1}{n_1}+\dfrac{1}{n_2})}$，其中 wms 為 WMS 之觀測值。

再以前述不同飲食習慣的停經後婦女之蛋白質攝取量是否有差異的研究問題為例，由 F 檢定已知三種飲食習慣的停經後婦女之蛋白質攝取量並非全同，故以 LSD 法進行兩兩平均數比較 (見表 10-3)，以瞭解哪些組間的平均數有顯著差異。由表 10-3 結果顯示，該研究中一般飲食的停經後婦女之蛋白質攝取量 (75.3) 顯著地高於乳蛋素者 (56.1) 及全素食者 (47.4)，而乳蛋素食及全素食的停經後婦女之蛋白質攝取量並無顯著差異。請注意，LSD 法並未調整顯著水準，所以進行多重比較時觸犯型 I 錯誤的機率會超過預定的顯著水準 α。

表 10-3　用 LSD 之 t 檢定比較任兩組飲食習慣的停經後婦女之蛋白質攝取量

飲食習慣之比較	t 值之計算	p 值[註]	差異之 95% C.I.
一般 vs. 乳蛋素	$t=\dfrac{75.3-56.1}{\sqrt{163.4869(\frac{1}{15}+\frac{1}{13})}}=3.96$	<0.001	(9.36, 29.04)
一般 vs. 全素	$t=\dfrac{75.3-47.4}{\sqrt{163.4869(\frac{1}{15}+\frac{1}{10})}}=5.34$	<0.001	(17.30, 38.50)
乳蛋素 vs. 全素	$t=\dfrac{56.1-47.4}{\sqrt{163.4869(\frac{1}{13}+\frac{1}{10})}}=1.62$	NS	(−2.22, 19.62)

註：$t_{0.025}(35)=2.0301$、$t_{0.005}(35)=2.7238$、$t_{0.0005}(35)=3.5911$。NS: non-significant。

▶ 線性對比 (linear contrast) 的 t 檢定

前述對預先指定的兩組 (不失一般性設為第一組及第二組) 進行比較，其 H_0 為「$\alpha_1=\alpha_2$」(或「$\mu_1=\mu_2$」，其中 $\mu_1=\mu+\alpha_1$、$\mu_2=\mu+\alpha_2$)，我們可以將它改寫成「$\alpha_1-\alpha_2=0$」(或「$\mu_1-\mu_2=0$」)，或者用全部的組進行線性組合表示：「$1\times\alpha_1+(-1)\alpha_2+0\times\alpha_3=0$」。現在，若將上述 H_0 推廣為「$\sum_{i=1}^{k}c_i\alpha_i=0$，其中 $\sum_{i=1}^{k}c_i=0$」，即可進行預先比較兩堆平均數的線性組合，一堆是預先選取的 l_1 個組，和另一堆 l_2 個組之間進行比較。

以前例為例，如果素食者中約有 70% 為乳蛋素食者，30% 為全素食者，今要比較素食 (含乳蛋素食及全素食) 與一般飲食的停經後婦女之蛋白質攝取量是否有所差異，則此線性對比的 H_0 應為「$(-1)\times\alpha_1+0.7\times\alpha_2+0.3\times\alpha_3=0$」，其檢定的計算步驟如下：

(1) 計算 σ^2 的估計值 wms，在此例 wms=163.4869。

(2) 計算各組樣本平均數的線性組合值 $L=\sum_{i=1}^{k}c_i\bar{y}_i$，在此例 $c_1=-1$、$c_2=0.7$、$c_3=0.3$，可得 $L=(-1)\times75.3+0.7\times56.1+0.3\times47.4=-21.81$。

(3) 檢定統計量 $T=\dfrac{L}{\sqrt{\text{WMS}\sum_{i=1}^{k}\frac{c_i^2}{n_i}}}\sim t(n-k)$，其中分母 $\sqrt{\text{WMS}\sum_{i=1}^{k}\frac{c_i^2}{n_i}}$ 為線性對比 L 的標準差 (S_L)。由樣本觀測值可算得 $t=\dfrac{-21.81}{\sqrt{163.4869(1/15+0.49/13+0.09/10)}}$

$=-5.07$。

(4) 對雙尾檢定而言，如果 $|t|\geq t_{\alpha/2}(n-k)$，則應拒絕 H_0；否則，不拒絕 H_0。在此例 $|-5.07|>t_{0.025}(35)=2.0301$，故素食 (含乳蛋素食及全素食) 與一般飲食的停經後婦女之蛋白質攝取量有差異，素食者蛋白質攝取量低於一般飲食者。

▶ 邦費羅尼多重比較法 (Bonferroni multiple comparison method)

如果在收集資料之前，便事先決定要比較哪些組別的平均數，那麼使用前述方法是合適的，但是，研究者也有可能是在資料收集完成後，想要從眾多的兩兩比較中找出某兩組間的平均數具有顯著的差異，此時，需調整顯著水準，以保障進行多重比較時觸犯型 I 錯誤的機率不會超過預定的顯著水準 α。例如，若有 k 組，則共需進行 $C_2^k=\dfrac{k(k-1)}{2}$ 次兩組間平均數的比較，邦費羅尼法為確保 C_2^k 次的檢定整體不犯型 I 錯誤的機率 (亦即每一個別檢定不犯型 I 錯誤的機率)，能維持在 $(1-\alpha)$ 的水準之上，故調整每個個別檢定的顯著水準為 $\alpha^*=\alpha/C_2^k$。這個作法是較為保守的方法，這是因為若 $m=C_2^k$ 且 m 次兩兩比較是統計獨立，則 P (m 次的檢定整體不犯型 I 錯誤)=P (每一個別檢定不犯型 I 錯誤)=$(1-\alpha^*)m\geq 1-m\alpha^*=1-\alpha$，但由於 m 次兩兩比較通常不是統計獨立，因此更合適的 α^* 應大於 α/m。邦費羅尼法其檢定「H_0：$\alpha_i=\alpha_j$ vs. H_a：$\alpha_i\neq\alpha_j$」的計算步驟如下：

(1) 計算 σ^2 的估計值 wms。
(2) 計算檢定統計值，$t=\dfrac{\bar{y}_i-\bar{y}_j}{\sqrt{wms(\dfrac{1}{n_i}+\dfrac{1}{n_j})}}$。
(3) 計算 $\alpha^*=\alpha/C_2^k$。
(4) 如果 $|t|\geq t_{\alpha^*/2}(n-k)$，則應拒絕 H_0；否則，不拒絕 H_0。

若要計算各差異 $\alpha_i-\alpha_j$ 之 $(1-\alpha)\%$ 邦費羅尼信賴區間，則由下式計算即可獲得：

$$\bar{y}_i-\bar{y}_j\pm t_{\alpha^*}/2(n-k)\times\sqrt{wms(\dfrac{1}{n_i}+\dfrac{1}{n_j})}$$

▶ 薛費 (Scheffé) 多重比較法

進行事後比較，不一定如前述兩兩比較組間平均數的差異，可能會檢定某些並非事前規劃好的線性對比，這時較為適合的是採用薛費多重比較。在顯著水準為 α 的情況下，針對「$H_0 : \sum_{i=1}^{k} c_i\alpha_i = 0$ vs. $H_a : \sum_{i=1}^{k} c_i\alpha_i \neq 0$，其中 $\sum_{i=1}^{k} c_i = 0$」之檢定，薛費法使用下列的計算程序，以保證所有可能的線性對比 (理論上有無窮多個線性對比) 犯型 I 錯誤的機率不超過 α：

(1) 計算 σ^2 的估計值 wms。
(2) 計算各組樣本平均數的線性組合值 $L = \sum_{i=1}^{k} c_i \bar{y}_i$。
(3) 計算檢定統計值，$t = \dfrac{L}{\text{wms}\sqrt{\sum_{i=1}^{k} \dfrac{c_i^2}{n_i}}}$。
(4) 若 $|t| \geq \sqrt{(k-1)F_\alpha(k-1, n-k)}$，則應拒絕 H_0；否則，不拒絕 H_0。

若要計算各差異 $\alpha_i - \alpha_j$ 之 $(1-\alpha)\%$ 薛費信賴區間，則由下式計算即可獲得：

$$\bar{y}_i - \bar{y}_j \pm \sqrt{(k-1)F_\alpha(k-1, n-k)} \times \sqrt{\text{wms}\left(\dfrac{1}{n_i} + \dfrac{1}{n_j}\right)}$$

由於我們只會進行有限個線性對比，所以薛費法是一個較為嚴格、保守的事後比較。雖然我們也可以使用薛費法來進行兩組平均數之間的多重比較，這是因為此類的多重比較，也是屬於線性對比，但和邦費羅尼法相比，此時薛費法更為保守，當差異確實存在時，邦費羅尼法更容易拒絕無差異的虛無假說，故比薛費法更適合用在兩組平均數差異的多重比較上。

▶ SPSS 的操作說明

我們仍以前述不同飲食習慣的停經後婦女之蛋白質攝取量是否有差異的研究問題為例，進行操作示範。雖然，前述分析使用的都是二手資料，僅利用各組樣本數、平均數、標準差進行分析，不過下面的分析步驟，仍可適用以原始資料進行分析。

在 SPSS 裡，二手資料的資料形式，大都類似於圖 10-1 的形式。圖 10-1 的資料檔 (protein.sav) 中，第一個變項名稱為 ROWTYPE_，此變項名稱是 SPSS 保留的系統變項，其值 N 代表樣本數、MEAN 代表樣本平均數、STDDEV 代表樣本

第 10 章　等距資料的比較檢定 (三)：多個母體平均數之比較　　161

	ROWTYPE_	group	VARNAME_	protein
1	MEAN	1		75.30000
2	STDDEV	1		9.20000
3	N	1		15.00000
4	MEAN	2		56.10000
5	STDDEV	2		12.90000
6	N	2		13.00000
7	MEAN	3		47.40000
8	STDDEV	3		16.80000
9	N	3		10.00000
10				

圖 10-1　不同飲食習慣的停經後婦女之蛋白質攝取量的二手資料形式

標準差。第三個變項 VARNAME_ 亦是 SPSS 保留的系統變項，其值皆留白。介於 ROWTYPE_ 和 VARNAME_ 這兩個系統變項之間的是第二個變項，其為自變項或組別變項，讀者可自訂變項名稱，在此範例中命名為 group，其值為 1 代表屬於一般飲食者、2 代表乳蛋素食者、3 代表全素食者。VARNAME_ 之後的變項為依變項，在此範例中 protein 即屬之。其值之意涵需對應 VARNAME_ 之前的變項，在本例為 ROWTYPE_ 及 group 兩個變項。例如，ROWTYPE_ 的值為 MEAN 且 group 的值為 2，在 protein 變項對應的數值為 56.1，代表乳蛋素食之停經後婦女的蛋白質攝取量樣本平均值為 56.1。

接著，以 SPSS 進行前述的分析。先讀入 protein.sav 於 SPSS 資料集中，按「分析 (A)/比較平均數法 (M)/單向 ANOVA (O)」，將變項 group 選入「因素 (F)」、變項 protein 選入「因變數清單 (E)」中的欄位中 (見圖 10-2)，並按「Post Hoc 檢定」，在「假設變異數相同」的勾選單中，勾選「LSD」、「Bonferroni 法」與「Scheffe 法」後，按「繼續」(見圖 10-3)。

回到 One-way ANOVA 主選單後，按「比對 (N)」，接續在「係數 (O)」中分別填入 －1、0.7、0.3 及分別按「新增」後，按「繼續」(見圖 10-4)，回到主選單。如果資料集是原始資料，則按下「確定」，即可獲得分析結果。但在此範例中為二手資料，故按下「貼上 (P)」後，切換至語法視窗，進行語法的編修。

將語法中的「/MISSING ANALYSIS」置換成「/MATRIX IN(*)」後，執行修正後的語法 (見圖 10-5)，即可獲得分析結果 (見圖 10-6、圖 10-7)，讀者可自行與前述分析相對照。

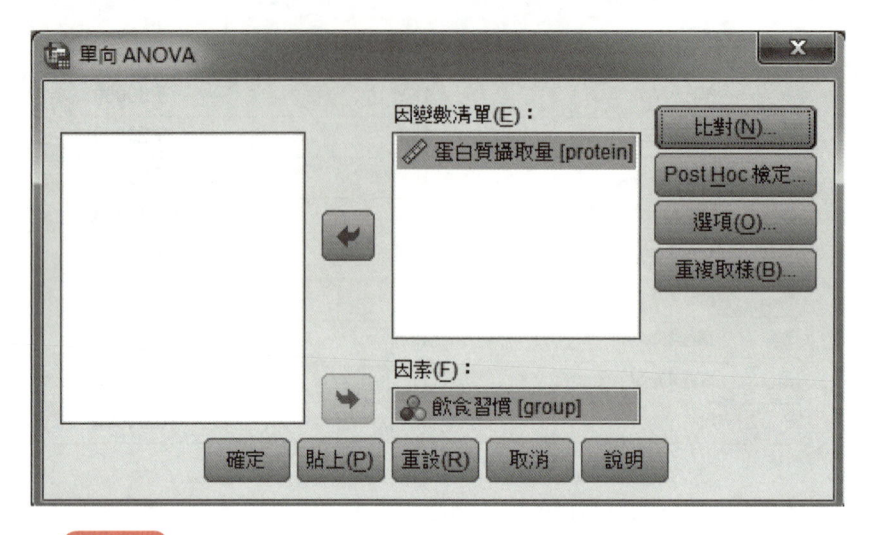

圖 10-2　SPSS 中 One-way ANOVA 的主選單變項選單及變項選擇

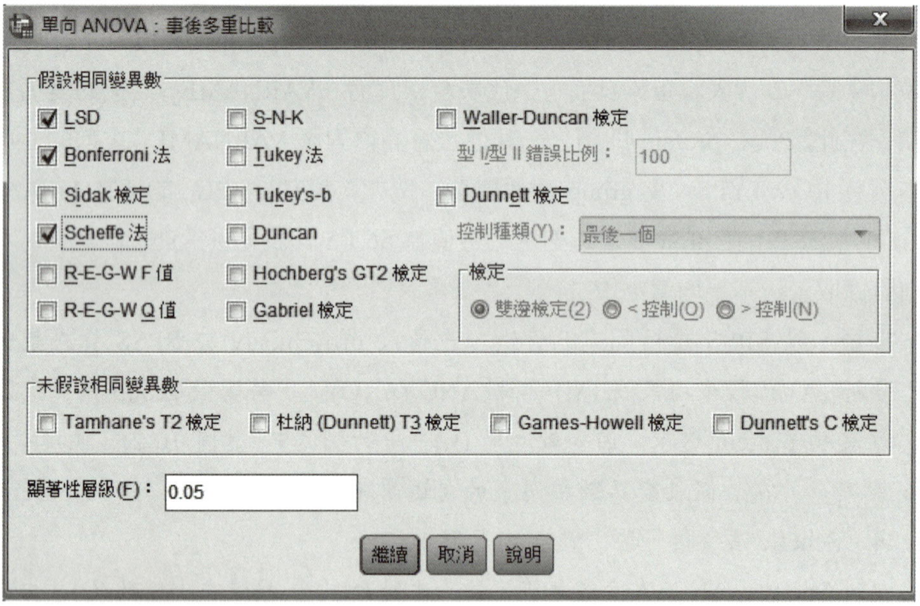

圖 10-3　SPSS 之 One-way ANOVA 分析程序中的事後比較選單

三、隨機集區設計之變異數分析

　　隨機集區設計又稱配對組設計，其做法是先將受試對象按條件將相同或相近的 k 個受試者歸為同組，共分成 b 個配對組或稱為 b 個集區，再分就每個集區將其 k 個受試者隨機派分到 k 個處理組中。例如，假設現有 $A_1, \cdots, A_k$ 種肥料，且該農牧

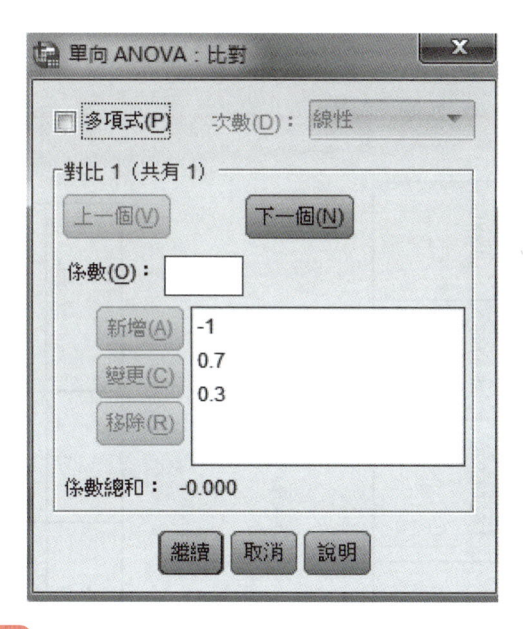

第 10 章　等距資料的比較檢定 (三)：多個母體平均數之比較　163

圖 10-4　SPSS 之 One-way ANOVA 分析程序中的對比選單

```
ONEWAY protein BY group
/CONTRAST=-1 0.7 0.3
/MISSING ANALYSIS
/POSTHOC=SCHEFFE LSD BONFERRONI ALPHA(0.05).

置換
ONEWAY protein BY group
/CONTRAST=-1 0.7 0.3
/MATRIX IN(*)
/POSTHOC=SCHEFFE LSD BONFERRONI ALPHA(0.05).
```

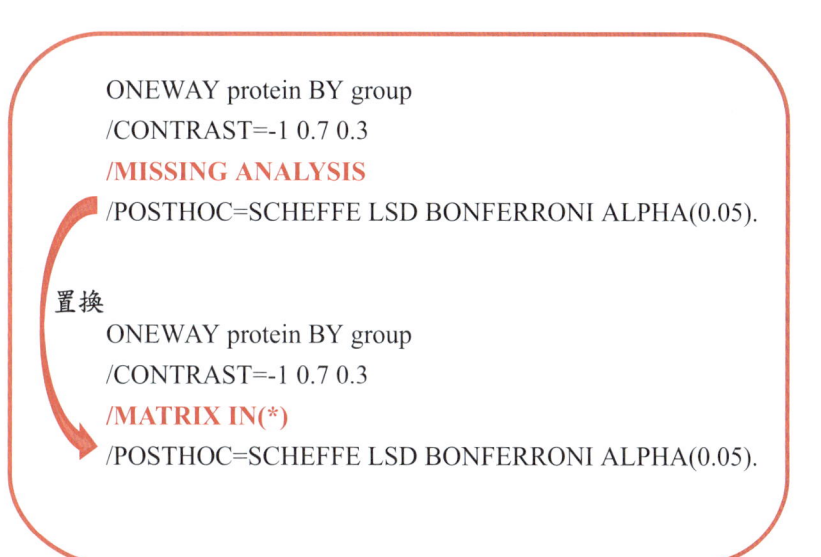

圖 10-5　二手資料之 One-way ANOVA 分析的 SPSS 語法編修過程示意圖

實用生物統計學

蛋白質攝取量

變異數分析 → 此摘要表即為表 10-2

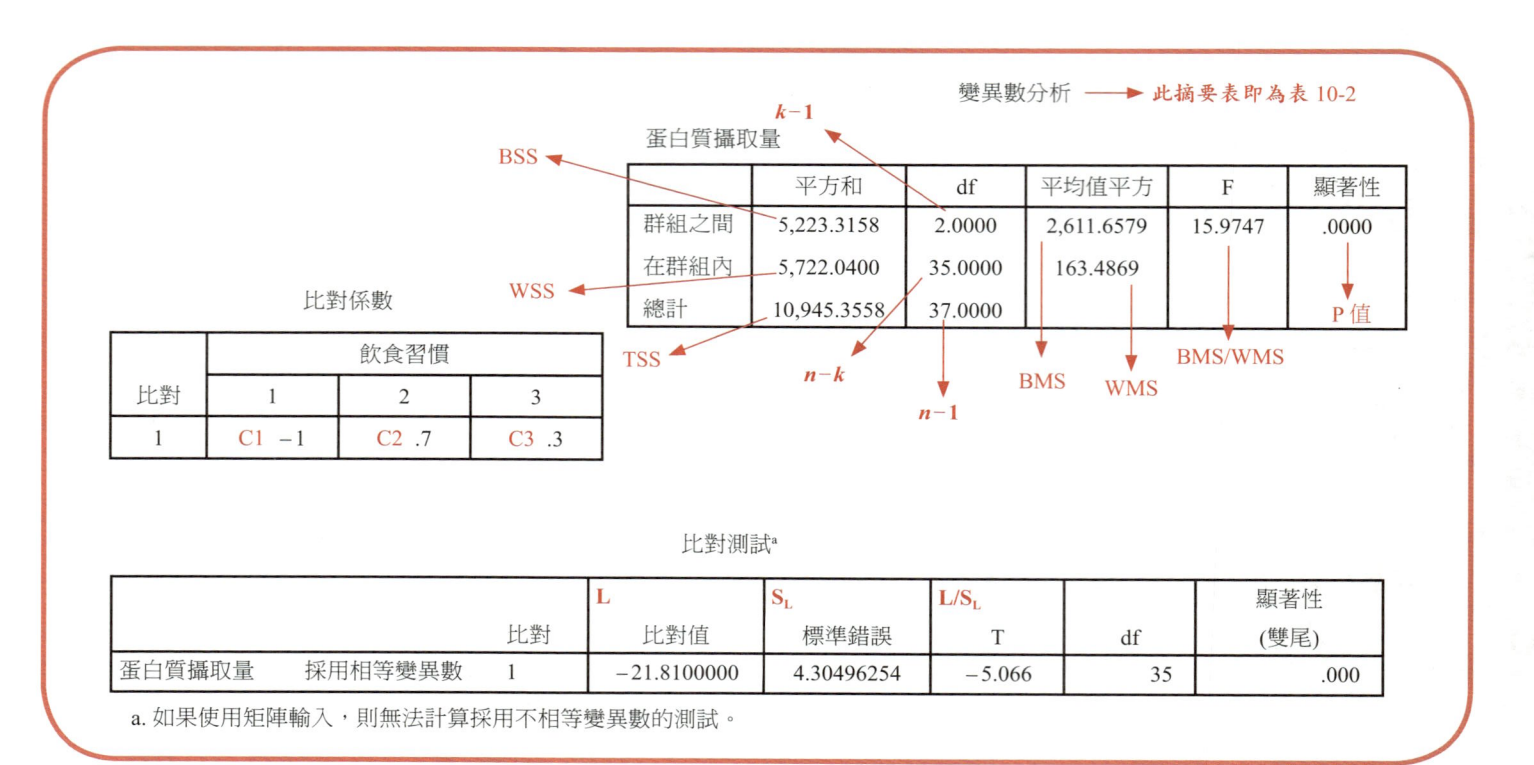

蛋白質攝取量	平方和	df	平均值平方	F	顯著性
群組之間	5,223.3158	2.0000	2,611.6579	15.9747	.0000
在群組組內	5,722.0400	35.0000	163.4869		
總計	10,945.3558	37.0000			

- 平方和欄位箭頭：BSS、WSS、TSS
- df 欄位：$k-1$、$n-k$、$n-1$
- 平均值平方：BMS、WMS
- F：BMS/WMS
- 顯著性：P值

比對係數

	飲食習慣		
	1	2	3
比對 1	C1 −1	C2 .7	C3 .3

比對測試[a]

	比對	L 比對值	S_L 標準錯誤	L/S_L T	df	顯著性(雙尾)
蛋白質攝取量	採用相等變異數	1	−21.8100000	4.30496254	−5.066	35	.000

a. 如果使用矩陣輸入，則無法計算採用不相等變異數的測試。

圖 10-6 SPSS 之 One-way ANOVA 變異數分析摘要表及線性比對結果摘要表

第 10 章 等距資料的比較檢定 (三)：多個母體平均數之比較

因變數：蛋白質攝取量

多重比較

	(I) 飲食習慣	(J) 飲食習慣	平均差異 (I-J)	標準錯誤	顯著性	95% 信賴區間 下限	95% 信賴區間 上限
Scheffé 法	1	2	19.20000000*	4.84510432	.002	6.8142917	31.5857083
		3	27.90000000*	5.21994344	.000	14.5560775	41.2439225
	2	1	−19.20000000*	4.84510432	.002	−31.5857083	−6.8142917
		3	8.70000000	5.37815933	.283	−5.0483753	22.4483753
	3	1	−27.90000000*	5.21994344	.000	−41.2439225	−14.5560775
		2	−8.70000000	5.37815933	.283	−22.4483753	5.0483753
LSD 法	1	2	19.20000000*	4.84510432	.000	9.3639153	29.0360847
		3	27.90000000*	5.21994344	.000	17.3029514	38.4970486
	2	1	−19.20000000*	4.84510432	.000	−29.0360847	−9.3639153
		3	8.70000000	5.37815933	.115	−2.2182439	19.6182439
	3	1	−27.90000000*	5.21994344	.000	−38.4970486	−47.3029514
		2	−8.70000000	5.37815933	.115	−19.6182439	2.2182439
Bonferroni 法	1	2	19.20000000*	4.84510432	.001	7.0167823	31.3832177
		3	27.90000000*	5.21994344	.000	14.7742337	41.0257663
	2	1	−19.20000000*	4.84510432	.001	−31.3832177	−7.0167823
		3	8.70000000	5.37815933	.344	−4.8236068	22.2236068
	3	1	−27.90000000*	5.21994344	.000	−41.0257663	−14.7742337
		2	−8.70000000	5.37815933	.344	−22.2236068	4.8236068

*. 平均值差異在 0.05 層級顯著。

→ 不含 0，故拒絕虛無假說 絕差異為 0 的

此為各差異 $a_i - a_j$ 之 95% 薛費信賴區間

此為表 10-3 中的差異之 95% C.I.

此為各差異 $a_i - a_j$ 之 95% 邦費羅尼信賴區間

圖 10-7　SPSS 之 One-way ANOVA 變異數分析中三種事後比較摘要表

場規劃 b 區性質 (肥沃度) 相異的土地 $B_1, \cdots, B_b$ 來種植某種小麥，且設每區土地又分割為 k 個處理的小塊耕地，分別施以 k 種不同肥料，並分別量得其小麥產量如表 10-4 所示：

表 10-4 k 組處理、b 個集區之樣本觀察值的代號及其樣本平均數

觀察值 (產量)		處理組別 (肥料種類)						平均數
		A_1	A_2	$\cdots$	A_i	$\cdots$	A_k	
集區（土地）	B_1	y_{11}	y_{21}	$\cdots$	y_{i1}	$\cdots$	y_{k1}	$\bar{y}_{\cdot 1}$
	B_2	y_{12}	y_{22}	$\cdots$	y_{i2}	$\cdots$	y_{k2}	$\bar{y}_{\cdot 2}$
	$\vdots$	$\vdots$	$\vdots$		$\vdots$		$\vdots$	$\vdots$
	B_j	y_{1j}	y_{2j}	$\cdots$	y_{ij}	$\cdots$	y_{kj}	$\bar{y}_{\cdot j}$
	$\vdots$	$\vdots$	$\vdots$		$\vdots$		$\vdots$	$\vdots$
	B_b	y_{1b}	y_{2b}	$\cdots$	y_{ib}	$\cdots$	y_{kb}	$\bar{y}_{\cdot b}$
平均數		$\bar{y}_{1\cdot}$	$\bar{y}_{2\cdot}$	$\cdots$	$\bar{y}_{i\cdot}$	$\cdots$	$\bar{y}_{k\cdot}$	$\bar{y}$

假設上述資料滿足 $Y_{ij} = \mu + \alpha_i + \beta_j + e_{ij}$，其中 $e_{ij} \sim N(0, \sigma^2)$，$i = 1, 2, \cdots, k$、$j = 1, 2, \cdots, b$。因此 $Y_{ij} \sim N(\mu + \alpha_i + \beta_j, \sigma^2)$，$e_{ij}$ 代表第 i 組中第 j 個集區的觀察變量 Y_{ij} 與平均數 $\mu + \alpha_i + \beta_j$ 之間的隨機誤差，它們之間是相互獨立的，我們假設：(1) $\sum_{i=1}^{k} \alpha_i = 0$，即 k 個處理效果 α_i 之和為 0；(2) $\sum_{j=1}^{b} \beta_j = 0$，即 b 個集區效果 β_j 之和為 0。變異數分析的精神即是將總變異數分解成各個變異來源之變異數之和：

$$\sum_{i=1}^{k}\sum_{j=1}^{b}(Y_{ij}-\bar{Y})^2 = \sum_{i=1}^{k}\sum_{j=1}^{b}(Y_{ij}-\bar{Y}_{i\cdot}-\bar{Y}_{\cdot j}+\bar{Y})^2 + \sum_{i=1}^{k}\sum_{j=1}^{b}(\bar{Y}_{i\cdot}-\bar{Y})^2 + \sum_{i=1}^{k}\sum_{j=1}^{b}(\bar{Y}_{\cdot j}-\bar{Y})^2$$

$$= \sum_{i=1}^{k}\sum_{j=1}^{b}(Y_{ij}-\bar{Y}_{i\cdot}-\bar{Y}_{\cdot j}+\bar{Y})^2 + b\sum_{i=1}^{k}(\bar{Y}_{i\cdot}-\bar{Y})^2 + k\sum_{j=1}^{b}(\bar{Y}_{\cdot j}-\bar{Y})^2$$

TSS = WSS + BSS + KSS

上述變異數分析和無重複數據的<u>二因子變異數分析</u> (two-way ANOVA) 是一樣的，在比較各變異來源的大小時，也與包含前節在內的變異數分析一樣，需要考慮 WSS、BSS、KSS 它們的大小會受到樣本數與組數或集區數的多少而有所差異，換言之，需針對自由度進行調整。我們定義組間均方和 BMS＝BSS/(k−1)、區間均方和 KMS＝KSS/(b−1) 及組內均方和 WMS＝WSS/(k−1)(b−1)，並利用 BMS 與

WMS 之比值來針對「H_0：所有 $\alpha_i=0$ vs. H_a：至少有一個 $\alpha_i \neq 0$」進行假說檢定。當這個比值很大時，則應拒絕 H_0；反之，當這個比值很小時，則不應拒絕 H_0。統計學家已經證明：在 H_0 為真的情況下，BMS/WMS～$F(k-1, (k-1)(b-1))$。因此，在顯著水準為 α 時，要檢定 k 個母體平均數是否全等，其具體的檢定步驟如下，並可將分析結果摘要如表 10-5 所示：

(1) 計算組間平方和 BSS、區間平方和 KSS 及組內平方和 WSS 之觀測值；
(2) 計算組間均方和 BMS、區間均方和 KMS、組內均方和 WMS 及 F＝BMS/WMS 之觀測值；
(3) 若 F 之觀測值 $F_{OBS} \geq F_\alpha(k-1, (k-1)(b-1))$，則拒絕 H_0；若 $F_{OBS} < F_\alpha(k-1, (k-1)(b-1))$，則不拒絕 H_0；或
(3') 計算 p＝P({$F(k-1, (k-1)(b-1)) \geq F_{OBS}$})，若 p<$\alpha$，則拒絕 H_0；若 p$\geq \alpha$，則不拒絕 H_0。

在比較兩母體平均數時，除了可以利用第九章所介紹的方法之外，亦可利用前節獨立樣本單因子變異數分析來進行兩獨立樣本之平均數的比較檢定，以及本節隨機集區設計之變異數分析來進行兩配對樣本之平均數的比較檢定，此時處理個數為 2 ($k=2$)。換言之，某種程度而言，獨立樣本單因子變異數分析是獨立樣本 t 檢定的推廣；相似地，隨機集區設計之變異數分析是配對樣本 t 檢定的推廣，皆是從兩個母體之比較推廣至多個母體之比較。

例如，某研究者想要探討人參皂苷 Rgl 對鎘誘導的大鼠睪丸損傷的保護作用時，分別從 15 個 Wistar 大鼠窩中，每窩挑選三隻體型相似的大鼠，隨機分為對照組、氯化鎘組和 Rgl＋氯化鎘組，分別施予不同的處置，於兩週後測量大鼠的睪丸金屬硫蛋白 (MT) 含量 ($\mu g/g$) 如表 10-6 所示 (資料檔為 Wistar.sav)。

表 10-5 隨機集區設計變異數分析摘要表 ($n=kb$)

變異來源	平方和 (SS)	自由度 (df)	均方和 (MS)	F	p 值
因子 (組間)	BSS	$k-1$	BMS	$\dfrac{BMS}{WMS}$	
集區 (區間)	KSS	$b-1$	KMS	$\dfrac{KMS}{WMS}$	
誤差 (組內)	WSS	$(k-1)(b-1)$	WMS		
總和	TSS	$kb-1$			

讀者可利用表 10-6 的資料，自行計算 BSS、KSS、WSS，以及計算 BMS、KMS、WMS 及 F＝BMS／WMS 等數值，以下僅介紹如何利用 SPSS 進行運算工作：首先讀入 wistar.sav 於 SPSS 資料集中，按「分析 (A)／一般線性模型 (G)／單變量 (U)」；將變項 ml 選入「因變數 (D)」、變項 group 及 no 選入「固定因素 (F)」中的欄位中 (見圖 10-8)，並按「模型 (M)」後，在「指定模型」點選框中點選「自訂 (C)」，以及將「建置項目」之「類型 (P)」下拉選擇為「主作用」後按「繼續」(見圖 10-9)；接著按「Post Hoc 檢定」後，將變項 group 選入「事後檢定 (P)」中，並在「假設變異數相同」的勾選單中，勾選「Bonferroni 法」，按「繼續」(見圖 10-10)，最後按「確定」，即可獲得分析結果 (見圖 10-11、圖 10-12)。

將圖 10-11 擷取整理成表 10-7，由表 10-7 可知，拒絕三組大鼠於 14 週後的睪丸金屬硫蛋白 (MT) 含量全都相等的假設 (F＝771.077, p<0.001)，再利用邦費羅尼事後比較 (見圖 10-12)，發現對照組的 MT 含量皆顯著地低於氯化鎘組 (p<0.001) 和 Rgl+ 氯化鎘組 (p<0.001)，氯化鎘組的 MT 含量也顯著地低於 Rgl+ 氯化鎘組 (p<0.001)。這 15 窩大鼠的 MT 含量也有顯著的不同 (F＝4.692, p<0.001)。

另外，如果研究者所感到興趣的不只有這 15 窩大鼠，而是想根據這 15 窩大鼠的實驗結果來推論到其他不包括在實驗內的各窩大鼠上面去，那就要設定為隨機

表 10-6 三組大鼠於 14 週後的睪丸金屬硫蛋白 (MT) 含量 ($\mu g/g$)

窩別	對照組	氯化鎘組	Rgl+ 氯化鎘組
1	59.7	99.1	134.0
2	46.5	86.3	125.8
3	54.6	96.0	133.1
4	50.0	95.5	128.9
5	41.7	80.0	117.1
6	60.0	99.8	139.2
7	36.6	72.0	148.9
8	37.4	77.7	118.3
9	46.9	86.6	128.5
10	44.9	86.1	124.7
11	47.1	88.4	128.6
12	44.6	85.2	124.2
13	40.5	78.2	116.2
14	38.5	76.3	115.7
15	42.7	84.2	120.4

效果,來說明各種可能的大鼠窩的差異情形。此時只需將變項 no 選入「隨機因素 (A)」中的欄位,而非「固定因素 (F)」中的欄位 (見圖 10-8),其餘設定如前述,即可分析之,所得結果幾乎相同,差別僅在截距項之 F 值的計算上 (見圖 10-13)。

表 10-7 Rgl 對鎘誘導的大鼠睪丸損傷的保護作用之變異數分析摘要表 ($n=45$)

變異來源	平方和 (SS)	自由度 (df)	均方和 (MS)	F	p 值
因子 (組間)	48,958.456	2	24,479.228	771.077	p<0.001
集區 (區間)	2,085.386	14	148.956	4.692	p<0.001
誤差 (組內)	888.910	28	31.747		
總和	51,932.752	44			

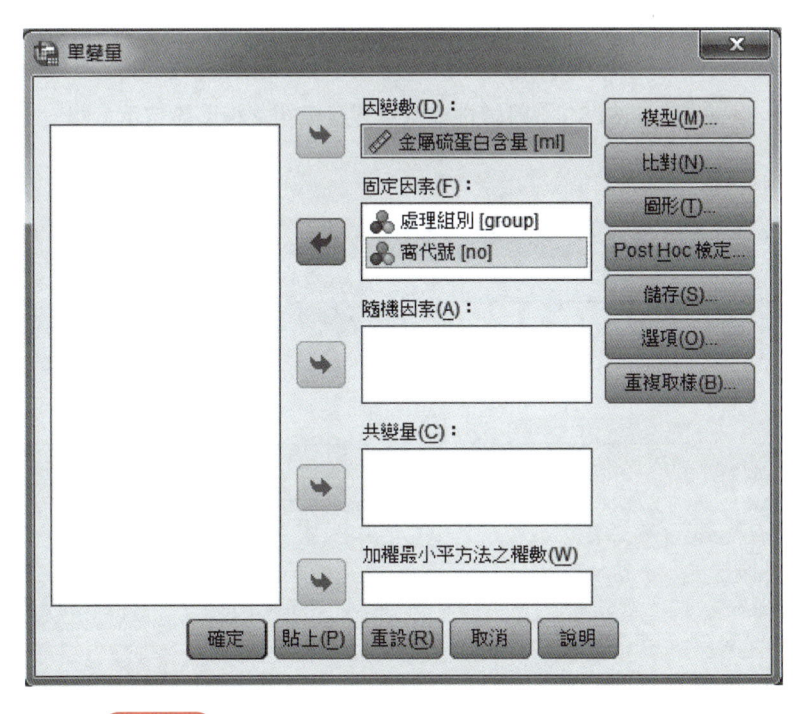

圖 10-8 SPSS 一般線性模型單變量模組選項示意圖

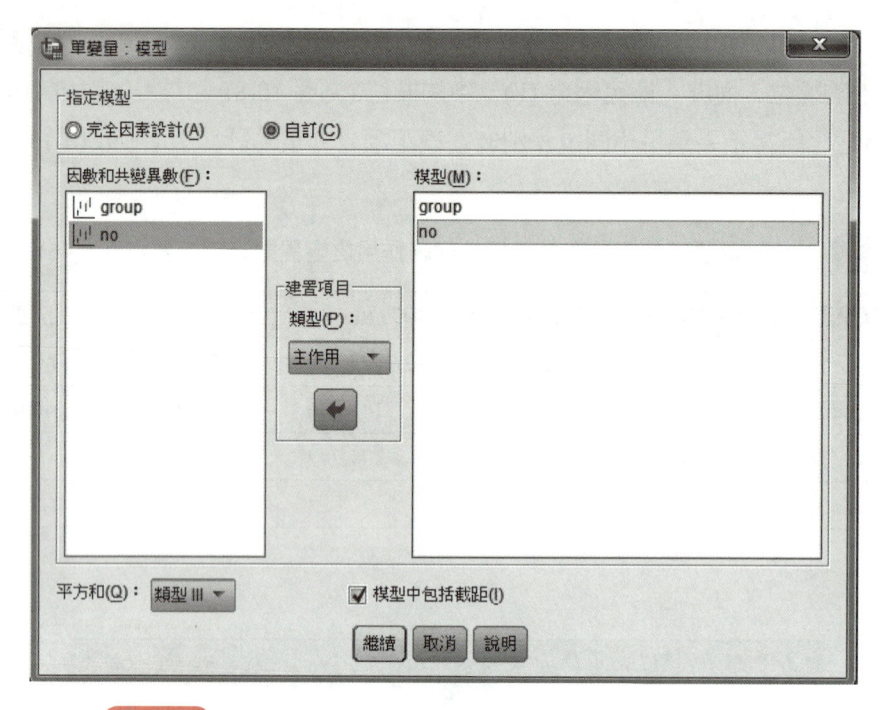

圖 10-9　SPSS 一般線性模型單變量模組之模型設定示意圖

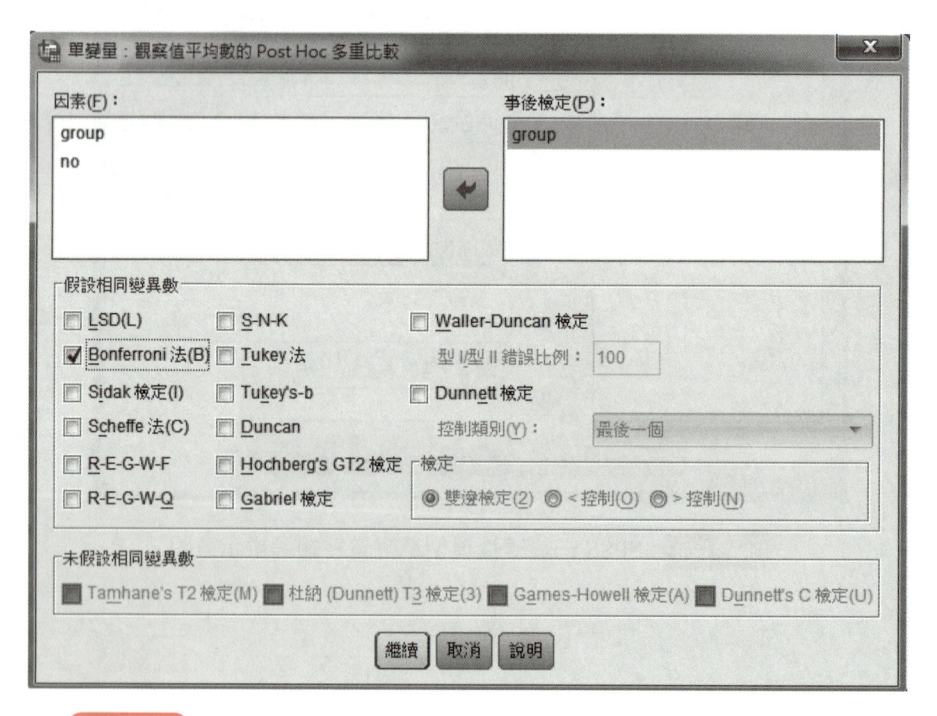

圖 10-10　SPSS 一般線性模型單變量模組之 Post Hoc 檢定選項示意圖

第 10 章　等距資料的比較檢定 (三)：多個母體平均數之比較

因變數：金屬硫蛋白含量

主旨間效果檢定

- BSS+KSS
- (BSS+KSS)/(2+14)
- 3190.24/MWS
- 335698.598/MWS

來源	第 III 類平方和	df	平均值平方	F	顯著性
修正的模型	51043.842 ª	2+14　16	3190.240	100.490	.000
截距　$\sum Y^2$-TSS	335698.598	1	335698.598	10574.252	.000
group　組間　BSS	48958.456	3-1　2　MBS　24479.228		771.077 MBS/MWS	.000
no　區間　KSS	2085.386	15-1　14　MKS　148.956		4.692 MKS/MWS	.000
錯誤　組內　WSS	888.910	2×14　28　MWS　31.747			
總計　$\sum Y^2$	387631.350	3×15　45			
校正後總數　TSS	51932.752	3×15-1　44			

a. R 平方 = .983 (調整的 R 平方 = .973)

R^2=1-WSS/TSS　　adj R^2=1-MWS/MTS，其中 MTS=TSS/(n-1)

圖 10-11　隨機集區設計變異數分析之 SPSS 報表解釋簡圖

多重比較

因變數: 金屬硫蛋白含量

Bonferroni 法

(I) 處理組別	(J) 處理組別	平均差異 (I-J)	標準錯誤	顯著性	95% 信賴區間 下限	上限
對照組	氯化鎘組	−39.9800 *	2.05740	.000	−45.2191	−34.7409
	Rgl+氯化鎘組	−80.7933 *	2.05740	.000	−86.0324	−75.5542
氯化鎘組	對照組	39.9800 *	2.05740	.000	34.7409	45.2191
	Rgl+氯化鎘組	−40.8133 *	2.05740	.000	−46.0524	−35.5742
Rgl+氯化鎘組	對照組	80.7933 *	2.05740	.000	75.5542	86.0324
	氯化鎘組	40.8133 *	2.05740	.000	35.5742	46.0524

根據觀察到的平均數。

錯誤項目是平均值平方和 (錯誤) = 31.747 。

*. 平均值差異在 .05 層級顯著。

圖 10-12　隨機集區設計變異數分析之邦費羅尼事後比較結果

實用生物統計學

主旨間效果檢定

因變數： 金屬硫蛋白含量

來源		第 III 類平方和	df	平均值平方	F	顯著性
截距	假定	335698.598	1	335698.598	2253.674	.000
	錯誤	KSS 2085.386	14	MKS 148.956 [a]		
group	假定	BSS 48958.456	2	MBS 24479.228	771.077	.000
	錯誤	WSS 888.910	28	MWS 31.747 [b]		
no	假定	KSS 2085.386	14	MKS 148.956	4.692	.000
	錯誤	WSS 888.910	28	MWS 31.747 [b]		

a. MS (no)
b. MS (錯誤)

並非 MWS
335698.598/MKS

圖 10-13 隨機集區設計變異數分析中將集區效果改為隨機效果之分析結果

習題十

1. 有報導指出個子矮的男性較長壽，血液中胰島素含量較低，也較不易罹癌，較長壽可能與一種名為「FOXO3」的基因有關 (參見蘋果日報西元 2014 年 5 月 13 日的報導)。今將美國已故總統依其身高分成三組，相關壽命資料見下表：

身高組別	美國總統姓名	屆數	壽命 (歲)
身高≤170 公分	約翰・亞當斯	2	91
	詹姆斯・麥迪遜	4	85
	約翰・昆西・亞當斯	6	81
	馬丁・范布倫	8	80
	班傑明・哈里森	23	68
	威廉・麥金萊	25	58
170 公分＜身高≤180 公分	威廉・亨利・哈里森	9	68
	扎卡里・泰勒	12	66
	詹姆斯・諾克斯・波爾克	11	54
	米勒德・菲爾莫爾	13	74
	福蘭克林・皮爾斯	14	65
	安德魯・詹森	17	67
	尤里西斯・格蘭特	18	63
	拉瑟福德・伯查德・海斯	19	71
	格羅弗・克利夫蘭	22/24	71
	伍德羅・威爾遜	28	68
	狄奧多・羅斯福	26	61
	卡爾文・柯立芝	30	61
	哈瑞・S・杜魯門	33	88
	德懷特・艾森豪	34	79
身高＞180 公分	喬治・華盛頓	1	67
	湯瑪斯・傑佛遜	3	83
	詹姆斯・門羅	5	73
	安德魯・傑克遜	7	78
	約翰・泰勒	10	72
	詹姆斯・布坎南	15	77
	亞伯拉罕・林肯	16	56
	切斯特・A・阿瑟	21	57
	詹姆斯・加菲爾德	20	50
	威廉・霍華德・塔虎脫	27	73
	沃倫・蓋瑪利爾・哈定	29	58
	赫伯特・胡佛	31	90

身高組別	美國總統姓名	屆數	壽命 (歲)
	富蘭克林・德拉諾・羅斯福	32	63
	林登・詹森	36	64
	隆納・雷根	40	93
	理察・尼克森	37	81
	傑拉爾德・福特	38	93
	約翰・甘迺迪	35	46

2. 想要比較四種同尺寸的輪胎之平均磨損程度。我們利用四輛汽車當區集，測試四種輪胎 A、B、C、D 隨機掛在每輛汽車上行駛在相同條件路面 20,000 公里後之磨損程度，下表顯示此實驗之樣本資料 (單位：0.001 吋)。

| 汽車 (區集) | 輪胎 (因子) |||| 平均數 |
	A	B	C	D	
1	10	11	15	11	11.75
2	10	9	12	10	10.25
3	8	10	11	10	9.75
4	8	8	11	8	8.75
平均數	9.0	9.5	12.25	9.75	10.125

試問四種輪胎的 20,000 公里平均磨損程度是否有顯著的差異。

3. 某家公司生產某種產品之速率可能受到生產線室溫的影響。今分別在 68°F、72°F、76°F 等三種室溫下，隨機選取一小時觀察記錄此種產品的生產個數，得下列樣本資料表。請利用此資料檢定室溫對於產品之生產率是否有顯著的影響。

	68°F 下之樣本 ($i=1$)	72°F 下之樣本 ($i=2$)	76°F 下之樣本 ($i=3$)
	10	7	3
	12	6	3
	10	7	5
	9	8	4
		7	
$\bar{x}_i$	10.25	7.0	3.75
s_i^2	1.583	0.5	0.917

4. 設 X_1、X_2、X_3、X_4 為獨立的隨機變項，其分配分別為 $N(\mu_i, \sigma^2)$，$i=1, 2, 3, 4$。現從這四個分配中各抽出一組隨機樣本如下表所示：

X_1	13	8	9
X_2	15	11	13
X_3	8	12	7
X_4	11	15	10

試在顯著水準 $\alpha=0.05$ 下檢定虛無假說 H_0：$\mu_1=\mu_2=\mu_3=\mu_4$。

5. 有四群羊，每群有三隻。不同群的羊依不同方法飼養，經過一段時間後記錄其體重 (公斤) 如下：

X_1	194	182	187
X_2	216	203	216
X_3	178	189	181
X_4	197	202	209

假設 μ_i 表第 i 群羊的母體體重平均數，$i=1, 2, 3, 4$。試在顯著水準 $\alpha=0.05$ 下，檢定虛無假說 H_0：$\mu_1=\mu_2=\mu_3=\mu_4$。

6. 某花園種植了白色、粉紅色、黃色及暗紅色等四種鬱金香，記為 1、2、3 及 4。每種顏色的花皆隨機測量 5 株的花莖長度 (單位：公分)，得到下列之樣本資料：

X_1	13.75	13.00	14.25	12.25
X_2	13.75	14.50	12.75	13.25
X_3	12.75	12.50	12.00	13.00
X_4	16.75	14.25	14.50	13.75

假設 μ_i 表第 i 種鬱金香花莖的平均長度，$i=1, 2, 3, 4$。試在顯著水準 $\alpha=0.05$ 下，對虛無假說 H_0：$\mu_1=\mu_2=\mu_3=\mu_4$ 作檢定。

7. 一位柴油動力汽車的駕駛員決定檢驗在某地區賣出的三種牌子柴油燃料的品質。利用下列資料 (單位：哩/加侖) 檢定三種牌子每加侖可行駛哩數的平均數全等之虛無假說 ($\alpha=0.05$)。

A 牌	38.7	39.2	40.1	38.9	
B 牌	41.9	42.3	41.3		
C 牌	40.8	41.2	39.5	38.9	40.3

8. 一位農夫想要檢驗用在他的大豆田之四種肥料。他規劃了一些面積、土壤與氣候條件相同的小田。他分別隨機使用肥料 A、B、C、D 在 6、8、9、7 塊小田上，得到了下列大豆產量之樣本資料 (單位：公斤)：

肥料	產量						
A	47	42	43	46	44	42	
B	51	58	62	49	53	51	50	59
C	37	39	41	38	39	42	37	36	40
D	42	43	42	45	47	50	48	

試問使用四種肥料所得大豆平均產量有差異嗎？($\alpha=0.05$)

9. 檢驗四種品牌燻肉的脂肪含量而得下列樣本資料：

品牌	脂肪含量 (%)				
1	41	42	40	44	43
2	38	34	36	37	38	36
3	42	45	48	46	47	48
4	54	52	51	52	53

在顯著水準 $\alpha=0.05$ 下，四種品牌燻肉的平均脂肪含量有顯著的差異嗎？

10. 三種洗潔精阻止 300 cc 奶瓶中細菌成長的效果被比較分析。在實驗室中做了一個隨機區集實驗，每天隨機使用這三種洗潔精清洗 300 cc 奶瓶，連續取樣四天，記錄奶瓶中的細菌數目，得到下列之樣本資料：

洗潔精	第一天	第二天	第三天	第四天
1	13	22	18	39
2	16	24	17	44
3	5	4	1	22

分析上列資料並做結論。

11. 一位工程師進行了一項注目時間的實驗。他對於受注目物體距離眼睛的長短在注目時間的效應有興趣。四個距離是有興趣的且有五個物體可供實驗。為了避免物體之間的差異引起之變異效應，他進行一項隨機區集設計的實驗，收集到下列樣本資料 (單位：分鐘)：

距離 (公尺)	物體 1	物體 2	物體 3	物體 4	物體 5
4	10	6	6	6	6
6	7	6	6	1	6
8	5	3	3	2	5
10	6	4	4	2	3

分析上列資料並做適當之結論。

12. 在王先生的研究資料 (mrwangsdata.sav) 中，五種廠牌的血糖機所測得受試者的血糖值與生化檢驗血糖值間的差異，是否會因廠牌的不同而有顯著的不同？($\alpha = 0.05$)

Chapter 11

類別資料的比較檢定(一)：單一母體比率與設定值之比較

第七、八、九、十章中，所介紹的假設檢定的方法，都是建立在等距變項的比較上，而且不論是一組、兩組或是多組樣本的數據，基本上都是假設各獨立組別的數據或配對差異的數據來自常態分布的母體，並利用這個假設推導出上述種種檢定方法。如果所關心的變項並非等距變項，只是可被分成一些類別的變項，這些類別可能更進一步可被排序，有的可能無法被排序，這種資料就無法利用上述四章中的檢定方法，進行差異的檢定工作，因此本章及下一章便是針對此種類別資料，介紹合適的檢定方法。

本章主要致力於類別變項分布與某一特定分布之比較，當母體分成兩類時，欲進行某一類所占比率與某一特定值之比較，這時我們可以利用二項式檢定 (Z 檢定)。當母體分成三類或三類以上時，Z 檢定便無法處理，我們可以利用適合度卡方檢定 (goodness of fit chi-square test)，來檢定母體是否為某一特定分布，它是 Z 檢定的推廣。本書期望讀者透過本章的學習應該能：

1. 指出二項式檢定的假設及其適用時機。
2. 指出適合度卡方檢定的假設及其適用時機。
3. 比較二項式檢定與適合度卡方檢定的異同。
4. 使用卡方分布表找出拒絕域。
5. 使用 SPSS 進行母體是否為某一特定分布之檢定。
6. 使用適合度卡方檢定進行常態假設的檢定。

一、實務問題

在實務上常見到母體是否為某一特定分布的問題，例如：

1. 某地區子宮頸癌的發生率是否與全國的發生率 (已知為 p_0) 相同？
2. 某地區 7 歲至 12 歲的男孩被判定為肥胖或超重的比例是否超過 15%？
3. 母親曾患有乳癌的婦女，其患有乳癌的比率是否高於全國婦女患有乳癌的已知比率 p_0？
4. 在婦女飲食情況及身體形象態度的調查研究中，所收集的樣本在近 6 個月有暴食行為的比率是否顯著地低於 20%？
5. 已知美國德州西班牙裔婦女空腹血糖異常 (Impaired Fasting Glucose, IFG) 比率約為 6.3%，試問居住在聖安東尼奧 (San Antonio) 的西裔婦女之空腹血糖異常比率是否高於 6.3%？
6. 某婦產科醫院剖腹產的比率是否高於全國剖腹產的已知比率 p_0？
7. 依孟德爾 (Mendel) 遺傳理論比例，已知各類生物特徵類型的比例，檢定某實驗結果是否符合遺傳理論？例如，有一豌豆實驗，得到 423 個圓皮豌豆，133 個皺皮豌豆，試問此實驗結果是否符合遺傳理論所預期的圓皮和皺皮的 3：1 比例？
8. 舞蹈系女生有飲食異常行為的比率是否過半？
9. 四季之嬰兒猝死率是否相同？
10. 四季之性騷擾案件發生率是否相同？
11. 醫療工作人員在「我瞭解流行性感冒的嚴重性」的五個同意程度選項比率是否有所不同？
12. 某生技食品公司生產之牛肉快熱餐有咖哩、紅燒、清燉三種口味，此三種口味並排陳列在貨架上。該公司依據某日所有顧客購買各種口味人數來判斷顧客對該三種口味之偏好有無不同？
13. 在探討癌症病人接受放射線治療後之症狀困擾的研究中，為瞭解取樣是否具有代表性，故檢定樣本性別、年齡分布與已知之母群體 (當年放射腫瘤治療的病患) 性別、年齡分布是否有顯著差異？

二、二項式檢定 (Z 檢定)

有人說台灣民眾反對廢除死刑的比率約有 80%，如果根據聯合報於西元 2010 年 3 月 10 日晚間所進行的電話民調，成功訪問了 792 位成年人，有 586 位民眾反對廢除死刑，請問在顯著水準定為 0.05 的情況下，能否拒絕「台灣民眾反對廢除死刑的比率為 80%」此一假說？

上述問題是典型的單一母體比率 (p) 與設定值 (p_0) 之比較的問題，其虛無假說 (H_0) 及對立假說 (H_a) 如下：

$$H_0 : p = p_0 \quad \text{vs.} \quad H_a : p \neq p_0 \text{。}$$

由第四章及第六章可知，若 $\hat{p}$ 為樣本比率，n 為樣本數，則在大樣本的情況下，$\hat{p}$ 的抽樣分布近似 $N(p, \frac{p(1-p)}{n})$，亦即 $\frac{\hat{p}-p}{\sqrt{p(1-p)/n}}$ 的分布近似標準常態分布 $N(0, 1)$。

據此，在 H_0 為真的條件下，$Z = \frac{\hat{p}-p_0}{\sqrt{p_0(1-p_0)/n}}$ 的分布近似於標準常態分布 $N(0, 1)$，故若 $|Z| > z_{\alpha/2}$ 時，拒絕 H_0，其中 α 為顯著水準。此檢定稱為**單一母體比率之 Z 檢定** (Z-test for a single population proportion)，有時亦稱**單一母體比率之計分 Z 檢定** (score Z-test for a single population proportion)，此檢定結果會與判斷 p_0 是否落入 p 之 $(1-\alpha)\%$ 計分信賴區間的結果一致，有關 Wilson 計分信賴區間的介紹請見第六章。

然而，因為 p 的一致性不偏點估計 $\hat{p}$ 在樣本愈大時，便與 p 愈接近，亦即在大樣本的情況下 $\frac{\hat{p}-p}{\sqrt{\hat{p}(1-\hat{p})/n}}$ 的分布近似標準常態分布 $N(0, 1)$。據此，在 H_0 為真的條件下，$Z = \frac{\hat{p}-p}{\sqrt{\hat{p}(1-\hat{p})/n}}$ 的分布近似於標準常態分布 $N(0, 1)$，亦屬 Z 檢定。因為此檢定結果與判斷 p_0 是否落入 p 之 $(1-\alpha)\%$ Wald 信賴區間的結果一致，故可稱之為**單一母體比率之 Wald 的 Z 檢定** (Wald's Z-test for a single population proportion)，有關 Wald 信賴區間的介紹，請見第六章對標準常態近似法 (Pierre-Simon Laplace, 1812) 的簡介。

這兩種 Z 檢定提供了大致相同的數值，皆需要大樣本的條件方能為之，但大

多數學者會推薦採用前者，因為如果 H_0 為真，$\sqrt{p_0(1-p_0)/n}$ 就是 $\hat{p}$ 的標準差，而 $\sqrt{\hat{p}(1-\hat{p})/n}$ 只是其近似值而已；反之，推薦後者的學者 (如 Hogg & Tanis, 1996) 認為如果 H_0 為偽時，$\sqrt{\hat{p}(1-\hat{p})/n}$ 反而可能為 $\hat{p}$ 提供了更好的標準差估計。本書第六章根據多名學者 (Agresti & Coull, 1998; Brown, Cai, & DasGupta, 2001; Newcombe, 1998; Vollset, 1993) 的研究結果，推薦採用計分信賴區間做為單一母體比率 p 的區間估計，在此仍繼續推薦與之相對應的，且為大多數學者推薦的計分 Z 檢定。總之，單一母體比率之計分 Z 檢定是在大樣本的條件下，用來檢定單一母體比率與設定值的比較，顯著水準為 α 時，其檢定規則見表 11-1。

以前述反對廢除死刑比率的問題為例，由 $p_0=0.8$、$n=792$、$\hat{p}=\dfrac{586}{792}=0.7399$、$\alpha=0.05$，可算得 $\left|\dfrac{0.7399-0.8}{\sqrt{0.8(1-0.8)/792}}\right|=4.23>Z_{0.025}=1.96$，故應拒絕「台灣民眾反對廢除死刑的比率為 80%」此一假說。

讀者可以利用筆算外，尚可利用統計軟體，如 SPSS，進行運算。首先，開啟 SPSS 新資料集，並輸入兩個變項，一個命名為 X，其值依次為 1 (代表反對廢除死刑) 和 0 (代表贊成廢除死刑)；另一個命名為 n，其值依次為 586 和 206，代表各意見相應人數，如圖 11-1 所示。其次，按「資料 (D)/加權觀察值 (W)」，接著點選「觀察值加權依據 (W)」，然後將 n 選入「次數變數 (F)」中並按「確定」。接著，按「分析 (A)/無母數檢定 (N)/單一樣本 (O)」(見圖 11-2)，之後，若未設定變項「測量層級」，則會出現「測量層級」對話框 (見圖 11-3)，讀者可選擇「掃描

表 11-1 顯著水準為 α 的單一母體比率之計分 Z 檢定拒絕域一覽表

虛無假說 H_0	對立假說 H_a	拒絕域[註]
$p=p_0$	$p \neq p_0$	$\|Z\|=\left\|\dfrac{\hat{p}-p_0}{\sqrt{p_0(1-p_0)/n}}\right\|\geq z_{\alpha/2}$
$p \leq p_0$	$p > p_0$	$Z=\dfrac{\hat{p}-p_0}{\sqrt{p_0(1-p_0)/n}}\geq z_{\alpha}$
$p \geq p_0$	$p < p_0$	$Z=\dfrac{\hat{p}-p_0}{\sqrt{p_0(1-p_0)/n}}\leq -z_{\alpha}$

註：本檢定需為大樣本方能採用，此拒絕域為近似拒絕域。$\hat{p}$ 為樣本比率、z_α 為 Z 分布之 $100(1-\alpha)$ 百分位數。

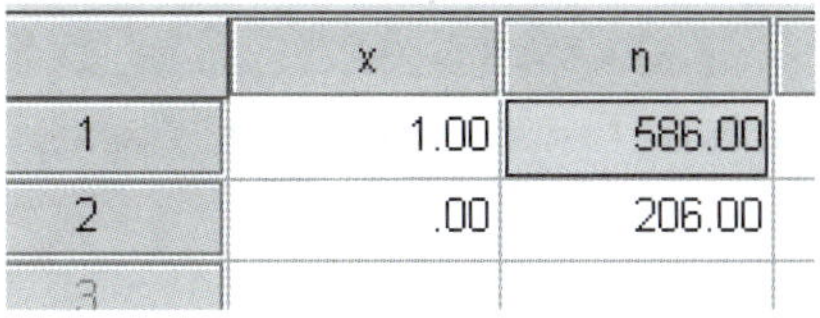

第 11 章　類別資料的比較檢定 (一)：單一母體比率與設定值之比較　　181

	x	n
1	1.00	586.00
2	.00	206.00

圖 11-1　建立反對廢除死刑比率問題之資料集示意圖

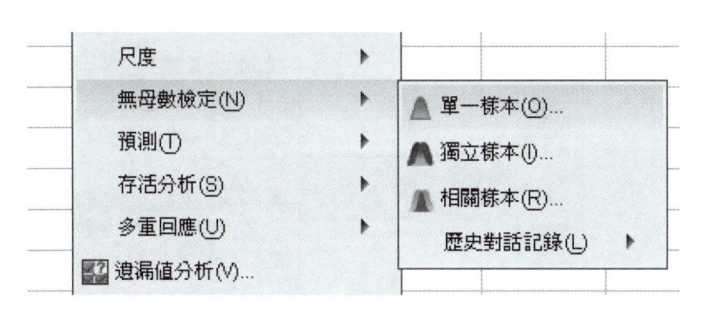

圖 11-2　SPSS 單一樣本無母數檢定程序位置示意圖

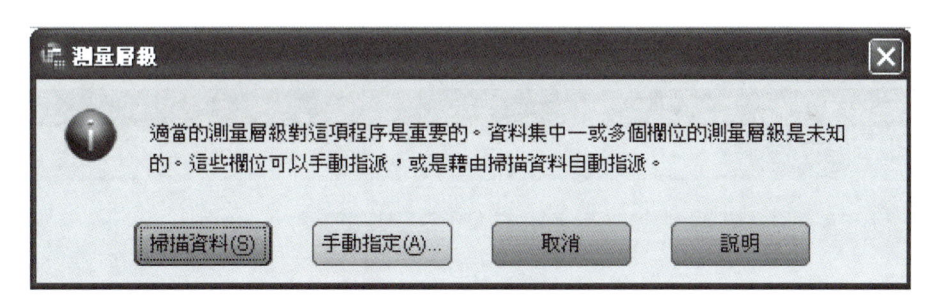

圖 11-3　SPSS 測量層級對話框

資料 (S)」或「手動指定 (A)」，以後者為例，將變項 X 選入「名義 (N)」變項清單中，而變項 n 則選入「連續的 (C)」變項清單中 (見圖 11-4)，並按「確定」。

重新按「分析 (A)/無母數檢定 (N)/單一樣本 (O)」(見圖 11-2)，將會出現如圖 11-5 之對話框，按「欄位 (E)」，確認變項 X 被選入「檢定欄位 (T)」中 (見圖 11-6)，再按「設定 (N)」，並點選「自訂檢定 (C)」後，按「選項」(見圖 11-7)。最後，將「假設比例 (H)」修改為 0.8 (見圖 11-8)，按「確定」及「執行 (R)」即可。

在 SPSS 輸出視窗中，將游標指向「假說檢定摘要」(見圖 11-9)，並連擊兩下，啟動「模型檢視器 (V)」，在「單一樣本檢定檢視」中，找到如圖 11-10 所示之圖表。

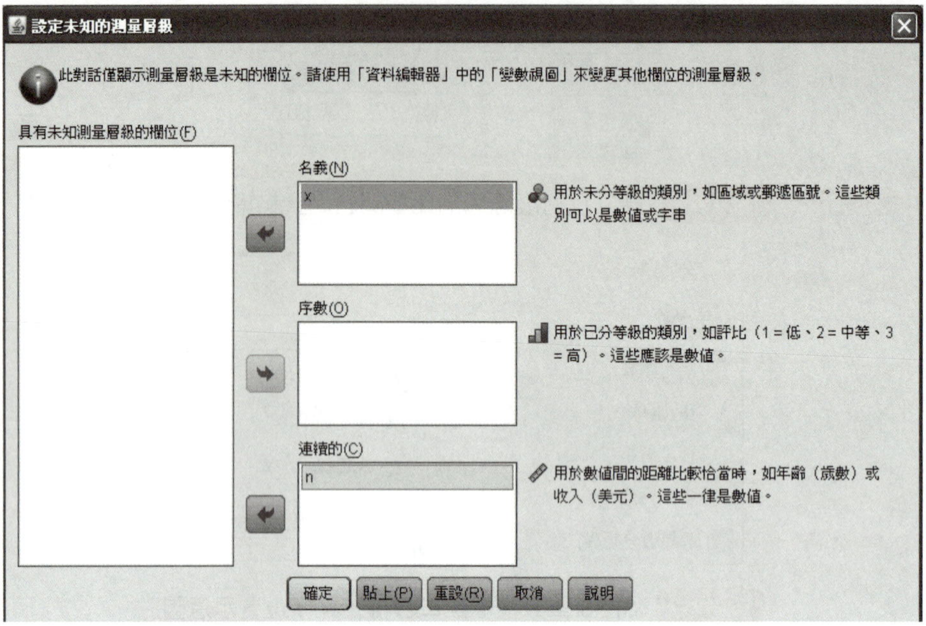

圖 11-4　SPSS 測量層級對話框中各層級之變項清單

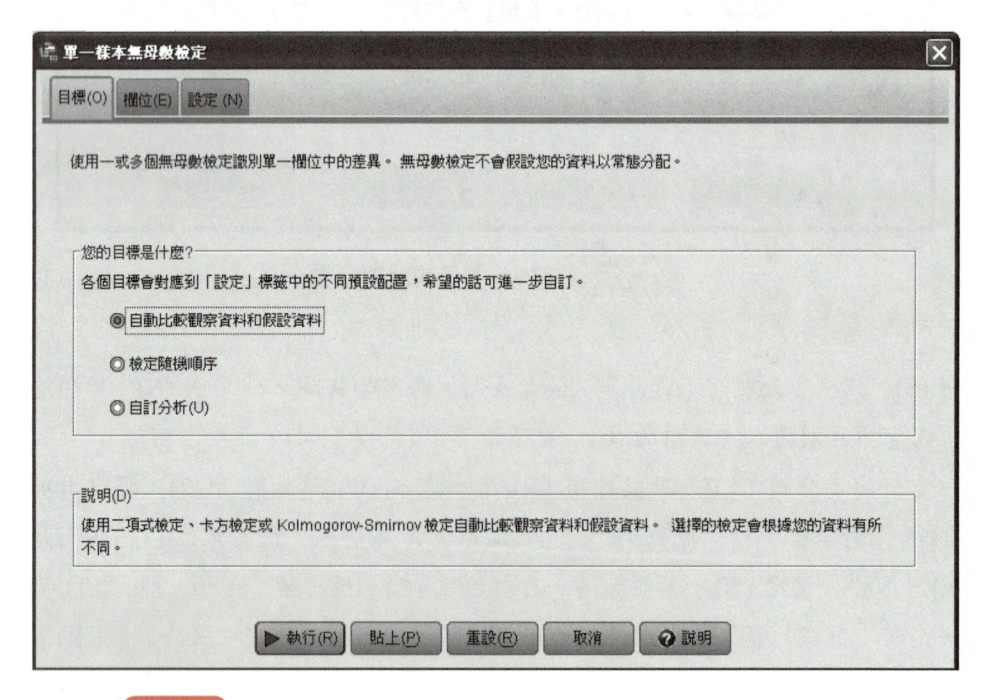

圖 11-5　SPSS 單一樣本無母數檢定程序中之「目標 (O)」對話框

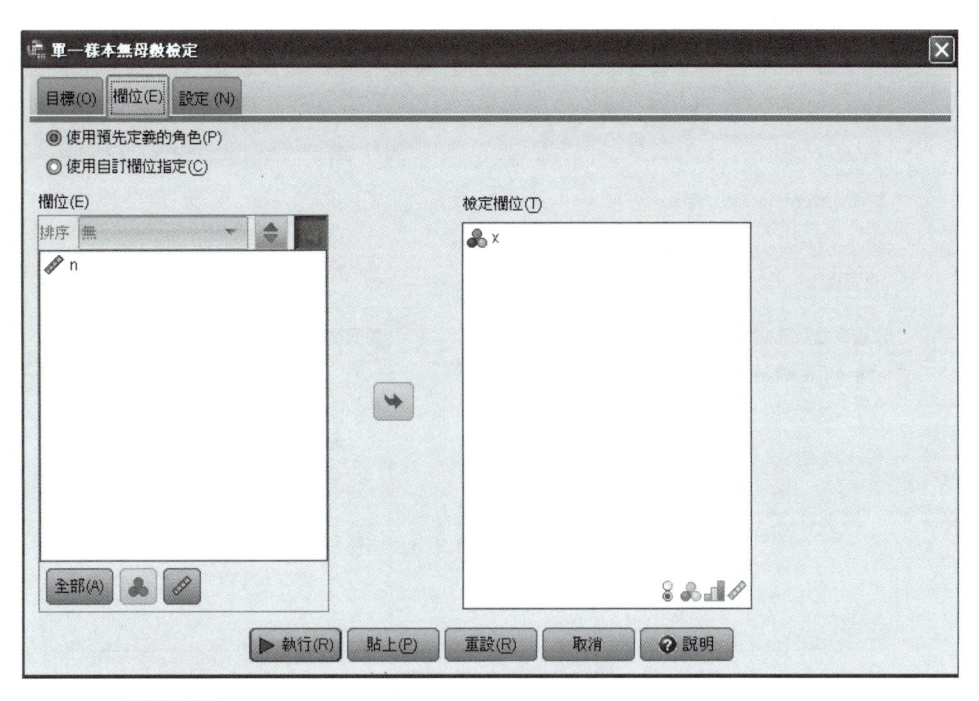

第 11 章　類別資料的比較檢定 (一)：單一母體比率與設定值之比較　183

圖 11-6　SPSS 單一樣本無母數檢定程序中之「欄位 (E)」對話框

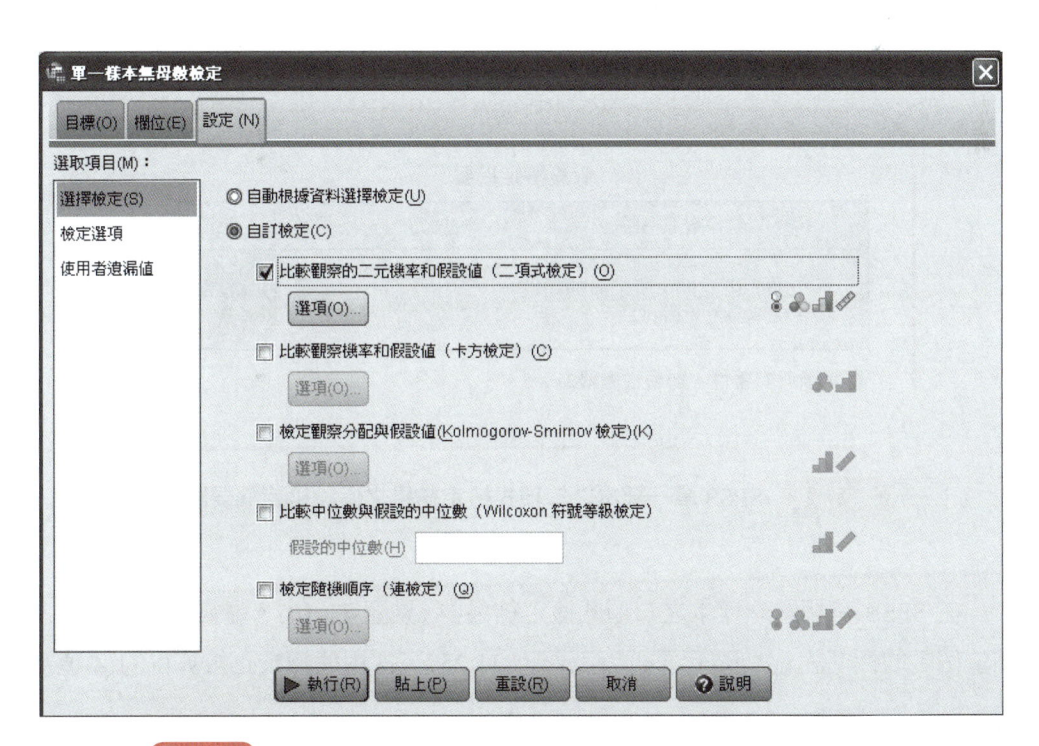

圖 11-7　SPSS 單一樣本無母數檢定程序中之「設定 (N)」對話框

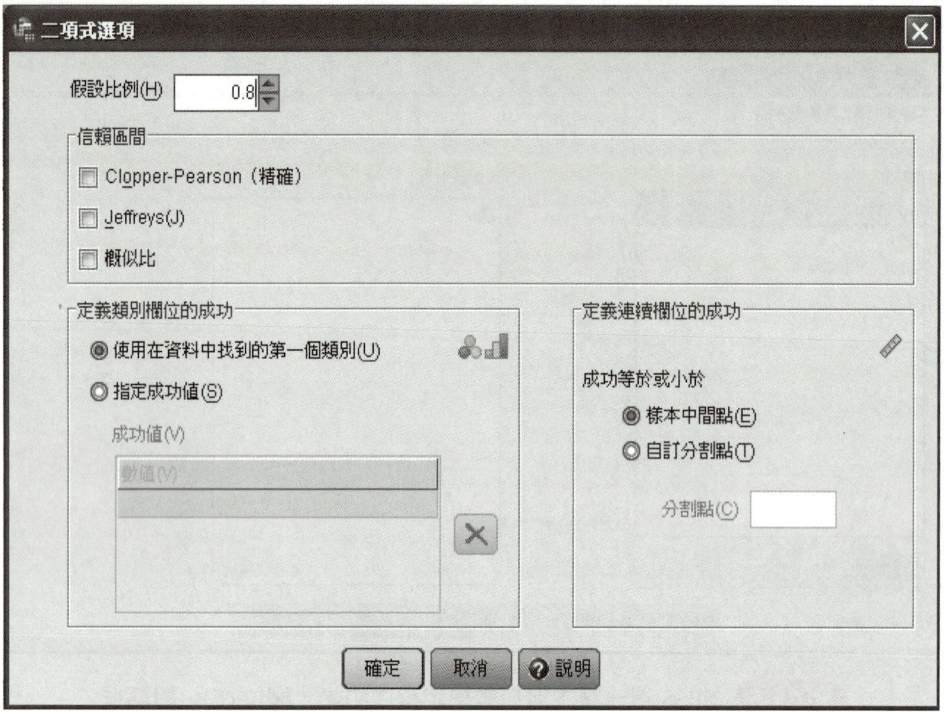

圖 11-8 SPSS 單一樣本之二項式檢定選項對話框及假設比例之設定

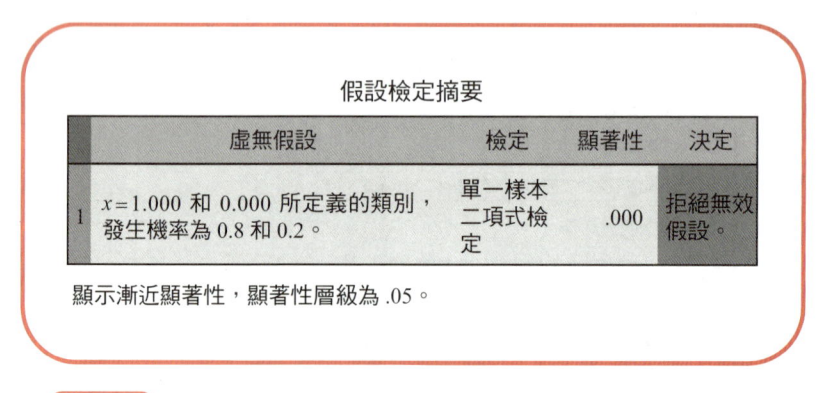

圖 11-9 SPSS 單一樣本之二項式檢定結果之假設檢定摘要圖表

在 SPSS 有關單一樣本之二項式檢定結果中 (見圖 11-10)，虛無假說為真時，期望個數的標準誤為 $\sqrt{792 \times 0.8 \times (1-0.8)} = 11.257$，採用連續校正後算得的 Z 值為 $\dfrac{586 - 792 \times 0.8 + 0.5}{11.257} = \dfrac{0.7399 - 0.8 + 0.5/792}{\sqrt{0.8(1-0.8)/792}} = -4.184$，與前述未進行連續校正的 Z 值 $= -4.23$ 差距不大，4.184 仍大於 1.96，故應拒絕「台灣民眾反對廢除死刑的比

第 11 章　類別資料的比較檢定 (一)：單一母體比率與設定值之比較

總數 N	792
測試計計量	586.000
標準誤	11.257
標準化檢定統計量	−4.184
漸進顯著性 (單邊檢定)	.000

$\sqrt{792 \times 0.8 \times (1-0.8)} = 11.257$

$\dfrac{586 - 792 \times 0.8 + 0.5}{11.257} =$

$\dfrac{0.7399 - 0.8 + 0.5/792}{\sqrt{0.8(1-0.8)/792}} = -4.184$

$\Phi(-4.184)$

雙尾 p 值為 $2 \times \Phi(-4.184)$

圖 11-10　二項式檢定結果中有關標準誤、Z 值及 p 值的計算說明

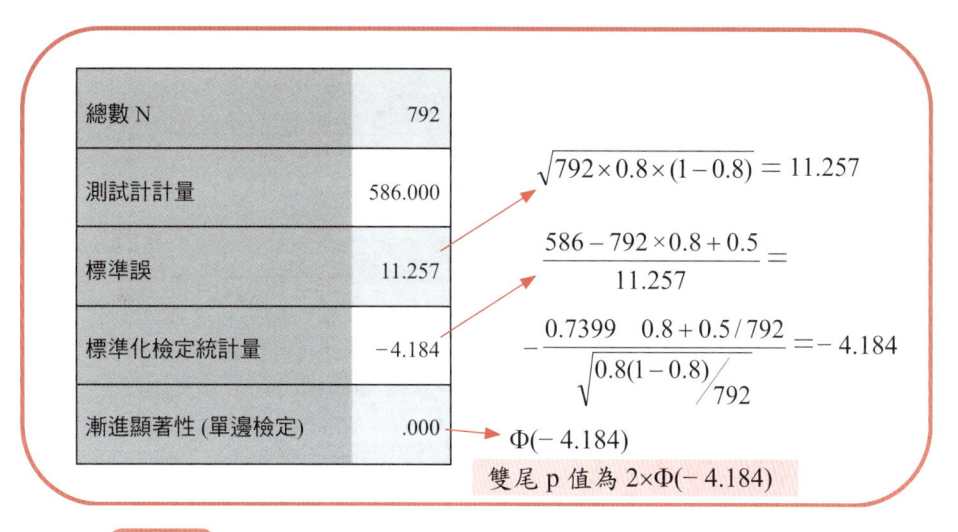

率為 80%」此一假設。

然而，二項式檢定是近似檢定，由第四章可知在 $np \geq 5$ 且 $n(1-p) \geq 5$ 時，$\hat{p}$ 的抽樣分布方近似 $N(p, \dfrac{p(1-p)}{n})$，故當兩類中的某一類事件之期望次數低於 5 時，二項式檢定便有適用性的問題。例如，某科大學生隨機訪問同校同學共 22 位，有 14 位同學反對廢除死刑，8 位贊成廢除死刑，若要在顯著水準定為 0.05 的情況下，檢定「該科大學生反對廢除死刑的比率不低於 80%」此一假設，則因不反對廢除死刑的期望個數 (22×0.2=4.4) 小於 5，此時使用二項式檢定並不合適，需精確地計算單尾 p 值，由附表表 3 可算得精確 p 值 =P ({22 位科大學生中反對廢除死刑的人數≤14}| 反對廢除死刑的機率=0.8)=0.056，故不拒絕「該科大學生反對廢除死刑的比例不低於 80%」此一假設，此種利用精確 p 值作為依據的檢定，被稱為精確檢定 (exact test)。因此，當期望個數小於 5 時，建議使用精確檢定；反之，若期望次數皆大於等於 5 時，建議使用二項式檢定。

在 SPSS「無母數檢定 (N)/單一樣本 (O)」，仿前述設定後，當有期望次數小於 5 之情況時，SPSS 會自動執行精確檢定，如圖 11-11 所示，上例精確 p 值為 0.056。

順帶一提，這種實際去計算統計量相關事件的真實機率，並據之以檢定的可被稱為精確檢定，之後相關精確檢定 p 值的計算，本書將省略不再細說。或許讀者會問，現在電腦計算能力強大，計算精確 p 值已不是問題，為何還需要依據漸近分布的檢定，直接計算精確 p 值不就可以了？這個答案很簡單，因為精確檢定大多過於

總數 N	22
測試計計量	14.000
標準誤	1.876
標準化檢定統計量	−1.652
漸進顯著性 (單邊檢定)	.049
精確顯著性 (單邊檢定)	.056

1. 對立假設是指成功群組中的記錄比例小於假設成功機率。

二項式檢定之單尾 p 值

精確檢定單尾 p 值：在虛無假說為真的條件下，22 位科大學生中反對廢除死刑的人數小於等於 14 的機率不超過 0.056。因 0.056 > 0.05，故不拒決虛無假說。

圖 11-11 二項式檢定中之精確 p 值及其結果說明

保守，比漸近檢定更不容易拒絕虛無假說。以前例而言，在顯著水準為 0.05 的情況下，有 13 位同學反對廢除死刑，9 位贊成廢除死刑，或更極端的情形下 (超過 9 位贊成廢除死刑)，方能拒絕虛無假說，然而，此時 P ({22 位科大學生中反對廢除死刑的人數≤13}| 反對廢除死刑的機率=0.8)=0.020，與 0.05 還有一些距離，這是因為離散分布無法像連續分布一樣讓拒絕區域的發生機率剛好等於 0.05，故較為保守，較不容易拒絕虛無假說。

三、適合度卡方檢定

前一節，我們將母體分成兩類，並進行某一類所占比率與某一特定值比較之檢定。例如，我們將台灣民眾分成反對廢除死刑與不反對廢除死刑這兩類，並檢定「台灣民眾反對廢除死刑的比率為 80%」此一假說。事實上，這樣的檢定可以看成是在檢定母體是否為某一特定的分布，例如，檢定「台灣民眾反對廢除死刑的比率為 80%，不反對廢除死刑的比率為 20%」。然而，如果我們將母體分成三類或三類以上，前一節所介紹的 Z 檢定便無法處理。本節介紹適合度卡方檢定，用來比較觀測資料與期望資料之間是否存在顯著差異，或是從樣本資料辨別母體是否符合特定機率分布，不僅能檢定母體分成兩類時各類所占比率的情形，也可檢定母體分成更多類時的分布，是否為某一特定分布。

第 11 章 類別資料的比較檢定 (一)：單一母體比率與設定值之比較

我們再從前一節的 Z 檢定談起，假設母體分為第 1 類及第 2 類共兩類，其虛無假說 (H_0) 及對立假說 (H_a) 如下：

H_0：第 1 類之比率 $p=p_0$、第 2 類之比率 $q(=1-p)=1-p_0=q_0$ vs.

H_a：非 H_0 所述之分布。

若 n 為樣本數，由可得 $Z^2 = \dfrac{(O_1-E_1)^2}{E_1} + \dfrac{(O_2-E_2)^2}{E_2}$，其中 O_i 為第 i 類的觀察個數，E_i 為第 i 類的期望個數[1]。以前式做為判斷所觀察的次數分布是否與期望的次數分布相符合，十分合乎直覺：當細格 i 的觀察次數 (O_i) 與期望次數 (E_i) 的殘差 (residual)，$O_i - E_i$ 愈大，表示細格 i 的觀察次數與期望次數兩者不相符；反之，殘差值 $O_i - E_i$ 愈小，則表示愈相符。前式之所以使用殘差的平方 $(O_i - E_i)^2$，是因為殘差總和為 0，而前式也並非單純地把殘差的平方加總，而是將「標準化殘差平方」值 $\dfrac{(O_i - E_i)^2}{E_i}$ 加總，這是因為殘差平方值的大小會受到樣本數的影響，若要衡量其相對符合的程度，則需將標準化殘差 $\dfrac{O_i - E_i}{\sqrt{E_i}}$ 的平方值加總來進行。

標準常態分布 (Z) 的平方 (Z^2) 為具有自由度 1 的卡方分布 (the chi-squared distribution with 1 degree of freedom)，若參考此分布之 $100(1-\alpha)$ 百分位數，亦能得到與 Z 檢定相同的結果。若 $Z_1^2, Z_2^2, \cdots, Z_k^2$ 為 k 個相互獨立的隨機變項，其分布皆為具有自由度 1 的卡方分布，我們將這 k 個變項之和 $\sum_{i=1}^{k} Z_i^2$ 的分布稱為具有自由度 k 的卡方分布 (the chi-squared distribution with k degrees of freedom)，記為 $\sum_{i=1}^{k} Z_i^2 \sim \chi^2(k)$，其機率密度曲線如圖 11-12 所示，特定百分位數之卡方分布表見附表表 7。

總之，在母體分為第 1 類及第 2 類共兩類時，我們以 $\sum_{i=1}^{2} \dfrac{(O_i - E_i)^2}{E_i}$ 來檢定

---

1 由於 $Z = \dfrac{\hat{p} - p_0}{\sqrt{p_0(1-p_0)/n}}$，故 $Z^2 = \dfrac{(\hat{p} - p_0)^2}{p_0(1-p_0)/n} = \dfrac{(n\hat{p} - np_0)^2}{np_0(1-p_0)} = \dfrac{(n\hat{p} - np_0)^2}{np_0} + \dfrac{(n\hat{p} - np_0)^2}{n(1-p_0)} = \dfrac{(n\hat{p} - np_0)^2}{np_0} + \dfrac{(n\hat{q} - nq_0)^2}{nq_0}$。又由 $n\hat{p}$ 為第 1 類的觀察個數 (又稱為細格 1 的觀察個數，記為 O_1)、np_0 為第 1 類的期望個數 (又稱為細格 1 的期望個數，記為 E_1)、$n\hat{q} = n(1-\hat{p})$ 為第 2 類的觀察個數 (又稱為細格 2 的觀察個數，記為 O_2)、nq_0 為第 2 類的期望個數 (又稱為細格 2 的期望個數，記為 E_2)，可得 $Z^2 = \dfrac{(O_1 - E_1)^2}{E_1} + \dfrac{(O_2 - E_2)^2}{E_2}$。

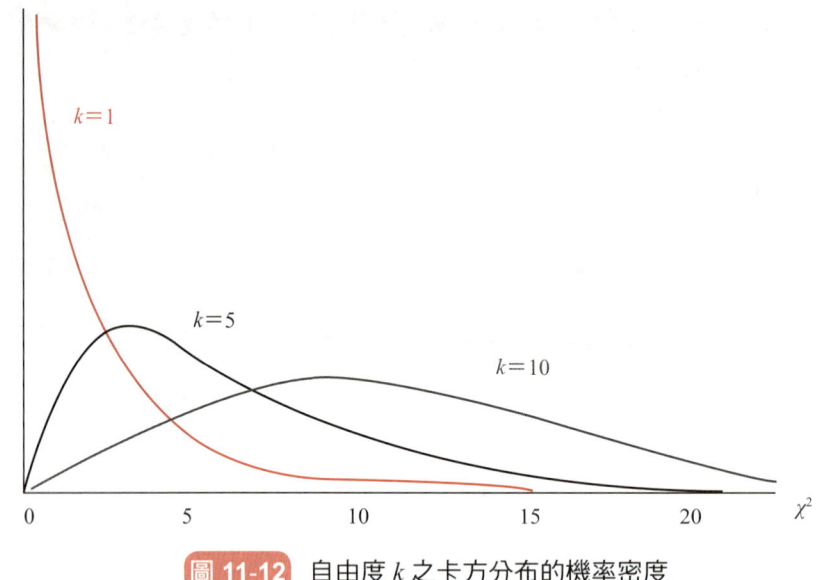

圖 11-12　自由度 k 之卡方分布的機率密度

母體是否為某一特定的分布，並利用 $\sum_{i=1}^{2}\frac{(O_i-E_i)^2}{E_i}$ 近似 χ^2 及附表表 7，可求得在 $\alpha=0.05$ 時之臨界值為 3.8415 ($\sqrt{3.8415}\approx 1.96$)，故若 $\sum_{i=1}^{2}\frac{(O_i-E_i)^2}{E_i}>3.8415$ 時，應拒絕母體為某一特定的分布之假設，反之則否。我們稱此檢定為卡方檢定 (chi-square test)，此時其結果會與 Z 檢定結果一致。然而，母體為三類或三類以上時，Z 檢定便無法處理，但是我們可以直覺地將卡方檢定推廣到 m 類的情形，我們以 $\sum_{i=1}^{m}\frac{(O_i-E_i)^2}{E_i}$ 來檢定母體是否為某一特定的分布：

H_0：第 i 類之比率 $=p_i$、其中 $i=1, 2, \cdots, m$　vs.
H_a：至少有一個 i 所對應的第 i 類之比率 $\neq p_i$。

由於在「沒有任何細格的期望次數 <1」且「期望次數 <5 的細格數占全部細格數的百分比低於 20%」時，若 m 為細格數時，$\sum_{i=1}^{m}\frac{(O_i-E_i)^2}{E_i}$ 的分布近似於 $\chi^2(m-1)$，即近似於自由度 $m-1$ 之卡方分布，故在顯著水準為 α 時之臨界值為 $\chi_\alpha^2(m-1)$，即若 $\sum_{i=1}^{m}\frac{(O_i-E_i)^2}{E_i}\geq \chi_\alpha^2(m-1)$ 時，應拒絕母體為虛無假說中所描述的特定分布，反之則否。以下舉例說明：

日據時期日本人曾對泰雅族 (Atayal) 族人進行包含髮色等體質人類學的調查，得到男性泰雅族人依據 Fischer-Saller 髮色表之髮色分布為純黑色占 8.4%、黑褐色與純黑之中間色占 35.3%、黑褐色占 45.4%、暗褐色及褐色占 10.9%。今有人在花蓮縣立霧溪一帶進行調查，共取得 175 位男性泰雅族人頭髮樣本，其所屬髮色人數分別為純黑色共 10 位、黑褐色與純黑之中間色共 30 位、黑褐色共 112 位、暗褐色及褐色共 23 位。試問目前立霧溪一帶男性泰雅族人髮色分布與日據時期男性泰雅族人髮色分布是否相同？

首先，假設目前立霧溪一帶男性泰雅族人髮色分布為純黑色的比率=p_1、黑褐色與純黑之中間色的比率=p_2、黑褐色的比率=p_3、暗褐色及褐色的比率=p_4。故擬檢定：

H_0：p_1=0.084、p_2=0.353、p_3=0.454、p_4=0.109 vs.

H_a：至少有一個 i 所對應的第 i 類之比率≠p_i。

其次，在虛無假設 H_0 為真的情況下，分別求出各髮色的期望個數，得純黑色期望個數 E_1 為 $175\times 0.084=14.7$、黑褐色與純黑之中間色期望個數 E_2 為 $175\times 0.353=61.775$、黑褐色期望個數 E_3 為 $175\times 0.454=79.45$、暗褐色及褐色期望個數 E_4 為 $175\times 0.109=19.075$。依此，可求得殘差、標準化殘差、標準化殘差平方如表 11-2 所示。

最後，若 $\alpha=0.05$，則由附表表 7 可查得，$\chi^2_{0.05}(3)=7.8147$，由表 11-2 可知，$\chi^2=\sum_{i=1}^{4}\frac{(O_i-E_i)^2}{E_i}=31.990\geq 7.8147$，故拒絕目前立霧溪一帶男性泰雅族人髮色分布與日據時期男性泰雅族人髮色分布相同的假說。

上述計算亦可透過 SPSS 獲得結果。首先，開啟 SPSS 新資料集，並輸入兩個變項，一個命名為 X，其值依次為 1 (代表純黑色)、2 (代表黑褐色與純黑之中間

表 11-2 立霧溪一帶男性泰雅族人髮色分布摘要表 ($n=175$)

髮色	觀察個數 (O)	期望個數 (E)	殘差 (O−E)	標準化殘差	標準化殘差平方
純黑色	10	14.700	−4.700	−1.226	1.503
黑褐色與純黑之中間色	30	61.775	−31.775	−4.043	16.344
黑褐色	112	79.450	32.550	3.652	13.335
暗褐色及褐色	23	19.075	3.925	0.899	0.808
總和	175	175	0	−0.718	31.990

色)、3 (代表黑褐色) 和 4 (代表暗褐色及褐色)；另一個命名為 n，其值依次為 10、30、112 和 23，代表各髮色相應人數，如圖 11-13 所示。其次，按「資料 (D)/加權觀察值 (W)」，接著點選「觀察值加權依據 (W)」，然後將 n 選入「次數變數(F)」中並按「確定」。接著，按「分析 (A)/無母數檢定 (N)/歷史對話紀錄 (L)/卡方」(見圖 11-14)。將變項 X 選入「檢定變數清單 (T)」中，並於「期望值」區塊中，點選「數值 (V)」，並依次分別輸入 14.7、61.775、79.45、19.075 及分別按「新增 (A)」後 (見圖 11-15)，按「確定」即可獲得結果 (見圖 11-16)。如需進行精確檢定 (「沒有任何細格的期望次數<1」或「期望次數<5 的細格數占全部細格數的百分比低於 20%」)，則按「精確 (X)」(見圖 11-15) 後，點選「精確 (E)」即可。

　　如果研究者的目的僅是判斷所收集的資料是否來自某一特定分布，並不一定需要像 ANOVA 一樣，在獲得拒絕各組平均數無差異的虛無假說後，還要進行事後比較，以瞭解到底差異是發生在哪些組別間。然而，有些時候，研究者需要瞭解是何種原因使得所收集的資料並非是預定的某一特定分布，此時仍會進行事後比較。例如，在獲得拒絕目前立霧溪一帶男性泰雅族人髮色分布與日據時期男性泰雅族人髮

圖 11-13　建立髮色問題之資料集示意圖

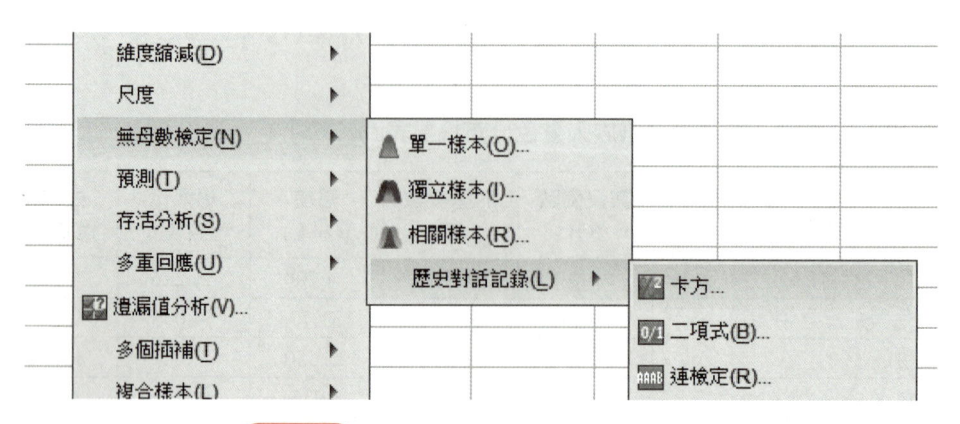

圖 11-14　SPSS 卡方檢定程序位置示意圖

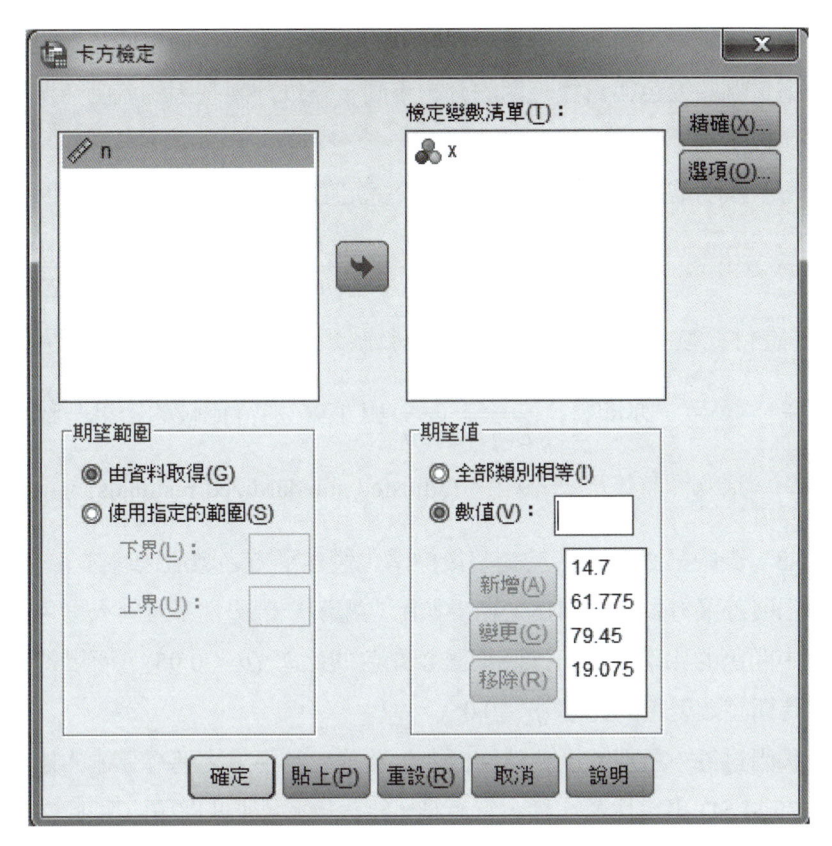

第 11 章　類別資料的比較檢定 (一)：單一母體比率與設定值之比較　　191

圖 11-15　SPSS 卡方檢定選項示意圖

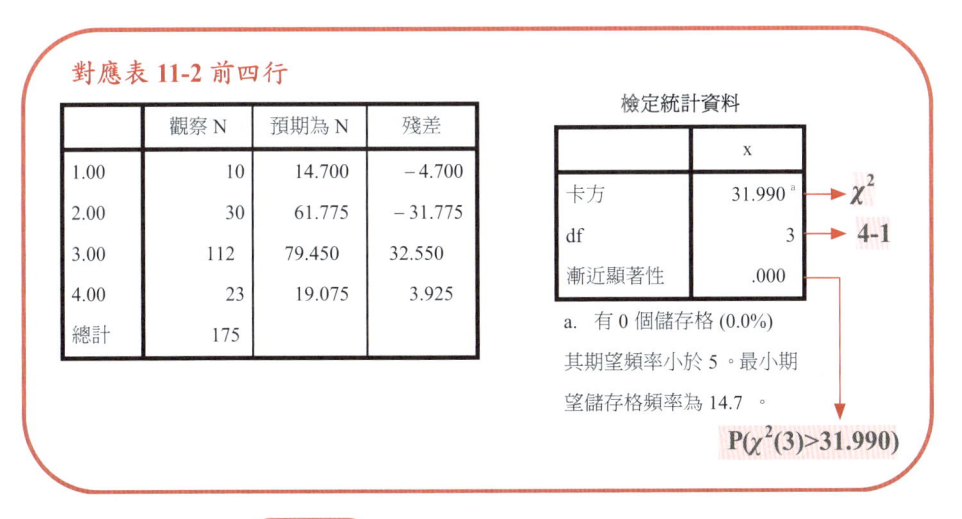

對應表 11-2 前四行

	觀察 N	預期為 N	殘差
1.00	10	14.700	−4.700
2.00	30	61.775	−31.775
3.00	112	79.450	32.550
4.00	23	19.075	3.925
總計	175		

檢定統計資料

	x
卡方	31.990 [a] → χ^2
df	3 → 4-1
漸近顯著性	.000

a. 有 0 個儲存格 (0.0%) 其期望頻率小於 5。最小期望儲存格頻率為 14.7。

$P(\chi^2(3) > 31.990)$

圖 11-16　SPSS 卡方檢定結果摘要簡圖

色分布相等的假說後，僅知至少有一種髮色的人數比率不等於日據時期之比率，我們想要知道是哪些髮色與日據時期的分布不同，藉以判斷基因的流動情況，故仍需進行事後比較。

對於每一類別的比率 (p) 進行是否等於特定值 (p_0) 的比較問題，便回到母體分兩類時的檢定方式，由於 $Z^2 = \dfrac{(n\hat{p}-np_0)^2}{np_0(1-p_0)} = \dfrac{(O-E)^2}{E(n-E)/n}$，因此可將 $\dfrac{(O-E)^2}{E(n-E)/n}$ 與 3.8415 進行比較，若大於 3.8415 則認為該類比率不等於特定值，這個結果會和 Z 檢定結果一致，亦即將 $\dfrac{|O-E|}{\sqrt{E(n-E)/n}}$ 與 1.96 進行比較的結果一致。我們將 $\dfrac{|O-E|}{\sqrt{E(n-E)/n}}$ 稱為調整後**標準化殘差** (adjusted standardized residuals)，事後比較結果見表 11-3，表中第 3 行中若於調整後標準化殘差平方之數值後有註 a，則表示調整後標準化殘差平方大於 3.8415，結果顯示立霧溪一帶男性泰雅族人髮色為黑褐色與純黑之中間色的比率低於日據時期該類髮色的比率 ($p < 0.05$)，而黑褐色的比率高於日據時期該類髮色的比率 ($p < 0.05$)。

如果我們對每一類別都以調整後標準化殘差或其平方來進行上述的比較，就像 ANOVA 中的 LSD 事後比較一樣，它有型 I 錯誤機率膨脹的問題，因此常有人直接使用標準化殘差與 1.96 相比較，或是使用標準化殘差平方與 3.8415 相比較，這是因為 $\dfrac{(O-E)^2}{E(n-E)/n} \geq \dfrac{(O-E)^2}{E}$，故使用標準化殘差或其平方會較為嚴格，不僅稍微能降低型 I 錯誤機率的膨脹問題，其式子也較簡單與較直接。以此例而言，由表 11-2 可知，黑褐色與純黑之中間色的標準化殘差平方為 16.344，黑褐色的標準化殘差平方為 13.335，皆大於 3.8415，而其餘兩類髮色的標準化殘差平方皆小於 3.8415，代表目前立霧溪一帶男性泰雅族人髮色分布與日據時期男性泰雅族人髮色分布不相同，最主要是立霧溪一帶男性泰雅族人髮色為黑褐色與純黑之中間色的比率低於日據時期該類髮色的比率，而黑褐色的比率高於日據時期該類髮色的比率。

降低型 I 錯誤機率的膨脹問題常會進行**邦費羅尼校正** (Bonferroni adjustment)，亦即將 α 值除以檢定個數，以此例而言，需將顯著水準調整為 $0.05/4 = 0.0125$，故調整後標準化殘差平方 $\dfrac{(O-E)^2}{E(n-E)/n}$ 是與 6.2385 比較，或者是調整後標準化殘差的絕對值 $\dfrac{|O-E|}{\sqrt{E(n-E)/n}}$ 與 2.4977 進行比較，其結果顯著者見表 11-3 中第 3 行之註 b。當然，也可以進行同時檢定，或是利用同時信賴區間進行檢定，類似於

ANOVA 中的薛費 (Scheffé) 法，將 $\dfrac{(O-E)^2}{E(n-E)/n}$ 與 $\chi^2_{0.05}(3)(=7.8147)$ 比較，或者是調整後標準化殘差的絕對值 $\dfrac{|O-E|}{\sqrt{E(n-E)/n}}$ 與 2.7955 進行比較，以控制整體型 I 錯誤機率。前述檢定方式等價於判斷 p_0 是否未落入 p 的 Wilson 同時計分信賴區間 $\dfrac{n\hat{p}+\frac{1}{2}\chi^2_\alpha(m-1)}{n+\chi^2_\alpha(m-1)} \pm \sqrt{\chi^2_\alpha(m-1)} \times \sqrt{\dfrac{n\hat{p}(1-\hat{p})+\chi^2_\alpha(m-1)/4}{(n+\chi^2_\alpha(m-1))^2}}$，或者判斷期望次數 (E) 是否未落入 $\dfrac{n}{n+\chi^2_\alpha}(O+\dfrac{\chi^2_\alpha}{2}) \pm \sqrt{\chi^2_\alpha} \times \dfrac{n}{n+\chi^2_\alpha}\sqrt{\dfrac{O(n-O)}{n}+\dfrac{\chi^2_\alpha}{4}}$ 之中，其結果顯著者見表 11-3 中第 3 行之註 c 及註 d。

適合度卡方檢定，除了可用來檢定母體是否為某一特定分布之外，尚可用來檢定母體是否為某一特定機率分布。例如，血清視黃醇濃度 (µmol/L) 可用於確定人群維生素 A 缺乏的患病率，然而，許多統計方法有常態分布的假設，今要檢定血清視黃醇濃度是否為常態分布，某醫院共抽取 60 位男性病患之血清視黃醇濃度資料來進行檢定工作，資料如下：

1.68, 1.36, 1.56, 1.74, 2.24, 2.33, 1.86, 1.44, 2.18, 1.65,
1.71, 1.77, 2.04, 1.77, 1.30, 1.44, 1.92, 2.15, 1.59, 2.27,
1.95, 1.80, 2.01, 2.04, 2.13, 1.89, 2.10, 2.04, 2.13, 1.95,
2.01, 2.30, 2.36, 1.74, 1.98, 2.27, 1.50, 1.53, 1.65, 1.56,
1.47, 1.12, 1.03, 1.95, 1.86, 1.92, 1.71, 1.83, 1.77, 1.95,
1.83, 1.98, 2.27, 1.80, 1.06, 1.89, 1.80, 1.74, 1.71, 2.18

與前例不同的是，我們並不是與已知的一個分布進行比較，亦即我們並不知道

表 11-3 立霧溪一帶男性泰雅族人髮色適合度檢定之事後比較摘要表 ($\alpha=0.05$)

髮色	調整後標準化殘差絕對值	調整後標準化殘差平方[a,b,c]	個數之 95% Wilson 同時計分信賴區間[d]
純黑色	−1.281	1.641	(4.285, 22.341)
黑褐色與純黑之中間色	−5.026	25.261[a,b,c]	(18.602, 46.314)[d]
黑褐色	4.942	24.424[a,b,c]	(93.554, 128.351)[d]
暗褐色及褐色	0.952	0.906	(13.225, 38.289)

[a] 大於 3.84；[b] 大於 6.24；[c] 大於 7.81；[d] 期望個數未落入此區間。

要和哪一個特定的常態分布進行比較。因此，在此例，我們需要利用樣本資料估計出平均數及標準差，再利用它們估計出具有這樣的平均數及標準差之常態分布的理論機率值與期望個數，以檢定血清視黃醇濃度是否為常態分布。

首先，我們算得 60 個樣本之血清視黃醇濃度平均值為 1.83 (μmol/L)，標準差為 0.31 (μmol/L)；其次，將樣本資料分組，並求出在常態假設下，具有平均數為 1.83 與標準差為 0.31 之常態分布，落於各分組之機率值與期望個數 (見表 11-4)；最後，進行卡方檢定，但此時自由度為 $m-1-r$，而非 $m-1$，其中 m 為分組個數，r 為在估計分布機率時需估計的參數個數，以表 11-4 而言，$m=9$，$r=2$ (需估計常態分布的平均數及標準差)。然而，在表 11-4 中的分組方式，其期望個數小於 5 的細格共 4 格，進行卡方檢定並不理想，故將頭尾各兩組合併，再進行卡方檢定 (見表 11-5)。

由表 11-5 知，合併表 11-4 前後細格後，各細格期望次數皆大於 5，標準化殘差平方和為 1.309，在資料來自常態分布的假說下，標準化殘差平方和趨近自由度 4 (7−1−2=4) 之卡方分布，此資料之卡方值為 1.309，若 $\alpha=0.05$，查附表表 7 得 $\chi^2_{0.05}(4) = 9.4877$。由於 1.309 < 9.4877，故不拒絕資料來自常態分布母體的假說。

表 11-4　某醫院 60 位男病患之血清視黃醇濃度各組人數及期望人數

血清視黃醇濃度組別	觀察個數	百分比 (%)	常態機率	期望個數
濃度 (μmol/L) ≤ 1.30	4	6.7	0.0436	2.62
1.30 < 濃度 ≤ 1.45	3	5.0	0.0664	3.98
1.45 < 濃度 ≤ 1.60	6	10.0	0.1189	7.13
1.60 < 濃度 ≤ 1.75	9	15.0	0.1691	10.14
1.75 < 濃度 ≤ 1.90	12	20.0	0.1912	11.47
1.90 < 濃度 ≤ 2.05	13	21.7	0.1718	10.31
2.05 < 濃度 ≤ 2.20	6	10.0	0.1227	7.36
2.20 < 濃度 ≤ 2.35	6	10.0	0.0696	4.18
2.35 < 濃度 (μmol/L)	1	1.7	0.0468	2.81
總和	60	100	1	60

表 11-5　合併表 11-4 前後細格後之各組人數、期望人數及標準化殘差平方

血清視黃醇濃度組別	觀察個數 (O)	期望個數 (E)	殘差 (O−E)	標準化殘差	標準化殘差平方
濃度 (μmol/L) ≤ 1.45	7	6.60	0.4	0.156	0.024
1.45 < 濃度 ≤ 1.60	6	7.13	−1.13	−0.423	0.179
1.60 < 濃度 ≤ 1.75	9	10.14	−1.14	−0.358	0.128
1.75 < 濃度 ≤ 1.90	12	11.47	0.53	0.156	0.024
1.90 < 濃度 ≤ 2.05	13	10.31	2.69	0.838	0.702
2.05 < 濃度 ≤ 2.20	6	7.36	−1.36	−0.501	0.251
2.20 < 濃度 (μmol/L)	7	6.99	0.01	0.004	0.000
總和	60	60	0	—	1.309

參考文獻

Hogg, R. V. & Tais, E. A. (2014). *Probability and Statistical INference* (9 edition). New Jersey: Pearson.

習題十一

1. 某研究抽樣調查某地區 295 位婦科醫生，其中有 90 位醫師每年執行至少一次剖腹產手術，試以 $\alpha = 0.05$ 的顯著水準，檢定該地區婦科醫生每年執行至少一次剖腹產手術的比率是否不到 35%？
2. 根據某項宣稱，在美國選擇慢跑做為休閒活動的比率為 $p=0.25$。某鞋商認為 p 應大於 0.25。他們決定檢定 $H_0: p \leq 0.25$ 相對於 $H_a: p > 0.25$。如果樣本數 $n=5,757$ 的隨機樣本中有 $y=1,497$ 個人選擇慢跑做為休閒活動。當顯著水準 α 為 0.05 時，你的結論為何？
3. 某研究調查 7 歲至 12 歲男孩共 2,428 位，其中有 461 人被判定超重或肥胖，試問在 $\alpha=0.05$ 的顯著水準下，此超重或肥胖的比率是否顯著地高於 15%？
4. 某機器在平常狀態下所生產的產品不良率為 1%，今抽檢該機器之產品 150 個，發現有 3 個不良品，試以 $\alpha=0.05$ 的顯著水準，檢定該機器狀態是否已不佳？
5. 已知慢性血癌 5 年存活率為 0.2，追蹤 30 位慢性血癌病患，共有 9 位存活 5 年以上，試以 $\alpha=0.05$ 的顯著水準，檢定所收集樣本的 5 年存活率是否與 0.2 有顯著地差異存在？
6. 某研究訪問了 50 位婦女，研究人員發現其中有 5 位受訪者在近 6 個月至少每週會有暴食行為的發作。試以 $\alpha=0.05$ 的顯著水準，檢定所收集的樣本在近 6 個月有暴食行為的比率是否顯著地低於 20%？
7. 已知 A 牌殺蟑藥市占率約為 10%，為了提升其市占率，該公司推出系列廣告以提高銷路，為檢討該系列廣告是否能成功提升市占率，今隨機抽取 200 名消費者，有 45 位會購買 A 牌殺蟑藥，試以 $\alpha=0.05$ 的顯著水準，檢定該系列廣告是否成功？
8. 已知美國德州西班牙裔婦女空腹血糖異常 (Impaired Fasting Glucose, IFG) 比率約為 6.3%，今調查居住在聖安東尼奧 (San Antonio) 的西裔婦女共 301 位，其中有 24 名婦女被歸類在 IFG 階段，試以 $\alpha=0.05$ 的顯著水準，檢定聖安東尼奧西裔婦女空腹血糖異常比率是否高於 6.3%？
9. 連續投擲一骰子 100 次，其出現點數之次數分布如下：

點數	1	2	3	4	5	6
次數	18	16	20	22	14	10

試以 $\alpha=0.05$ 的顯著水準，檢定該骰子是否公正？
10. 有一豌豆實驗，得 315 個圓而黃的，108 個圓而綠的，101 個皺而黃的，32 個皺而綠的。依孟德爾 (Mendel) 遺傳理論比例應為 9：3：3：1。試以 $\alpha=0.05$ 的顯著水準，檢定此實驗結果是否符合遺傳理論？
11. 某中學體育老師要瞭解學生對球類運動的喜好程度是否因其類別而有不同，今隨機抽取 200 位中學生，並請他們自下列 5 種球類運動中選取自己最喜歡的一種，得到最喜好籃球的有 52 人、棒球有 48 人、排球有 44 人、羽球有 30 人、桌球有 26 人，試以 $\alpha=0.05$ 的顯著水準檢定之。

Chapter 12

類別資料的比較檢定(二)：兩個或多個母體比率之比較

上一章探討單一**母體比率** (population proportion) 與設定值之比較，包括母體被某一變項劃分成兩類時，以 Z 檢定進行某一類所占比率與某一特定值之比較，以及母體分成三類以上時，以適合度卡方檢定進行母體分布 (各類所占之比率) 與某一特定分布之比較。本章將一個母體延伸到兩個或多個母體的探討，包括兩個母體同時被某一變項各自劃分成兩類時，如何進行兩母體在某一類所占比率之比較檢定；被劃分成三類以上時，如何進行兩個母體分布之比較檢定；以及擴大到多個母體分布 (多個類別各類所占之比率) 之比較檢定。本書期望讀者透過本章的學習應該能：

1. 指出兩母體比率比較之 Z 檢定的適用時機。
2. 指出卡方檢定與 Z 檢定的關係。
3. 指出卡方比率同質性檢定的假設及其適用時機。
4. 利用邦費羅尼校正法來進行卡方比率同質性事後成對比較。
5. 指出費雪精確性檢定的適用時機。
6. 指出麥內瑪卡方檢定的適用時機。
7. 利用 Kappa 係數檢定兩種診斷方法之診斷結果是否一致。
8. 進行簡易之診斷檢驗的評價。
9. 使用 SPSS 進行本章各項統計工作。

一、實務問題

在實務上常見到兩個或多個母體比率之比較的問題，例如：

1. 初次分娩年齡超過 30 歲的婦女與初次分娩年齡未超過 30 歲的婦女罹患乳癌的比率是否有差異？
2. 探討五種治療阿茲海默症藥物對病患之病情改善程度 (分大幅改善、稍微改善、毫無改善三種程度) 分布是否相同？
3. 日常食物鹽份攝取為非少鹽者與少鹽者其死於心血管疾病 (CVD) 的比率是否相同？
4. 探討是否曾使用口服避孕藥的婦女其子宮內膜癌的發病率是否相同？
5. 探討靜脈注射吸毒者中，不同家庭年收入者 (分為小於 30 萬、介於 30 萬到 60 萬、超過 60 萬等三類) 其 HIV 陽性比率是否有差異？
6. 在某國家醫療資料庫中，搜尋雙胞胎中一人罹患肺癌而另一人未罹患肺癌的案例，記錄雙胞胎中「有一位罹患肺癌且吸菸，而另一位是未罹患肺癌且無吸菸」的對數；以及記錄雙胞胎中「有一位罹患肺癌卻無吸菸，而另一位是未罹患肺癌卻有吸菸」的對數。據此數據回答有無吸菸者罹患肺癌的比率是否相同？
7. 由癌症臨床分期與病理分期所得數據，比較在各分期 (共分四期) 的比率結果是否一致？
8. 根據某醫院對其病患進行滿意度調查，探討門診病患、一般住院病房病患、加護病房病患、急診病患在滿意程度 (分很滿意、滿意、不滿意、很不滿意等四類) 之分布是否相同？

上述實務問題，包括了兩組獨立樣本在某一類別變項 (分兩類) 之某一類所占比率之比較 (如問題 1、3、4)；三組獨立樣本在某一類別變項 (分兩類) 之某一類所占比率之比較 (如問題 5)；五組獨立樣本在某一類別變項 (分三類) 之各類所占比率之比較 (如問題 2)；四組獨立樣本在某一類別變項 (分四類) 之各類所占比率之比較 (如問題 8)；兩組相依樣本在某一類別變項 (分兩類) 之某一類所占比率之比較 (如問題 6)；兩組相依樣本在某一類別變項 (分四類) 之各類所占比率之比較 (如問題 7)。如何解答上述各個實務問題，以下各節將有詳盡的說明。

二、Z 檢定

較晚生育的婦女被認為較易罹患乳癌，今採用病例對照研究來檢驗上述說法，共檢視 322 位患有乳癌且至少生過一胎的婦女 (病例組) 的病歷，其中有 69 位生第一胎時的年齡 (以下簡稱初次分娩年齡) 超過 30 歲 (占 21.43%)；同時檢視 966 位未患乳癌且至少生過一胎的婦女 (對照組) 的病歷，其中 141 位初次分娩年齡超過 30 歲 (占 14.60%)，我們要如何判斷造成兩組初次分娩年齡超過 30 歲的比率之差異，是實質性的？還是偶然性的？

在寫出上述問題之檢定假說前，我們以下列符號來簡化敘述：令 p_1 為至少生過一胎的乳癌婦女中初次分娩年齡超過 30 歲者的比率，p_2 為至少生過一胎之未患乳癌婦女中初次分娩年齡超過 30 歲者的比率。上述問題等價於 p_1 與 p_2 這兩個母體比率是否有差異，其虛無假說 H_0 為「$p_1=p_2=p$」，而對立假說 H_a 為「$p_1 \neq p_2$」。進行此檢定之檢定值為 $Z = \dfrac{\hat{p}_1 - \hat{p}_2}{\sqrt{\hat{p}(1-\hat{p})(1/n_1 + 1/n_2)}}$，故當 $n_1 p \geq 5$、$n_1(1-p) \geq 5$、$n_2 p \geq 5$ 以及 $n_2(1-p) \geq 5$，而顯著水準為 α 時，若 $|Z| \geq z_{\alpha/2}$，則拒絕 H_0；若 $|Z| < z_{\alpha/2}$，則不拒絕 H_0[1]。在上例中，$\hat{p}$ 之觀測值 $= \dfrac{69+141}{322+966} = 0.1630$，$Z$ 之觀測值 $= \dfrac{0.2143 - 0.1460}{\sqrt{0.1630(1-0.1630)(1/322 + 1/966)}} = 2.87 > 1.96$，故拒絕兩母體比率無差異的虛無假說 H_0。

上述兩組獨立樣本比率比較之 Z 檢定，並無法應用在三組以上 (多組) 樣本在某一類比率之比較，也無法應用在兩組樣本在三類以上 (多類) 比率之比較，更遑論應用在多組樣本在多類比率之比較。為了能將 Z 檢定推廣到上述各情境，我們以列聯表 (contingency table) 來呈現上述案例資料 (如表 12-1 所示)。

在表 12-1 中，4 個細格觀察個數記為 O_{11}、O_{12}、O_{21}、O_{22}，假設病例組中初

---

[1] 依據兩組樣本比率之差距 ($\hat{p}_1 - \hat{p}_2$) 的大小，可以幫助我們判斷是否應該拒絕上述虛無假說 H_0。當病例組 (乳癌組) 的樣本數 (n_1) 與對照組 (未患乳癌組) 的樣本數 (n_2) 足夠大 [即 $n_1 p \geq 5$、$n_1(1-p) \geq 5$、$n_2 p \geq 5$，以及 $n_2(1-p) \geq 5$] 且 H_0 成立的時候，$\hat{p}_1$ 近似於 $N(p, p(1-p)/n_1)$，$\hat{p}_2$ 近似於 $N(p, p(1-p)/n_2)$。由於兩組樣本是獨立的，因此有 $\hat{p}_1 - \hat{p}_2$ 近似於 $N(0, p(1-p)(1/n_1 + 1/n_2))$，換言之，$\dfrac{\hat{p}_1 - \hat{p}_2}{\sqrt{p(1-p)(1/n_1 + 1/n_2)}}$ 近似於標準常態分布 $N(0, 1)$。然而 p 是未知的，在 H_0 成立的時候，我們可用兩組所有的資料來估計 p，亦即以總樣本數 (n_1+n_2) 中初次分娩年齡超過 30 歲的比率來估計之，故 $\hat{p} = \dfrac{n_1 \hat{p}_1 + n_2 \hat{p}_2}{n_1 + n_2}$ 為 $\hat{p}_1$ 和 $\hat{p}_2$ 的加權平均。綜上可知，在樣本數足夠大且 H_0 成立的時候，$Z = \dfrac{\hat{p}_1 - \hat{p}_2}{\sqrt{\hat{p}(1-\hat{p})(1/n_1 + 1/n_2)}}$ 近似於標準常態分布。

表 12-1　病例對照研究之 2×2 列聯表中觀察資料 (以乳癌研究為例)

觀察個數		成因		總和
		有暴露 (超過 30 歲)	無暴露 (未超過 30 歲)	
結果	有病 (病例組)	$O_{11}=x_1=69$	$O_{12}=n_1-x_1=253$	$n_1=322$
	沒病 (對照組)	$O_{21}=x_2=141$	$O_{22}=n_2-x_2=825$	$n_2=966$
	總和	$x_1+x_2=210$	$(n_1+n_2)-(x_1+x_2)=1,078$	$n_1+n_2=1,288$

次分娩超過 30 歲者的觀察個數 O_{11} 為 x_1 (在前述乳癌研究的例子中 $x_1=69$)，對照組初次分娩超過 30 歲者的觀察個數 O_{21} 為 x_2 (在前述乳癌研究的例子中 $x_2=141$)，故有 $\hat{p}_1$ 之觀測值 $=x_1/n_1$ (如 69/322)、$\hat{p}_2$ 之觀測值 $=x_2/n_2$ (如 141/966)、$\hat{p}$ 之觀測值 $=\dfrac{x_1+x_2}{n_1+n_2}$ (如 $\dfrac{69+141}{322+966}$)。據此資料，可算得各細格期望個數 (E_{ij})，將兩組獨立樣本比率差異之標準化觀測值取平方可得 $z^2=\dfrac{(O_{11}-E_{11})^2}{E_{11}}+\dfrac{(O_{12}-E_{12})^2}{E_{12}}+\dfrac{(O_{21}-E_{21})^2}{E_{21}}+\dfrac{(O_{22}-E_{22})^2}{E_{22}}$，其中 O_{ij} 及 E_{ij} 如表 12-1 與表 12-2 所示[2]。

換言之，在 4 個細格期望個數皆 ≥ 5 及虛無假設成立的條件下，各細格標準化殘差平方之和 $\sum_{i=1}^{2}\sum_{j=1}^{2}\dfrac{(O_{ij}-E_{ij})^2}{E_{ij}}$ 近似於自由度為 1 之卡方分布 $\chi^2(1)$。因此，當顯著水準為 α 時，若 $\chi^2 \geq \chi^2_\alpha(1)$，則拒絕 H_0；若 $\chi^2 < \chi^2_\alpha(1)$，則不拒絕 H_0。顯然此卡

---

[2] $z^2=\dfrac{(\hat{p}_1-\hat{p}_2)^2}{\hat{p}(1-\hat{p})(1/n_1+1/n_2)}=\dfrac{(x_1/n_1-x_2/n_2)^2}{\hat{p}(1-\hat{p})(1/n_1+1/n_2)}=\dfrac{[(x_1n_2-x_2n_1)/(n_1n_2)]^2}{\hat{p}(1-\hat{p})[(n_1+n_2)/(n_1n_2)]}=\dfrac{(x_1n_2-x_2n_1)^2/(n_1+n_2)}{\hat{p}(1-\hat{p})n_1n_2}$

$=\dfrac{[n_2/(n_1+n_2)][(x_1n_2-x_2n_1)/\sqrt{n_1+n_2}]^2}{\hat{p}(1-\hat{p})n_1n_2}+\dfrac{[n_1/(n_1+n_2)][(x_1n_2-x_2n_1)/\sqrt{n_1+n_2}]^2}{\hat{p}(1-\hat{p})n_1n_2}$

$=\dfrac{[(x_2n_1-x_1n_2)/(n_1+n_2)]^2}{\hat{p}(1-\hat{p})n_1}+\dfrac{[(x_1n_2-x_2n_1)/(n_1+n_2)]^2}{\hat{p}(1-\hat{p})n_2}$

$=\dfrac{[(x_1n_1+x_2n_1)/(n_1+n_2)-(x_1n_1+x_1n_2)/(n_1+n_2)]^2}{\hat{p}(1-\hat{p})n_1}$

$+\dfrac{[(x_1n_2+x_2n_2)/(n_1+n_2)-(x_2n_1+x_2n_2)/(n_1+n_2)]^2}{\hat{p}(1-\hat{p})n_2}$

$=\dfrac{[n_1(x_1+x_2)/(n_1+n_2)-x_1]^2}{\hat{p}(1-\hat{p})n_1}+\dfrac{[n_2(x_1+x_2)/(n_1+n_2)-x_2]^2}{\hat{p}(1-\hat{p})n_2}$

$=\dfrac{[\hat{p}n_1-x_1]^2}{\hat{p}n_1}+\dfrac{[(1-\hat{p})n_1-(n_1-x_1)]^2}{(1-\hat{p})n_1}+\dfrac{[\hat{p}n_2-x_2]^2}{\hat{p}n_2}+\dfrac{[(1-\hat{p})n_2-(n_2-x_2)]^2}{(1-\hat{p})n_2}$

$=\dfrac{(O_{11}-E_{11})^2}{E_{11}}+\dfrac{(O_{12}-E_{12})^2}{E_{12}}+\dfrac{(O_{21}-E_{21})^2}{E_{21}}+\dfrac{(O_{22}-E_{22})^2}{E_{22}}$

表 12-2 病例對照研究之 2×2 列聯表中期望資料 (以乳癌研究為例)

期望個數		成因		總和
^	^	有暴露 (超過 30 歲)	無暴露 (未超過 30 歲)	^
結果	有病 (病例組)	$E_{11}=\hat{p}\times n_1=52.5$	$E_{12}=(1-\hat{p})\times n_1=269.5$	$n_1=322$
^	沒病 (對照組)	$E_{21}=\hat{p}\times n_2=157.5$	$E_{22}=(1-\hat{p})\times n_2=808.5$	$n_2=966$
總和		$\hat{p}\times(n_1+n_2)=210$	$(1-\hat{p})\times(n_1+n_2)=1{,}078$	$n_1+n_2=1{,}288$

方檢定與前述之 Z 檢定等價，但兩組獨立樣本比率差異之 Z 檢定，無法應用於多組樣本在單一比率之比較，也無法應用於兩組或多組樣本在多類比率之比較，而卡方檢定卻可以推廣到上述各情境。

在 SPSS 中，讀者很容易便可獲得卡方檢定結果。首先，開啟 SPSS 新資料集，並輸入三個變項，一個命名為 sick，其值依次為 1 (代表有病) 和 2 (代表沒病)；另一個命名為 year，其值依次為 1 (代表超過 30 歲) 和 2 (代表未超過 30 歲)；另一個命名為 n，其值依次為 69、253、141、825，代表各類別相應人數，如圖 12-1 所示。其次，按「資料 (D)/加權觀察值 (W)」，接著點選「觀察值加權依據 (W)」，然後將 n 選入「次數變數 (F)」中並按「確定」。接著，按「分析 (A)/描述性統計資料 (E)/交叉表 (C)」(見圖 12-2)；之後，將 sick 變項選入「列 (O)」，將 year 變項選入「直欄 (C)」(見圖 12-3)；然後，按「統計資料 (S)」，並勾選「卡方 (H)」，以及按「儲存格 (E)」，並勾選「觀察值 (O)」與「期望 (E)」，最後按「確定」。

在上述 SPSS 的分析結果中，包含了名為「sick*year 交叉列表」的報表，此報表綜合了表 12-1 及表 12-2 的數據，在此省略。此外，在名為「卡方測試」的報表 (見圖 12-4) 中，第一列為「皮爾森 (Pearson) 卡方」的數值為 8.261，換言

	sick	year	n
1	1.00	1.00	69.00
2	1.00	2.00	253.00
3	2.00	1.00	141.00
4	2.00	2.00	825.00
5			

圖 12-1 建立婦女罹患乳癌與初次分娩年齡之相關研究資料集示意圖

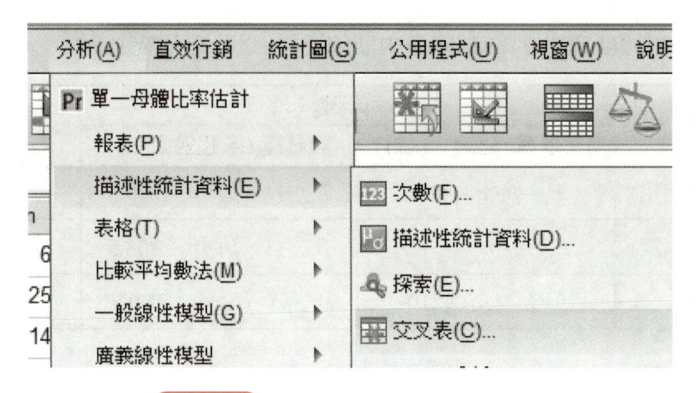

圖 12-2　SPSS 交叉表程序位置圖

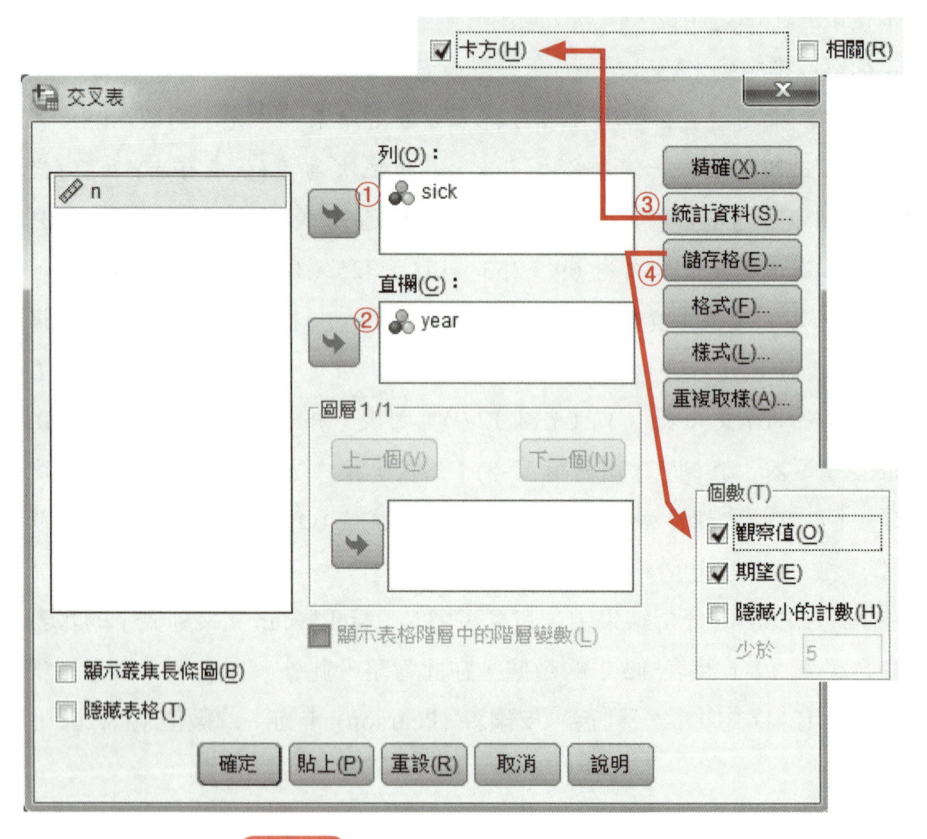

圖 12-3　SPSS 交叉表程序選項及設定

卡方測試

	數值	df	漸近顯著性 (2端)	精確顯著性 (2端)	精確顯著性 (1端)
皮爾森 (Pearson) 卡方	8.261[a]	1	.004		
持續更正[b]	7.768	1	.005		
概似比	7.873	1	.005		
費雪 (Fisher) 確切檢定				.005	.003
線性對線性關聯	8.255	1	.004		
有效觀察值個數	1,288				

a. 0 資料格 (0.0%) 預期計數小於 5。預期的計數下限為 52.50。
b. 只針對 2×2 表格進行計算。

圖 12-4 SPSS 交叉表程序之卡方檢定分析結果報表

之，$\chi^2 = \sum_{i=1}^{2}\sum_{j=1}^{2}\frac{(O_{ij} - E_{ij})^2}{E_{ij}} = 8.261$，自由度為 1；由於虛無假說是「有、無乳癌的婦女初次分娩年齡超過 30 歲的比率並無差異」，故由雙尾 p 值 0.004 小於顯著水準 0.05，應拒絕無差異之虛無假說。此時 $z = \sqrt{8.261} = 2.87$，即為前述 Z 檢定的結果。

在圖 12-4 中，第二列為持續更正，其數值為 7.768，它就是在第四章曾經提及的連續校正 (continuity correction)，用來增加以連續型之常態分布來逼近離散型之二項分布的精確度，故連續校正後的卡方值為 $\sum_{i=1}^{2}\sum_{j=1}^{2}\frac{(|O_{ij} - E_{ij}| - \frac{1}{2})^2}{E_{ij}}$ =7.768，由雙尾 p 值 0.005 小於顯著水準 0.05，應拒絕無差異之虛無假說。此時連續校正後的 $z = \sqrt{7.768} = 2.79$，其中連續校正後的 $z = \frac{|\hat{p}_1 - \hat{p}_2| - (\frac{1}{2n_1} + \frac{1}{2n_2})}{\sqrt{\hat{p}(1-\hat{p})(1/n_1 + 1/n_2)}}$

$= \frac{|0.2143 - 0.1460| - (\frac{1}{2 \times 322} + \frac{1}{2 \times 966})}{\sqrt{0.1630(1 - 0.1630)(1/322 + 1/966)}} = 2.79$。

第三列為概似比 (likelihood-ratio)，Wilk (1935) 認為當期望個數很小時，卡方值計算結果會有偏差，他建議改用有偏性卡方值 (bias chi-square)，其公式為：
$G^2 = 2\sum_{i=1}^{2}\sum_{j=1}^{2}O_i \times \text{Log}(O_i / E_i)$，此時近似自由度為 (2 − 1)×(2 − 1) 之卡方分布。於此

例 G^2=7.873，由雙尾 p 值 0.005 小於顯著水準 0.05，應拒絕無差異之虛無假說。

第二行列的是卡方自由度，我們可以這樣理解卡方的自由度：在固定邊際個數的列聯表，可以「自由」賦予數字的細格數。例如，在諸如表 12-1 的 2×2 列聯表中，只有 1 個自由度，這是因為若 O_{11} 的數字決定了，那麼 O_{12} 也就沒有自由了，其值便被 O_{11} 這個數字決定 ($O_{12}=n_1-O_{11}$)，O_{21} 和 O_{22} 的情況也是一樣 [$O_{21}=(x_1+x_2)-O_{11}$、$O_{22}=n_2-O_{21}$]，只有一個細格是自由的，一旦賦予某細格數字，其他的細格由於邊際個數固定，便沒有自由，其數字都被決定了，故 2×2 列聯表的自由度為 1。我們可以證得，在固定邊際個數的 R×C 列聯表，可以「自由」賦予數字的細格數為 (R－1)×(C－1)，因此同樣可算得 2×2 列聯表的自由度為 (2－1)×(2－1)=1。

三、比率同質性卡方檢定

如前一節所述，卡方檢定可以應用於兩組或多組獨立樣本在單一比率之比較，也可以應用於兩組或多組獨立樣本在多類比率之比較，這些問題的檢定統稱為比率同質性卡方檢定。例如，我們以前瞻性研究來探討婦女初次分娩年齡對乳癌的影響，針對 35 歲到 40 歲且至少生過一胎的健康婦女，依初次分娩年齡分成 5 組，每組各有 4,000 人，總計共有 20,000 人，並經長期追蹤 15 年，期間罹患乳癌人數如表 12-3 所示。

上述前瞻性研究主要在探討各初次分娩年齡之婦女群體其乳癌發生率是否相等，換言之，若令 p_i 為第 i 組婦女在 15 年追蹤期間罹患乳癌的比率，則其虛無假說 H_0 為「五個母體罹患乳癌的比率無差異，即 $p_1=p_2=p_3=p_4=p_5=p$」，而對立假說 H_a 為「至少有兩母體(記為 i, j) 罹患乳癌的比率有差異，即 $p_i \neq p_j$」。

表 12-3 婦女初次分娩年齡對乳癌影響之前瞻性研究案例觀察資料

觀察個數		初次分娩年齡 (y)					總和
		y<20	20≤y<25	25≤y<30	30≤y<35	y≥35	
乳癌	有	O_{11}=3	O_{12}=4	O_{13}=7	O_{14}=15	O_{15}=19	48
	無	O_{21}=3,997	O_{22}=3,996	O_{23}=3,993	O_{24}=3,985	O_{25}=3,981	19,952
總和		4,000	4,000	4,000	4,000	4,000	20,000
乳癌比率 (%)		0.075	0.1	0.175	0.375	0.475	0.24

表 12-4　婦女初次分娩年齡對乳癌影響之前瞻性研究案例期望資料

期望個數		初次分娩年齡 (y)					總和
		y<20	20≤y<24	25≤y<29	30≤y<34	y≥35	
乳癌	有	E_{11}=9.6	E_{12}=9.6	E_{13}=9.6	E_{14}=9.6	E_{15}=9.6	48
	無	E_{21}=3,990.4	E_{22}=3,990.4	E_{23}=3,990.4	E_{24}=3,990.4	E_{25}=3,990.4	19,952
總和		4,000	4,000	4,000	4,000	4,000	20,000

虛無假說為真的前提下，$\hat{p}$=48/20000=0.0024，故可獲得各細格期望個數 (見表 12-4)。

表 12-3 為 2×5 列聯表，算得自由度為 (2−1)×(5−1)=4，可證得在虛無假說為真的前提下，$\sum_{i=1}^{2}\sum_{j=1}^{5}\frac{(O_{ij}-E_{ij})^2}{E_{ij}}$ 近似於自由度為 4 之卡方分布 $\chi^2(4)$。由於 $\chi^2 = \sum_{i=1}^{2}\sum_{j=1}^{5}\frac{(O_{ij}-E_{ij})^2}{E_{ij}}=20.8 > \chi^2_{0.05}(4)=9.4877$ (見附表表 7)，故在顯著水準為 0.05 時，應拒絕「五個母體罹患乳癌的比率無差異」的虛無假說。

當我們在拒絕五個母體罹患乳癌的比率無差異的假說後，想要進一步知道差異到底發生在哪些母體之間，這時便要進行事後比較。事後比較基本上仍分成三種：一是未調整型 I 錯誤的事後比較，亦即兩兩母體間進行兩母體比率差異之 Z 檢定，共執行 C_2^5=10 次 Z 檢定，但此法有型 I 錯誤膨脹的問題；另一個是進行邦費羅尼校正，於此例即調整 α 為 0.05/10=0.005 (或將原 p 值乘以 10 成為調整後的 p 值)；最後一個是利用兩母體比率差異之同時信賴區間進行檢定，它等價於 z 值原本是與 1.96 比較 (或 z^2 值與 1.96^2=3.84 比較)，現在改成 z 值與 $\sqrt{9.4877}$ 比較 (或 z^2 值與 9.4877 比較)。MacDonald 和 Gardner (2000) 的模擬研究建議採用邦費羅尼校正法來進行卡方事後成對比較 (pairwise comparisons)，在 SPSS 程序中也附有邦費羅尼校正法，故本節不再贅述他法及實際的筆算經過。

在前例中，於拒絕虛無假說後，我們要進行 10 個成對比較。首先，在 SPSS 中輸入如圖 12-5 的資料集，其中包含三個變項，一個命名為 sick，其值依次為 1 (代表有病) 和 2 (代表沒病)；另一個命名為 year，其值依次為 1 (代表小於 20 歲)、2 (代表介於 20 到 24 歲)、3 (代表介於 25 到 29 歲)、4 (代表介於 30 到 34 歲) 和 5 (代表 35 歲以上)；另一個命名為 n，其值代表各類別相應人數。其次，按「資料 (D)/加權觀察值 (W)」，接著點選「觀察值加權依據 (W)」，然後將 n 選入「次數

	sick	year	n
1	1.00	1.00	3.00
2	1.00	2.00	4.00
3	1.00	3.00	7.00
4	1.00	4.00	15.00
5	1.00	5.00	19.00
6	2.00	1.00	3997.00
7	2.00	2.00	3996.00
8	2.00	3.00	3993.00
9	2.00	4.00	3985.00
10	2.00	5.00	3981.00

圖 12-5　建立表 12-3 資料集之示意圖

變數 (F)」中並按「確定」。接著，「分析 (A)/描述性統計資料 (E)/交叉表 (C)」（見圖 12-2）；之後，將 sick 變項選入「列 (O)」，將 year 變項選入「直欄 (C)」（見圖 12-3）；然後，按「統計資料 (S)」，並勾選「卡方 (H)」，以及按「儲存格 (E)」，並勾選個數 (T) 中的「觀察值 (O)」、Z 檢定中的「比較直欄比例 (P)」及「調整 p 值 (Bonferroni 方法)」與百分比中的「直欄 (C)」（見圖 12-6），最後按「確定」。

圖 12-7 為 SPSS 執行後的部分結果，下方卡方值為 20.8 ($p<0.001$) 與筆算結

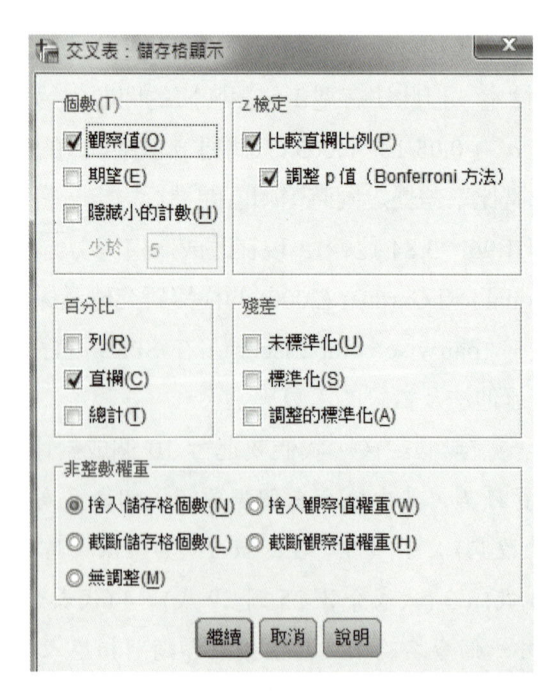

圖 12-6　SPSS 交叉表程序中的卡方事後邦費羅尼成對比較選項位置圖

果相同,可得知至少有兩個母體罹患乳癌的比率有顯著差異。圖 12-7 的上方為邦費羅尼事後比較的結果,當下標字母相同表示在 0.05 顯著水準下無顯著差異。例如,第 1 組 (初次分娩年齡小於 20 歲) 下標為 a,故與第 2 組和第 3 組無顯著差異。由邦費羅尼事後比較可知,第 4 組 (初次分娩年齡介於 30 到 34 歲) 罹患乳癌的比率 (0.4%) 顯著地高於第 1 組 (初次分娩年齡小於 20 歲) ($p<0.05$) 罹患乳癌的比率 (0.1%)、第 5 組 (初次分娩年齡為 35 歲以上) 罹患乳癌的比率 (0.5%) 顯著地高於第 1 組 (初次分娩年齡小於 20 歲) ($p<0.05$)、第 5 組 (初次分娩年齡為 35 歲以上) 罹患乳癌的比率顯著地高於第 2 組 (初次分娩年齡介於 20 到 24 歲) ($p<0.05$) 罹患乳癌的比率 (0.1%),皆為初次分娩年齡愈大者其罹患乳癌的比率愈高。

擴大到多個母體分布 (多個類別各類所占之比率) 之比較時,上述檢定程序仍可適用。例如,假設一組研究人員隨機分配 1,000 名阿茲海默症病患到四組,每組各 250 人,治療中使用不同藥物 (分為膽鹼能藥物組、顆粒球生長激素組、腦細胞代謝激活劑組、鈣離子拮抗劑組) 的給藥,在服藥 6 個月後評估每個病人的病情改善程度,取得了以下結果 (見表 12-5)。

上述研究主要在探討使用四種治療阿茲海默症藥物者之病情改善程度分布是否

sick*year 交叉列表

		year 1.00	year 2.00	year 3.00	year 4.00	year 5.00	總計
sick	1.00 計數	3a	4a, b	7a, b, c	15 b, c	19c	48
	year 內的 %	0.1%	0.1%	0.2%	0.4%	0.5%	0.2%
	2.00 計數	3997a	3996a, b	3993a, b, c	3985b, c	3981c	19952
	year 內的 %	99.9%	99.9%	99.8%	99.6%	99.5%	99.8%
總計	計數	4000	4000	4000	4000	4000	20000
	year 內的 %	100.0%	100.0%	100.0%	100.0%	100.0%	100.0%

每一個下標字母都表示 year 種類的子集,在 .05 層次上其直欄比例彼此之間沒有明顯的不同。

卡方測試

	數值	df	漸近顯著性 (2 端)
皮爾森 (Pearson) 卡方	20.800[a]	4	.000
概似比	20.976	4	.000
線性對線性關聯	19.306	1	.000
有效觀察值個數	20000		

a. 0 資料格 (0.0%) 預期計數小於 5。預期的計數下限為 9.60。

圖 12-7 婦女初次分娩年齡對乳癌影響之卡方檢定及事後比較結果

表 12-5　使用四種治療阿茲海默症藥物者之病情改善程度研究案例觀察資料

觀察個數 (直欄 %)		藥物組別				總和
		膽鹼能 藥物	顆粒球 生長激素	腦細胞代謝 激活劑	鈣離子 拮抗劑	
病情改善程度	大幅改善	$O_{11}=50$ (20%)	$O_{12}=70$ (28%)	$O_{13}=42$ (16.8%)	$O_{14}=42$ (16.8%)	204
	稍微改善	$O_{21}=100$ (40%)	$O_{22}=93$ (37.2%)	$O_{23}=83$ (33.2%)	$O_{24}=108$ (43.2%)	384
	毫無改善	$O_{31}=100$ (40%)	$O_{32}=87$ (34.8%)	$O_{33}=125$ (50%)	$O_{34}=100$ (40%)	412
總和		250	250	250	250	1,000

表 12-6　使用四種治療阿茲海默症藥物者之病情改善程度研究案例期望資料

期望個數		藥物組別				總和
		膽鹼能 藥物	顆粒球 生長激素	腦細胞代謝 激活劑	鈣離子 拮抗劑	
改善程度	大幅改善	$E_{11}=51$	$E_{12}=51$	$E_{13}=51$	$E_{14}=51$	204
	稍微改善	$E_{21}=96$	$E_{22}=96$	$E_{23}=96$	$E_{24}=96$	384
	毫無改善	$E_{31}=103$	$E_{32}=103$	$E_{33}=103$	$E_{34}=103$	412
總和		250	250	250	250	1,000

相等，換言之，若令 p_{ij} 為第 j 組病患在服藥 6 個月後其病情改善程度被評估為第 i 個類別 ($i=1$ 代表「大幅改善」、$i=2$ 代表「稍微改善」、$i=3$ 代表「毫無改善」) 的比率，則其虛無假說 H_0 為「四個母體改善程度被評估為第 i 個類別的比率皆無差異，即 $p_{i1}=p_{i2}=p_{i3}=p_{i4}=p_i$，其中 $i=1, 2, 3$」，而對立假說 H_a 為「至少有兩個母體 (記為 s, t) 在至少某一類別 (記為 k) 上的比率有差異，即 $p_{ks}\neq p_{kt}$」。

在虛無假說為真的前提下，$\hat{p}_1=204/1,000=0.204$、$\hat{p}_2=384/1,000=0.384$、$\hat{p}_3=412/1,000=0.412$，故可獲得各細格期望個數 (見表 12-6)。

表 12-5 為 3×4 列聯表，算得自由度為 $(3-1)\times(4-1)=6$，可證得在虛無假說為真的前提下，$\sum_{i=1}^{3}\sum_{j=1}^{4}\frac{(O_{ij}-E_{ij})^2}{E_{ij}}$ 近似於自由度為 6 之卡方分布 $\chi^2(6)$。由於 $\chi^2=\sum_{i=1}^{3}\sum_{j=1}^{4}\frac{(O_{ij}-E_{ij})^2}{E_{ij}}=21.155 > \chi^2_{0.05}(6)=12.5916$ (見附表表 7)，故在顯著水準為

0.05 時，應拒絕「使用四種治療阿茲海默症藥物者之病情改善程度分布皆相等」的虛無假說。仿前述程序，可得圖 12-8 的 SPSS 報表。

圖 12-8 為 SPSS 執行後的部分結果，下方卡方值為 21.155 ($p<0.01$)，可得知至少有使用兩種治療阿茲海默症藥物者之病情改善程度分布有差異。由圖 12-8 中的上方邦費羅尼事後比較結果可知，第 2 組 (顆粒球生長激素) 在病情改善程度為大幅改善的比率顯著地高於第 3 組 (腦細胞代謝激活劑) ($p<0.05$) 及第 4 組 (鈣離子拮抗劑) ($p<0.05$)、第 3 組 (腦細胞代謝激活劑) 在病情改善程度為毫無改善的比率顯著地高於第 2 組 (顆粒球生長激素) ($p<0.05$)，其餘各組在其餘各病情改善程度類別上的比率皆無顯著差異 ($p>0.05$)。總之，採用顆粒球生長激素治療阿茲海默症者之病情改善程度與採用膽鹼能藥物治療者並無顯著差異，但比採用腦細胞代謝激活劑或鈣離子拮抗劑治療者皆有較佳的病情改善程度。

improvement* drug 交叉列表

			drug 1.00	drug 2.00	drug 3.00	drug 4.00	總計
improvement	1.00	計數	50a, b	70b	42a	42a	204
		drug 內的 %	20.0%	28.0%	16.8%	16.8%	20.4%
	2.00	計數	100a	93a	83a	108a	384
		drug 內的 %	40.0%	37.2%	33.2%	43.2%	38.4%
	3.00	計數	100a, b	87b	125a	100a, b	412
		drug 內的 %	40.0%	34.8%	50.0%	40.0%	41.2%
總計		計數	250	250	250	250	1000
		drug 內的 %	100.0%	100.0%	100.0%	100.0%	100.0%

每一個下標字母都表示 drug 種類的子集，在 .05 層次上其直欄比例彼此之間沒有明顯的不同。

卡方測試

	數值	df	漸近顯著性 (2 端)
皮爾森 (Pearson) 卡方	21.155[a]	6	.002
概似比	20.479	6	.002
線性對線性關聯	2.826	1	.093
有效觀察值個數	1000		

a. 0 資料格 (0.0%) 預期計數小於 5。預期的計數下限為 51.00。

圖 12-8 阿茲海默症藥物之病情改善程度之卡方檢定及事後比較結果

四、費雪精確性檢定

前述的卡方檢定如同在第十一章所提及的一樣，仍是一種近似的漸近檢定，一般而言，若在交叉表中有超過 20% 細格的期望個數小於 5，則此時卡方檢定便不適用，需實際計算統計量相關事件的真實機率，以進行精確檢定。本節僅介紹適用 2×2 列聯表的**費雪精確性檢定** (Fisher's exact test) p 值的計算，其餘情況的精確性檢定 p 值的計算，本書將省略不再細說。

我們以下面的例子來說明如何計算費雪精確性檢定 p 值。某回溯性研究探討日常食物鹽份攝取與**心血管疾病** (CVD) 死亡率的關係，收集某地區在近一個月內 50 歲到 54 歲男性死亡者，共 60 位，並以其死因區分成 CVD 致死者 (病例組) 35 人及非 CVD 致死者 (對照組) 25 人，並從其生前飲食習慣歸類為少鹽者或非少鹽者，其各類人數統計及期望個數請分別見表 12-7、表 12-8。

面對 2×2 列聯表，如果我們想要以卡方檢定 (或 Z 檢定，兩者等價)，來檢驗日常食物鹽份攝取為非少鹽者其死於 CVD 的比率是否與少鹽者相等，那麼需要每個細格的期望個數皆大於等於 5，否則無法利用此時所算得的 p 值來進行決策。由表 12-8 可知，本例有兩個細格的期望個數小於 5，故需計算精確 p 值。費雪精

表 12-7 鹽份攝取與 CVD 死亡率關係之研究的 2×2 列聯表觀察資料

觀察個數		日常食物鹽份攝取		總和
		非少鹽者	少鹽者	
死因	CVD (病例組)	6	29	35
	非 CVD (對照組)	1	24	25
	總和	7	53	60

表 12-8 鹽份攝取與 CVD 死亡率關係之研究的 2×2 列聯表期望資料

期望個數		日常食物鹽份攝取		總和
		非少鹽者	少鹽者	
死因	CVD (病例組)	4.1	30.9	35
	非 CVD (對照組)	2.9	22.1	25
	總和	7	53	60

表 12-9　邊際個數固定不變下之 2×2 列聯表的所有可能觀察資料

觀察個數 (a=0, 1, 2, 3, 4, 5, 6 或 7)		日常食物鹽份攝取		總和
^		非少鹽者	少鹽者	
死因	CVD 死亡 (病例組)	a	b	a+b=35
	非 CVD 死亡 (對照組)	c	d	c+d=25
總和		a+c=7	b+d=53	n=60

確性檢定 p 值的計算基本原理是假設表 12-9 的所有邊際個數都是固定不變的，因此四個細格觀察個數為 a, b, c, d 的機率為 P(a,b,c,d)，又由於所有邊際個數都是固定不變的，a 決定了，b、c、d 也就跟著決定了，故 $P(a, b, c, d) = P(a) = \dfrac{C_a^{a+b} C_c^{c+d}}{C_{a+c}^n}$ $= \dfrac{(a+b)!(c+d)!(a+c)!(b+d)!}{n!a!b!c!d!} = \dfrac{35!\,25!\,7!\,53!}{60!\,a!(35-a)!(7-a)!(25-(7-a))!}$，其中 a=0, 1, 2, 3, 4, 5, 6 或 7。所以，我們可以列出全部可能的 a 之機率：P(a=0)=0.001、P(a=1)=0.016、P(a=2)=0.082、P(a=3)=0.214、P(a=4)=0.312、P(a=5)=0.252、P(a=6)=0.105、P(a=7)=0.017。換言之，在邊際個數固定時，出現表 12-7 的觀察資料之機率為 P(a=6)=0.105。

費雪精確性單尾檢定 p 值，為表 12-7 的觀察資料 (a=6) 之機率及比它更極端的觀察資料 (a=7) 出現的機率和，亦即 P(a=6)+P(a=7)=0.105+0.017=0.122。我們也可以這樣理解這個機率和：從可能的 a 之出現機率小於等於 0.105 中取 a 大於等於 6 的機率之總和。是故費雪精確性雙尾檢定 p 值，為所有 a 之出現機率中小於等於表 12-7 之出現機率 (0.105) 之總和，亦即 P(a=6)+P(a=7)+P(a=0)+P(a=1)+P(a=2)=0.105+0.017+0.001+0.016+0.082=0.222。仿照圖 12-1 到圖 12-3 來建立 SPSS 資料集與執行交叉表程序，可獲得圖 12-9 的結果。

卡方測試

	數值	df	漸近顯著性(2 端)	精確顯著性(2 端)	精確顯著性(1 端)
皮爾森 (Pearson) 卡方	2.444 [a]	1	0.118		
持續更正 [b]	1.335	1	0.248		
概似比	2.760	1	0.097		
費雪 (Fisher) 確切檢定				0.222	0.122
線性對線性關聯	2.404	1	0.121		
有效觀察值個數	60				

a. 2 資料格 (50.0%) 預期計數小於 5。預期的計數下限為 2.92。
b. 只針對 2×2 表格進行計算。

費雪精確性單尾檢定 p 值
費雪精確性雙尾檢定 p 值

圖 12-9　SPSS 交叉表程序中的費雪精確性檢定 p 值

五、麥內瑪卡方檢定

為了檢驗治療香港腳的 A、B 兩種藥膏之療效，今找尋兩腳香港腳感染情況相似的病人共 300 人，隨機分配每人左、右腳各採一種藥膏進行為期四週的治療，其治療結果如表 12-10 所示。

顯然我們不能將塗抹 A 藥膏和塗抹 B 藥膏看成兩個各自擁有 300 個樣本之相互獨立的群體，前面所述的卡方檢定並不適用，總樣本數不是 600，而是 300 個配對，是配對樣本而非獨立樣本。在表 12-10，由於分析單位不對，無法讓我們得知有用的配對訊息：兩腳塗抹不同的藥，結果是同時治癒？同時未治癒？還是一腳治癒而另一腳未治癒？我們將以「配對」做為分析單位的訊息，整理成表 12-11。

表 12-10　治療香港腳的 A、B 兩種藥膏之療效研究資料表

觀察個數		香港腳藥膏		總和
		A 藥膏	B 藥膏	
療效	治癒	262	256	518
	未治癒	38	44	82
	總和	300	300	600

表 12-11 治療香港腳療效研究之配對資料表

A 藥膏	B 藥膏 治癒	B 藥膏 未治癒	總和
治癒	248	14	262
未治癒	8	30	38
總和	256	44	300

我們主要是要比較這兩種藥膏的療效，由於塗抹 A 藥膏治癒的機率可以寫成 P (A 治癒)=P (A 治癒且 B 治癒)+P (A 治癒且 B 未治癒)；塗抹 B 藥膏治癒的機率可以寫成 P (B 治癒)=P (B 治癒且 A 治癒)+P (B 治癒且 A 未治癒)。比較兩者之療效可以使用兩機率之差來衡量，又由於 P (A 治癒) − P (B 治癒)=P (A 治癒且 B 未治癒) − P (B 治癒且 A 未治癒)，因此哪一種藥膏有效，取決於兩者療效不一致的部分，如果 A 治癒而 B 未治癒者的人數 (n_A) 多於 B 治癒而 A 未治癒者的人數 (n_B)，代表 A 比 B 有效；反之，如果 B 治癒而 A 未治癒者多於 A 治癒而 B 未治癒者，代表 B 比 A 有效；若這兩類不一致的人數相同，那麼代表 A 和 B 一樣有效。

在兩類不一致的人數相同的假設下 (即虛無假設為兩種藥膏的療效相同)，各類不一致的期望人數皆為 $\frac{n_A + n_B}{2}$，故在大樣本時，

$$\sum_{i=1}^{2} \frac{(O_i - E_i)^2}{E_i} = \frac{(n_A - \frac{n_A + n_B}{2})^2}{\frac{n_A + n_B}{2}} + \frac{(n_B - \frac{n_A + n_B}{2})^2}{\frac{n_A + n_B}{2}} = \frac{(n_A - n_B)^2}{n_A + n_B}$$

近似自由度為 1 之卡方分布，稱為**麥內瑪卡方值** (McNemar's chi-square)。若進行連續校正，可得校正後卡方為

$$\sum_{i=1}^{2} \frac{(|O_i - E_i| - 0.5)^2}{E_i} = \frac{(|n_A - \frac{n_A + n_B}{2}| - 0.5)^2}{\frac{n_A + n_B}{2}} + \frac{(|n_B - \frac{n_A + n_B}{2}| - 0.5)^2}{\frac{n_A + n_B}{2}} = \frac{(|n_A - n_B| - 1)^2}{n_A + n_B}$$

在 SPSS，當不一致配對總數 (n_A+n_B) 超過 25，則視為大樣本，其報表會列出進行**連續校正後的麥內瑪卡方值** (continuity-corrected McNemar's chi-square)，並列出該值對應自由度為 1 之卡方分布之近似 p 值；若不一致配對總數 (n_A+n_B) 未超過 25，則列出由二項分布 B (n_A+n_B, 0.5) 所算出之精確 p 值。上述用來檢定兩相關樣本比率差異的統計方法被稱為**麥內瑪卡方檢定** (McNemar's chi-square test)。以前述表 12-11 為例，由於 $n_A+n_B=22$、$n_A=14$，故由附表表 3 可算得 (雙尾) 精確 p 值為附表表 3 中 n=22、

$p=0.5$ 所對應 $k=0, 1, 2, 3, 4, 5, 6, 7, 8$ 及 $22, 21, 20, 19, 18, 17, 16, 15, 14$ 的數值之總和,即精確 p 值 $=0.286$。所以麥內瑪卡方檢定是利用兩個相依樣本來檢定兩個母體在一個二分類變項的反應結果,具體言之,包括利用兩個相依樣本檢定兩個母體在此二分類變項的分布是否相同 [如檢定 P (A 治癒)＝P (B 治癒)、P (A 未治癒)＝P (B 未治癒),即邊際同質性的檢定],以及檢定兩個母體反應結果不一致處是否對稱 [如檢定 P (A 治癒且 B 未治癒)＝P (B 治癒且 A 未治癒),即對稱性檢定],對麥內瑪卡方檢定而言,這兩件事 (邊際機率是否相等、不一致處是否對稱) 是等價的,因此推廣麥內瑪卡方檢定有三個方向:

1. 邊際同質性的檢定 (marginal homogeneity test),將二分類變成多分類 (類別數超過 2),它可由二項分布推廣至多項分布來計算精確機率而加以推廣 (Agresti, 1990),以利用兩個相依樣本檢定在此多分類變項的分布是否相同;

2. 包卡爾對稱性檢定 (Bowker's test of symmetry),亦是將二分類變成多分類,以利用兩個相依樣本檢定在此多分類變項各類反應結果不一致處是否對稱,亦即檢定 P (A 為第 i 類別且 B 為第 j 類別)＝P (A 為第 j 類別且 B 為第 i 類別),其中 $i \neq j$;

3. 寇克蘭 Q 檢定 (Cochran's Q test),將兩個相依樣本變成多個相依樣本,以檢定多個母體在此二分類變項的分布是否相同,讀者可在習題處獲得有用的資訊。

若利用 SPSS 來進行麥內瑪卡方檢定,則需先建立表 12-11 的資料 (見圖 12-10),其中包含三個變項,一個命名為 a,其值依次為 1 (代表治癒) 和 2 (代表未治癒);另一個命名為 b,其值依次為 1 (代表治癒) 和 2 (代表未治癒);另一個命名為 n,其值代表各類別相應人數。其次,按「資料 (D)/加權觀察值 (W)」,接著點選「觀察值加權依據 (W)」,然後將 n 選入「次數變數 (F)」中並按「確定」。接著,按「分析 (A)/無母數檢定 (N)/歷史對話記錄 (L)/二個相關樣本 (L)」(見圖 12-10);之後,將 a、b 兩變項選入「成對檢定 (T)」中的同配對之「變數 1」和「變數 2」,並在「檢定類型」裡勾選「McNemar (M)」,最後按「確定」(見圖 12-11),即可獲得圖 12-12 的分析結果。

由 SPSS 麥內瑪卡方檢定結果報表 (見圖 12-12) 顯示,精確 p 值 $=0.286>0.05$,故無法拒絕 A、B 兩種藥膏之療效無差異的假說。如果我們將使用 A 藥膏治癒而使用 B 卻未治癒者的人數由 14 改為 24,讀者可以仿照圖 12-10 與圖 12-11 的流程,獲得圖 12-13 的結果。由於此時不一致配對數 $(n_A + n_B = 24 + 8 = 32)$ 超過 25,故 SPSS 麥內瑪卡方檢定結果報表 (見圖 12-13) 會呈現進行連續校

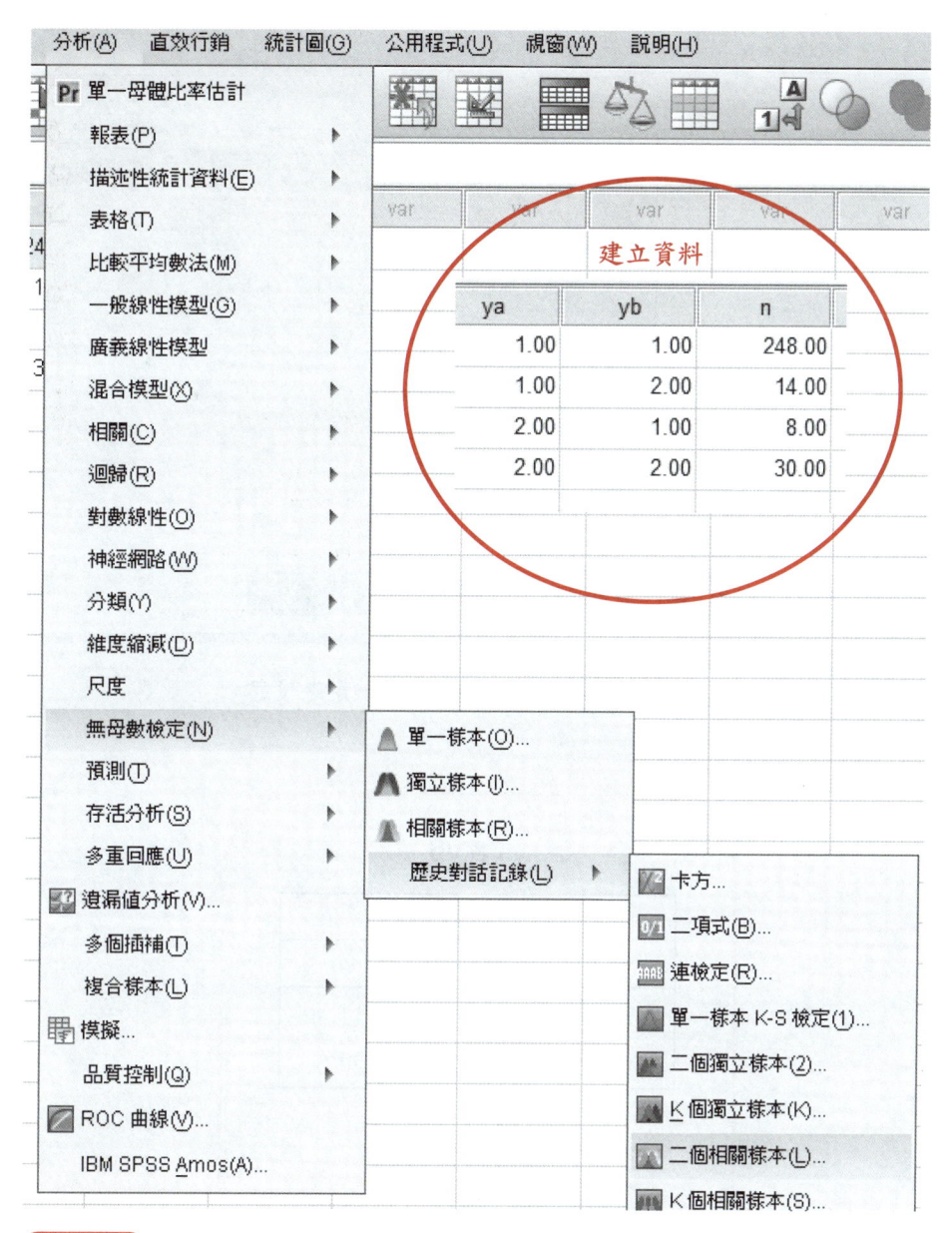

圖 12-10 建立表 12-11 資料與啟動 SPSS 兩個相關樣本比較之無母數檢定

正後的麥內瑪卡方值 $\dfrac{(|n_A - n_B| - 1)^2}{n_A + n_B} = \dfrac{(|24 - 8| - 1)^2}{24 + 8} = 7.031$，此時近似 p 值為 $P(\chi^2(1) \geq 7.031) = 0.008 < 0.05$，故拒絕「A、B 兩種藥膏之療效無差異」的假說，又由使用 A 藥膏治癒而使用 B 藥膏卻未治癒者的人數 (n_A=24) 多於使用 B 藥膏治癒而使用 A 藥膏卻未治癒者的人數 (n_B=8)，表示 A 藥膏比 B 藥膏更有療效。

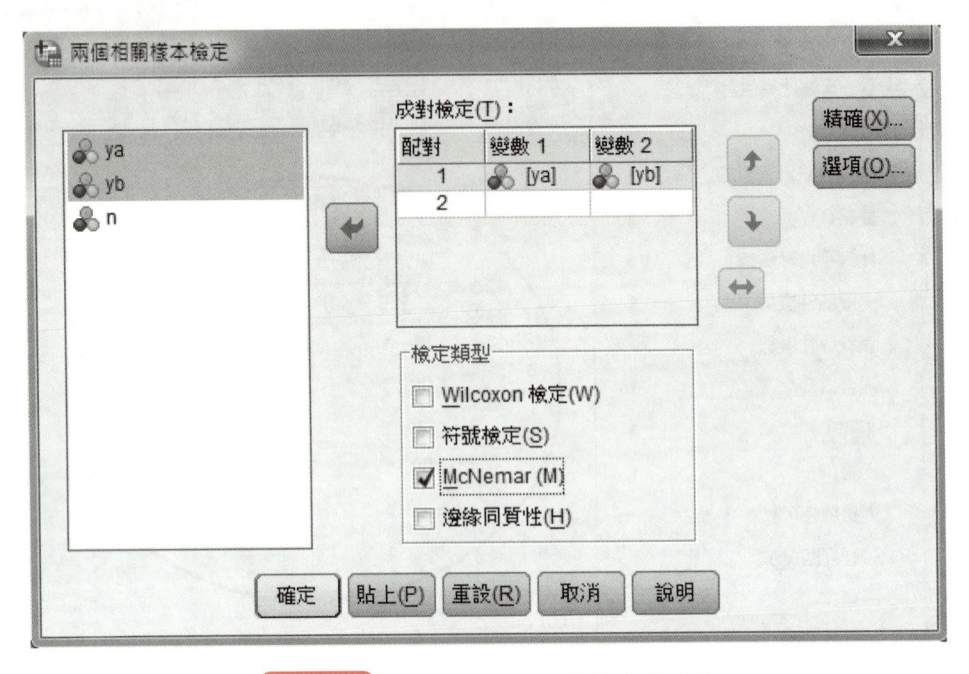

圖 12-11　SPSS 麥內瑪卡方檢定之設定

ya & yb

	yb	
ya	1.00	2.00
1.00	248	14
2.00	8	30

檢定統計資料[a]

	ya & yb
N	300
精確顯著性 (雙尾)	.286[b]

a. McNemar

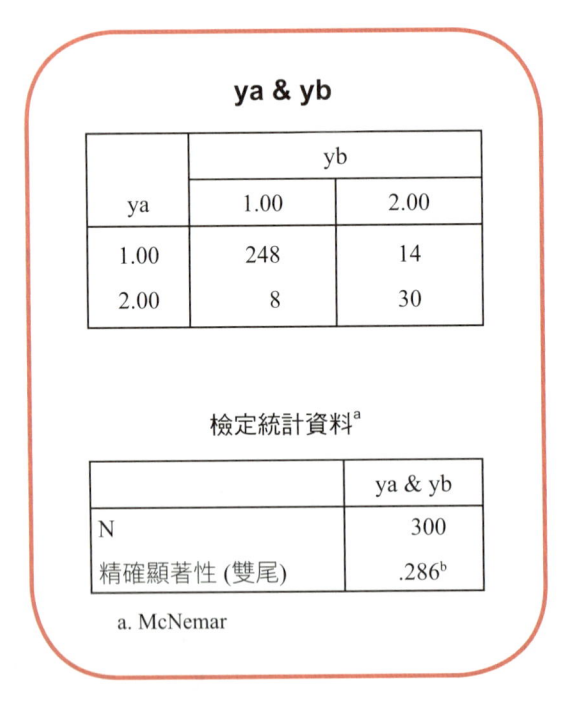

圖 12-12　在不一致配對數未超過 25 時之 SPSS 麥內瑪卡方檢定結果報表

第 12 章 類別資料的比較檢定 (二)：兩個或多個母體比率之比較

ya & yb

ya	yb 1.00	2.00
1.00	248	24
2.00	8	30

檢定統計資料[a]

	ya & yb
N	310
卡方[b]	7.031
漸近顯著性	.008

a. McNemar

圖 12-13 在不一致配對數超過 25 時之 SPSS 麥內瑪卡方檢定結果報表

如同表 12-11 的配對資料，常見於醫學診斷中，例如，使用兩種診斷方式，來評估病人是否罹患某癌症，其資料如表 12-12 所示。若要探討這兩種診斷方法的診斷結果是否一致，可否利用麥內瑪卡方檢定來加以檢驗呢？具體言之，對於表 12-12，是否在麥內瑪卡方檢定結果不顯著時，來判定這兩種診斷是一致的？

上述問題的答案是否定的，這是因為麥內瑪卡方檢定主要在檢定兩相依樣本比率是否相等，或者說，兩相依樣本觀察結果不一致處比率是否相等，而非檢定兩相依樣本觀察結果是否一致。依上例而言，麥內瑪卡方檢定主要在檢定兩種診斷方法

表 12-12 某癌症的兩種診斷方法之診斷結果配對資料表

A 診斷法	B 診斷法 罹癌 (陽性)	未罹癌 (陰性)	總和
罹癌 (陽性)	120	18	138
未罹癌 (陰性)	57	174	231
總和	177	192	369

表 12-13　某癌症的兩種診斷方法之完全不一致的診斷結果配對資料表

A 診斷法	B 診斷法 罹癌 (陽性)	B 診斷法 未罹癌 (陰性)	總和
罹癌 (陽性)	0	180	180
未罹癌 (陰性)	180	0	180
總和	180	180	360

診斷為罹癌 (陽性) 的比率是否相等，或者說，由 A 診斷方法診斷為罹癌 (陽性) 但由 B 診斷方法診斷為未罹癌 (陰性) 的比率是否等於由 B 診斷方法診斷為罹癌 (陽性) 但由 A 診斷方法診斷為未罹癌 (陰性) 的比率，而非檢定兩種診斷方法之診斷結果是否一致。我們在以更極端的資料來加以說明，在表 12-13 所列出的兩種診斷方法之診斷結果是完全不一致的，但顯然其麥內瑪卡方檢定是不顯著的，其未進行連續校正之卡方值為 0。換言之，兩診斷方法診斷為罹癌 (陽性) 的比率應是相等，其各自的樣本估計值皆為 0.5，但兩種診斷不一致。

總之，麥內瑪卡方檢定不能用來檢定兩種診斷方法之診斷結果是否一致。常用來評價診斷方法是否一致的是 kappa 值，其定義為 kappa $= \frac{P_A - P_E}{1 - P_E}$，其中 P_A 為兩種診斷結果相同的比率，以表 12-12 為例，$P_A = \frac{120 + 174}{369} = 0.797$。而 P_E 為兩種診斷由於偶然機會造成結果相同的期望比率，以表 12-12 為例，$P_E = (369 \times \frac{138}{369} \times \frac{177}{369} + 369 \times \frac{231}{369} \times \frac{192}{369})/369 = \frac{138}{369} \times \frac{177}{369} + \frac{231}{369} \times \frac{192}{369} = 0.505$，求得 kappa $= \frac{P_A - P_E}{1 - P_E} = \frac{0.797 - 0.505}{1 - 0.505} = 0.589$。kappa 值愈大表示兩種診斷結果愈一致，弗萊斯 (Fleiss, 1981) 認為 kappa 值大於 0.75 表示一致性優良；小於 0.4 表示一致性不佳；介於 0.4 到 0.75 表示一致性中等。就上例而言，kappa = 0.589，兩種診斷的一致性只能說是普通。

仿照圖 12-1 到圖 12-3 來建立表 12-12 資料之 SPSS 資料集，並在交叉表程序中的「統計資料 (S)」中不勾選「卡方 (H)」，多勾選「卡帕 (Kappa)」及「McNemar」後 (見圖 12-14)，執行程序可獲得圖 12-15 的結果。

在 SPSS 中，除了在無母數檢定中 (見圖 12-10、圖 12-11) 有麥內瑪檢定程序外，於交叉表程序中 (見圖 12-15) 亦有麥內瑪檢定程序，差別在於不論不一致配對數是否超過 25，後者執行結果皆為精確 p 值 (見圖 12-15)；另外，在類別數超過 2 時，後者執行的是包卡爾對稱性檢定，但前者仍是麥內瑪檢定，故類別數超過 2 時

無法執行該程序。由圖 12-15 可知，麥內瑪精確 p 值<0.05，表示兩診斷方法診斷為罹癌 (陽性) 的比率並不相等。再由表 12-12 可知，B 診斷方法診斷為罹癌 (陽性) 的比率比 A 診斷方法高，但兩診斷方法仍有中等的一致性，其 kappa 值為 0.589，顯著地不為 0 ($p<0.05$)。

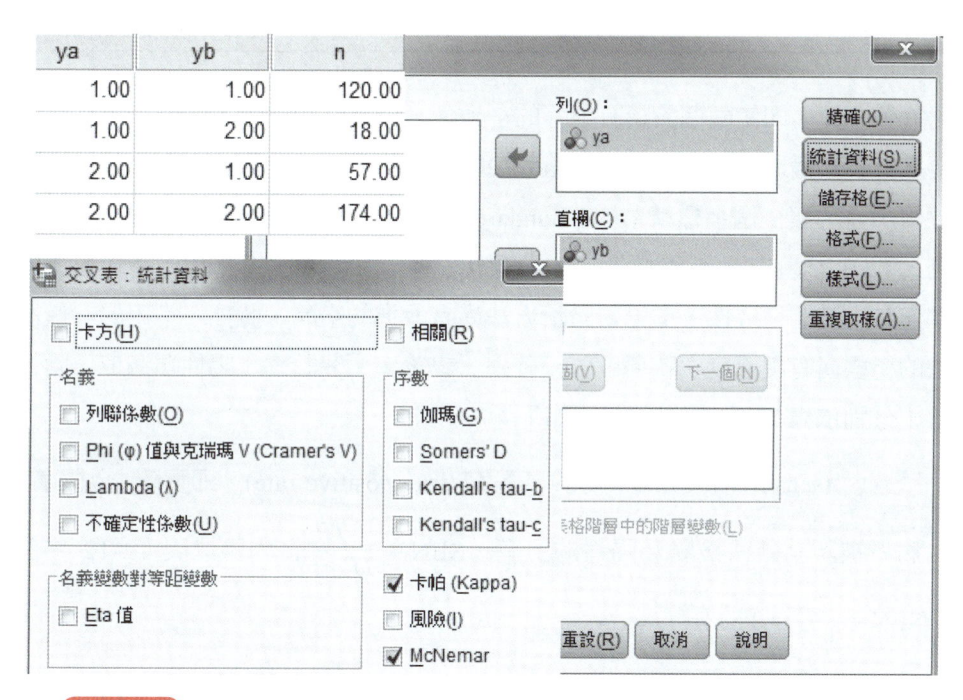

圖 12-14 SPSS 交叉表程序中有關 Kappa 係數及麥內瑪檢定之設定示意圖

卡方測試

	數值	精確顯著性 (2 端)
McNemar		.000[a]
有效觀察值個數	369	

a. 已使用二項式分配。

對稱的測量

	數值	漸近標準錯誤[a]	大約 T[b]	大約顯著性
合約的測量　卡帕 (Kappa)	.589	.041	11.587	.000
有效觀察值個數	369			

a. 未使用虛無假設。
b. 正在使用具有虛無假設的漸近標準誤。

圖 12-15 SPSS 交叉表程序中有關 Kappa 係數及麥內瑪檢定之結果報表

表 12-14 新診斷方法與金標準之 2×2 配對列聯表

新診斷法	金標準		總和
	陽性 (+) (生病)	陰性 (−) (健康)	
陽性 (+)	True Positive (*TP*)	False Positive (*FP*)	*TP*+*FP*
陰性 (−)	False Nagative (*FN*)	True Nagative (*TN*)	*FN*+*TN*
總和	*TP*+*FN*	*FP*+*TN*	*TP*+*FN*+*FP*+*TN*

附帶一提，即使兩個診斷有很好的一致性，仍不保證診斷方法的正確性，因此需要進行診斷檢驗的評價 (evaluation of diagnostic testing)。對某一新的診斷方法進行評價，需要與一個金標準 (gold standard) 進行一致性的檢定。我們再以表 12-12 為例，若 B 診斷方法為金標準，A 診斷方法為新診斷方法，此時新診斷方法與金標準僅有中度的一致性，顯見新診斷方法尚有改進的空間。此外，常用的評價診斷方法的指標尚有敏感度、特異度、正確率、誤診率、漏診率、陽性預測值、陰性預測值，分別依表 12-14 的符號說明如下：

1. 敏感度 (sensitivity, SEN)：等於真陽率 (true positive rate)，即實際 (金標準) 患病者被新診斷法檢驗為陽性的比率，$SEN = \dfrac{TP}{TP+FN}$，再以表 12-12 為例，$SEN = \dfrac{120}{177} = 0.678$。

2. 特異度 (specificity, SPC)：等於真陰率 (true nagative rate)，即實際未患病者被檢驗為陰性的比率，$SPC = \dfrac{TN}{FP+TN}$，再以表 12-12 為例，$SPC = \dfrac{174}{192} = 0.906$。

3. 正確率 (accuracy, ACC)：等於真陽性與真陰性人數總和占被檢驗總人數的比率，用以評價新診斷方法與金標準一致的程度，即是在計算 kappa 時的 P_A，$ACC = P_A = \dfrac{TP+TN}{TP+FN+FP+TN}$，以表 12-12 為例，$ACC = \dfrac{120+174}{369} = 0.797$。

4. 誤診率 (mistake diagnostic rate, MDR)：等於假陽率，即實際未患病者被檢驗為陽性的比率，$MDR = 1 - SPC$，以表 12-12 為例，$MDR = 1 - 0.906 = 0.094$。

5. 漏診率 (omission diagnostic rate, ODR)：等於假陰率，即實際患病者被新診斷法檢驗為陰性的比率，以表 12-12 為例，$ODR = 1 - SEN = 1 - 0.678 = 0.322$。

6. 陽性預測值 (positive predictive value, PPV)：等於由新診斷方法診斷出陽性而實際也真的患病的比率，$PPV = \dfrac{TP}{TP+FP}$，以表 12-12 為例，$PPV = \dfrac{120}{138} = 0.870$。

7. 陰性預測值 (negative predictive value, NPV)：等於由新診斷方法診斷出陰性而

實際也真的未患病的比率，NPV = $\frac{TN}{FN+TN}$，以表 12-12 為例，PPV = $\frac{174}{231}$ = 0.753。

我們可以利用 SPSS 套裝軟體進行上述之計算，讀者可自行撰寫語法，或由東華書局網站下載「自訂對話框封包檔案」elementary evaluation of diagnostic testing.spd 及表 12-12 的資料檔 (kappa.sav)。按「公用程式 (U)/自訂對話框 (D)/安裝自訂對話框 (D)」，找到 elementary evaluation of diagnostic testing.spd 下載時所儲存的路徑 (需先解壓縮) 並點選之，完成安裝程序。安裝完成後，開啟加權後的資料檔 kappa.sav，並可在「分析 (A)/描述性統計資料 (E)」下拉選單中，找到「elementary evaluation of diagnostic testing」此一自訂對話框 (見圖 12-16)，將變項 ya 選入「評價目標 (新診斷)」及變項 yb 選入「評價基準 (金準則)」中，按「確定」即可獲得上述結果。

基本上，前五個指標 (敏感度、特異度、正確率、誤診率、漏診率) 都是用來評估診斷方法的優劣、衡量檢測的品質，與族群中的疾病盛行率無關。一個診斷方法通常不會同時具有良好的敏感度與特異度，一般來說，敏感度好的診斷方法其特異度會較差，而特異度好的診斷方法其敏感度會較差。但是，對於接受診斷的病人，他們在乎的是診斷結果的意義，尤其是診斷結果能否有好的預測力。然而，PPV 與 NPV 則與診斷方法的品質及疾病盛行率兩者皆有相關，所以某檢測可以有良好的品質，但卻有很差的預測力。表 12-15 為某盛行率約為 0.001 的疾病之新診斷方法與金標準之 2×2 配對觀察資料表，我們以此數據來說明有良好品質的診斷方法卻可能有很差的預測力。由表 12-15 可得，敏感度 (SEN) 與特異度 (SPC) 皆為 0.99，但陽性預測值 (PPV) 為 99/1,099=0.09，預測力很差。

如果有許多種診斷方法，病患到底要選擇敏感度高的還是特異度高的診斷方法呢？我們以下列式子來說明：

假設 P 為疾病的盛行率，由表 12-14 知其估計值為 $\frac{TP+FN}{TP+FN+FP+TN}$，可得

$$\text{PPV} = \frac{SEN}{SEN + \frac{1-P}{P}(1-SPC)}^3 \text{，以及 } \text{NPV} = \frac{SPC}{SPC + \frac{P}{1-P}(1-SEN)}\text{，因此，當診}$$

---

3 $\text{PPV} = \frac{TP}{TP+FP} = \frac{\frac{TP+FN}{TP+FN+FP+TN} \times \frac{TP}{TP+FN}}{\frac{TP+FN}{TP+FN+FP+TN} \times \frac{TP}{TP+FN} + \frac{FP+TN}{TP+FN+FP+TN} \times \frac{FP}{FP+TN}} = \frac{P \times SEN}{P \times SEN + (1-P) \times (1-SPC)}$

$= \frac{SEN}{SEN + \frac{1-P}{P}(1-SPC)}$，同理可得 $\text{NPV} = \frac{TN}{FN+TN} = \frac{SPC}{SPC + \frac{P}{1-P}(1-SEN)}$。

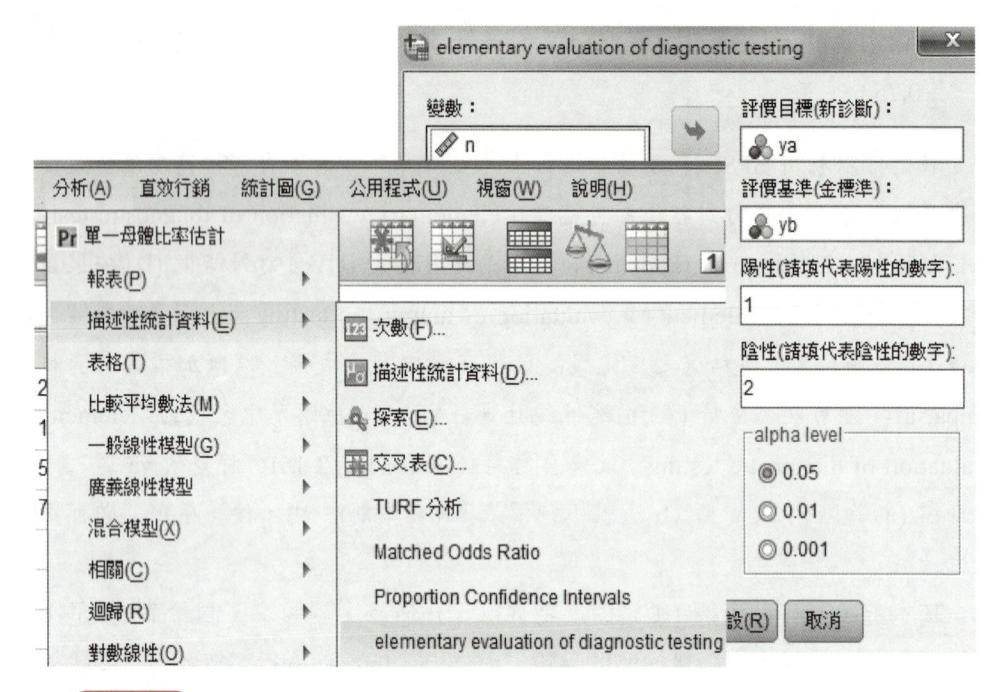

圖 12-16 elementary evaluation of diagnostic testing 自訂對話框之位置與選項

表 12-15 某盛行率低的疾病之新診斷方法與金標準之 2×2 配對觀察資料表

新診斷法	金標準 陽性 (+) (生病)	金標準 陰性 (−) (健康)	總和
陽性 (+)	99	1,000	1,099
陰性 (−)	1	99,000	99,001
總和	100	100,000	100,100

方法的特異度 (SPC) 愈高，PPV 受疾病盛行率 P 的影響就愈低；當 SPC 趨近於 1 時，PPV 便趨近於 1。換言之，如果要確認病患罹患某疾病，那麼我們希望採用的診斷方法之陽性預測值 (PPV) 要高，此時就應該採用特異度最佳的診斷方法，才有較佳的陽性預測值。同理，如果想要排除病患罹患某疾病，就應該採用敏感度最佳的診斷方法，才有較佳的陰性預測值。

六、勝算比及相對危險

表 12-1 為暴露 (生第一胎時的年齡超過 30 歲) 與疾病 (乳癌) 之間的關係列聯表，如果研究者想要分析暴露與疾病間的關係，基本上需要從 2 種基本的研究設計

來獲得此類觀察資料：

1. **前瞻性研究** (prospective study)：選取兩組沒有疾病的人，一組開始受某變量的影響 (稱為暴露組)，一組未受該變量的影響 (稱為非暴露組)，經過一段時間後記錄各組得病人數。例如，針對 35 歲到 40 歲且至少生過一胎的健康婦女，依初次分娩年齡分成超過 30 歲 (暴露組) 及未超過 30 歲 (非暴露組) 兩組，經長期追蹤 15 年，記錄期間罹患乳癌人數。此種研究常被稱為**世代研究** (cohort study)。

2. **回溯性研究** (retrospective study)：選取一組有病的人 (病例組) 及一組沒病的人 (對照組)，研究者記錄在過去中各組受某變量 (暴露) 的影響人數。例如，檢視患有乳癌且至少生過一胎的婦女 (病例組) 的病歷，以及沒有乳癌且至少生過一胎的婦女 (對照組) 的病歷，記錄各組初次分娩年齡超過 30 歲的人數。此種研究常被稱為**病例-對照研究** (case-control study)。

若要比較暴露與未暴露者間疾病發生的機率，那麼最直接了當的方法，就是進行前瞻性研究，以獲得數據比較兩個母體的發病率。如果 p_1 為暴露者中有病的機率，p_2 為未暴露者中有病的機率，那麼兩個母體的發病率之差值 $p_1 - p_2$ 被稱為危險率差值，而兩比率之比值 p_1/p_2 被稱為**相對危險** (relative risk) 或稱為**危險比** (risk ratio)。顯然，我們可以利用本章所介紹的方法，包括 Z 檢定及卡方檢定，來檢定兩母體的發病率之差值 $p_1 - p_2$。差值的估計亦有類似的推導過程，在此省略，其 $(1-\alpha) \times 100\%$ 信賴區間為 $\hat{p}_1 - \hat{p}_2 \pm z_{\alpha/2} \times \sqrt{\dfrac{\hat{p}_1(1-\hat{p}_1)}{n_1} + \dfrac{\hat{p}_2(1-\hat{p}_2)}{n_2}}$，若進行連續校正，差值絕對值的 $(1-\alpha) \times 100\%$ 信賴區間為 $|\hat{p}_1 - \hat{p}_2| - (\dfrac{1}{2n_1} + \dfrac{1}{2n_2}) \pm z_{\alpha/2} \times \sqrt{\dfrac{\hat{p}_1(1-\hat{p}_1)}{n_1} + \dfrac{\hat{p}_2(1-\hat{p}_2)}{n_2}}$，換言之，當 $\hat{p}_1 \geq \hat{p}_2$ 時，$p_1 - p_2$ 的 $(1-\alpha) \times 100\%$ 信賴區間為 $\hat{p}_1 - \hat{p}_2 - (\dfrac{1}{2n_1} + \dfrac{1}{2n_2}) \pm z_{\alpha/2} \times \sqrt{\dfrac{\hat{p}_1(1-\hat{p}_1)}{n_1} + \dfrac{\hat{p}_2(1-\hat{p}_2)}{n_2}}$；而當 $\hat{p}_1 \leq \hat{p}_2$ 時，$p_1 - p_2$ 的 $(1-\alpha) \times 100\%$ 信賴區間為 $\hat{p}_1 - \hat{p}_2 + (\dfrac{1}{2n_1} + \dfrac{1}{2n_2}) \pm z_{\alpha/2} \times \sqrt{\dfrac{\hat{p}_1(1-\hat{p}_1)}{n_1} + \dfrac{\hat{p}_2(1-\hat{p}_2)}{n_2}}$。

然而，在實務上我們經常需要針對相對危險 (RR) 來進行推估，根據推導可得相對危險 RR 的 $(1-\alpha) \times 100\%$ 信賴區間為

($e^{\ln[a(c+d)/(c(a+b))]-Z_{\alpha/2}\sqrt{\frac{b}{a(a+b)}+\frac{c}{c(c+d)}}}$, $e^{\ln[a(c+d)/(c(a+b))]+Z_{\alpha/2}\sqrt{\frac{b}{a(a+b)}+\frac{c}{c(c+d)}}}$)，其中 a, b, c, d 如表 12-16 所示[4]。

例如，我們以前述乳癌與初次分娩年齡的前瞻性研究為例，針對 35 歲到 40 歲且至少生過一胎的健康婦女，依初次分娩年齡分成超過 30 歲 (暴露組) 及未超過 30 歲 (非暴露組) 兩組，每組各 4,000 人，經長期追蹤 15 年，記錄期間罹患乳癌人數，暴露組有 18 人，非暴露組有 5 人。此時 $a=18$、$c=5$、$b=3,982$、$d=3,995$，相對危險的估計 $\hat{RR}=\frac{18}{5}=3.6$、$RR$ 的 95% C.I. 為 ($e^{\ln[3.6]-1.96\sqrt{\frac{3,982}{18(4,000)}+\frac{3,995}{5(4,000)}}}$, $e^{\ln[3.6]+1.96\sqrt{\frac{3,982}{18(4,000)}+\frac{3,995}{5(4,000)}}}$)=(1.338, 9.687)。$RR$ 的 95% 信賴區間沒有包含 1，則代表兩組發病率之間有顯著的差異。

仿照圖 12-1 到圖 12-3 來建立上述資料之 SPSS 資料集，並在交叉表程序中的「統計資料 (S)」中多勾選「風險 (I)」後 (見圖 12-17)，執行程序可獲得圖 12-18 的結果。

圖 12-18 列出以卡方檢定來檢定兩群體的發病率之差值 p_1-p_2 的結果，以及列出相對危險 p_1/p_2 的估計及其 95% C.I.，結果與前述相同，不再贅述。此外，圖 12-18 在「風險評估」報表中第一列處，列有名為 Exposed (列的變項名稱) 的勝算比 (1.00/2.00) [Exposed (變項 Exposed 的數值為 1/變項 Exposed 的數值為 2]，其意義為暴露組 (在此例為變項 Exposed 的數值為 1 之組別) 疾病的勝算 (odds=$\frac{p_1}{1-p_1}$) 除以非暴露組 (在此例為變項 Exposed 的數值為 2 之組別) 疾病的勝算 (odds=$\frac{p_2}{1-p_2}$)，

---

[4] $\ln(p_1/p_2)$ 的樣本分布比 p_1/p_2 本身的樣本分布更近似常態分布，我們需要求出 $\ln(p_1/p_2)$ 的估計：$\ln(\hat{p}_1/\hat{p}_2)$ 之變異數。由於 $\ln(\hat{p}_1/\hat{p}_2)=\ln(\hat{p}_1)-\ln(\hat{p}_2)$，所以 Var$[\ln(\hat{p}_1/\hat{p}_2)]$=Var$[\ln(\hat{p}_1)]$+Var$[\ln(\hat{p}_2)]$，而 Var$[\ln(\hat{p}_i)]$ 可以用著名的 delta 法 (delta method) 來加以估計：由 delta 法知 Var$[f(x)] \approx [f'(x)]^2$Var(x)，取 $f(x)=\ln(x)$，有 $f'(x)=1/x$，故 Var$[\ln(\hat{p}_i)] \approx [\frac{1}{\hat{p}_i}]^2 \frac{\hat{p}_i(1-\hat{p}_i)}{n_i}=\frac{1-\hat{p}_i}{n_i\hat{p}_i}$，所以 Var$[\ln(\hat{p}_1/\hat{p}_2)]=\frac{1-\hat{p}_1}{n_1\hat{p}_1}+\frac{1-\hat{p}_2}{n_2\hat{p}_2}$。

因此，$\ln(p_1/p_2)$ 的 $(1-\alpha) \times 100\%$ 信賴區間為 $\ln(\hat{p}_1/\hat{p}_2) \pm z_{\alpha/2} \times \sqrt{\frac{1-\hat{p}_1}{n_1\hat{p}_1}+\frac{1-\hat{p}_2}{n_2\hat{p}_2}}$，換言之，相對危險 $(RR=p_1/p_2)$ 的 $(1-\alpha) \times 100\%$ 信賴區間為 ($e^{\ln(\hat{p}_1/\hat{p}_2)-z_{\alpha/2}\sqrt{\frac{1-\hat{p}_1}{n_1\hat{p}_1}+\frac{1-\hat{p}_2}{n_2\hat{p}_2}}}$, $e^{\ln(\hat{p}_1/\hat{p}_2)+z_{\alpha/2}\sqrt{\frac{1-\hat{p}_1}{n_1\hat{p}_1}+\frac{1-\hat{p}_2}{n_2\hat{p}_2}}}$)。若以疾病與暴露列聯表中各細格觀察人數 (見表 12-16) 表之，則 $\hat{p}_1=\frac{a}{a+b}$、$\hat{p}_2=\frac{c}{c+d}$、$\hat{RR}=\frac{a(c+d)}{c(a+b)}$，$RR$ 的 95% C.I. 為 ($e^{\ln[a(c+d)/(c(a+b))]-1.96\sqrt{\frac{b}{a(a+b)}+\frac{c}{c(c+d)}}}$, $e^{\ln[a(c+d)/(c(a+b))]+1.96\sqrt{\frac{b}{a(a+b)}+\frac{c}{c(c+d)}}}$)。

表 12-16 疾病與暴露之 2×2 觀察資料列聯表

觀察個數		疾病		總和
		是	否	
暴露	是	a	b	$n_1 = a+b$
	否	c	d	$n_2 = c+d$
	總和	$a+c$	$b+d$	$n = a+b+c+d$

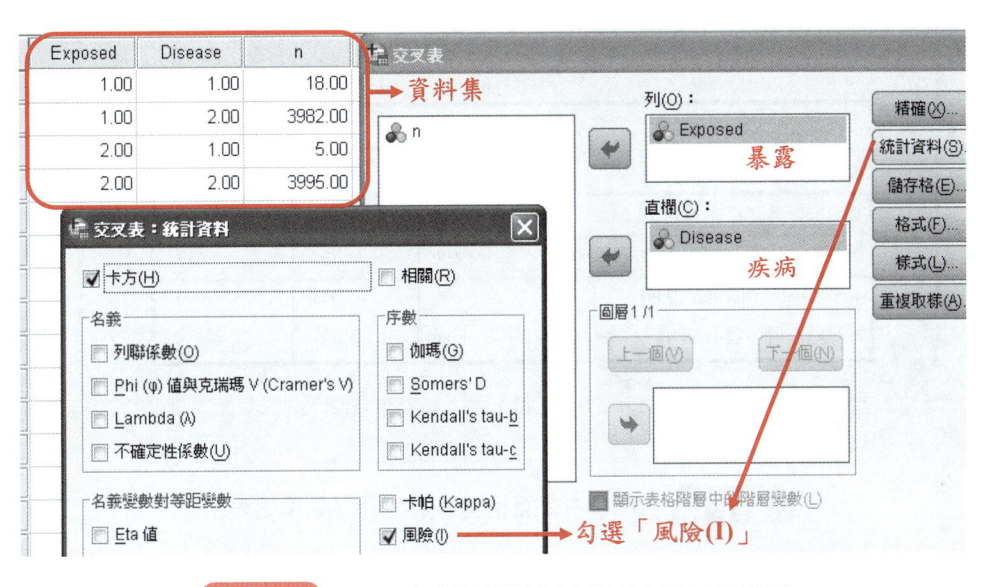

圖 12-17 SPSS 中有關相對危險估計之設定示意圖

該比值被稱為疾病勝算比 [odds ratio (OR) $= \frac{p_1(1-p_2)}{p_2(1-p_1)}$]，其點估計為 $\frac{\hat{p}_1}{1-\hat{p}_1} / \frac{\hat{p}_2}{1-\hat{p}_2}$ $= \frac{\hat{p}_1(1-\hat{p}_2)}{\hat{p}_2(1-\hat{p}_1)} = \frac{ad}{bc}$，在此例其估計值為 $\frac{18 \times 3,995}{5 \times 3,982} = 3.612$。

根據推導可得疾病勝算比的 95% C.I. 為 $(e^{\ln(\frac{ad}{bc}) - 1.96\sqrt{\frac{1}{a} + \frac{1}{b} + \frac{1}{c} + \frac{1}{d}}}, e^{\ln(\frac{ad}{bc}) + 1.96\sqrt{\frac{1}{a} + \frac{1}{b} + \frac{1}{c} + \frac{1}{d}}})$ [5]。

---

[5] 為了要計算疾病勝算比的 95% C.I.，利用 $\text{Var}[\ln(\frac{\hat{p}_1}{1-\hat{p}_1} / \frac{\hat{p}_2}{1-\hat{p}_2})] = \text{Var}[\ln(\frac{\hat{p}_1}{1-\hat{p}_1})] + \text{Var}[\ln(\frac{\hat{p}_2}{1-\hat{p}_2})]$ 及使用 delta 法來求出此估計自然對數的近似變異數：由 delta 法知 $\text{Var}[f(x)] \approx [f'(x)]^2 \text{Var}(x)$，取 $f(x) = \ln(\frac{x}{1-x})$，有 $f'(x) = \frac{1}{x(1-x)}$，故 $\text{Var}[\ln(\frac{\hat{p}_i}{1-\hat{p}_i})] \approx (\frac{1}{\hat{p}_i(1-\hat{p}_i)})^2 \times \frac{\hat{p}_i(1-\hat{p}_i)}{n_i}$，所以 $\text{Var}[\ln(\frac{\hat{p}_1}{1-\hat{p}_1} / \frac{\hat{p}_2}{1-\hat{p}_2})] = \frac{1}{n_1\hat{p}_1(1-\hat{p}_1)} + \frac{1}{n_2\hat{p}_2(1-\hat{p}_2)} = \frac{1}{n_1\hat{p}_1} + \frac{1}{n_1(1-\hat{p}_1)} + \frac{1}{n_2\hat{p}_2} + \frac{1}{n_2(1-\hat{p}_2)} = \frac{1}{a} + \frac{1}{b} + \frac{1}{c} + \frac{1}{d}$，因此疾病勝算比的 95% C.I. 為 $(e^{\ln(\frac{ad}{bc}) - 1.96\sqrt{\frac{1}{a} + \frac{1}{b} + \frac{1}{c} + \frac{1}{d}}}, e^{\ln(\frac{ad}{bc}) + 1.96\sqrt{\frac{1}{a} + \frac{1}{b} + \frac{1}{c} + \frac{1}{d}}})$。

卡方測試

拒絕發病率差值為 0 的假設 →

	數值	df	漸近顯著性 (2端)	精確顯著性 (2端)	精確顯著性 (1端)
皮爾森(Pearson) 卡方	7.369 ª	1	.007		
持續更正 ᵇ	6.279	1	.012		
概似比	7.821	1	.005		

風險評估

	數值	95% 信賴區間 下限	95% 信賴區間 上限
Exposed 的勝算比 (1.00 / 2.00)	3.612	1.340	9.737
對於 Cohort Disease = 1.00	3.600	1.338	9.687
對於 Cohort Disease = 2.00	.997	.994	.999
有效觀察值個數	8000		

1 代表有病

相對危險的估計為 3.6，95% C.I. 為 (1.338, 9.687) 沒有包含 1

圖 12-18 SPSS 中有關相對危險估計之結果報表

在此例，疾病勝算比的 95% C.I. 為 $(e^{\ln\frac{18\times 3,995}{5\times 3,982}-1.96\sqrt{\frac{1}{18}+\frac{1}{5}+\frac{1}{3,982}+\frac{1}{3,995}}}, e^{\ln\frac{18\times 3,995}{5\times 3,982}+1.96\sqrt{\frac{1}{18}+\frac{1}{5}+\frac{1}{3,982}+\frac{1}{3,995}}})$ =(1.340, 9.737)，即為圖 12-18 在「風險評估」報表中第一列所呈現的數據。

疾病勝算比的解釋沒有相對危險那麼直接，樣本的相對危險為 3.6，表示暴露組「發病率」為非暴露組的 3.6 倍；而樣本的疾病勝算比為 3.612，表示暴露組「勝算」為非暴露組的 3.612 倍，RR 和 OR 的 95% C.I. 的上下限都大於 1，皆代表暴露者比非暴露者更容易發病，只是解釋上略有差異。讀者可能發現，在此例中疾病勝算比和相對危險的數值十分接近，這是因為此例的疾病發生率很低 $(1-p_1\approx 1 \cdot 1-p_2\approx 1)$，亦即 $\frac{p_1}{1-p_1}\approx p_1 \cdot \frac{p_2}{1-p_2}\approx p_2$，因此疾病勝算比便與相對危險很接近，此時亦可拿疾病勝算比的估計值來做為相對危險的估計，這在病例-對照研究中更形重要。

在大多數的病例-對照研究中，顯然很難直接估計相對危險，這是因為病例組

和對照組取樣比率通常是不相同的緣故,尤其為了讓病例組有足夠多的樣本,我們會讓病例組有更大的取樣比率。在附錄 B 中,我們以表 12-1 的數據為例,說明為何病例-對照研究無法直接估計相對危險,以及勝算比在數學上的優勢。

總之,由於數學上的優勢,統計學家較喜歡採用勝算比來進行分析,不論是前瞻性研究或是回溯性研究,都可以直接透過樣本算得的勝算比,對母體勝算比來進行推估;反之,雖然相對危險有解釋上的優勢,但僅能透過前瞻性研究所得的樣本資料直接進行推估,而無法從回溯性研究所得的樣本資料,直接對母體相對危險來進行推估。在疾病發生率很低的情況下,我們可以利用樣本算得的勝算比,來間接估計母體相對危險,即使這些樣本是由回溯性研究獲得的資料。

前述的定義與計算,皆是以獨立樣本為前提,即在前瞻性研究中暴露組及非暴露組為兩獨立樣本,或在回溯性研究中病例組及對照組為兩獨立樣本,進行推導而得的結果。在配對樣本中,我們定義**配對樣本勝算比** (pair matched OR) $= \dfrac{n_A}{n_B}$ (見附錄 C),其中 n_A 為暴露者有病但無暴露者沒病的不一致配對數,n_B 為無暴露者有病但暴露者沒病的不一致配對數。最後,根據推導可得配對樣本 OR 之 95% C.I. 為 $(e^{\ln(\frac{n_A}{n_B})-1.96\sqrt{\frac{1}{n_A}+\frac{1}{n_B}}}, e^{\ln(\frac{n_A}{n_B})+1.96\sqrt{\frac{1}{n_A}+\frac{1}{n_B}}})$ [6]。

以表 12-11 的數據為例,配對樣本 OR 的點估計為 $14/8 = 1.75$,其 95% C.I. 為 $(e^{\ln(\frac{14}{8})-1.96\sqrt{\frac{1}{14}+\frac{1}{8}}}, e^{\ln(\frac{14}{8})+1.96\sqrt{\frac{1}{14}+\frac{1}{8}}}) = (0.734, 4.172)$,1 落在此信賴區間,故樣本中 A 藥膏的治癒勝算是 B 藥膏的 1.75 倍,但配對樣本的勝算比不顯著 ($p > 0.05$),與麥內瑪卡方檢定結果 ($p = 0.286 > 0.05$) 一致。

我們可以利用 SPSS 套裝軟體進行上述之計算,讀者可自行撰寫語法,或由東華書局網站下載「自訂對話框封包檔案」matched odds ratio.spd 及表 12-11 的資料檔 (hk.sav)。按「公用程式 (U)/自訂對話框 (D)/安裝自訂對話框 (D)」,找到 matched odds ratio.spd 下載時所儲存的路徑 (需先解壓縮) 並點選之,完成安裝程序。安裝完成後,開啟加權後的資料檔 hk.sav,並可在「分析 (A)/描述性統計資料 (E)」下拉選單中,找到「Matched Odds Ratio」此一自訂對話框 (見圖 12-19)。我

---

[6] 利用 delta 法計算 $\text{Var}(\ln(\frac{n_A}{n_B}))$。令 $p_A = \dfrac{n_A}{n_A+n_B}$,所以 $\ln(\frac{n_A}{n_B}) = \ln(\frac{p_A}{1-p_A})$,由於 $(\ln(\frac{x}{1-x}))' = \dfrac{1}{x(1-x)}$,故知 $\text{Var}(\ln(\frac{n_A}{n_B})) \approx [\dfrac{1}{p_A(1-p_A)}]^2 \dfrac{p_A(1-p_A)}{n_A+n_B} = \dfrac{1}{(n_A+n_B)p_A(1-p_A)} = \dfrac{1}{n_A} + \dfrac{1}{n_B}$,可得配對樣本 OR 之 95% C.I. 為 $(e^{\ln(\frac{n_A}{n_B})-1.96\sqrt{\frac{1}{n_A}+\frac{1}{n_B}}}, e^{\ln(\frac{n_A}{n_B})+1.96\sqrt{\frac{1}{n_A}+\frac{1}{n_B}}})$。

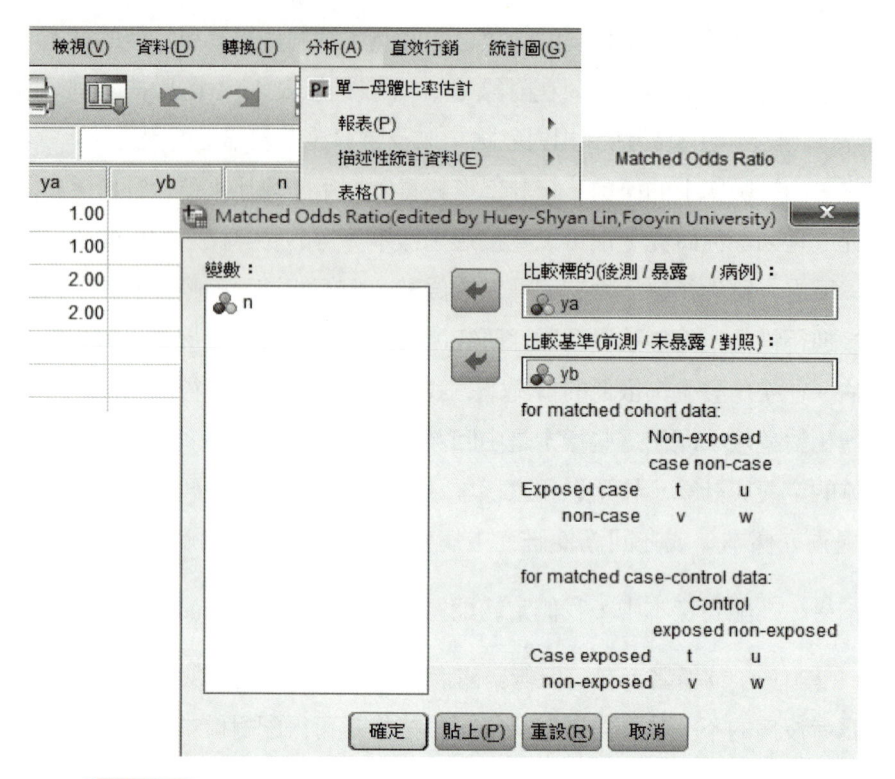

圖 12-19　自訂對話框 matched odds ratio 之安裝後位置與對話框

們想要了解 A 藥膏的治癒勝算是 B 藥膏的幾倍，故將變項 ya 選入「比較標的」及變項 yb 選入「比較基準」中，按「確定」即可獲得上述結果 (見圖 12-20)。

```
matched odds ratio
    1.750000000         ────────────▶ 配對樣本 OR 的點估計 =1.75

95% C.I. of matched odds ratio_upper limit
    4.171572000         ────────────┐

95% C. I. of matched odds ratio_lower limit
    .7341357167         ────────────▶ 配對 OR 的 95% C.I.=(0.734, 4.172)

McNemar's chi-square statistic
    1.636363636

p-value for McNemar's chi-square statistic
    .20082512

continuity-correct McNemar's chi-square statistic
    1.136363636

p-value for continuity-correct McNemar's chi-square statistic
    .28642202
```

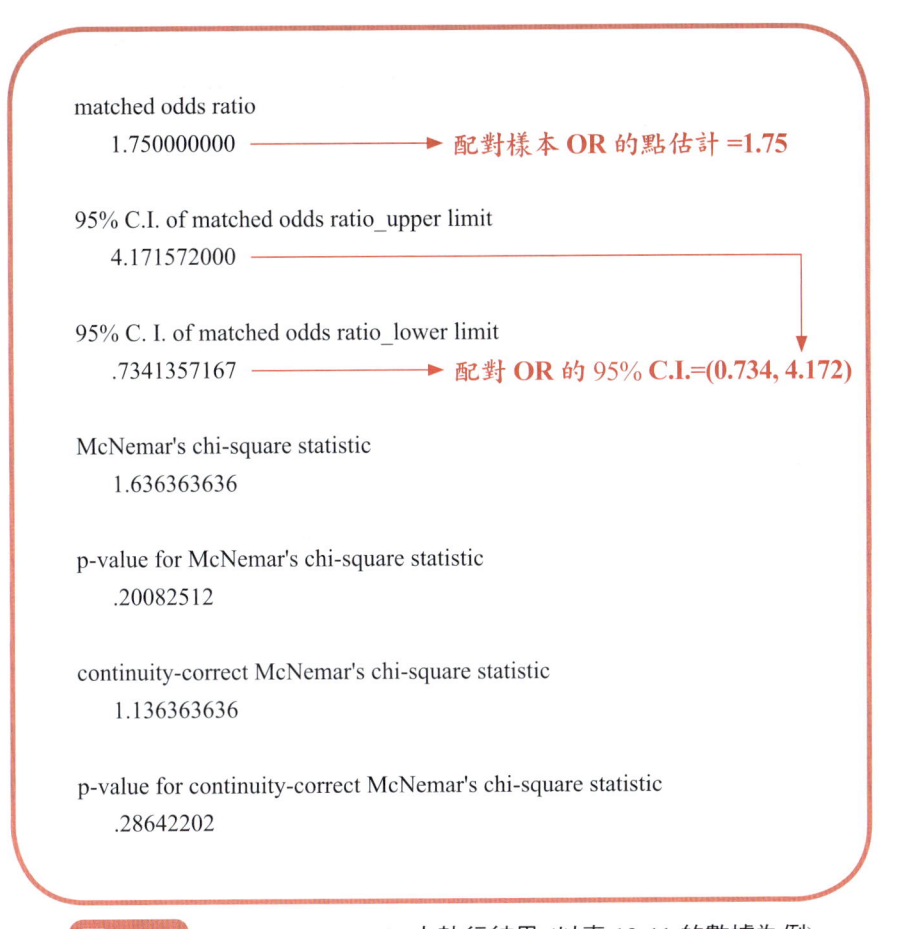

圖 12-20 matched odds ratio 之執行結果 (以表 12-11 的數據為例)

參考文獻

MacDonald, P. L. & Gardner, R.C. (2000). Type I Error Rate Comparisons of Post Hoc Procedures for I j Chi-Square Tables. *Educational and Psychological Measurement*, *60*(5), 735-754.

Fleiss, J. L. (1981). Statistical methods for rates and proportions (2nd ed.). New York: John Wiley.

Agresti, A. (1990). *Categorical data analysis*. New York: John Wiley and Sons.

習題十二

1. 在探討是否曾使用口服避孕藥的婦女其子宮內膜癌的發病率是否相同 ($\alpha=0.05$) 時，採用了病例對照研究，在 175 位子宮內膜癌患者中，共有 9 位曾使用口服避孕藥；而在 525 位對照案例中，共有 11 位曾使用口服避孕藥，試問該研究問題的結論為何？暴露勝算比與疾病勝算比的點估計以及 95% 信賴區間為何？

2. 探討靜脈注射吸毒者中，不同家庭年收入者之 HIV 陽性比率是否有所不同 ($\alpha=0.05$) 時，得到如下表之調查資料，試問該研究問題的結論為何？

家庭年收入 (新台幣)	HIV 陽性人數	HIV 陰性人數	總和
小於 30 萬	8	40	48
介於 30 萬到 60 萬	3	14	17
超過 60 萬	1	14	15
總和	12	68	80

3. 在某國家醫療資料庫中，搜尋雙胞胎中一人罹患肺癌而另一人未罹患肺癌的案例，其中共有 17 對雙胞胎是罹患肺癌者有吸菸、未罹患肺癌者無吸菸；有 5 對是罹患肺癌者無吸菸、未罹患肺癌者有吸菸。試求暴露勝算比與疾病勝算比的點估計與 95% 信賴區間。

4. 癌症臨床分期是醫師在病患手術前依據檢查，包括理學檢查、胸部 X 光、電腦斷層、骨頭掃描、超音波、電腦斷層攝影、核磁共振造影或是縱膈腔鏡檢等，所做的綜合判斷的分期結果。而病理分期是手術後，將切下的組織送病理檢查，所做的分期結果。下表為某地區 10,000 位癌症病患臨床分期與病理分期的結果，請在 $\alpha=0.05$ 的設定下，試答下列各題：

(1) 請依據 kappa 值來判斷臨床分期結果是否與病理分期結果一致？(仿圖 12-14，可利用 SPSS 獲得 kappa 值。)

(2) 包卡爾對稱性檢定 (Bowker's test of symmetry) 之 $H_0：p_{ij}=p_{ji}$ vs. $H_a：p_{ij}\neq p_{ji}$，其中 i 為臨床分期，j 為病理分期，$i<j$。請計算其檢定值 $\sum_{i=1}^{3}\sum_{i<j}\frac{(n_{ij}-n_{ji})^2}{n_{ij}+n_{ji}}=\frac{(63-51)^2}{63+51}+\frac{(26-24)^2}{26+24}+\frac{(7-6)^2}{7+6}+\frac{(52-33)^2}{52+33}+\frac{(6-11)^2}{6+11}+\frac{(29-12)^2}{29+12}$ 之數值，並查自由度為 $C_2^4=6$ 之卡方分布的臨界值 $\chi^2_{0.05}(6)$ 與下結論。另外，請仿圖 12-14，可利用 SPSS 獲得包卡爾對稱性檢定值 (仍勾選「*McNemar*」選項)，來驗證你的計算與結論。

病患人數		病理分期				總和
		第一期	第二期	第三期	第四期	
臨床分期	第一期	985	63	26	7	1,081
	第二期	51	2,960	52	6	3,069
	第三期	24	33	5,160	29	5,246
	第四期	6	11	12	575	604
總和		1,066	3,067	5,250	617	10,000

(3) 在 SPSS 中,執行邊際同質性的檢定的設定如下圖。請由此精確檢定 p 值判斷經由臨床分期將病患分在各期的比率,是否等於經由病理分期將病患分在各期的比率?

y臨床分期	y病理分期	n
1.00	1.00	985.00
1.00	2.00	63.00
1.00	3.00	26.00
1.00	4.00	7.00
2.00	1.00	51.00
2.00	2.00	2960.00
2.00	3.00	52.00
2.00	4.00	6.00
3.00	1.00	24.00
3.00	2.00	33.00
3.00	3.00	5160.00
3.00	4.00	29.00
4.00	1.00	6.00
4.00	2.00	11.00
4.00	3.00	12.00
4.00	4.00	575.00

5. 在前瞻性研究中 (見下表),若暴露組的抽樣比率為 $f_1 = \dfrac{n_1}{N_1}$,非暴露組的抽樣比率為 $f_2 = \dfrac{n_2}{N_2}$,試證在無取樣偏差時 (亦即 $a = A \times f_1$、$b = B \times f_1$、$c = C \times f_2$、$d = D \times f_2$),樣本相對危險 $\dfrac{a(c+d)}{c(a+b)}$ =母體相對危險 $\dfrac{A(C+D)}{C(A+B)}$。

個數			疾病		總和
			是	否	
臨床分期	是	樣本	a	b	$n_1 = a+b$
		母體	A	B	$N_1 = A+B$
	否	樣本	c	d	$n_2 = c+d$
		母體	C	D	$N_2 = C+D$
總和		樣本	$a+c$	$b+d$	$n = a+b+c+d$
		母體	$A+C$	$B+D$	$N = A+B+C+D$

6. 某醫院對其病患進行滿意度調查,共訪問門診病患 800 人、一般住院病房病患 120 人、加護病房病患 30 人、急診病患 50 人,滿意程度調查結果如下表所示。

病患人數		類別				總和
		門診	一般住院病房	加護病房	急診	
滿意程度	很滿意	80	18	2	3	103
	滿意	480	84	17	23	604
	不滿意	160	12	8	18	198
	很不滿意	80	6	3	6	95
總和		800	120	30	50	1,000

試問不同類別的病患對該醫院滿意程度分布情況是否相同 ($\alpha = 0.05$)？

7. 採用配對病例對照設計，研究結腸腺瘤性息肉與飲食的關係。在本研究中，透過乙狀結腸鏡檢查 (sigmoidoscopic) 篩選出病例與對照組，並以篩檢的時間、診所、年齡和性別讓對照組與病例組配對。其資料如下：

配對編號	病例組					對照組				
	年齡	性別	診所	時間	蔬果	年齡	性別	診所	時間	蔬果
1	45	男	輔英	2001/1/15	不常	46	男	輔英	2001/1/9	不常
2	40	女	大東	2001/5/6	不常	39	女	大東	2001/5/8	常
⋮	⋮	⋮	⋮	⋮	⋮	⋮	⋮	⋮	⋮	⋮
100	63	女	全民	2001/9/13	常	64	女	全民	2001/9/7	不常

整理如下表：

病例組	對照組	
	不常吃水果/蔬菜	常吃水果/蔬菜
不常吃水果/蔬菜	6 (t)	45 (u)
常吃水果/蔬菜	24 (v)	25 (w)

試求出連續校正後的麥內瑪卡方值，以及配對勝算比之 95% 信賴區間，並據此下結論。

8. 探討吸菸和死亡率間的關係之世代研究。為了排除體質因素對吸菸與疾病之間的關係，我們以同卵雙胞胎進行配對世代研究。其資料如下：

第 12 章 類別資料的比較檢定 (二)：兩個或多個母體比率之比較

編號	雙胞胎中<u>吸菸</u>的一人 死亡	雙胞胎中<u>吸菸</u>的一人 存活	雙胞胎中<u>不吸菸</u>的一人 死亡	雙胞胎中<u>不吸菸</u>的一人 存活
第 1 對	✓		✓	
第 2 對		✓	✓	
⋮	⋮	⋮	⋮	⋮
第 60 對	✓			✓

整理如下表：

吸菸 (暴露組)	不吸菸 (無暴露組) 死亡	不吸菸 (無暴露組) 存活
死亡	25 (t)	17 (u)
存活	5 (v)	13 (w)

試求出連續校正後的麥內瑪卡方值，以及配對勝算比之 95% 信賴區間，並據此下結論。

Chapter 13

兩個變項相關性的檢定

不論在理論或文獻回顧中，或是從實驗或調查所獲得的變項數據中，我們常常會假設或發現某兩個變項之間存有某種形式的關係：若某一變項變化時，則另一變項也以某種相關方式跟著變化，此時我們便稱這兩個變項具有相關性 (correlation)。例如，以嬰兒年齡 (月) 與身高 (公分) 兩變項之間的關係為例，當月份愈大時，其身高愈高，將此關係以年齡為 x 坐標，身高為 y 坐標，可繪製生長曲線 (見圖 13-1)。

如果兩變項之間的關係能夠以線性函數表示，亦即其函數圖形能以非水平線的直線呈現時，我們稱兩變項之間具有線性關係；如果兩變項間的關係曲線不能以非水平線的直線呈現時，則稱具有非線性關係。例如，在圖 13-1 中，不論由各年齡之身高中位數所繪製而成的生長曲線 (P50)，或是由其他百分位數所繪製而成的生長曲線，直覺上都是非線性曲線。然而，將實驗或調查所獲得的兩變項數據繪製成散布圖，我們很難說出兩變項間關係的確切形式，但大多數的情況，研究者僅想瞭解整體而言，若某一變項改變 (例如變大) 時，則另一變項是否也會跟著改變 (例如跟著變大)？其改變的程度有多大？因此需要有量化指標來描述這種關係，並對此進行假說檢定的工作。當學完本章之後，讀者應該能：

1. 使用皮爾森相關係數 (Pearson correlation coefficient) 進行兩等距變項間的相關分析。
2. 使用斯皮爾曼相關係數 (Spearman correlation coefficient) 或古德曼與克魯斯卡的伽瑪係數 (Goodman and Kruskal's gamma) 進行兩序位變項間的相關分析。
3. 使用獨立性卡方檢定進行兩類別變項間的相關分析。
4. 使用 SPSS 進行前述各項工作。

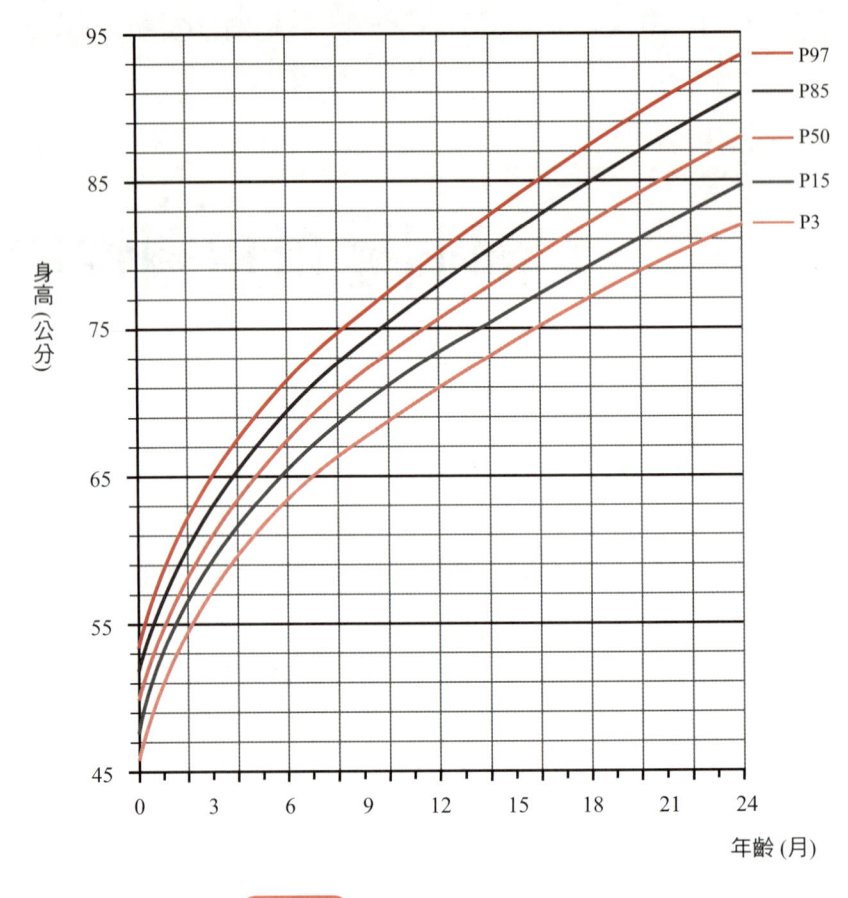

圖 13-1　嬰兒 (身高) 生長曲線圖

一、實務問題

相關分析主要是要告訴我們變項間是否有關聯，其關聯程度到底有多大，因此在實務上經常見到相關分析的問題，例如：

1. 成人血漿蛋白 (plasma protein) 含量 (g/L) 及血紅蛋白 (hemoglobin) 含量 (g/L) 間有無相關？
2. 某地區一氧化碳 (CO) 濃度 (ppm) 與該地區每小時汽車流量間是否有關？
3. 兒童的低密度脂蛋白膽固醇 (LDL-C) 與身體質量指數 (BMI) 之間是否有關？
4. 為研究胎盤早剝 (placental abruption) 者的出血情況，將妊娠時間分成早期、中期、晚期三個階段，失血量分成較少、中等、較多等三個等級，試問失血量的多少與妊娠階段間是否有關？
5. 某中醫院用複方豬膽膠囊治療慢性支氣管炎，試問患者的年齡 (分為五組年齡

層) 與療效 (分為治癒、顯效、好轉、無效等四級) 間是否有關？
6. 醫學系學生在兩次高階「客觀結構式臨床技能測驗」(objective structured clinical examination, OSCE) 之及格站數是否有關？
7. 職業型態與胃病種類間是否有關？
8. ABO 血型系統與 MN 血型系統之間是否有關？
9. 「是否抽菸」與「是否得肺癌」之間是否有關？

上述實務問題，包括了需要進行兩等距變項間的相關分析 (如問題 1、2、3)；兩序位變項間的相關分析 (如問題 4、5、6)；兩類別變項間的相關分析 (如問題 7、8、9)。如何解答上述各個實務問題，下列各節將有詳盡的說明。

二、兩等距變項間的相關分析──皮爾森相關係數

當研究者想要瞭解「整體而言，若某一變項的數值變大，則另一變項的數值是否也會以某個固定的幅度跟著改變 (變大或變小)」時，這隱含著要探討這兩個變項間是否具有完全線性關係，此固定幅度即是直線的斜率。假設 X 和 Y 兩個變項間具有完全的線性關係，即 $Y=mX+b$，$m \neq 0$。若樣本數為 n，則有 $Y_i=mX_i+b$，其中 $i=1, 2, \cdots, n$，n 為樣本數。將原點平移至樣本平均數 $(\overline{X}, \overline{Y})$，則有 $(Y_i-\overline{Y})=m(X_i-\overline{X})$，其中 $i=1, 2, \cdots, n$。換言之，若 X 和 Y 兩個變項間具有完全的線性關係，則在平面坐標中繪製 X 與 Y 的 散布圖 (scatter diagram) 時，將形成一條斜率 (m) 不為 0 且通過 $(\overline{X}, \overline{Y})$ 的直線 (如圖 13-2 所示)。

我們從 n 維樣本空間裡的內積概念出發 (見附錄 D)，定義皮爾森相關係數

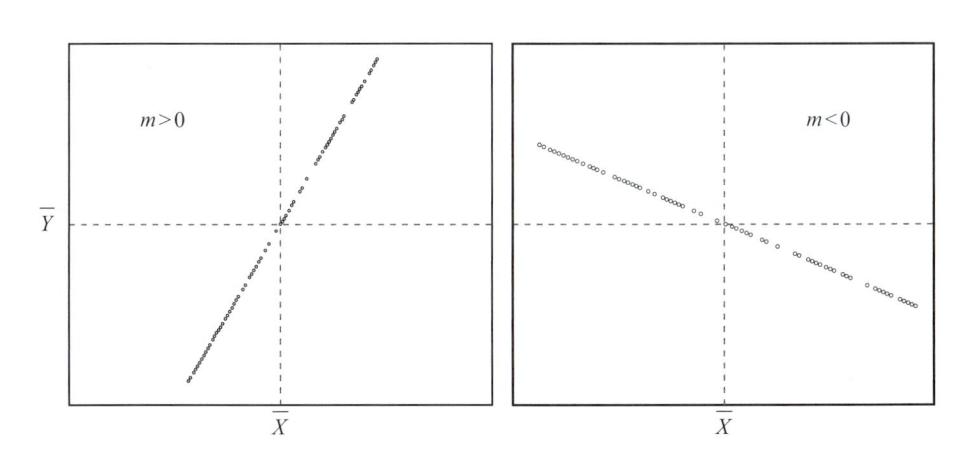

圖 13-2 具有完全線性關係之 X 和 Y 兩變項之散布圖 (m 為直線斜率)

$$r = \frac{\sum_{i=1}^{n}(X_i - \overline{X})(Y_i - \overline{Y})}{\sqrt{\sum_{i=1}^{n}(X_i - \overline{X})^2}\sqrt{\sum_{i=1}^{n}(Y_i - \overline{Y})^2}}$$，其觀測值介於 −1 和 1 之間。若從統計的角度，皮爾森相關係數的分子與分母皆可用樣本共變異數 (covariance) 及標準差來表示：

$$r = \frac{\sum_{i=1}^{n}(X_i - \overline{X})(Y_i - \overline{Y})/(n-1)}{\sqrt{\sum_{i=1}^{n}(X_i - \overline{X})^2/(n-1)}\sqrt{\sum_{i=1}^{n}(Y_i - \overline{Y})^2/(n-1)}} = \frac{S_{X,Y}^2}{S_X S_Y}$$。分子為 X 和 Y 兩個變項的樣本共變異數 $S_{X,Y}^2 = \sum_{i=1}^{n}(X_i - \overline{X})(Y_i - \overline{Y})/(n-1)$，而分母為 X 的樣本標準差 ($S_X = \sqrt{\sum_{i=1}^{n}(X_i - \overline{X})^2/(n-1)}$) 和 Y 的樣本標準差 ($S_Y = \sqrt{\sum_{i=1}^{n}(Y_i - \overline{Y})^2/(n-1)}$) 之乘積。分子共變異數的功用就是要衡量兩變項一起變大 (或變小) 的程度，其目的是想要瞭解若變項 X 離平均值 ($\overline{X}$) 愈遠，此時變項 Y 是否也會離平均值 ($\overline{Y}$) 愈遠 (同向或逆向)，於是將這些相應的離均差相乘後加總 ($\sum_{i=1}^{n}(X_i - \overline{X})(Y_i - \overline{Y})$)。但分子共變異數 $S_{X,Y}^2$ 的觀測值是介於負無限大和正無限大之間，數值為正時，其值愈大代表 X 愈大則 Y 也愈大；反之，若其值為負時，其值愈小 (即絕對值愈大) 代表 X 愈大而 Y 卻愈小；若 的觀測值=0，則代表 X 和 Y 兩變項各自觀測值的變化都無關聯。然而，$S_{X,Y}^X$ 觀測值的大小，尚會受到測量單位的影響，故單從共變異數觀測值的大小，還是很難說 X 和 Y 相關程度到底有多大，因此需把原始數據標準化，除以兩者的標準差，使之成為介於 −1 和 1 之間的數值，以衡量相關程度的大小。

在圖 13-2 中，左邊散布圖中，X 和 Y 兩變項皮爾森相關係數 r 之觀測值 =1，表示 X 和 Y 為完全正直線相關；右邊散布圖中，X 和 Y 兩變項皮爾森相關係數 r 之觀測值 =−1，表示 X 和 Y 為完全負直線相關。

圖 13-3 列舉四個不具有完全線性關係之 X 和 Y 兩變項觀測值之散布圖及兩變項之皮爾森相關係數觀測值 r，左上散布圖 (a) 之 r 值為 0.9，若以 ($\overline{X}, \overline{Y}$) 為原點所劃分出的四個象限，則絕大多數的樣本點落在第 1 象限及第 3 象限，只有很少數的樣本點落在第 2 象限及第 4 象限，顯見若 X 值愈大則 Y 值亦有愈大的趨勢。讀者可以假想一條通過 ($\overline{X}, \overline{Y}$) 且斜率為正的直線，而這些樣本點平均散布在此直線之上下。圖 13-3 右上散布圖 (b) 之 r 值為 −0.5，若以 ($\overline{X}, \overline{Y}$) 為原點所劃分出的四個象限，則樣本點落在第 2 象限及第 4 象限，比落在第 1 象限及第 3 象限還多，大約

圖 13-3 不具有完全線性關係之 X、Y 兩變項之散布圖 (r 為皮爾森相關係數)

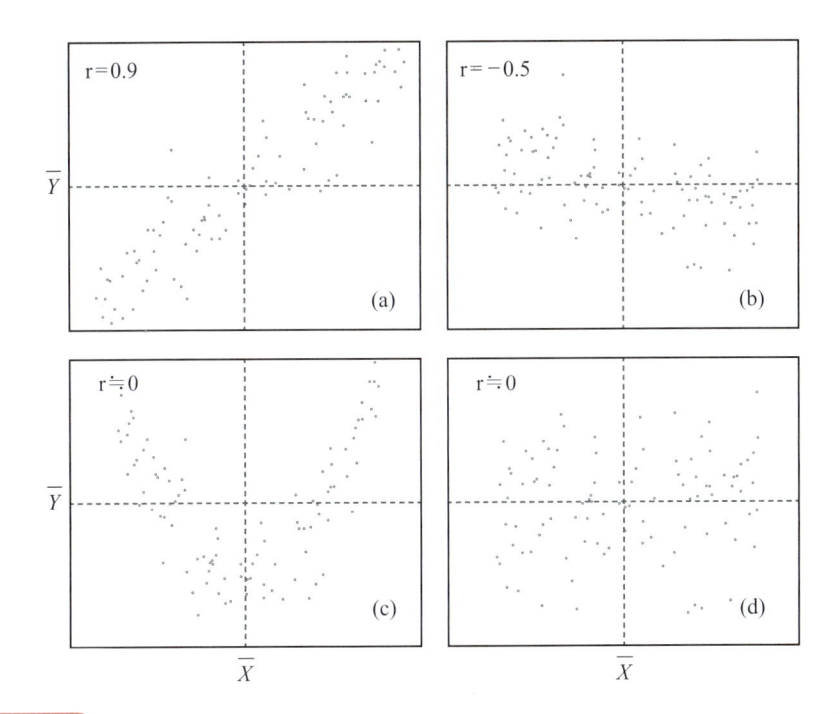

可見若 X 值愈大則 Y 值有愈小的趨勢。同樣地，讀者可以假想一條通過 $(\overline{X}, \overline{Y})$ 且斜率為負的直線，而這些樣本點平均散布在此直線之上下，比起圖 13-3 左上散布圖 (a)，它們上下散布的幅度更大些。

圖 13-3 左下散布圖 (c) 及右下散布圖 (d) 之 r 觀測值皆接近 0，若以 $(\overline{X}, \overline{Y})$ 為原點所劃分出的四個象限，則四個象限的樣本點數量約略相同，並無法觀察出若 X 值愈大則 Y 值有愈大或愈小的趨勢。然而，左下散布圖 (c) 與右下散布圖 (d) 仍有所不同，左下散布圖 (c) 雖無線性趨勢，但讀者可以假想一條開口向上的拋物線，而這些樣本點平均散布在此二次曲線之上下，顯見 X 和 Y 有曲線相關的趨勢，但右下散布圖 (d) 則否。所以，使用皮爾森相關係數的目的僅在於衡量兩等距變項間的直線關係程度，當 r 之觀測值接近 0 時，只能說明目前樣本資料顯示兩變項間沒有直線關係之趨勢，但不能說兩者間無關，因為兩者間可能存在其他非直線之關係 (如圖 13-3 左下散布圖 (c) 有某種程度的二次曲線關係但無直線關係之趨勢)。

舉例說明，從自認身材標準的男性中，隨機抽取 17 位，測量其身高 (cm) 及體重 (kg) (如表 13-1 所示)，試問這 17 位自認身材標準的男性之身高與體重的皮爾森相關係數 r 之觀測值為何？

由表 13-1 可得 r 觀測值 $=\dfrac{478}{\sqrt{462}\sqrt{1032.5}}=0.692$。

結果顯示 r 觀測值大於 0，表示此 17 位男性之身高與體重為正相關。因為 r 為統計量，對於自認身材標準的男性之身高與體重之間的相關情形，還需要進行假說檢定方能知曉。

X、Y 兩變項母體皮爾森相關係數 (ρ) 定義為 $\rho=\dfrac{\sigma^2_{X,Y}}{\sigma_X\cdot\sigma_Y}$，分子 $\sigma^2_{X,Y}$ 為母體共變異數，亦即 $\sigma^2_{X,Y}=E[(X-\mu_X)(Y-\mu_Y)]$；分母為 X 和 Y 兩個變項的母體標準差的乘積。因此需要檢定自認身材標準的男性之身高 (X) 與體重 (Y) 的相關係數 (ρ) 是否為 0，亦即要檢定「$H_0: \rho=0$ vs. $H_a: \rho\neq 0$」。

表 13-1 17 位自認身材標準的男性之身高與體重摘要表

編號	身高 (X)	體重 (Y)	$X-\bar{X}$	$Y-\bar{Y}$	$(X-\bar{X})^2$	$(Y-\bar{Y})^2$	$(X-\bar{X})(Y-\bar{Y})$
1	165	61	−10	−8	100	64	80
2	167	61.5	−8	−7.5	64	56.25	60
3	169	62.5	−6	−6.5	36	42.25	39
4	171	64.5	−4	−4.5	16	20.25	18
5	172	71.5	−3	2.5	9	6.25	−7.5
6	173	65.5	−2	−3.5	4	12.25	7
7	174	70.5	−1	1.5	1	2.25	−1.5
8	174	60.5	−1	−8.5	1	72.25	8.5
9	175	67.5	0	−1.5	0	2.25	0
10	176	62.5	1	−6.5	1	42.25	−6.5
11	176	71.5	1	2.5	1	6.25	2.5
12	177	69	2	0	4	0	0
13	178	67.5	3	−1.5	9	2.25	−4.5
14	179	72.5	4	3.5	16	12.25	14
15	181	93.5	6	24.5	36	600.25	147
16	183	75.5	8	6.5	64	42.25	52
17	185	76	10	7	100	49	70
總和	2975	1173	0	0	462	1032.5	478
平均	175	69					

在 H_0 為真，且假設 $[X, Y]$ 為二元常態分布 (bivariate normal distribution)，此時 $[X=x, Y=y]$ 所對應的曲面高度 (機率密度函數) $f(x, y) = \frac{1}{\sigma_X \sqrt{2\pi}} \exp[-\frac{1}{2}(\frac{x-\mu_X}{\sigma_X})^2] \times \frac{1}{\sigma_Y \sqrt{2\pi}} \exp[-\frac{1}{2}(\frac{y-\mu_Y}{\sigma_Y})^2]$。

據此可推導出 $t = \frac{r}{\sqrt{\frac{1-r^2}{n-2}}}$ 為具自由度 $n-2$ 之 t 分布。在大樣本的情況下，即使資料不是常態分布，$t = r\sqrt{\frac{n-2}{1-r^2}}$ 也近似具自由度 $n-2$ 之 t 分布。以表 13-1 的數據而言，t 之觀測值 $= 0.692 \times \sqrt{\frac{17-2}{1-0.692^2}} = 3.7135$，若 $\alpha = 0.05$，可由附表表 5 查得 $t_{0.025}(17-2) = 2.1314$。因為 $3.7135 > 2.1314$，故拒絕「身高與體重無關」之虛無假設 H_0。前述決策亦可利用 p 值為之，讀者可仿照第五章末，在 SPSS 按「轉換 (T)/計算變數 (C)」，在「目標變數 (T)」欄位輸入 p，並於「數值表示式 (E)」欄位中輸入 2*(1-CDF.T(3.7135, 15)) 後按「確定」，即可獲得 p 值為 0.002。以下將表 13-1 之身高、體重資料輸入 SPSS 資料集中，直接利用 SPSS 內定的程序來進行計算：

首先，將表 13-1 的身高與體重資料輸入 SPSS 資料集中；其次，按「分析 (A)/相關 (C)/雙變數 (B)」，最後將 X 和 Y 兩變項選入「變數 (V)」中後按「確定」，即可獲得皮爾森相關係數的分析結果 (見圖 13-4)。

當樣本數很大時，相關係數很容易就顯著，例如，樣本數為 1,000 時，相關係數 r 之觀測值 $= -0.06$ (p<0.001)，在統計上達顯著意義，這該如何解釋？樣本相關係數非常接近 0，理應是兩個變數之間線性關係不強，但是做檢定時的 p 值非常顯著，這是很常見的情形。皮爾森相關分析主要是檢定母體相關係數 (以 ρ 表示) 是否等於 0，當樣本數大的時候，樣本相關係數一般均會達統計上的顯著性。在實務上，一般也以 r 觀測值的大小來看相關的強弱，而非只看 r 值是否顯著。一般而言，當兩個變數的皮爾森樣本相關係數值為 0.00～0.25 表示兩個變數沒有直線相關或有輕微直線相關；0.25～0.5 表示兩個變數有輕度直線相關；0.5～0.75 表示兩個變數有中度直線相關；0.75 以上表示兩個變數有很強的直線相關 (Portney & Watkins, 2008)[1]。以前例而言，身高與體重間的直線相關屬中度。

---

[1] 相關係數強弱大小的準則並非絕對，取決於各領域的經驗法則。例如，Cohen (1988) 認為當相關係數為 0.00～0.1 表示沒有相關；0.1～0.3 表示輕度相關；0.3～0.5 表示中度相關；0.5 以上表示高度相關。又如，Hopkins (1997) 認為當相關係數為 0.00～0.1 表示沒有或極輕微相關；0.1～0.3 表示輕度相關；0.3～0.5 表示中度相關；0.5～0.7 表示高度相關；0.7～0.9 表示極高度相關；0.9 以上表示近乎完全相關。

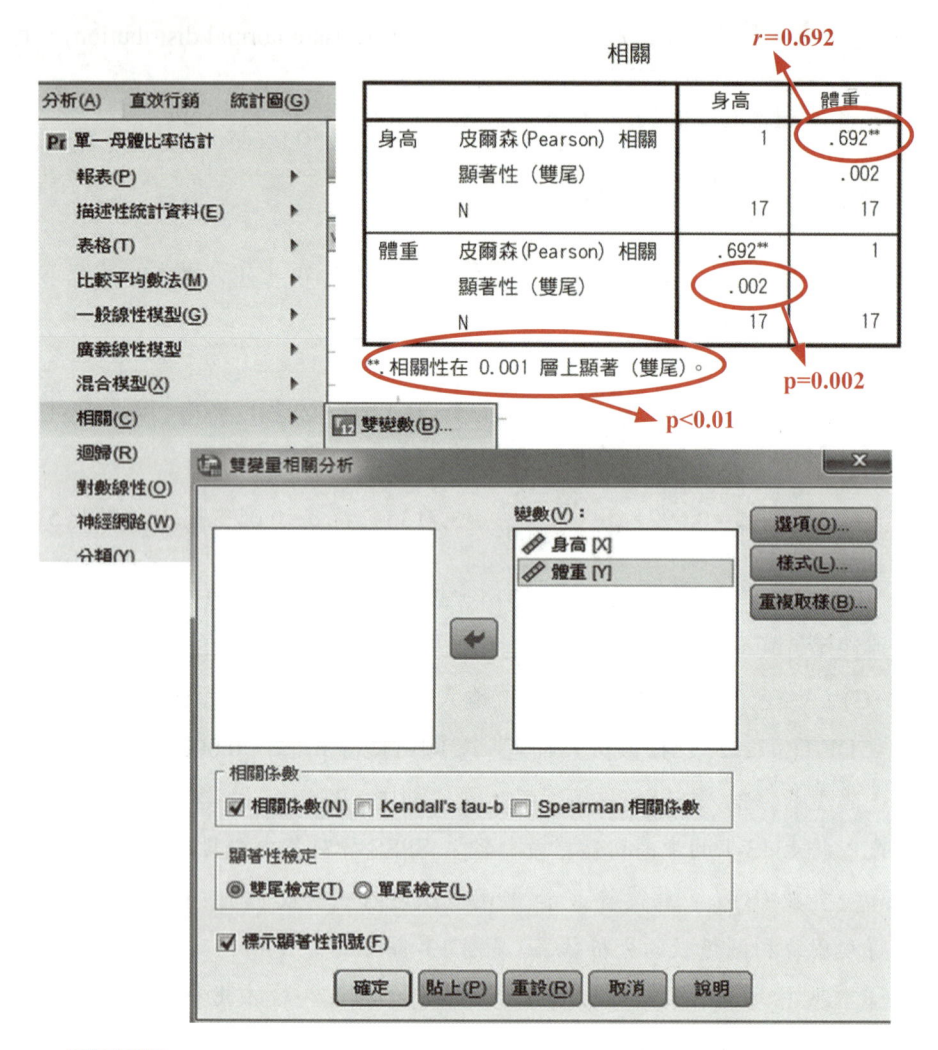

圖 13-4　SPSS 之皮爾森相關係數分析程序位置、設定及分析結果示意圖

　　其次，讀者使用直線相關分析時，應先繪製兩變項之散布圖，以觀察變項間的關係型態。誠如前述，兩變項間雖具有曲線關係，但以直線相關係數進行分析時，可能會得到趨近 0 的相關係數值及不顯著的結論，這也僅能說明兩變項間不具直線關係。繪製兩變項之散布圖，分析者除了能直觀地感受兩變項間可能的關係外，尚能幫助讀者查看有無偏離值 (outlier) 或極端值 (extreme values) 出現，因為皮爾森相關係數很容易受到它們的影響，而獲得錯誤的結果。

　　此外，相關並非因果關係。當得知兩變項具有相關性，且為強度相關時，我們僅僅知道兩者相關，其中一個變項數值變大，另一個變項數值也跟著改變的趨勢 (正相關時有跟著變大的趨勢；負相關時有反而變小的趨勢)，但是，我們並不能從相關係數得知兩者間到底是誰 (因) 造成誰 (果) 的改變。從相關係數僅能得知兩變

項的共變情形,並不能推知因果,在使用上讀者須加注意。

最後,如果我們想要透過直線趨勢,以一個變項 (X) 的數值,來預測另一個變項 (Y) 的數值,亦即我們想要以 $Y'=bX+a$ 來預測 Y,若要讓此預測誤差$(Y-Y')$ 的平方和最小,此時 $b=\dfrac{\sum_{i=1}^{n}(X_i-\overline{X})(Y_i-\overline{Y})}{\sum_{i=1}^{n}(X_i-\overline{X})^2}$、$a=\overline{Y}-b\overline{X}$,其推導過程本書省略。如果不知道 X,我們會拿 $\overline{Y}$ 來預測 Y,此時預測誤差為 $(Y-\overline{Y})$,故以 Y' 來預測 Y 所能消減的誤差是 $(Y-\overline{Y})-(Y-Y')=(Y'-\overline{Y})$,**降低誤差比例** (proportionate reduction in error, PRE) 為 $\dfrac{\sum_{i=1}^{n}(Y_i'-\overline{Y})^2}{\sum_{i=1}^{n}(Y_i-\overline{Y})^2}=\dfrac{\sum_{i=1}^{n}(bX_i+\overline{Y}-b\overline{X}-\overline{Y})^2}{\sum_{i=1}^{n}(Y_i-\overline{Y})^2}=\dfrac{b^2\sum_{i=1}^{n}(X_i-\overline{X})^2}{\sum_{i=1}^{n}(Y_i-\overline{Y})^2}$

$=\left(\dfrac{\sum_{i=1}^{n}(X_i-\overline{X})(Y_i-\overline{Y})}{\sqrt{\sum_{i=1}^{n}(X_i-\overline{X})^2}\sqrt{\sum_{i=1}^{n}(Y_i-\overline{Y})^2}}\right)^2=r^2$。因此相關係數的平方 ($r^2$) 是具有降低誤差比例的意涵,換言之,$r^2$ 可以說是透過 X 的資訊及利用直線趨勢,能解釋 Y 的變異之比例。又由於 r 的式子對於 X、Y 兩變項而言是對稱的,亦即它也可以是以 $X'=dY+c$ 來預測 X 所能消減的誤差比例。事實上,我們很容易證明,$\dfrac{\sum_{i=1}^{n}(Y_i'-\overline{Y})^2}{\sum_{i=1}^{n}(Y_i-\overline{Y})^2}$

$=\dfrac{\sum_{i=1}^{n}(X_i'-\overline{X})^2}{\sum_{i=1}^{n}(X_i-\overline{X})^2}=\dfrac{\sum_{i=1}^{n}(X_i'-\overline{X})^2+\sum_{i=1}^{n}(Y_i'-\overline{Y})^2}{\sum_{i=1}^{n}(X_i-\overline{X})^2+\sum_{i=1}^{n}(Y_i-\overline{Y})^2}=r^2$。總之,$r^2$ 是在衡量某一個變項的變化中有多大的比例是受另一個變項的變化所影響,其意義為當知道一個變項之後,可以減低我們預測另外一個變項所犯錯誤的比例,我們以此比例的大小來衡量兩變項間的關係強弱。對比前述相關係數 (r) 觀測值之強弱分類 (Portney & Watkins, 2008),我們亦可依解釋變異量比例 (r^2) 之大小來區分兩變項關係之強弱,而非只看是否顯著:當解釋變異量比例 (r^2) 介於 0～0.06 表示沒有相關或有輕微相關;介於 0.06～0.25 表示有輕度相關;介於 0.25～0.55 表示有中度相關;0.55 以上表示有很強的相關。再以前例而言,由於 $0.692^2=47.89\%$,代表著若以自認身材標準的男

性之身高來預測其體重，或以其體重來預測其身高，皆約可消減 48% 的誤差，故身高與體重間的相關程度屬中度。

三、兩序位變項間的相關分析——斯皮爾曼相關係數及伽瑪係數

前節所述之皮爾森相關係數 r 常用來呈現等距變項之間的關聯性，在檢定其值是否顯著時，變項需符合常態分布的假設，否則需要增加樣本數，方能得到較為精確的結論。如果變項不是等距變項，而是兩個序位變項，那麼要如何衡量兩變項間的相關性，以及如何進行檢定？本節所介紹的斯皮爾曼 (Spearman) 相關分析，其主要目的便是探討兩序位變項間的相關，故不需要常態假設，也不受偏離值或極端值的影響。

斯皮爾曼相關分析的步驟很簡單，首先，將兩個變項原始數據分別進行排序，若有數筆資料具有相同數值，則其等級 (rank) 為這些具有相同數值資料之應有等級的平均。例如，為探討自覺婚姻滿意度 (共分 11 個等級，評分愈高表自覺婚姻滿意度愈高) 與自覺健康狀況 (共分 11 個等第，評分愈高表自覺健康狀況愈好) 間的關係，今詢問 13 位已婚婦女，其自覺婚姻滿意度與自覺健康狀況如表 13-2 所示。

表 13-2 顯示，變項 X (自覺婚姻滿意度) 具有相同數值之資料共有 3 組，自覺婚姻滿意度為 5 者共 2 筆，其平均等級為 $\frac{2+3}{2}=2.5$；自覺婚姻滿意度為 6 者共 5 筆，其平均等級為 $\frac{4+5+6+7+8}{5}=6$；自覺婚姻滿意度為 7 者共 2 筆，其平均等級為 $\frac{9+10}{2}=9.5$。變項 Y (自覺健康狀況) 具有相同數值之資料共有 1 組，自覺健康狀況為 7 者共 4 筆，其平均等級為 $\frac{6+7+8+9}{4}=7.5$。

其次，將兩個變項所得之等級資料代入皮爾森相關係數的定義中，所得的數值即為斯皮爾曼相關係數 (r_s)，$r_s = \frac{\sum_{i=1}^{n}(R(X_i)-\overline{R(X)})(R(Y_i)-\overline{R(Y)})}{\sqrt{\sum_{i=1}^{n}(R(X_i)-\overline{R(X)})^2}\sqrt{\sum_{i=1}^{n}(R(Y_i)-\overline{R(Y)})^2}}$，其中 $R(X_i)$ 為變項 X 之第 i 筆觀測值的等級，$\overline{R(X)}$ 為變項 X 所有觀測值之等級的平均，$R(Y_i)$ 為變項 Y 之第 i 筆觀測值的等級，$\overline{R(Y)}$ 為變項 Y 所有觀測值之等級的平均。以表 13-2 為例，求得 $R(X)$ 和 $R(Y)$ 之皮爾森相關係數為 0.424，故 X 和 Y 之斯皮爾曼相關係數 $r_s=0.424$。事實上可以將 r_s 的定義進行化簡的工作 (見附錄

表 13-2 13 位已婚婦女之自覺婚姻滿意度 (X) 與自覺健康狀況 (Y)

編號	X	Y	R(X)	R(Y)	d=R(X)−R(Y)	d²
1	3	2	1	1	0	0
2	5	3	2.5	2	0.5	0.25
3	5	8	2.5	10	−7.5	56.25
4	6	7	6	7.5	−1.5	2.25
5	6	4	6	3	3	9
6	6	9	6	11	-5	25
7	6	5	6	4	2	4
8	6	10	6	12	-6	36
9	7	7	9.5	7.5	2	4
10	7	6	9.5	5	4.5	20.25
11	8	7	11	7.5	3.5	12.25
12	9	11	12	13	−1	1
13	10	7	13	7.5	5.5	30.25
總和	84	86	91	91	0	200.5

E)，在觀測值無同序情況下，我們有 $r_s = \dfrac{(n^3-n)/12 - \sum_{i=1}^{n} d_i^2/2}{(n^3-n)/12} = 1 - \dfrac{6\sum_{i=1}^{n} d_i^2}{n^3-n}$，其中 $d_i = R(X_i) - R(Y_i)$。這個定義常在教科書中看見，但它並不適用觀測值有同序的情況。觀測值有同序情況的 r_s 的定義化簡，亦可參見附錄 E。

最後，仍利用 t 檢定進行斯皮爾曼相關顯著性檢定的工作，以 $t = \dfrac{r_s}{\sqrt{\dfrac{1-r_s^2}{n-2}}}$

來檢定「$H_0 : \rho_s = 0$ vs. $H_a : \rho_s \neq 0$」。在 H_0 為真，且樣本數 (n) 超過 10 的情況下，$t = r_s \sqrt{\dfrac{n-2}{1-r_s^2}}$ 近似具自由度 n−2 之 t 分布。以表 13-2 為例，t 之觀測值 $= 0.424 \sqrt{\dfrac{13-2}{1-0.424^2}} = 1.5523$。若 α=0.05，可由附表表 5 查得 $t_{0.025}(11) = 2.2010$。因為 1.5523 < 2.2010，故無法拒絕「自覺婚姻滿意度與自覺健康狀況無關」之虛無假說 H_0。

若以 SPSS 之程序進行上述的運算，需先將表 13-2 之自覺婚姻滿意度、自覺健康狀況資料輸入 SPSS 資料集中，然後按「分析 (A)/相關 (C)/雙變數 (B)」，再將 X 和 Y 兩變項選入「變數 (V)」中，並勾選「Spearman 相關係數」後按「確定」，即可獲得斯皮爾曼相關係數的分析結果 (見圖 13-5)。

斯皮爾曼相關係數的判讀與解釋，與皮爾森相關係數相似，由 13 位已婚婦女之自覺婚姻滿意度與自覺健康狀況間的樣本斯皮爾曼相關係數為 0.424，表示兩變項間有輕度相關 (0.25-0.5)，但目前資料 (共 13 筆) 顯示樣本斯皮爾曼相關係數與 0 並無顯著差異 (p>0.05)，還需繼續收集資料以檢驗其間的關係。另外，對照皮爾森相關係數乃是衡量兩變項的線性關係的程度，斯皮爾曼相關係數乃是衡量兩變項的嚴格單調 (strictly monotone) 關係，這裡所謂的嚴格單調關係，係指一個變項能透過某種嚴格遞增 (或嚴格遞減) 函數與另一個變項產生關聯，探討此類關係的相關係數，便是在衡量「整體而言，若某一變項的數值變大時，則另一變項的數值是否

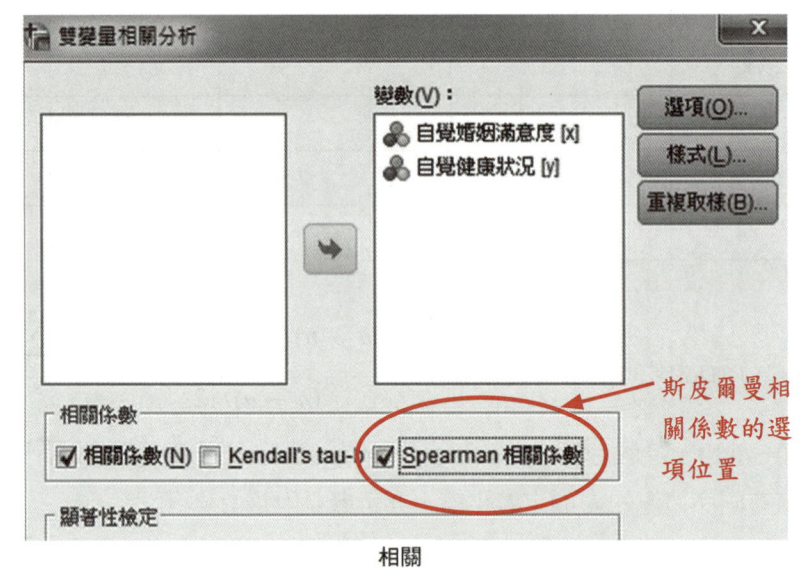

圖 13-5 SPSS 雙變量相關分析程序中「Spearman 相關係數」選項位置及其部分分析結果

也會變大 (或變小)」的程度。顯然線性關係是嚴格單調關係的一個例子，但它不僅僅要看另一變項的數值是否也會變大 (或變小)，還要看跟著改變 (變大或變小) 是否以某個固定的幅度為之。雖然斯皮爾曼相關係數是衡量一個變項 (如 X) 重新排序後的等級 (如 R(X)) 與另一個變項 (如 Y) 重新排序後的等級 (如 R(Y)) 之間的線性關係，但就原來兩個變項而言 (如 X 和 Y)，它的大小代表著這兩個變項間的嚴格單調關係程度，當然嚴格單調關係中有屬線性及非線性的關係。

斯皮爾曼相關係數 r_s 的平方代表著一個變項 (如 X) 重新排序後的等級 (如 R(X)) 能解釋另一個變項 (如 Y) 重新排序後的等級 (如 R(Y)) 之變異比率，亦即一個變項 (X) 能透過某種嚴格單調函數來解釋另一個變項 (Y) 的程度，但在實務上，有不少人反對使用 r_s^2 進行解釋，這是因為 (R(X)) 透過直線趨勢所預測 (R(Y)) 的值是連續的，雖可用以預測次序關係，卻不符合原始等級 (Y) 或是重新排序後之等級 (R(Y)) 的序位變項意義。另外，當某一變項 (如 X) 有大量相同的數值出現時，該變項重新排序後的等級 (如 R(X)) 之平均值 (如 $\overline{R(X)}$)，會落在這些大量相同數值於排序後所對應的等級附近，以致這些 $(R(X_i) - \overline{R(X)})$ 會與 0 很接近，而削弱了斯皮爾曼相關係數的數值。就直觀上來說，變項有大量 (10% 以上) 相同的數值，與其探討兩變項間的嚴格單調關係，倒不如探討單調關係較合適些。因此，有必要再介紹一個具有降低誤差比例 (PRE) 意義的相關係數，以衡量兩序位變項間的單調關係：「若某一變項的數值變大時，則另一變項的數值是否至少不會變小 (或變大)」。

古德曼與克魯斯卡的伽瑪係數 (Goodman and Kruskal's gamma, G) (Goodman & Kruskal, 1954)，是立基在一個變項的大小次序來預估另一個變項的大小次序，藉以衡量兩序位變項的相關程度，其定義為 $G = \dfrac{N_s - N_d}{N_s + N_d}$，其中 N_s 為同序對數，N_d 為異序對數。這裡所謂的同序對的意思是一對個案在兩變項的大小順序方向是相同的；反之，一對個案在兩變項的大小順序方向是相反的，則稱為異序對。例如，在表 13-3 中，編號 1 和編號 2 這一對個案便是同序對；而編號 2 和編號 4 這一對個案便是異序對。由表 13-3 可算得 $N_s = 3$、$N_d = 1$，$G = \dfrac{3-1}{3+1} = 0.5$。

若以 SPSS 之程序進行上述的運算，需先將表 13-3 之 X、Y 資料輸入 SPSS 資料集中，然後按「分析 (A)/描述性統計資料 (E)/交叉表 (C)」，再將 X 和 Y 兩變項分別選入「列 (O)」與「直欄 (C)」中，並點選「統計資料 (S)」勾選「伽瑪 (G)」後按「繼續」及「確定」，即可獲得古德曼與克魯斯卡的伽瑪係數分析結果 (見圖 13-6)。

表 13-3 X 與 Y 兩序位變項同序對、異序對範例摘要表

編號	X	Y	同序對	異序對	某變項等級相同
1	1	1	編號 1、2 編號 1、3 編號 1、4	編號 2、4	編號 2、3 編號 3、4
2	2	3			
3	2	2			
4	3	2			

　　G 係數的基本想法是這樣的，當面對某一變項兩個不一樣的數值時 (因此兩變項皆不為常數變項)，我們就擁有其大小次序，便能據之以預測所對應之另一個變項數值的高低，由於這兩個變項的地位是對稱的，因此我們從 n 個個案中取出兩個個案，真正需要預測的是那些在兩個變項的數值各自皆不同的情況，故共有 $N_s + N_d$ 對 (而非 $C_2^n = \dfrac{n(n-1)}{2}$ 對)，而預測的依據便在於 N_s 和 N_d 誰多誰少：若同序對多時，那麼在某一變項數值較大，我們便預測其所對應的另一個變項數值也會較大；反之，若異序對多時，那麼在某一變項數值較大，我們便預測其所對應的另一個變項數值反而會較小。G 係數的絕對值，便是樣本根據此預測原則下的淨預測正確比率，亦即預測正確比率減去預測錯誤比率，具有 PRE 意義[2]。

　　最後，我們以三個特殊情況的兩個變項散布圖 (見圖 13-7)，綜合對皮爾森相關係數 (r)、斯皮爾曼相關係數 (r_s) 與伽瑪係數 (G) 進行比較。圖 13-7 的左邊，為具有完全線性關係的兩個變項之散布圖，此時三個相關係數皆為 1；圖 13-7 的中間，為具有完全嚴格單調關係的兩個變項之散布圖，此時 $r=0.95$、$r_s=G=1$；圖 13-7 的右邊，為具有完全單調關係的兩個變項之散布圖，此時 $r=0.95$、$r_s=0.99$、

---

2 G 係數絕對值的意義為降低誤差的比例，在相關分析中，通常假定 X、Y 兩變項的地位是對稱的，亦即我們都要拿某一變項的兩個不同值猜測另一個變項的大小順序，此時在沒有 X 的訊息時，我們亂猜 Y 的兩個不同值之大小順序的錯誤機率為 $1/2$，若加入 X 的訊息，當 $N_s > N_d$ 時，我們便猜測 Y 之大小與 X 的大小順序一致，如此猜測的錯誤機率估計為 $\dfrac{N_d}{N_s + N_d}$；對稱地，在沒有 Y 的訊息時，我們亂猜 X 之大小的錯誤機率亦為 $1/2$，若加入 Y 的訊息，當 $N_s > N_d$ 時，我們便猜測 X 之大小與 Y 的大小順序一致，如此猜測的錯誤機率估計亦為 $\dfrac{N_d}{N_s + N_d}$，因此總共之降低誤差的比例為 $\dfrac{2 \times [1/2 - N_d/(N_s + N_d)]}{1/2 + 1/2} = \dfrac{1/2 - N_d/(N_s + N_d)}{1/2} = \dfrac{N_s - N_d}{N_s + N_d} = G$。同理，當 $N_s < N_d$ 時，我們便猜測某一變項的兩個不同值的大小順序與所加入另一變項資訊的大小順序相反，如此猜測的錯誤機率估計為 $\dfrac{N_s}{N_s + N_d}$，因此降低誤差的總比例為 $\dfrac{2 \times [1/2 - N_s/(N_s + N_d)]}{1/2 + 1/2} = \dfrac{N_d - N_s}{N_s + N_d} = |G|$，故 G 係數的絕對值具有降低誤差比例的意義。

對稱的測量

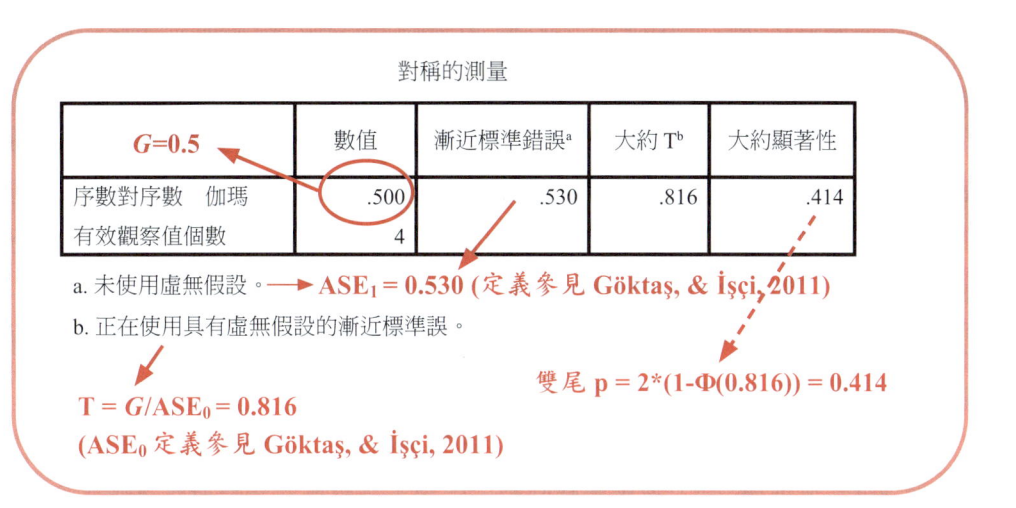

G=0.5	數值	漸近標準錯誤[a]	大約 T[b]	大約顯著性
序數對序數　伽瑪	.500	.530	.816	.414
有效觀察值個數	4			

a. 未使用虛無假設。→ $ASE_1 = 0.530$ (定義參見 Göktaş, & İşçi, 2011)
b. 正在使用具有虛無假設的漸近標準誤。

雙尾 $p = 2*(1-\Phi(0.816)) = 0.414$

$T = G/ASE_0 = 0.816$
(ASE_0 定義參見 Göktaş, & İşçi, 2011)

圖 13-6 SPSS 伽瑪係數分析結果

$r = 1$
$r_s = 1$
$G = 1$
線性關係

$r = 0.95$
$r_s = 1$
$G = 1$
嚴格單調關係

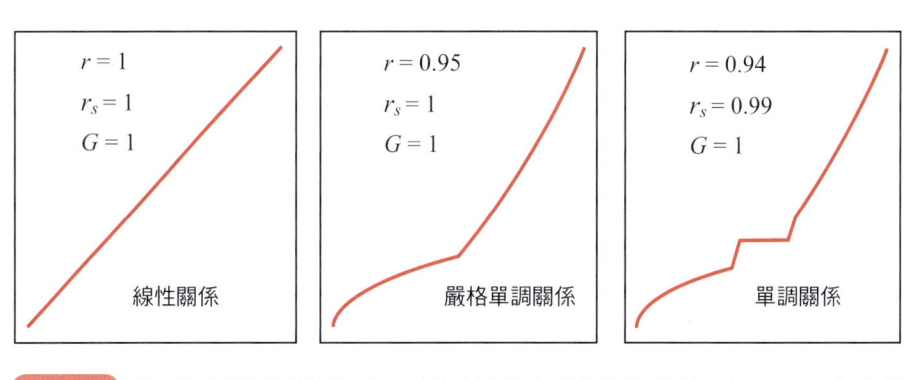

$r = 0.94$
$r_s = 0.99$
$G = 1$
單調關係

圖 13-7 三種特殊情況的兩個變項散布圖及其皮爾森相關係數 (r)、斯皮爾曼相關係數 (r_s) 與伽瑪係數 (G)

$G=1$。皮爾森相關係數主要在衡量兩變項間的線性相關程度，當皮爾森相關係數為 1 (或 −1) 時，代表兩變項間具有完全線性關係，若某一變項的數值變大，則另一變項的數值也會以某個固定的幅度跟著變大 (或變小)，因此兩變項間若非存在完全線性關係，皮爾森相關係數便不為 1 (或 −1) (如圖 13-7 中間及右邊之散布圖)。斯皮爾曼相關係數主要在衡量兩變項間的嚴格單調相關程度，當斯皮爾曼相關係數為 1 (或 −1) 時，代表兩變項間具有完全嚴格單調關係，若某一變項的數值變大，則另一變項的數值也會跟著變大 (或變小)，因此兩變項間若非存在完全嚴格單調關係，斯皮爾曼相關係數便不為 1 (或 −1) (如圖 13-7 右邊之散布圖)。線性關係亦屬嚴格單調關係，是故兩變項間具有完全線性關係時，斯皮爾曼相關係數亦會等於 1 (或 −1)。伽瑪係數主要在衡量兩變項間的單調相關程度，當伽瑪相關係數為 1 (或 −1) 時，代表兩變項間具有完全單調關係，若某一變項的數值變大，則另一變項的

數值至少不會跟著變小 (或變大)。線性關係或嚴格單調關係亦屬單調關係,是故兩變項間具有線性關係或嚴格單調關係時,伽瑪係數亦會等於 1 (或 −1)。

總之,當兩變項為等距變項時,通常會使用皮爾森相關係數來衡量兩變項間的關係;如果兩變項為序位變項且資料並無大量 (10% 以上) 相同等級時,通常會使用斯皮爾曼相關係數來衡量兩變項間的關係;如果兩變項為序位變項且資料中有大量相同等級時,通常會使用伽瑪相關係數來衡量兩變項間的關係。然而,當兩變項屬類別變項時,我們便無法使用這三個相關係數來衡量兩變項間的關係,下一節將介紹如何衡量與檢定兩類別變項間的關係。

四、兩類別變項間的相關分析──獨立性卡方檢定

檢定兩類別變項間是否有關,最常採用的是獨立性卡方檢定,其基本原則已在第十一章之適合度卡方檢定與第十二章之比率同質性卡方檢定中說明,借助於檢視觀察個數與期望個數之間的差異,是否達到統計上的顯著性做為決策的依據。就獨立性卡方檢定而言,若 X 與 Y 兩個變項為獨立,則「$X=A$ 且 $Y=B$」事件發生的機率為「$X=A$」事件發生的機率乘以「$Y=B$」事件發生的機率,進而可求出列聯表中各細格的期望個數。例如,自 2007 年 7 月 11 日經總統公布之修正《菸害防制法》以來,政府不斷宣導擴大室內公共及工作場所為全面禁菸場所,讓大部分國民能更全面地免於二手菸害威脅。某單位為瞭解某地區民眾對此政策實施的滿意度,共隨機抽取 2,000 名年滿 18 歲的公民,詢問對此政策的滿意度 (滿意、不滿意、不知道/不確定),以及包含性別等基本資料,表 13-4 呈現了不同性別對此政策之不同滿意度的人數。

我們想要檢定「H_0:性別與滿意度兩變項相互獨立」vs.「H_a:性別與滿意度兩變項不獨立」,根據表 13-4,在 H_0 為真的情況下,各細格期望個數如表 13-5 所示。

表 13-4 某地區民眾對《菸害防制法》實施滿意度調查資料

性別	滿意度			總和
	滿意	不滿意	不知道/不確定	
男	674	256	17	947
女	808	234	11	1,053
總和	1,482	490	28	2,000

表 13-5　表 13-4 資料在性別與滿意度兩變項相互獨立的假設下各細格期望個數

性別	滿意度			總和
	滿意	不滿意	不知道/不確定	
男	701.727	232.015	13.258	947
女	780.273	257.985	14.742	1,053
總和	1,482	490	28	2,000

例如，當「性別＝男」且「滿意度＝滿意」時的期望個數為 $2,000 \times \frac{1,482}{2,000}$ $\times \frac{947}{2,000} = 701.727$。$\chi^2 = \sum_{i=1}^{2} \sum_{j=1}^{3} \frac{(O_{ij} - E_{ij})^2}{E_{ij}} = \frac{(674 - 701.727)^2}{701.727} + \cdots + \frac{(11 - 14.742)^2}{14.742}$

$= 8.796$。查附表表 7 得 $\chi^2_{0.05} = 5.9915$。由於 $8.796 > 5.9915$，故拒絕「性別與滿意度兩變項相互獨立」的虛無假說 H_0。

若以 SPSS 之程序進行上述的運算，需先將表 13-4 之 X、Y 計數資料於 SPSS 中完成加權資料之建立 (同表 12-3 資料之建立方式)，然後按「分析 (A)/描述性統計資料 (E)/交叉表 (C)」，再將 X 和 Y 兩變項分別選入「列 (O)」與「直欄 (C)」中，並點選「統計資料 (S)」勾選「卡方 (H)」後按「繼續」及「確定」，即可獲得獨立性卡方檢定分析結果 (見圖 13-8)。

圖 13-8 為執行 SPSS 交叉表程序後的部分結果，下方卡方值為 8.796 (p＜0.05) 與前述筆算結果相同，可得知性別與滿意度是有關的。

雖然獨立性卡方檢定提供了一個檢定兩類別變項之間是否有關的方法，但是它並沒有提供一個能代表兩類別變項間的相關性大小的指標，尤其是具有降低誤差比

卡方檢定

	數值	df	漸近顯著性 (2 端)
皮爾森 (Pearson) 卡方	8.796a	2	.012
概似比	8.796	2	.012
線性對線性關聯	8.766	1	.003
有效觀察值個數	2000		

a. 0 資料格 (0.0%) 預期計數小於 5。預期的計數下限為 13.26。

圖 13-8　性別與滿意度相關分析之獨立性卡方檢定

例意義的指標。在進行兩類別變項間的相關分析結果為有相關性時，Lambda 相關係數及 tau-y 係數是常用來表示相關強度且具有 PRE 意義的相關係數，有興趣的讀者可參見附錄 F。

參考文獻

Portney, L. G. & Watkins, M. P. (2008). Foundations of clinical research: Applications to practice (3rd ed.). Upper Saddle River: Prentice-Hall.

Goodman, L. A., and Kruskal, W. H. (1954). Measures of association for cross classifications. *Journal of the American Statistical Association, 49*, 732-764.

Goodman, L. A. and W. H. Kruskal. (1972). Measures of association for cross-classification, IV: simplification and asymptotic variances. *Journal of the American Statistical Association*, 67, 415-421.

Gkötaş, A. & İşçi, Ö. (2011). A Comparison of the Most Commonly Used Measures of Association for Doubly Ordered Square Contingency Tables via Simulation. *Metodološki zvezki, 8*(1), 17-37.

Somes, G. W., and K. F. O'Brien. (1985). Mantel-Haenszel statistic. In *Encyclopedia of Statistical Sciences, Vol 5* (S. Kotz and N. L. Johnson, eds.) 214-217. New York: John Wiley.

習題十三

1. 由第一章王先生的調查資料，試問年齡與血糖機的血糖檢測值之間是否有關聯？年齡與生化血糖值之間是否有關聯？血糖機的血糖檢測值與生化血糖值之間是否有關聯？($\alpha=0.05$)

2. 基礎代謝率 (basal metabolic rate, BMR) 是指：我們在安靜狀態 (通常為靜臥狀態) 下消耗的最低熱量，下表為某地區膳食調查中隨機抽取 16 名 40-60 歲的健康男性之基礎代謝率 (kj/d) 與體重 (kg) 資料，試問基礎代謝率與體重間有無關聯？($\alpha=0.05$)

編號	BMR (kj/d)	體重 (kg)	編號	BMR (kj/d)	體重 (kg)
1	5,442	55	9	5,980	60
2	5,443	56	10	5,525	60
3	5,640	57	11	5,923	61
4	5,128	57	12	5,666	62
5	5,781	58	13	6,320	64
6	5,299	58	14	6,575	66
7	5,725	59	15	6,291	68
8	5,384	59	16	7,143	73

3. 伽瑪係數並未考慮那些至少在某一個變項有相同數值的序對，它是對稱地考量兩序位變項的關係。然而，若兩變項的地位不對稱，具有方向性，一個為依變項 (Y)，另一個為自變項 (X)，我們僅打算利用 X 的次序關係來預測 Y 的次序關係，而不打算利用 Y 的次序關係來預測 X 的次序關係，那麼理當納入那些在 X 的數值不同但在 Y 的數值是相同的序對 (設共有 N_Y^T 對)。薩莫斯 (Somers) 提出 d_{YX} 係數 (Somes & O'Brien, 1985) 來衡量具方向性之兩序位變項間的關係，與伽瑪係數一樣，當面對某一變項 (X) 兩個不一樣的數值時，我們便預測其所對應的另一個變項 (Y) 數值的大小順序。然而在評估其預測誤差時，那些在 X 的數值不同但在 Y 的數值是相同的序對，我們僅算半錯，因此，在同序對較多時，預測錯誤對數為 $N_d + \frac{1}{2} N_Y^T$，故有 $d_{YX} = \dfrac{\frac{1}{2} - \dfrac{N_d + \frac{1}{2} N_Y^T}{N_s + N_d + N_Y^T}}{\frac{1}{2}} = \dfrac{N_s - N_d}{N_s + N_d + N_Y^T}$。

(1) 請依表 13-3 的資料求出 d_{YX}；(2) 請利用 SPSS 驗證 (1) 之結果(按「分析 (A)/描述性統計資料 (E)/交叉表 (C)」，再將 X 和 Y 兩變項分別選入「直欄 (C)」與「列 (O)」中，並點選「統計資料 (S)」勾選「Somes' D」後按「繼續」及「確定」)。

4. 為研究胎盤早剝 (placental abruption) 者的出血情況，將妊娠時間分成早期、中期、晚期三個階段，失血量分成較少、中等、較多等三個等級，並調查了 250 位病患，其結果如下表

所示：

妊娠階段	失血量			總和
	較少	中等	較多	
早期	26	5	7	38
中期	51	32	26	109
晚期	57	21	25	103
總和	134	58	58	250

試問失血量的多少與妊娠階段間是否有關？($\alpha=0.05$)

5. 醫學系學生之臨床技能評量上，已廣泛使用「客觀結構式臨床技能測驗」(objective structured clinical examination, OSCE)，下表為 20 位醫學系學生在兩次高階 OSCE 考試 (共 15 站) 中及格站數：

考生編號	1	2	3	4	5	6	7	8	9	10
第一次成績	10	8	9	10	12	11	10	13	11	10
第二次成績	13	9	12	12	15	11	13	14	12	10
考生編號	11	12	13	14	15	16	17	18	19	20
第一次成績	11	10	8	9	9	11	9	12	10	7
第二次成績	13	11	12	11	12	13	8	14	12	10

試問兩次高階 OSCE 考試成績是否有關？($\alpha=0.05$)

6. 為研究吸菸者有、無透過濾嘴吸菸與罹患慢性支氣管炎 (chronic bronchitis) 是否有關，今隨機調查了 250 位年齡相仿的吸菸者，對每位吸菸者調查其吸菸習慣 (有、無透過濾嘴吸菸) 及有、無罹患慢性支氣管炎，其資料如下表所示：

吸菸習慣	慢性支氣管炎		總和
	有	無	
不透過濾嘴吸菸	28	66	94
透過濾嘴吸菸	19	137	156
總和	47	203	250

試問吸菸習慣與慢性支氣管炎是否有關？($\alpha=0.05$)

7. 由於獨立性卡方檢定之卡方值的大小受到樣本數的大小、列聯表的行數 (c) 及列數 (r) 所影響，故無法代表變項間的關係強弱，但是可以將之稍加修改，來衡量兩類別變項間的關係，例如，列聯係數 (contingency coefficient, C) 便是這樣的係數，定義 $C=\sqrt{\dfrac{\chi^2}{\chi^2+n}}$，

其中 χ^2 為卡方值、n 為樣本數。雖然，C 並無降低誤差比例的意涵，但是其數值的大小能代表關係的強弱，C 的最小值為 0，表示兩變項無關，數值愈大表相關性愈強，最大值為 $\sqrt[4]{\frac{r-1}{r} \times \frac{c-1}{c}}$。(1) 請依表 13-4 的資料求出 C 值；(2) 請利用 SPSS 驗證 (1) 之結果 (按「分析 (A)/描述性統計資料 (E)/交叉表 (C)」，再將兩變項分別選入「直欄 (C)」與「列 (O)」中，並點選「統計資料 (S)」勾選「列聯係數 (O)」後按「繼續」及「確定」)；(3) 若將 C 除以最大值可得標準化列聯係數 (standardized contingency coefficient, C_s)，亦即 $C_s = \dfrac{\sqrt{\dfrac{\chi^2}{\chi^2+n}}}{\sqrt[4]{\dfrac{r-1}{r} \times \dfrac{c-1}{c}}}$，

請依表 13-4 的資料求出 C_s 值。

8. 某醫師想要探討職業型態與胃病種類是否有關，將 350 位胃病病患按職業型態 (分為行政人員、工廠工人、公車司機等三種) 與胃病種類 [分表淺性胃炎 (superficial gastritis)、萎縮性胃炎 (atrophic gastritis)、胃潰瘍 (gastric ulcer) 等三種] 製成如下之交叉表：

職業型態	胃病種類			總和
	表淺性胃炎	萎縮性胃炎	胃潰瘍	
行政人員	89	54	5	148
工廠工人	59	70	14	143
公車司機	23	25	11	59
總和	171	149	30	350

試問職業型態與胃病種類間是否有關？($\alpha = 0.05$)

9. 參見附錄 D，仿照 Lambda 係數，可利用具有方向性的 tau-y，定義成對稱、無方向性的 τ 係數，$\tau = \dfrac{\sum\limits_{i=1}^{r}\sum\limits_{j=1}^{c} n_{ij}^2 [\dfrac{1}{n_i} + \dfrac{1}{n_j^X}] - \dfrac{1}{n}[\sum\limits_{i=1}^{r} n_i^2 + \sum\limits_{j=1}^{c} (n_j^X)^2]}{2n - \dfrac{1}{n}[\sum\limits_{i=1}^{r} n_i^2 + \sum\limits_{j=1}^{c} (n_j^X)^2]}$，請依表 13-4 的資料求出 τ 值。

10. 由第一章王先生的調查資料，試問性別與有無糖尿病病史之間是否有關？($\alpha = 0.05$)

11. 某醫檢師為研究 ABO 血型系統與 MN 血型系統之間是否有關，今將 1,500 位受檢者的 ABO 血型與 MN 血型整理如下表所示：

ABO 血型	MN 血型			總和
	M	N	MN	
A	81	112	173	366
B	141	190	243	574
O	122	144	216	482
AB	33	36	9	78
總和	377	482	641	1500

試問兩種血型系統間是否有關？($\alpha=0.05$)

Chapter 14

迴歸分析與預測

在前一章,我們主要探討兩個變項之間是否存有某種關係,其相關的程度為何?並未區分這兩個變項中哪一個是自變項 (independent variable),哪一個是依變項 (dependent variable),也未把焦點放在兩變項間關係的具體形式上。在本章,主要的焦點是建立自變項與依變項之間的關係式子,稱之為迴歸方程式 (regression equation),並以此迴歸方程式做為預測 (prediction) 依據,讓我們可以根據自變項的數值來預測依變項的數值,或探討在特定條件下某一自變項的變化對依變項的具體影響。此即為迴歸分析與相關分析之差異所在。

迴歸分析有多種類型。根據自變項的個數分類,可分為擁有一個自變項的簡單迴歸分析 (simple regression analysis) 和擁有兩個以上自變項的多元迴歸分析 (multiple regression analysis);根據自變項和依變項之間是否為線性關係,可分為線性迴歸 (linear regression) 和非線性迴歸 (non-linear regression);根據依變項的測量尺度及迴歸方程式的不同,則可分為線性迴歸、羅吉斯迴歸 (logistic regression)、多項式羅吉斯迴歸 (multinomial logistic regression)、累積羅吉斯迴歸 (cumulative logistic regression)、卜松迴歸 (Poisson regression)、對數線性迴歸 (log-linear regression)、寇克斯迴歸 (Cox regression) 等。本書主要是以介紹線性迴歸為主,以此簡介迴歸分析的概念與進行步驟,當學完本章之後,讀者應該能:

1. 根據樣本的數據,使用最小平方法建立簡單及多元線性迴歸方程式。
2. 瞭解線性迴歸模式的 L (線性)、I (獨立)、N (常態)、E (變異數同質) 等適用條件。
3. 使用變異數分析來檢定迴歸方程式是否具有實質意義。
4. 使用 t 檢定檢驗特定自變項的 (偏) 迴歸係數是否為 0。
5. 瞭解決定係數的意涵。
6. 使用線性迴歸模式進行統計預測與統計控制的工作。
7. 診斷多元線性迴歸分析之自變項共線性問題。
8. 使用 SPSS 進行前述各項工作。

一、實務問題

　　迴歸分析主要是說明如何建立迴歸方程式，並利用自變項的數值代入方程式來預測依變項，以及透過自變項的 (偏) 迴歸係數來解釋自變項與依變項的關係，因此在實務上經常見到迴歸分析的問題，例如：

1. 同年齡、同體重的成人中，有無抽菸者之血壓是否有所不同？若有所不同，則差距大約為何？
2. 某心臟科醫師研究如何依據病人手術前的身體狀況 (血塊分數、體能指標、肝功能分數、酸素檢定分數等) 來預測心臟手術後病患其存活時間。
3. 基本資料 (如性別、年齡、教育程度、收入等) 相同的安養中心老人，其社會支持量表每增加 1 分，其在老年憂鬱量表的得分變化為何？
4. 探討如何根據病患血中細菌含量來預測白血球數目。
5. 探討如何依據地景結構 (如草原棲地嵌塊體面積百分比、嵌塊體數量等)、灌木林嵌塊體之隔離度來預測某特定物種 (如蜥蜴) 之數量。
6. 某森林農場研究如何依據當前樹木的棵數、每棵樹的高度及樹幹的直徑等來預測明年的木材總收成。
7. 探討如何利用環境因子 (如水溫、化學耗氧量、生物耗氧量等)、放養密度來預測吳郭魚存活率。
8. 探討醫療補助、病童心理情緒改變、母親教育程度等因素對復健期燒燙傷病童母親之關注的影響。
9. 探討病患年齡、住院來源、保險身份等因素對經尿道攝護腺切除術的醫療資源耗用之影響。
10. 探討如何依據病患看診序號、科別、看診時段 (分上午、下午、晚上)、星期別、各診總看診人數、醫師職級、醫師年資來預測病患診療時間。
11. 探討如何依據主要植株性狀 (節數、節間長度、幹截面積、幹徑及分枝數等) 來預測台灣卓蘭地區之鳥梨實生後裔之株高。

二、簡單線性迴歸

　　前一章中，我們以皮爾森相關係數 r 來衡量兩等距變項間的線性關係程度時，兩變項的地位是對稱的；本章將利用變項 X 的數值來預測變項 Y 的數值，亦即兩變項的地位不對稱，具有方向性，變項 Y 的數值會隨著變項 X 的數值變化而有所

變化,此時稱變項 X 為自變項、變項 Y 為依變項。如果想要透過直線關係,以一個變項 (如 X) 的數值,來預測另一個變項 (Y) 的數值,亦即以 $Y'=a+bX$ 來預測 Y (可將 Y' 記為 $\hat{Y}$),此一直線被稱為 Y 對 X 之迴歸線 (regression line),而實際觀察值 Y 與預測值 Y' 之差距 ($Y-Y'$) 被稱為觀察誤差 (error) 或殘差 (residual)。若以最小平方法 (least-squares method) (讓誤差的平方和最小) 可求得 $b=\dfrac{\sum_{i=1}^{n}(X_i-\overline{X})(Y_i-\overline{Y})}{\sum_{i=1}^{n}(X_i-\overline{X})^2}$、$a=\overline{Y}-b\overline{X}$,此時可降低預測誤差比例 (PRE) 為 r^2。前述 $Y'=a+bX$,其中 b 稱為迴歸係數 (regression coefficient),為直線斜率;a 表示截距 (intercept),為迴歸線與 y 軸交點的縱座標。我們亦可將迴歸方程式寫成 $Y=a+bX+e$,其中 $e=Y-Y'$ 為誤差。

上述當自變項只有一個時,依變項 Y 對自變項 X 做迴歸,所得的線性迴歸方程式被稱為簡單線性迴歸模式 (simple linear regression model),其迴歸係數 b 與兩變項之皮爾森相關係數 r 有下列關係:

$$b=\frac{\sum_{i=1}^{n}(X_i-\overline{X})(Y_i-\overline{Y})}{\sum_{i=1}^{n}(X_i-\overline{X})^2}=\frac{\sum_{i=1}^{n}(X_i-\overline{X})(Y_i-\overline{Y})}{\sqrt{\sum_{i=1}^{n}(X_i-\overline{X})^2}\sqrt{\sum_{i=1}^{n}(Y_i-\overline{Y})^2}}\times\frac{\sqrt{\sum_{i=1}^{n}(Y_i-\overline{Y})^2/(n-1)}}{\sqrt{\sum_{i=1}^{n}(X_i-\overline{X})^2/(n-1)}}$$

$$=r\times\frac{S_Y}{S_X}$$

其中,r 為皮爾森相關係數,S_X 為自變項 X 的樣本標準差,S_Y 為依變項 Y 的樣本標準差。

以表 13-1 為例,r 之觀測值 $=0.692089$、S_X 之觀測值 $=\sqrt{462/(17-1)}=5.373546$、$S_Y$ 之觀測值 $=\sqrt{1,032.5/(17-1)}=8.033135$,$b$ 之觀測值 $=0.692089\times\dfrac{8.033135}{5.373546}=1.034632$。又由於 $\overline{X}$ 之觀測值 $=175$、$\overline{Y}$ 之觀測值 $=69$,故 a 之觀測值 $=69-1.034632\times175=-112.061$。因此,體重 (Y) 對身高 (X) 之迴歸方程式為 $Y'=-112.0611+1.034632X$,便可透過此方程式利用身高資訊來預測其體重。例如,某位自認身材標準的男性,其身高為 171 (cm),透過前述迴歸方程式我們可以猜測其體重為 $Y'=-112.0611+1.034632\times171=64.86$ (kg)。就編號 4 的觀察資料而

言，若以上述方程式進行預測，其誤差為 64.5－64.86＝－0.36。

接著，要討論的是如何判斷上述預測是否具有實質的意義。如果我們要猜測自認身材標準之男性的體重，卻不知其包括身高在內的任何額外的資訊，則利用表 13-1 的資料，$\overline{Y}$ 之觀測值 69 是其體重的一個直覺的估計。這種未透過其他資訊而以樣本平均數進行預測所產生的誤差即為離均差 $Y-\overline{Y}$，若利用其他資訊 (如身高) 進行預測所產生的誤差不能比它有所改進，那麼這樣的預測便無實質的意義。對應前述 $Y'=a+bX$ 此一直線方程式，若 $b=0$，則 X 的資訊便用不上，此時 $Y'=a=\overline{Y}$，線性迴歸方程式便無實質的意義。

然而，若 $b\neq 0$，由於 b 是從樣本資料所算得的迴歸係數，如同樣本平均數與母體平均數之間存在隨機誤差，樣本迴歸係數 b 與母體迴歸係數 β 之間也存在隨機誤差。換言之，前述迴歸方程式是否具有實質意義，應檢驗母體迴歸方程式 $Y=\alpha+\beta X+\varepsilon$ 是否具有實質意義，亦即檢定 b 是否為 $\beta=0$ 的一個隨機樣本。假設誤差 ε 為相互獨立並來自同一平均數是 0、變異數是 σ^2 的常態分布 (即 $\varepsilon\sim N(0, \sigma^2)$) 之隨機變項，我們對未透過其他資訊而以樣本平均數估計之誤差 (即離均差) 進行分解，可得 $Y-\overline{Y}=(Y-Y')+(Y'-\overline{Y})$，並將此式兩邊平方後展開得到[1]

$$\sum_{i=1}^{n}(Y_i-\overline{Y})^2 = \sum_{i=1}^{n}(Y_i'-\overline{Y})^2 + \sum_{i=1}^{n}(Y_i-Y_i')^2$$

在前式中，代表依變項 Y 總變異的離均差平方和 (或稱總平方和，記為 $SST=\sum_{i=1}^{n}(Y_i-\overline{Y})^2$) 可分解成兩個部分：一個是透過自變項 X 與依變項 Y 的線性關係而引起 Y 的變異部分，此部分被稱為迴歸變異，以迴歸平方和 (記

---

[1] $\sum_{i=1}^{n}(Y_i-\overline{Y})^2 = \sum_{i=1}^{n}(Y_i-Y_i')^2 + \sum_{i=1}^{n}(Y_i'-\overline{Y})^2 + 2\sum_{i=1}^{n}(Y_i-Y_i')(Y_i'-\overline{Y})$

$= \sum_{i=1}^{n}(Y_i-Y_i')^2 + \sum_{i=1}^{n}(Y_i'-\overline{Y})^2 + 2\sum_{i=1}^{n}[(Y_i-\overline{Y})-b(X_i-\overline{X})][b(X_i-\overline{X})]$

$= \sum_{i=1}^{n}(Y_i-Y_i')^2 + \sum_{i=1}^{n}(Y_i'-\overline{Y})^2 + 2\sum_{i=1}^{n}[b(X_i-\overline{X})(Y_i-\overline{Y})-b^2(X_i-\overline{X})^2]$

$= \sum_{i=1}^{n}(Y_i-Y_i')^2 + \sum_{i=1}^{n}(Y_i'-\overline{Y})^2 + 2b[\sum_{i=1}^{n}(X_i-\overline{X})(Y_i-\overline{Y})-b\sum_{i=1}^{n}(X_i-\overline{X})^2]$

$= \sum_{i=1}^{n}(Y_i'-\overline{Y})^2 + \sum_{i=1}^{n}(Y_i-Y_i')^2$

為 $SSreg = \sum_{i=1}^{n}(Y_i' - \bar{Y})^2$ 代表之;一個是除了 X 對 Y 的線性影響之外的其他隨機因素所引起 Y 的變異部分,此部分被稱為殘差變異,以殘差平方和 (記為 $SSres = \sum_{i=1}^{n}(Y_i - Y_i')^2$) 代表之。換言之,SST=SSreg+SSres。我們有 SST 的自由度為 $n-1$,SSreg 的自由度為 1,SSres 的自由度為 $(n-1)-1=n-2$。

要檢定 β 是否為 0,可在誤差 ε 為常態分布之假設下利用 F 檢定[2] 進行之,即利用 $F = \dfrac{MSreg}{MSres} = \dfrac{r^2 \times SST/1}{(1-r^2) \times SST/(n-2)} = \dfrac{r^2}{1-r^2} \times (n-2) \sim F(1, n-2)$ 以及附表表 6,便可檢定「$H_0 : \beta=0$ vs. $H_a : \beta \neq 0$」。再以表 13-1 的資料為例,當 $\alpha=0.05$ 時,由於 F 之觀測值 $= \dfrac{0.692089^2}{1-0.692089^2} \times (17-2) = 13.79 > F_{0.05}(1, 15) = 4.54308$,故結論為拒絕 H_0,亦即線性迴歸方程式有實質的意義,我們可以透過線性迴歸方程式,利用身高來預測自認身材標準之男性的體重。

與表 13-1 下方針對皮爾森相關係數之 t 檢定進行比較,讀者可以發現 $\sqrt{13.79} = 3.7135$,而且因為 $\sqrt{F(1, n-2)} = |t(n-2)|$,所以兩處的檢定是等價的。換言之,在簡單線性迴歸中,檢定自變項 X 之迴歸係數是否為 0 與檢定 X 與依變項 Y 之皮爾森相關係數是否為 0 是等價的。顯然,檢定自變項之迴歸係數是否為 0,可以透過 t 檢定為之,類比母體平均數是否為 0 之 t 檢定,迴歸係數是否為 0 之 t 檢定可按下式算得 $t = \dfrac{b-0}{S_b}$,其中 S_b 為樣本迴歸係數 b 之標準差,$S_b = \dfrac{\sqrt{MSres}}{\sqrt{\sum_{i=1}^{n}(X_i - \bar{X})^2}}$。顯然,$|t| = \sqrt{F}$。[3]

最後,在母體迴歸方程式 $Y = \alpha + \beta X + \varepsilon$ 中,有一重要參數 σ^2,是誤差隨機變項

---

[2] 若 X 對 Y 無線性影響 ($\beta=0$),則 SSreg 和 SSres 都是其他隨機因素所引起,代表兩變異來源的均方和 MSreg (=SSreg/1) 和 MSres (=SSres/$(n-2)$) 應當十分接近;反之,若代表 X 對 Y 之線性影響的訊號 MSreg 遠超過代表其他隨機因素影響的訊號 MSres,則應判斷 X 對 Y 有線性影響 ($\beta \neq 0$)。由於 $SSreg = \sum_{i=1}^{n}(Y_i' - \bar{Y})^2 = \sum_{i=1}^{n}(bX_i + \bar{Y} - b\bar{X} - \bar{Y})^2 = \sum_{i=1}^{n}b^2(X_i - \bar{X})^2 = r^2 \times \dfrac{S_Y^2}{S_X^2} \times (n-1)S_X^2 = r^2 \times \sum_{i=1}^{n}(Y_i - \bar{Y})^2 = r^2 \times SST$,所以 $r^2 = SSreg/SST$、$SSres = (1-r^2) \times SST$。因此,利用 $F = \dfrac{MSreg}{MSres} = \dfrac{r^2 \times SST/1}{(1-r^2) \times SST/(n-2)} = \dfrac{r^2}{1-r^2} \times (n-2) \sim F(1, n-2)$,可對「$H_0 : \beta=0$ vs. $H_a : \beta \neq 0$」進行 F 檢定。

[3] $|t| = \dfrac{\left|\sum_{i=1}^{n}(X_i - \bar{X})(Y_i - \bar{Y}) / \sum_{i=1}^{n}(X_i - \bar{X})^2\right|}{\sqrt{MSres} / \sqrt{\sum_{i=1}^{n}(X_i - \bar{X})^2}} = \dfrac{\left|\sum_{i=1}^{n}(X_i - \bar{X})(Y_i - \bar{Y})\right|}{\sqrt{\sum_{i=1}^{n}(X_i - \bar{X})^2} \sqrt{SST}} \cdot \dfrac{\sqrt{SST}}{\sqrt{MSres}} = \dfrac{|r|\sqrt{SST}}{\sqrt{MSres}} = \dfrac{\sqrt{r^2 \times SST}}{\sqrt{MSres}} = \dfrac{\sqrt{MSreg}}{\sqrt{MSres}} = \sqrt{F}$。

ε 的變異數，也是在給定自變項 X 的數值下，依變項 Y 的變異數，因此，我們將 σ 稱為估計值的標準誤 (standard error of the estimate)，而 $\sqrt{MSres}$ 是它的不偏估計量。

以表 13-1 為例，利用 SPSS 內定的程序來進行線性迴歸方程式的相關計算及檢定如下：

首先，將表 13-1 的身高與體重資料輸入 SPSS 資料集中；其次，按「分析 (A)/迴歸 (R)/線性 (L)」；接著，將 X 變項選入「自變數 (I)」和 Y 變項選入「因變數 (D)」中；最後按「確定」，即可獲得線性迴歸的分析結果 (見圖 14-1)。

由圖 14-1 可知，線性迴歸方程式具有實質意義 (F＝13.79，p＝0.002＜0.05)，且由 t 檢定可知斜率與截距之估計值顯著地不為 0 (p < 0.05)，其方程式為 $Y = -112.061 + 1.035X + e$，$e \sim N(0, 35.863)$，透過 $Y' = -112.061 + 1.035X$，我們可以

模型摘要

調整後 R 平方＝ $r^2 - (1-r^2) *$ 自變項個數 $/(n-$參數個數$) = 0.479 - (1-0.479)*1/(17-2) = 0.444$

$r = 0.692$　　$r^2 = 0.479$　　應為"估計值的標準誤"　$= \sqrt{MSres} = \sqrt{35.863} = 5.9886$

模型	R	R 平方	調整後 R 平方	標準偏斜度錯誤
1	.692ª	.479	.444	5.98857739

a. 預測值：（常數），身高

變異數分析ª

SSres　SSreg　　MSreg=SSsreg/1　　MSreg/MSres

模型		平方和	df	平均值平方	F	顯著性
1	迴歸	494.554	1	494.554	13.790	.002ᵇ
	殘差	537.946	n-2　15	35.863		
	總計	1032.500	n-1　16			

a. 應變數: 體重
b. 預測值：（常數），身高

SST=SSreg+SSres　　MSres=SSres/(n-2)

$=a/S_a = -112.061/48.779$

係數ª

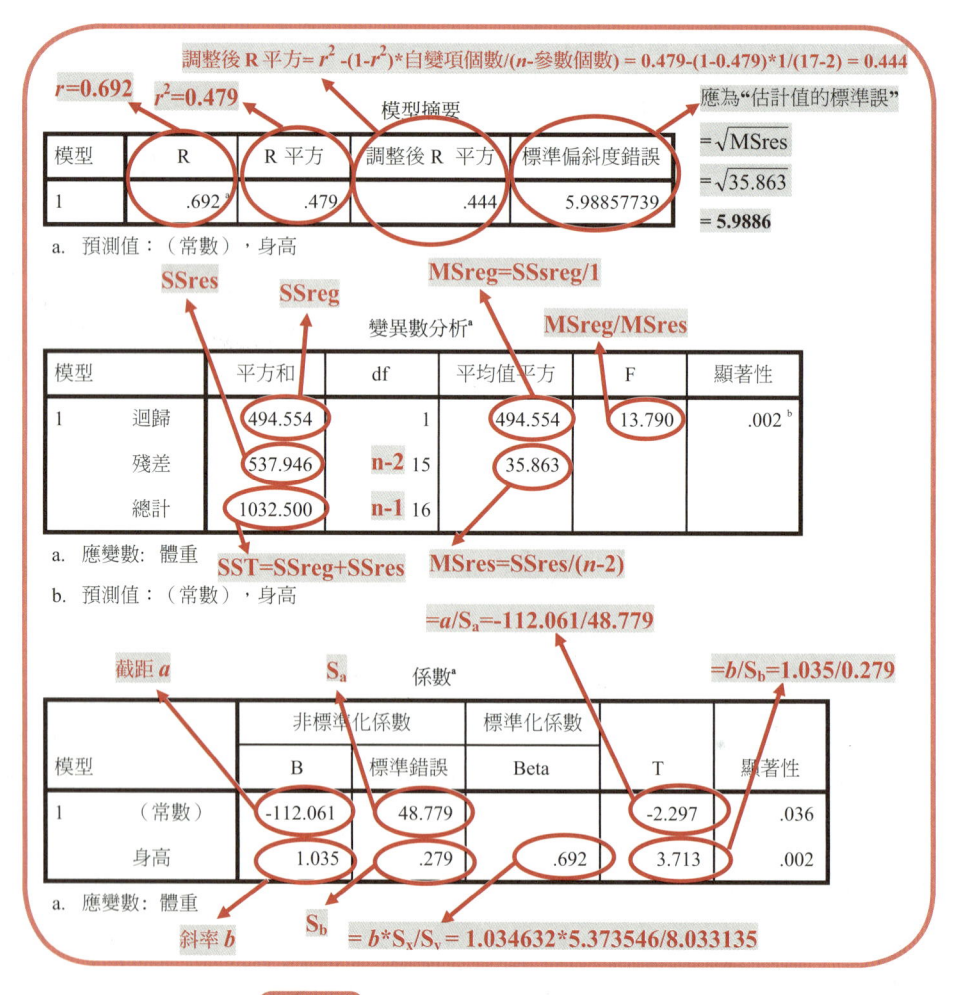

截距 a　　S_a　　　　　　　　　　$= b/S_b = 1.035/0.279$

模型		非標準化係數 B	標準錯誤	標準化係數 Beta	T	顯著性
1	（常數）	-112.061	48.779		-2.297	.036
	身高	1.035	.279	.692	3.713	.002

a. 應變數: 體重

斜率 b　　S_b　　$= b * S_x / S_y = 1.034632 * 5.373546 / 8.033135$

圖 14-1　SPSS 簡單線性迴歸分析結果

利用身高來預測自認身材標準之男性的體重，約可解釋 47.9% 之體重變異量 (R 平方為 0.479)。而估計值的標準誤之觀測值為 5.9886。

▶ 線性迴歸模式之診斷

顯然，上述簡單線性迴歸分析之結果是基於一些統計前提假設 (statistical assumption) 而得的，因此便有適用的先決條件，需針對這些條件進行評估或檢驗，以免所得迴歸模式不符而承擔推論錯誤的風險，此稱為迴歸診斷 (regression diagnostics)。簡單線性迴歸模式的診斷可以用"L.I.N.E."這四個英文字母來加以概述：

L：線性 (linear)──自變項 (X) 與依變項 (Y) 之關係為線性

透過 (X, Y) 散布圖觀察兩變項間是否有直線趨勢，若有非直線關係，則應採用非線性迴歸模式，以免過度簡化兩變項間的關係。

I：獨立 (independent)──誤差項彼此獨立

若判斷誤差 e 可能會受某變項 T 的影響，則可透過 (T, e) 散布圖觀察 e 和 T 兩變項間是否有某種趨勢，如果觀察到具有某種趨勢，則可判定誤差項彼此不獨立。例如，如果資料的獲得是按時間順序的，則建議提供一個與時間對應的殘差圖，來判斷所有時間內誤差項之間是否有任何相關；此時亦可用 D-W 檢定 (Durbin-Watson test) 來判斷誤差項有無自我相關。

N：常態 (normal)──誤差項來自常態分布

可進行常態檢定(見附錄 G)。t 檢定、F 檢定對常態假設具有穩健性 (robustness)，迴歸分析對常態假設也具有穩健性，換言之，當資料偏離常態不是很嚴重時，對迴歸分析的結果影響不大，尤其在大樣本 ($n \geq 200$) 時，其影響更小。

E：變異數同質 (equal variance)──誤差項的變異數相等

可將誤差項分成若干組後，進行 Levene 變異數同質性檢定；或利用 Breusch-Pagan 檢定 (見附錄 H) (Breusch & Pagan, 1979; Koenker, 1981) 檢定之；或者，利用 [標準化殘差 (standardized residual)、標準化預測值 (standardized predicted value)] 散布圖觀察散布型態，若散布圖之觀察值在帶狀內隨機分布，則可認定滿足變異數同質之假設 (如圖 14-2(a) 所示)；若呈擴張或收縮之喇叭型，則表示違反變異數同質之假設 (如圖 14-2(b) 所示)。

我們可以將上述 L.I.N.E. 四個條件，利用圖 14-3 表示。對於固定的 X_i 所對應的 Y 值 Y_i 之分布為常態分布 (N)，將每個 X 值所對應之 Y 值分布的平均數連起來，

形成一條直線 (L)，該直線方程式為 $E(Y_i|X_i)=\alpha+\beta X$，觀察值 Y_i 與其條件期望值 $E(Y_i|X_i)$ 之差異為誤差 ε_i，而所有誤差 ε_i 為獨立 (I)、同常態 (N) 分布，且具有相同的變異 (E)。

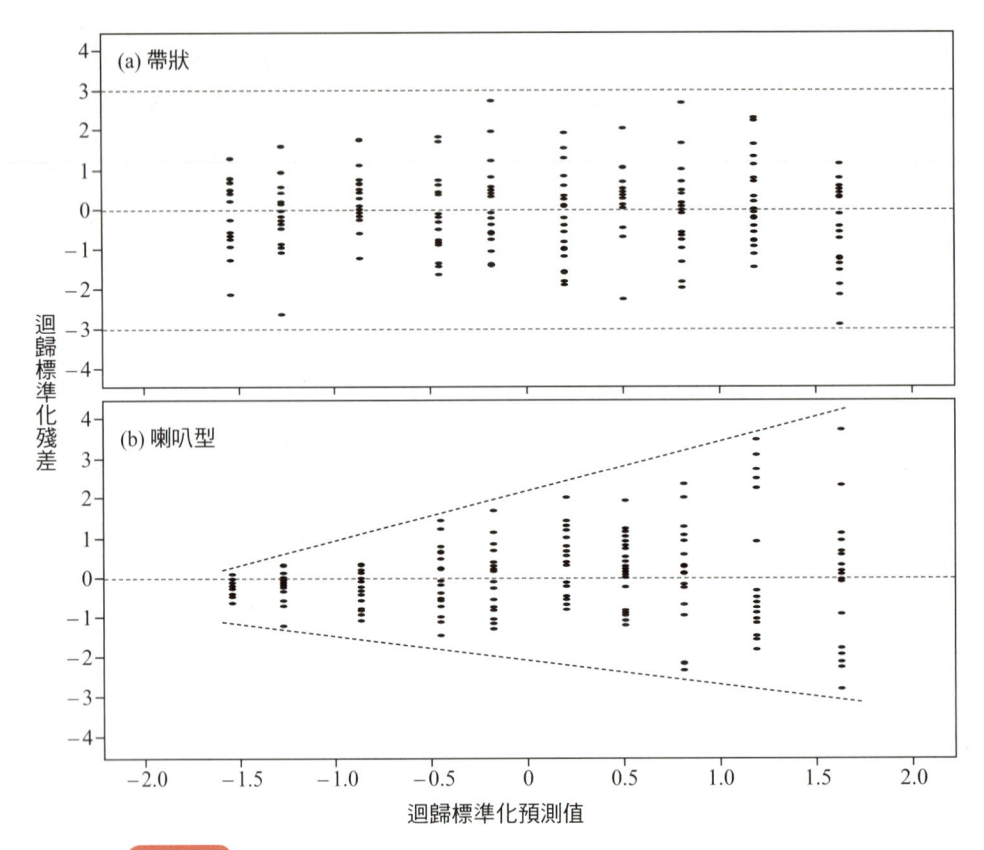

圖 14-2 標準化殘差散布型態與變異數同質假設間之關係示意圖

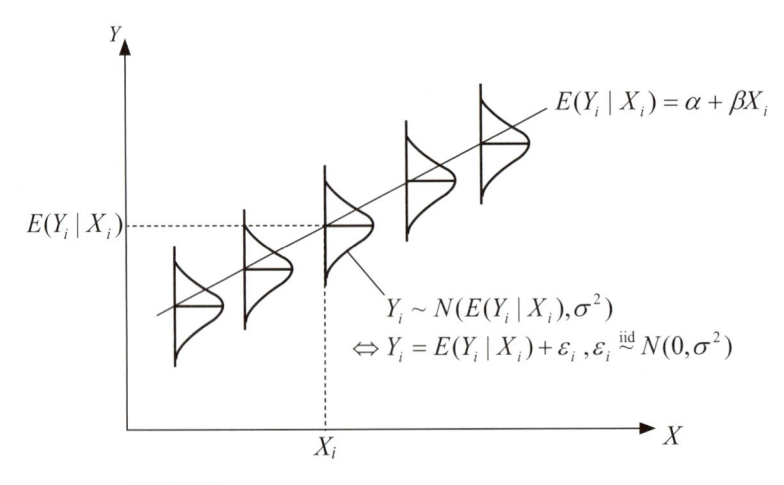

圖 14-3 簡單線性迴歸模式之 LINE 條件示意圖

以圖 14-1 所得迴歸模式之診斷為例，首先，繪製 (X, Y) 散布圖觀察兩變項間是否有直線趨勢。將表 13-1 的身高與體重資料輸入 SPSS 資料集中後，按「統計圖 (G)/散布圖/點狀圖 (S)」；接著，點選「簡單散布圖」圖示以及按「定義」；最後將 Y 變項 (體重) 選入「Y 軸」以及 X 變項 (身高) 選入「X 軸」中後按「確定」，即可獲得 (X, Y) 散布圖 (見圖 14-4)。

由圖 14-4，X 和 Y 之間有直線關係，滿足 L (線性) 條件。然而，編號 15 似乎離整體趨勢更遠些，需留意。

接著，I (獨立)、N (常態)、E (變異數同質) 三個條件皆需針對誤差項 (或稱殘差) 進行分析，故有必要求出各個誤差項。

在 SPSS 中進行殘差分析並不複雜，仿前面獲得圖 14-1 結果之 SPSS 設定過程，在按確定前，需在線性迴歸主選單中對「圖形」與「儲存」進行設定：

先按「統計資料 (S)」，於「殘差」區塊中勾選「全部觀察值診斷 (C)」，並按「繼續」回到線性迴歸主選單 (見圖 14-5)；然後，按「圖形 (T)」，將「*ZREID」選入「Y:」中，以及將「*ZPREED」選入「X:」中，接著於「標準化殘差圖」區塊中勾選「常態機率圖 (R)」，並按「繼續」回到線性迴歸主選單 (見圖 14-5)；再按「儲存 (S)」後，於「殘差」區塊中勾選「標準化 (A)」，接著按「繼續」回到線性迴歸主選單 (見圖 14-5)；最後按「確定」，即可獲得殘差分析的部分結果 (見圖 14-6)。

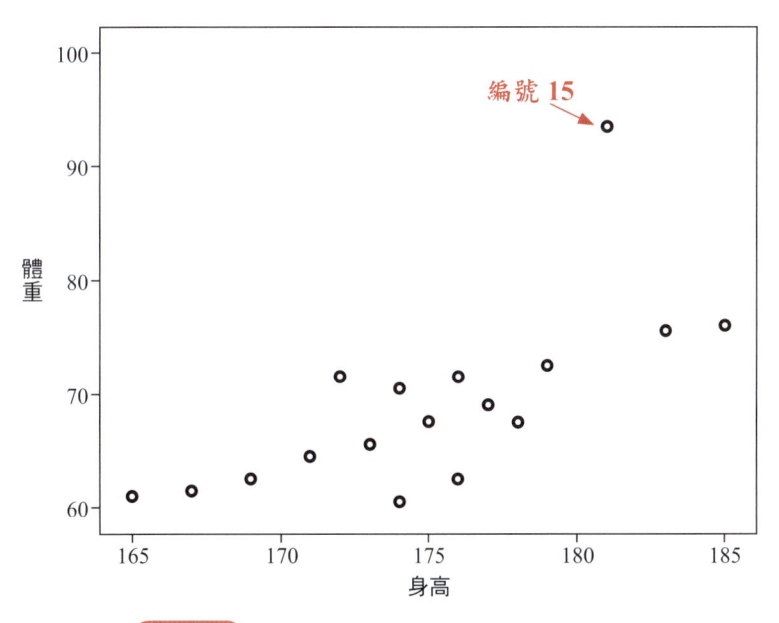

圖 14-4 表 13-1 資料之 (身高, 體重) 散布圖

在圖 14-6 的分析中,並未含有殘差獨立性的診斷,由於表 13-1 的資料非屬時間系列資料,通常誤差項會視為彼此獨立,故未於「統計資料 (S)」之「殘差」區塊中勾選「Durbin-Watson」。但如果認為不同社經地位之自認身材標準的男性,其身高和體重的關係可能有所不同,那麼上述分析所算得的殘差便有可能不獨立,此時可透過 (社經地位, 殘差) 散布圖觀察兩變項間是否有某種趨勢,以診斷誤差項的獨立性,實際的診斷本書從略。

我們可以利用圖 14-6 中間的 P-P 圖進行常態性的粗略診斷,觀察的重點在於圖中的散布點是否環繞著 45 度對角線隨機分布。圖 14-6 的 P-P 圖散布點呈現過於規律的形狀,可見殘差分布偏離常態。讀者也可以利用 SPSS 將「儲存 (S)」對話框中於「殘差」區塊中勾選將「標準化 (A)」(見圖 14-5) 執行後所得之標準化殘差

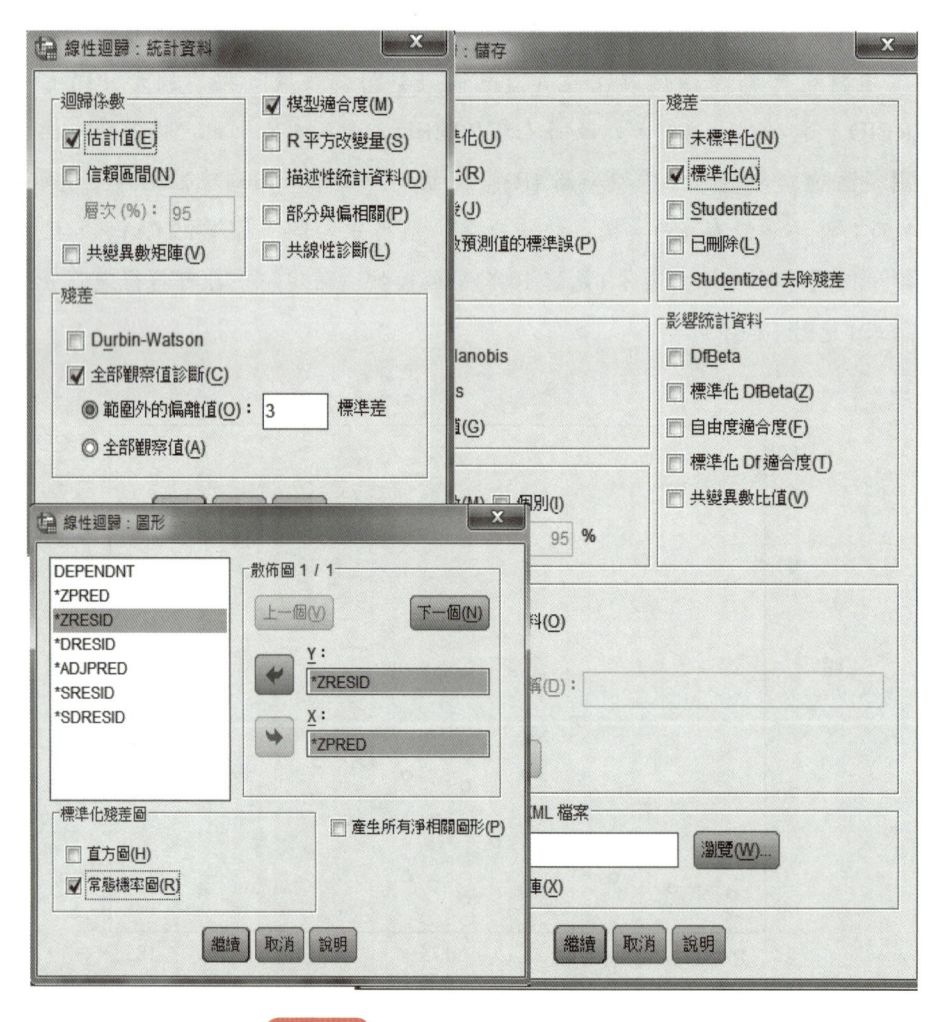

圖 14-5　SPSS 殘差分析選項示意圖

逐觀察值診斷ᵃ

個案編號	標準殘差	體重	預測值	殘差
15	3.055	93.50000	75.2077922	18.29220779

a. 應變數：體重

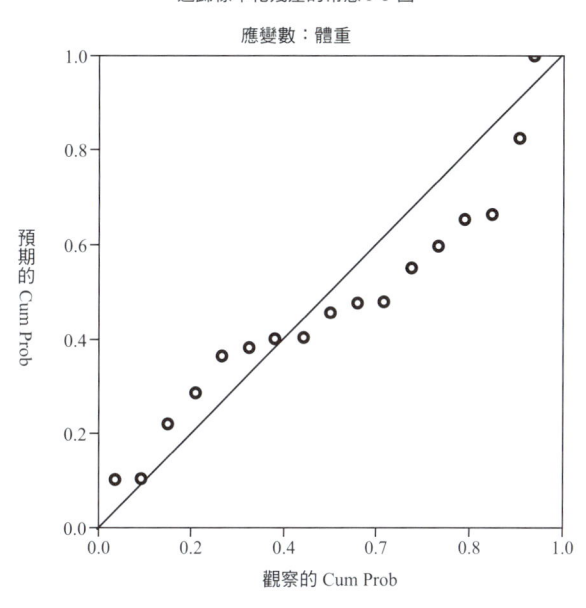

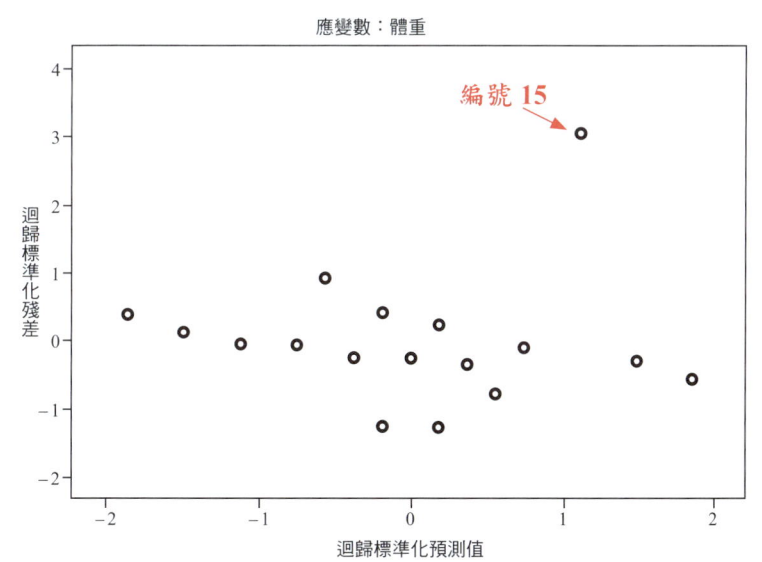

圖 14-6　SPSS 殘差分析部分結果

變項 ZRE_1 進行常態檢定，其設定如下：

按「分析 (A)/描述性統計資料 (E)/探索 (E)」；接著，將標準化殘差變項 ZRE_1 選入「因變數清單」中以及按「圖形」；最後勾選「常態機率圖附檢定 (O)」按「繼續」及「確定」，即可獲得常態檢定結果 (見圖 14-7)。

由 Shapiro-Wilk 檢定 (見附錄 G)，拒絕殘差為常態分布的虛無假說 (p<0.05)，故未滿足常態的條件。最後要診斷的是變異數同質性，我們依據圖 14-6 下面的 (迴歸標準化殘差, 迴歸標準化預測值) 散布圖進行診斷，發現該散布圖略有預測值愈大而殘差變異愈大的趨勢，而非在帶狀內隨機散布，故殘差變異數可能不相同。如果殘差同時具有常態性與變異數同質性時，則 (標準化殘差, 標準化預測值) 散布圖之觀察點幾乎 (95%) 會隨機散布在縱軸座標為 2 與 −2 的水平線所圍成的帶狀之間且對稱於縱軸座標為 0 的水平線 (如圖 14-2(a) 所示)。我們也可以利用 Breusch-Pagan 檢定 (見附錄 H)，它可由 SPSS 套裝軟體進行之，讀者可自行撰寫語法，或由東華書局網站下載「自訂對話框封包檔案」Breusch-Pagan test.spd。按「公用程式 (U)/自訂對話框 (D)/安裝自訂對話框 (D)」，找到 Breusch-Pagan test.spd 下載時所儲存的路徑並點選之，完成安裝程序。安裝完成後，即可在「分析 (A)/迴歸 (R)」下拉選單中，找到「Breusch-Pagan test」此一自訂對話框，並將「體重 (Y)」選入「依變數 (Y)」清單中，以及將「身高 (X)」選入「自變數 (X)」清單中，並按「確定」，即可獲得 Breusch-Pagan 檢定結果 (如圖 14-8 所示)。

由圖 14-8 顯示，卡方值為 4.57，p 值為 0.03，小於 0.05 顯著水準，故應拒絕迴歸殘差變異數同質之虛無假說 (p < 0.05)，支持上述散布圖之觀察結果。讀者可以發現，在圖 14-4 與圖 14-6 之下圖，編號 15 都屬較為異常的點，由圖 14-6 最上方表格，亦可發現該點超過正負 3 個標準差，為偏離值，因此有必要重新檢視資料是否有誤。若經檢視並無登錄等人為疏失，資料誠屬正確，那麼需要進一步地探討，尋找可能造成偏離的原因，例如，透過深入訪談發現編號 15 所認為身材標準的定義明顯有別於他人，那麼仔細界定一般人認定身材標準的定義，將標號 15 排

常態檢定

	Kolmogorov-Smirnov[a]			Shapiro-Wilk		
	統計資料	df	顯著性	統計資料	df	顯著性
Standardized Residual	.213	17	.038	.820	17	.004

a. Lilliefors 顯著更正

圖 14-7　SPSS 殘差常態檢定結果

除於研究個案外，並用剩餘的 16 個案例重新進行迴歸分析，讀者可依上述分析流程自行練習，可獲得圖 14-9 之結果，並經診斷已改善前述殘差違反常態性與同質性假設之問題 (見習題 4)。如果資料無誤，又尋無可能的原因，在大樣本時，仍可

Breusch-Pagan 迴歸殘差變異數同質性檢定

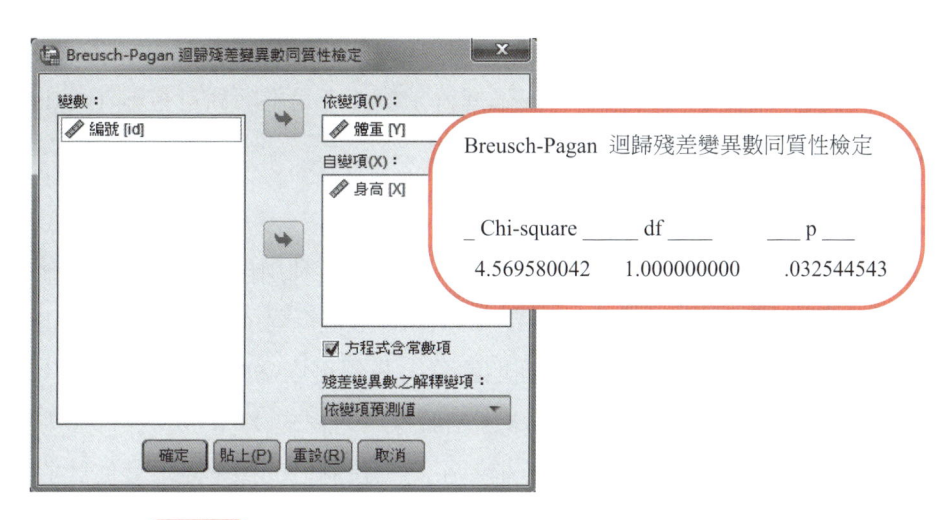

Chi-square	df	p
4.569580042	1.000000000	.032544543

圖 14-8 Breusch-Pagan test 自訂對話框選項及其分析結果

模型摘要[b]

模型	R	R 平方	調整後 R 平方	標準偏斜度錯誤
1	.787[a]	.619	.592	3.27694590

a. 預測值：(常數)，身高
b. 應變數：體重

變異數分析[a]

模型		平方和	df	平均值平方	F	顯著性
1	迴歸	244.397	1	244.3971331	22.759	.000[b]
	殘差	150.337	14	10.7383744		
	總計	394.734	15			

a. 應變數：體重
b. 預測值：(常數)，身高

係數[a]

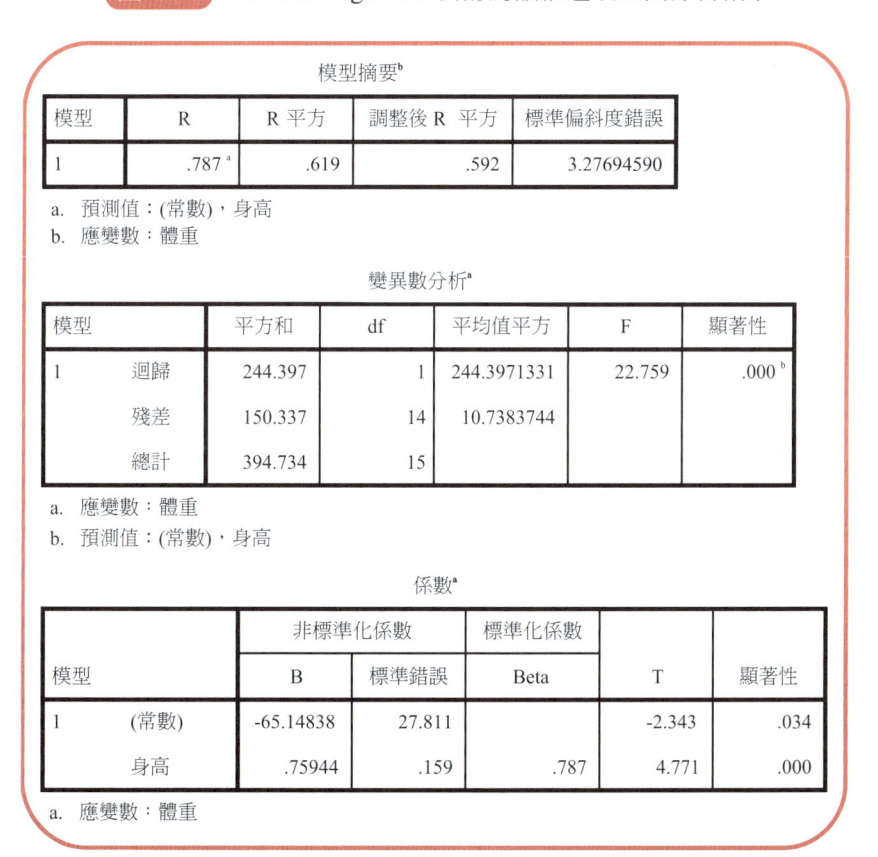

模型		非標準化係數 B	標準錯誤	標準化係數 Beta	T	顯著性
1	(常數)	-65.14838	27.811		-2.343	.034
	身高	.75944	.159	.787	4.771	.000

a. 應變數：體重

圖 14-9 從表 13-1 資料中刪除標號 15 後之簡單線性迴歸分析結果

考慮將偏離值剔除後重新進行迴歸分析，但樣本數不多時，應考慮其他分析方法 [例如對變項進行轉換，或者利用加權最小平方法 (weighted least squares, WLS) 進行估計]，以免拋棄了重要資訊。

▶ 迴歸模式之應用

迴歸模式有兩種主要的應用，一是進行預測，一是進行統計控制 (statistical control)，分別討論如下：

1. 預測

獲得適配的迴歸模式 (如 $Y'=a+bX$) 後，我們便可利用自變項 X 的資訊 (X_i)，將之代入所得之迴歸方程式中 (得到 $Y'_i=a+bX_i$)，以進行對依變項 Y 的預測工作，這是迴歸分析的最主要應用。若仔細地區分，我們可以拿由樣本所得之 Y'_i 來預測 X_i 所對應 Y 值分布的平均值 $\alpha+\beta X_i$，由於樣本方程式 $Y=a+bX$ 與母體方程式 $Y=\alpha+\beta X$ 之間存有誤差，故將此誤差稱為平均數預測值的標準差，其估計值記為 $S_{Y'_i|X_i}$。可算得 $S_{Y'_i|X_i} = \sqrt{MSres[\frac{1}{n}+\frac{(X-\bar{X})^2}{\sum_{j=1}^{n}(X_j-\bar{X})^2}]}$，且 $\frac{(a+bX_i)-(\alpha+\beta X_i)}{S_{Y'_i|X_i}} \sim t(n-2)$，其推導過程本書從略。

如果我們拿由樣本所得之 Y'_i 來預測 X_i 所對應之 Y 值 $Y_i|_{X_i}$，那麼預測誤差除了有上述之誤差 $S_{Y'_i|X_i}$ 外，還有 $Y_i|_{X_i}$ 與平均數 $\alpha+\beta X_i$ 之間的誤差 σ，故將此誤差稱為個別預測值的標準差，其估計值記為 $S_{\hat{Y}_i|X_i}$。可算得 $S_{\hat{Y}_i|X_i} = \sqrt{MSres[1+\frac{1}{n}+\frac{(X_i-\bar{X})^2}{\sum_{j=1}^{n}(X_j-\bar{X})^2}]}$，且 $\frac{(a+bX_i)-Y_i|_{X_i}}{S_{\hat{Y}_i|X_i}} \sim t(n-2)$。

以圖 14-9 為例，$a=-65.14838$、$b=0.75944$、MSres$=10.738$，某位自認身材標準的男性，其身高為 170 (cm)，透過圖 14-9 之迴歸方程式我們可以猜測其體重母體平均數為 $0.75944 \times 170 - 65.14838 = 63.956$ (kg)。利用 17 筆資料 (表 13-1) 的平均身高 175 (cm)，我們可以求出 16 筆資料 (刪除編號 15) 的身高平均值 $\bar{x}$ 之觀測值 $=(175 \times 17-181)/16=174.625$ (cm)，並由 $\sum_{i=1}^{n}(X_i-\bar{X})^2 = \sum_{i=1}^{n}X_i^2 - n \times \bar{X}^2$ 以及 17 筆資料身高的離均差平方和為 462，可算得 16 筆資料身高的離均差平方和為 $462 + 17 \times 175^2 - 181^2 - 16 \times 174.625^2 = 423.75$，因此 $S_{Y'_i|X_i=170} = \sqrt{MSres[\frac{1}{n}+\frac{(X_i-\bar{X})^2}{\sum_{j=1}^{n}(X_j-\bar{X})^2}]}$

$$= \sqrt{10.738[1+\frac{1}{16}+\frac{(170-174.625)^2}{423.75}]} = 1.101。再由 \frac{63.956-(\alpha+170\beta)}{1.101} \sim t(16-2)，$$

讀者可自行算得平均數 $\alpha+170\beta$ 之 95% 信賴區間為 (61.59 , 66.32) (見習題 4)。

如果我們拿 63.956 是用來預測 $X_i=170$ 所對應之 Y 值 Y_i，可算得 $S_{\hat{Y}_i|X_i=170}=$

$$\sqrt{\text{MSres}[1+\frac{1}{n}+\frac{(X_i-\bar{X})^2}{\sum_{j=1}^{n}(X_j-\bar{X})^2}]} = \sqrt{10.738[1+\frac{1}{16}+\frac{(170-174.625)^2}{423.75}]} = 3.457，再由$$

$\frac{63.956-Y_i|_{X_i=170}}{3.457} \sim t(16-2)$，讀者可自行算得平均數 $Y_i|_{X_i=170}$ 之 95% 信賴區間為 (56.54 , 71.37) (見習題 4)。

上述預測工作，可透過 SPSS 統計套裝軟體進行之：將表 13-1 的身高與體重資料 (除去編號 15 的資料) 輸入 SPSS 資料集中，由於並無身高 170 (cm) 的觀察資料，故新增一筆僅有身高為 170 的資料 (編號及體重皆為遺漏)；然後，按「分析 (A)/迴歸 (R)/線性 (L)」；接著，將 X 變項 (身高) 選入「自變數 (I)」和 Y 變項 (體重) 選入「因變數 (D)」中；再按「儲存 (S)」後，於「預測值」區塊中勾選「未標準化 (U)」與「平均數預測值的標準誤 (P)」，以及於「預測區間」區塊中勾選「平均數 (M)」與「個別 (I)」；接著按「繼續」回到線性迴歸主選單 (見圖 14-

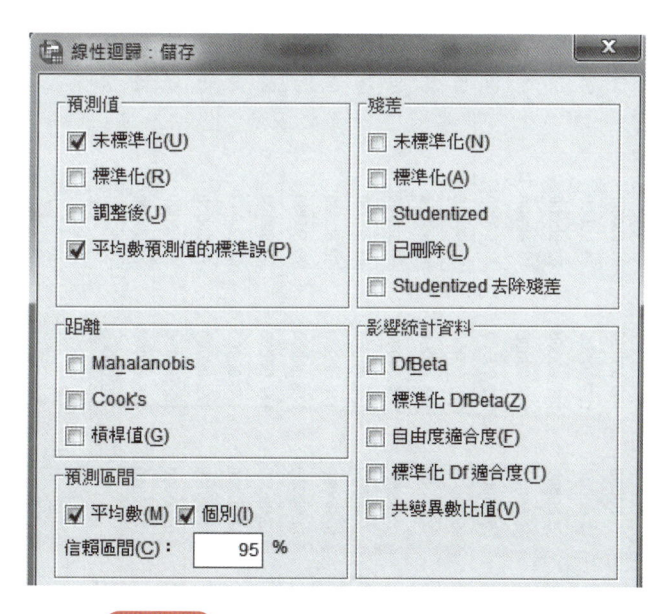

圖 14-10　應用迴歸模式於預測時之選項

id	X	Y	PRE_1	SEP_1	LMCI_1	UMCI_1	LICI_1	UICI_1
1.00000	165.00000	61.00000	60.15914	1.73746	56.43265	63.88563	52.20399	68.11430
2.00000	167.00000	61.50000	61.67802	1.46441	58.53717	64.81888	53.97980	69.37625
3.00000	169.00000	62.50000	63.19690	1.21366	60.59387	65.79994	55.70200	70.69180
4.00000	171.00000	64.50000	64.71578	1.00207	62.56655	66.86501	57.36616	72.06540
5.00000	172.00000	71.50000	65.47522	.91966	63.50276	67.44769	58.17534	72.77511
6.00000	173.00000	65.50000	66.23466	.85911	64.39206	68.07726	58.96879	73.50053
7.00000	174.00000	70.50000	66.99410	.82526	65.22410	68.76410	59.74630	74.24190
8.00000	174.00000	60.50000	66.99410	.82526	65.22410	68.76410	59.74630	74.24190
9.00000	175.00000	67.50000	67.75354	.82141	65.99179	69.51529	60.50775	74.99933
10.00000	176.00000	62.50000	68.51298	.84797	66.69426	70.33170	61.25313	75.77283
11.00000	176.00000	71.50000	68.51298	.84797	66.69426	70.33170	61.25313	75.77283
12.00000	177.00000	69.00000	69.27242	.90227	67.33724	71.20759	61.98252	76.56232
13.00000	178.00000	67.50000	70.03186	.97969	67.93062	72.13309	62.69613	77.36759
14.00000	179.00000	72.50000	70.79130	1.07527	68.48508	73.09751	63.39425	78.18835
16.00000	183.00000	75.50000	73.82906	1.56480	70.47289	77.18522	66.04050	81.61761
17.00000	185.00000	76.00000	75.34794	1.84361	71.39378	79.30209	67.28363	83.41224
	170.00000		63.95634	1.10146	61.59395	66.31874	56.54159	71.37110

圖 14-11 應用迴歸模式於預測時之 SPSS 分析結果

10)；最後按「確定」，即可在資料集中獲得預測分析的結果 (見圖 14-11)。

前述分析結果除了個別預測值的標準差 $S_{\hat{Y}_i|X_i=170}$ 外，其餘皆可在圖 14-11 中獲得。至於 $S_{\hat{Y}_i|X_i=170}$ 可由圖 14-9 中的 MSres ($=10.738$) 及圖 14-11 中的平均數預測值的標準差 $S_{\hat{Y}_i|X_i=170}$ ($=1.10146$) 算得：$S_{\hat{Y}_i|X_i=170} = \sqrt{S_{\hat{Y}_i|X_i=170}^2 + \text{MSres}} = \sqrt{1.10146^2 + 10.738} = 3.457$。

2. 統計控制

所謂統計控制乃是透過控制自變項 X 的取值，進而探討與依變項 Y 有關的議題，例如，如何控制 X 的取值讓 Y 的數值在某一範圍內，利用迴歸方程式可幫助統計控制的達成。舉例而言，如果我們只有身高資料，要在自認身材標準之男性中找 100 位體重不超過 70 (kg) 的人，若錯誤率不超過 5%，那麼這 100 位自認身材標準之男性的身高要控制在多少公分以下？(取整數)

我們利用圖 14-9 的迴歸模式，以及前述分布性質，即可反算求得合適的 X_i 值，但需解方程式，計算較為複雜，在此利用 SPSS 進行之。我們重複圖 14-10 的設定，僅將「預測區間」區塊中「信賴區間 (C)」之預設值「95」改成「90」即可，資料集中將會增加數個變項，找到名為「UICI_2」的新增變項，其義為超過該值之機率為 5%，是 $Y_i|X_i$ 之 90% 信賴區間的上限，找到 ≤70 且最接近 70 的數值，所對應之 X 值 (169) 即為所求 (見圖 14-12)，身高應控制在 169 (cm) 以下。

id	X	Y	UICI_2
1	1.00000	165.00000	61.00000	66.69196
2	2.00000	167.00000	61.50000	67.99985
3	3.00000	169.00000	62.50000	69.35175
4	4.00000	171.00000	64.50000	70.75133
5	5.00000	172.00000	71.50000	71.46993
6	6.00000	173.00000	65.50000	72.20143
7	7.00000	174.00000	70.50000	72.94603
8	8.00000	174.00000	60.50000	72.94603
9	9.00000	175.00000	67.50000	73.70382
10	10.00000	176.00000	62.50000	74.47481
11	11.00000	176.00000	71.50000	74.47481
12	12.00000	177.00000	69.00000	75.25892
13	13.00000	178.00000	67.50000	76.05600
14	14.00000	179.00000	72.50000	76.86579
15	16.00000	183.00000	75.50000	80.22506
16	17.00000	185.00000	76.00000	81.97039
17		170.00000		70.04538

圖 14-12 應用迴歸模式於統計控制時之 SPSS 分析結果

三、多元線性迴歸

前述簡單線性迴歸的自變項只有 1 個,若自變項的個數從 1 個變成多個的時候,此時的線性迴歸模式被稱為**多元線性迴歸模式** (multiple linear regression model)。多元線性迴歸分析的目的之一在於,想要利用 k 個自變項 $(X_1, X_2, \cdots, X_k)$ 的數值來估計依變項 (Y) 的條件平均數 $E(Y|X_1, X_2, \cdots, X_k)$,其數學模式為 $E(Y|X_1, X_2, \cdots, X_k) = \beta_0 + \beta_1 X_1 + \beta_2 X_2 + \cdots + \beta_k X_k$,其中 β_0 為常數項 (又稱截距項); β_j 為自變項 X_j 的**偏迴歸係數** (partial regression coefficient),其義為當其他自變項保持不變時,自變項 X_j 每增加 1 個單位,依變項 (Y) 的條件平均數會有 β_j 個單位的變化。若 β_j 的估計值為 b_j,則我們可利用由樣本估計所得的多元線性迴歸方程式 $Y' = b_0 + b_1 X_1 + b_2 X_2 + \cdots + b_k X_k$ 來估計 $E(Y|X_1, X_2, \cdots, X_k)$ 或 $Y|_{X_1, X_2, \cdots, X_k}$。

由於各個自變項的數值都有不同的單位與不同的變異程度,因此直接拿偏迴歸係數的數值來比較各自變項 (X_j) 對依變項 (Y) 的影響力是不對的。為了去除單位與變異的影響,我們會把各個變項 (自變項及依變項) 都先標準化,然後再進行迴歸分析,此時所得的偏迴歸係數被稱為**標準化偏迴歸係數** (standardized partial regression coefficient),並依其大小來判斷自變項對依變項的影響大小,標準化偏迴歸係數之絕對值較大的自變項對依變項 Y 的影響較大。

多元線性迴歸分析與簡單線性迴歸一樣,通常採用最小平方法,利用讓誤差的平方和最小以估計各未知參數。在進行各相關檢定時,仍須注意是否違反 L.I.N.E. 條件。然而,進行多元線性迴歸分析時要比簡單線性迴歸多注意**多元共線性** (multi-collinearity) 的問題,亦即某一自變項為某些其他自變項之線性組合。例如,若表 13-1 的資料增加一個變項 Z,Z 變項仍是身高,只不過單位換成英吋,所以 $Z = 0.39 \times X$,換言之,Z 和 X 共線性。我們拿 Z 和 X 一同去預測 Y (體重),實際上並沒有增加任何資訊,因為 Z 的訊息都能由 X 提供,兩者都是身高。由於共線性的存在,讓我們無法真實地判定 Z 和 X 對依變項 Y 的預測力,對偏迴歸係數的估計與解釋會造成問題,是需要注意的地方。

有關多元線性迴歸的變異數分析,基本上和簡單線性迴歸一樣,只不過運算時是利用矩陣進行而已,以下舉例說明:

脂聯素 (adiponectin, ADI) (ng/ml) 是一種多肽類物質 (polypeptite),與調控血糖及分解脂肪有關,人體中脂聯素濃度偏低,會增加得到第二型糖尿病及心血管疾病的風險。某醫師為了研究影響糖尿病病患體內脂聯素濃度的因素,測量了 20 位病患的身體質量指數 (body mass index, BMI) (kg/m^2)、瘦蛋白 (leptin, LEP) (ng/ml)、空

腹血糖 (fasting plasma glucose, FPG) (mmol/L)，資料如表 14-1 所示。

首先，將表 14-1 的資料輸入 SPSS 資料集中；其次，按「分析 (A)/迴歸 (R)/線性 (L)」；接著，將 BMI、LEP、FPG 等變項選入「自變數 (I)」和 ADI 變項選入「因變數 (D)」中；再按「統計資料 (S)」，勾選「共線性診斷 (L)」(其餘 L.I.N.E. 各條件之診斷請照前述，在此省略)；最後按「確定」，即可獲得多元線性迴歸的分析結果 (見圖 14-13)。

檢驗所得之多元迴歸方程式是否具有實質的意義，仍是利用未透過其他資訊而以樣本之平均數估計的誤差 (即離均差) 進行分解，變異數分析結果的解讀亦與簡單線性迴歸一樣。當虛無假設「$H_0: \beta_1 = \beta_2 = \cdots = \beta_k = 0$」成立時，$F = \dfrac{MSreg}{MSres}$

表 14-1 影響糖尿病病患體內脂聯素濃度因素資料 ($n=20$)

編號 (id)	BMI (X_1)	LEP (X_2)	FPG (X_3)	ADI (Y)
1	19.49	2.83	7.3	37.82
2	30.04	21.31	7.8	5.65
3	25.22	8.55	7.7	19.47
4	24.18	9.77	6.8	15.16
5	29.39	20.12	8.3	6.52
6	25.47	10.86	10.6	12.76
7	26.16	15.24	8.6	10.76
8	28.40	8.80	13.4	12.53
9	23.61	7.07	9.4	19.28
10	23.35	3.93	6.5	27.95
11	20.15	3.15	7.2	37.54
12	28.20	15.96	6.5	12.92
13	24.28	5.13	10.4	26.82
14	23.32	3.54	6.7	28.25
15	28.57	13.98	10.2	10.45
16	26.72	14.03	6.1	17.19
17	19.03	2.86	9.4	28.54
18	24.44	6.44	7.2	26.13
19	27.34	13.99	7.6	14.63
20	21.99	7.41	7.1	16.68

模型摘要

模型	R	R 平方	調整後 R 平方	標準偏斜度錯誤
1	.926[a]	.858	.831	3.88287122

a. 預測值：(常數)，FPG, LEP, BMI

變異數分析[a]

模型		平方和	df	平均值平方	F	顯著性
1	迴歸	1458.416	3	486.139	32.244	.000[b]
	殘差	241.227	16	15.077		
	總計	1699.643	19			

a. 應變數: ADI
b. 預測值：(常數)，FPG, LEP, BMI

係數[a]

模型		非標準化係數 B	標準錯誤	標準化係數 Beta	T	顯著性	共線性統計資料 允差	VIF
1	(常數)	53.440	11.744		4.551	.000		
	BMI	-.525	.640	-.179	-.821	.424	.187	5.339
	LEP	-1.207	.351	-.731	-3.440	.003	.196	5.094
	FPG	-1.118	.543	-.217	-2.058	.056	.800	1.250

a. 應變數: ADI

共線性診斷[a]

模型	維度	特徵值	條件指數	變異數比例 (常數)	BMI	LEP	FPG
1	1	3.790	1.000	.00	.00	.00	.00
	2	.183	4.546	.00	.00	.19	.03
	3	.025	12.421	.07	.01	.03	.84
	4	.002	44.757	.92	.99	.77	.13

a. 應變數: ADI

圖 14-13　影響糖尿病病患體內脂聯素濃度因素之迴歸分析結果

$=\dfrac{R^2/k}{(1-R^2)/(n-1-k)}$ 會服從 F($k, n-1-k$) 分布，其中 R^2=SSreg/SST。根據 F 分布可求出由樣本資料求得之 F 值以及與其相應的 p 值，若 p 值小於預定的顯著水準 (如 0.05)，則拒絕 H_0，表示偏迴歸係數至少有一不為 0，故所得之多元迴歸方程式具有實質的意義。

由圖 14-13 中的第二個表格，SST=1,699.643、SSreg=1,458.416、SSres=241.227；而 SST 的自由度為 $n-1=19$、SSreg 的自由度為 $k=3$、SSres 的自由度為 $(n-1)-k=19-3=16$。MSreg=SSreg/k=486.139、MSres=SSres/$(n-1-k)$=15.077、F=32.244，由於 p 值小於 0.05，故拒絕偏迴歸係數皆為 0 的虛無假說。

R^2 被稱為決定係數 (coefficient of determination)，其值介於 0～1 之間，它反映了多元線性迴歸模式能解釋依變項 (Y) 變異量的程度。在簡單線性迴歸中，決定係數就是自變項與依變項相關係數的平方；而在多元線性迴歸中，決定係數的平方根 (R) 被稱為複相關係數 (multiple correlation coefficient)，它是衡量依變項 Y 與自變項 ($X_1, X_2, \cdots, X_k$) 的線性相關之程度，讀者可以證明複相關係數 R 等於 Y 與其迴歸估計值 Y' 的相關係數。通常我們會希望利用很少的自變項來解釋很多的依變項變異，那麼決定係數 R^2 便忽略了模式的簡潔性，這是因為當增加自變項時，那怕是對解釋 Y 的變異量的貢獻極小，R^2 也一定會增加。因此我們需要一個與 R^2 有關並能顧及模式簡潔性的指標，調整後的 R^2 (adjusted R-square) 便是這樣的指標，$R_a^2 = R^2 - \dfrac{k(1-R^2)}{n-1-k}$，較大的 k 值會使 R_a^2 減小。由圖 14-13 中的第一個表格，複相關係數 R=0.926、R^2=0.858、R_a^2=0.831，皆顯示所得模式極具解釋力，透過迴歸模式約能解釋 Y 變異量的 85.8%。

當迴歸模式具有意義時，我們僅知道偏迴歸係數至少有一不為 0，接著要瞭解的是哪一些 (個) 偏迴歸係數不為 0，此時可透過 t 檢定來對「$H_0 : \beta_j = 0$」進行檢定，同樣與簡單迴歸相似，檢定統計量 $t_j = \dfrac{b_j - 0}{S_{b_j}}$，其中 S_{b_j} 為樣本迴歸係數 b_j 之標準差。由圖 14-13 中的第三個表格，僅 LEP 變項之 t 值 (−3.440) 達顯著水準 (p=0.003 < 0.05)，換言之，在顯著水準為 0.05 之下，LEP 變項之偏迴歸係數不為 0；其餘兩個變項 (BMI、FPG) 之 t 值 (−0.821、−2.058) 皆未達顯著水準 (p > 0.05)，可見在顯著水準為 0.05 之下，目前並無證據顯示 BMI、FPG 之偏迴歸係數與 0 有所不同；由標準化偏迴歸係數亦可發現 LEP 變項之標準化係數絕對值

(|−0.731|) 最大，顯見瘦蛋白 (LEP) 為影響糖尿病病患體內脂聯素濃度 (ADI) 的最重要因素，在身體質量指數 (BMI) 與空腹血糖 (FPG) 相同的條件下，瘦蛋白每增加 1 個單位 (ng/ml)，病患體內脂聯素濃度約下降 1.207 個單位 (ng/ml)。

為了避免所得迴歸模式不符統計前提假設而有推論錯誤的風險，我們需要針對 L.I.N.E. 及共線性問題進行評估或檢驗，L.I.N.E. 各條件之診斷請仿照前述，在此省略，僅進行共線性的診斷。常見診斷共線性的指標為容忍度 (tolerance，一般認為小於 0.2 或小於 0.1 有共線性問題)、變異數膨脹因素 (variance inflation factor, VIF＝1/tolerance，一般認為大於 5 或大於 10 有共線性問題)、條件指標 (condition index, CI，一般認為大於 15 或大於 30 有共線性問題)。由圖 14-13 中的第三個表格，發現 BMI 與 LEP 兩變項的 VIF (5.339、5.094) 大於 5，並未大於 10，代表可能有共線性的問題，但不嚴重；由圖 14-13 中的第四個表格，發現維度 4 的 CI 值 (44.757) 大於 30，代表有共線性問題，從該維度 BMI 與 LEP 兩變項的變異數比例 (0.99、0.77) 較大，可推論共線性問題出在 BMI 與 LEP 兩變項上。

若發現自變項間有共線性問題，意味著偏迴歸係數的估計並不穩定，據此模式所進行的解釋是不恰當的，我們需要解決自變項間的共線性問題。利用逐步篩選變項在一定程度上可以解決共線性問題。例如，採用向後消去法 (backward elimination) 來解決圖 14-13 所得模式的共線性問題，我們消去 BMI 這一個變項，只投入 LEP 和 FPG 兩個變項，所得新模式即無自變項間的共線性問題 (見習題 5)。此外，還可以將具有共線性的自變項整合成一個新的自變項，然後以此一新自變項取代發生共線性的自變項來進行迴歸分析。

總之，多元線性迴歸是簡單線性迴歸的推廣，依變項仍維持 1 個，而自變項的個數就不只 1 個，多元線性迴歸之統計前提假設與最小平方法，大都與簡單線性迴歸相同，此外，它比簡單線性迴歸還要多注意自變項間的共線性問題。

參考文獻

Breusch, T. S. & Pagan, A. R. (1979). A Simple Test fot Hesteroscedsticity and Random Coefficient Variation. *Econometrica, 47*(5), 1287-1294.

Dallal, G. E., & Wilkinson, L. (1986). An analytic approximation to the distribution of Lillefor's test statistic for normality. *The American Statistician, 40*(4): 294-296.

Keskin, S. (2006). Comparison of Several Univariate Normality Tests Regarding Type I error Rate and Power of the Test in Simulation based Small Sample. *Journal of*

Applied Science Research, 2(5), 296-300.

Koenker, R. (1981). A note on studentizing a test for heteroskedasticity. *Journal of Econometrics, 17*(1), 107-112.

Mendes, M., & Pala, A. (2003). Type I Error Rate and Power of Three Normality Tests. *Pakistan Journal of Information and Technology, 2*, 135-139.

Oztuna, D., Elhan, A. H., & Tuccar, E. (2006). Investigation of Four Different Normality Tests in Terms of Type I Error Rate and Power under Different Distributions, *Turk. J. Medical Science, 36*(3), 171-176.

Razali, N. & Wah, Y. (2011). Power Comparison of Shapiro-Wilk, Kolmogorov-Smirnov, Lilliefors and Anderson Darling tests. *Journal of Statistical Modeling and Analytic, 2*(1), 21-33.

Royston, P. (1995). Remark AS R94:A Remark on Algorithm AS181: The W-test for Normality. *Journal of the Royal Statistical Society, 44*(4), 547-551.

Shapiro, S. S. & Wilk, M. B. (1965). An analysis of variance test for normality (complete samples). *Biometrika, 52*(3-4), 591-611.

習題十四

1. 由第一章王先生的調查資料，建立並檢驗 (1) 生化血糖值對血糖機血糖值之簡單線性迴歸模式；(2) 生化血糖值對年齡、性別與血糖機血糖值之多元線性迴歸模式。($\alpha=0.05$)

2. 下列數據為 12 隻青蛙在不同溫度下的每分鐘心跳數：

編號	1	2	3	4	5	6	7	8	9	10	11	12
溫度 °C	2	4	6	8	10	12	14	16	18	20	22	24
心跳數	6	11	10	15	21	20	32	30	29	35	33	38

試以上述資料進行迴歸分析，以探討溫度對青蛙每分鐘心跳數的影響。

3. 雌三醇 (Estriol, oestriol, E3) 是人類主要的雌激素之一，以下是 24 位臨產婦之雌三醇含量 (mg/24hr) 與其嬰兒出生體重 (kg) 之數據：

編號	1	2	3	4	5	6	7	8	9	10	11	12
雌三醇	16	9	15	16	7	13	14	17	19	21	16	24
體重	2.6	2.5	3.4	3.1	2.5	2.7	3.0	3.0	3.1	3.0	3.2	2.8
編號	13	14	15	16	17	18	19	20	21	22	23	24
雌三醇	25	27	16	19	18	17	25	24	22	10	12	26
體重	3.2	3.4	3.5	3.4	3.5	3.6	3.9	4.3	4.0	2.8	2.9	3.8

試以上述資料進行迴歸分析，以探討臨產婦之雌三醇含量對其嬰兒出生體重的影響。

4. 請將表 13-1 刪除標號 15 後的資料輸入 SPSS 中，並進行簡單線性迴歸分析，驗證圖 14-9 的結果。之後，(1) 請利用 Shapiro-Wilk 檢定，檢定圖 14-9 所得之迴歸模式是否違反殘差常態性假設，以及利用 Breusch-Pagan 檢定診斷是否違反殘差變異質性假設；(2) 求出某位身高170 公分且自認身材標準的男性，其體重平均數之 95% 信賴區間，以及其體重之 95% 信賴區間。

5. 利用表 14-1 的資料，以 ADI 為依變項、LEP 和 FPG 為自變項，進行迴歸分析，並診斷所得模式是否有共線性問題，以及比較所得模式之決定係數與圖 14-13 模式之決定係數的差異。

6. 某研究測量了 20 位成年男子的體重 (kg) 與臀圍 (cm)，其數據如下所示：

編號	1	2	3	4	5	6	7	8	9	10
體重	60.8	61.6	51.6	45.1	57.4	63.4	37.2	70.8	50.8	52.7
臀圍	93.3	94.5	85.9	83.1	92.1	90.9	76.9	98.9	84.6	84.6
編號	11	12	13	14	15	16	17	18	19	20
體重	76.1	76.2	67.4	59.9	58.4	53.5	70.3	63.4	57.4	62.5
臀圍	105.1	98.6	97.0	91.0	89.6	91.2	98.1	94.8	89.0	96.0

試以上述資料進行迴歸分析，建立以成年男子體重來預測其臀圍的模式，並利用所建立的

模式預測體重 70 kg 之成年男子臀圍母體平均數之 95% 信賴區間與臀圍之 95% 信賴區間。

7. 在小規模的玉米產品實驗中，探討消費者對玉米產品愛好程度 (Y) 與水分含量 (X_1) 及甜度含量 (X_2) 之間的關係，其數據如下所示：

編號	1	2	3	4	5	6	7	8
水分含量 (X_1)	3	3	5	5	7	7	9	9
甜度含量 (X_2)	2	6	2	6	2	6	2	6
愛好程度 (Y)	60	77	68	87	78	92	82	98

試以上述資料進行迴歸分析，建立以水分含量 (X_1) 及甜度含量 (X_2) 來預測消費者對玉米產品愛好程度 (Y) 的模式。

附表

表 1 常用推論性統計方法一覽表

依變項尺度	分析大類	組數(組別特性)	統計方法	檢定值	*統計前提或限制條件 / **補充說明	虛無假設反對立假說	研究問題描述
等距	t-test	1 組	Simple t-test	t	*1. 常態分布 或 2. 大樣本：$n_i \geq 30$ 或 3. 小樣本但母群體為對稱分布	$H_0: \mu = \mu_0$ $H_1: \mu \neq \mu_0$	1 個母群體平均數與已知值(設定值)是否有差異
		2 組(獨立)	Independent samples t-test	t	* 同 Simple t-test 或 4. 等組設計	$H_0: \mu_1 = \mu_2$ $H_1: \mu_1 \neq \mu_2$	2 個母群體平均數是否有差異
		2 組(相依)	Paired samples t-test	t	*1. 差異母群體 D 為常態分布 或 2. 大樣本：對數 $n \geq 30$ 或 3. 小樣本但差異母群體為對稱分布	$H_0: \mu_D = 0$ $H_1: \mu_D \neq 0$	2 個母群體平均數是否有差異
	ANOVA	≥2 組(獨立)	Independent samples one-way ANOVA	F	* 同 Independent samples t-test	$H_0: \mu_1 = \mu_2 = \mu_3 = \cdots = \mu_k$ $H_1:$ 至少有兩個 μ_i 不相同	k 個母群體平均數是否有差異 ($k \geq 2$)
		≥2 組(相依)	Dependent samples (repeated measures) one-way ANOVA	F	* 球面假設	$H_0: \mu_1 = \mu_2 = \mu_3 = \cdots = \mu_k$ $H_1:$ 至少有兩個 μ_i 不相同	k 個母群體平均數是否有差異
	ANCOVA	≥2 組(獨立)	Independent samples one-way ANCOVA	F	* 組內迴歸係數同質性 * 同 Independent samples one-way ANOVA *** 共變項為等距或等比二分類變項	$H_0: \text{adj } \mu_1 = \text{adj } \mu_2 = \cdots = \text{adj } \mu_k$ $H_1:$ 至少有兩個 adj μ_i 不相同	排除共變項對依變項的影響後，k 個母體調整後 (adjusted) 的平均數 adj μ_i 是否有差異 ($k \geq 2$)
	Linear correlation analysis	2 組(相依)	Pearson correlation	t	** $-1 \leq r \leq 1$，直線關係解釋：-1 表完全負直線相關、0 表無直線相關、$+1$ 表完全正直線相關	$H_0: \rho = 0$ $H_1: \rho \neq 0$	2 個等距變項 X 與 Y 是否有直線相關

表1 常用推論性統計方法一覽表（續）

依變項尺度	分析大類	組數（組別特性）	統計方法	檢定值	*統計前提或限制條件 **補充說明	虛無假說及對立假說	研究問題描述
等距	Linear regression	—	Simple linear regression	模式：F 係數：t	* LINE 診斷 ** 自變項 X 為等距或二分類變項 ** 解釋： 1. b 的正負表示相關方向 2. b 的絕對值 $\|b\|$ 表示自變項 X 每增加一個單位，依變項 Y 增加或減少 $\|b\|$ 單位	$H_0: b_1 = 0$ $H_1: b_1 \neq 0$	一個自變項 X 是否為等距依變項 Y 的預測因子
等距	Linear regression	—	Multiple linear regression	係數：t	* LINE 及多元共線性診斷 ** 自變項 X_i 為等距或二分類變項 ** 解釋： 1. b_i 的正負表示相關方向 2. b_i 的絕對值 $\|b_i\|$ 表示在其他自變項相同條件下，自變項 X_i 每增加一個單位，依變項 Y 增加或減少 $\|b_i\|$ 單位	$H_0: b_1 = b_2 = \cdots = b_k = 0$ $H_1:$ 至少有一個 $b_i \neq 0$	多個等距自變項 X_i 是否為等距依變項 Y 的預測因子
類別	χ^2 test	1組	χ^2 test of goodness of fit	χ^2	* 同 χ^2 test of independence 之限制條件 1 和 2。 ** 適用單一類別變項	$H_0: P_1 = P_{10}, P_2 = P_{20}, \cdots, P_k = P_{k0}$ $H_1: P_1 \neq P_{10}$ 或 $P_2 \neq P_{20}$ … 或 $P_k \neq P_{k0}$	1個類別變項中 k 個選項比率與已知值（設定值）是否有差異
類別	χ^2 test	≥2組（獨立）	χ^2 test of independence	χ^2	*1. 無 cell 細格之期望次數<1 2. 期望次數<5 之細格數占全部細格數百分比≤20%	$H_0: X$ 與 Y 無關 $H_1: X$ 與 Y 有關	2個類別變項 X 與 Y 是否有關
類別	χ^2 test	2組（相依）	McNemar's test（配對 χ^2 test）	χ^2	** 適用配對 2×2 交叉表	$H_0: P_{12} = P_{21}$ $H_1: P_{12} \neq P_{21}$	2個母群體之某類別變項分布是否有差異
類別	χ^2 test	2組（相依）	Bowker's test（配對 χ^2 test）	χ^2	** 適用配對 $k \times k$ 交叉表	$H_0: P_{ij} = P_{ji}, i \neq j$ $H_1:$ 至少有1個 $P_{ij} \neq P_{ji}$（$P_{ij}:$ 由 i 類變為 j 類的對數占總對數之比率）	2個母群體之某類別變項分布是否有差異
類別	Fisher exact test	≥2組（獨立）			** 未符合 χ^2 test of independence 之限制條件 1 和 2 時使用	$H_0: X$ 與 Y 無關 $H_1: X$ 與 Y 有關	2個類別項 X 與 Y 是否有關

附表 285

表 1 常用推論性統計方法一覽表（續）

依變項尺度	分析大類	組數（組別特性）	統計方法	檢定值	*統計前提或限制條件 **補充說明	虛無假說及對立假說	研究問題描述
二分類	Logistic regression	—	Simple logistic regression	模式：χ^2；係數：χ^2	** 自變項為等距或二分類變項 ** 自變項 X 的迴歸係數 b 之解釋： 1. b 的正負表示相關方向 2. $OR = \exp(b)$ 表示自變項 X 每增加一個單位，發生依變項 $Y = 1$ 的危險比 (odds) 之倍數 (odds ratio)	$H_0: b_1 = 0$ $H_1: b_1 \neq 0$	一個自變項 X 是否為二分類依變項 Y 的預測因子
		—	Multiple logistic regression		* 多元共線性診斷 ** 自變項 X_i 為等距二分類變項 ** 自變項 X_i 的迴歸係數 b_i 之解釋： 1. b 的正負表示相關方向 2. $OR_i = \exp(b_i)$ 表示在其他自變項相同條件下，X_i 每增加一個單位，發生依變項 $Y = 1$ 的危險比 (odds) 之倍數 (odds ratio)	$H_0: b_1 = b_2 = \cdots = b_k = 0$ $H_1: 至少有一個 b_i \neq 0$	多個自變項 X_i 是否為二分類依變項 Y 的預測因子
序位	無母數方法	1. Median test 2. Sign test 3. Wilcoxon Signed Rank test	1. Wilcoxon Rank Sum test 2. Mann-Whitney test	1. Sign test 2. Wilcoxon Signed Rank test	Kruskal-Wallis test	Friedman's test	Spearman correlation
	對應的母數方法	Simple t-test	Independent samples t-test	Paired samples t-test	Independent samples one-way ANOVA	Dependent samples one-way ANOVA	Pearson correlation

表 2　亂數表

橫列號										
001	38936	19110	84359	70814	00704	88300	62834	57821	96990	26941
002	20481	43223	83095	51759	73531	78635	17050	66447	43753	17420
003	55690	13231	03031	09932	65909	89336	47905	94479	31695	49740
004	42093	02081	90870	66664	68626	79354	53460	86788	46401	33091
005	49028	78460	60022	95260	41219	86668	02475	52188	79437	46764
006	37641	38568	61412	43135	77664	06644	24637	65996	33521	34231
007	15199	99753	64539	89336	74917	73944	65437	52831	31966	10061
008	62960	33875	08015	87604	75768	88441	48454	72607	81121	90870
009	29732	08189	33256	78984	09744	59487	17020	90660	75963	97092
010	34458	21692	22716	70237	96593	60736	96419	42278	94108	50347
011	41487	99090	83153	84828	62676	35072	87971	22390	72661	16795
012	21387	34054	49445	41269	02953	16911	32301	70992	31135	79018
013	15089	81498	78906	75807	16356	38270	01566	26935	65468	89493
014	24249	12318	33274	46662	93217	18792	88711	23026	31008	79858
015	35061	72661	78149	08189	60262	13992	93039	55244	84978	55140
016	14074	79231	13729	50462	69002	84040	66953	46885	12032	50561
017	01765	89975	39805	41810	21909	50876	94518	38549	43344	01245
018	12106	50296	76804	96354	55271	29600	85962	52171	96260	96751
019	11446	90870	77292	57636	29317	59481	81223	17697	46028	52188
020	91930	73299	14606	41189	02657	39518	68467	19082	03874	83778
021	25014	67912	25896	17048	12510	93290	81902	02310	82458	72214
022	10622	87381	67645	76115	15102	83778	28098	68803	15838	45568
023	02330	19698	11442	99450	62479	02140	81966	64539	55924	80108
024	97155	62693	17420	20839	52087	13510	41544	62757	36102	53822
025	72927	48334	06804	21831	52087	35604	77292	57801	15364	59481
026	50963	93039	27464	97092	91122	08275	68835	49822	06976	37846
027	69315	86101	81223	04497	73394	65420	57609	02081	74515	37668
028	24843	52055	61312	66862	20246	25936	43898	21566	08788	78474
029	00952	58780	12312	51503	29621	18710	14312	29223	49737	09617
030	21831	47873	11307	22315	44482	84554	28891	78678	68204	71696
031	57995	38408	62000	79893	19172	52239	49387	13266	87971	66638
032	23893	02534	59586	16826	54958	03684	06844	58036	01613	23382
033	45147	80720	99655	38159	04206	94377	10100	15179	48407	39356
034	94777	10357	24275	45587	12872	69985	69732	00721	87469	98312
035	79202	90373	62703	87885	64041	05204	00535	35303	92069	78205
036	26047	90420	51703	13526	26339	65437	94951	11333	29977	53867
037	48449	24637	41701	49714	76228	18650	74244	40564	12318	77210
038	01396	18676	81319	29805	57327	98606	07232	04763	21651	98715
039	50716	94729	45347	45410	26460	10604	80188	31667	37485	58912
040	19376	46145	45008	16227	62111	14610	49820	89684	49028	03275
041	86893	68457	68396	60935	38985	07579	84967	61004	27784	44235
042	95639	63444	34274	06481	99090	27770	42642	31714	77600	67645
043	49563	07496	88460	22807	58963	93372	38084	37914	34771	06976
044	07817	03091	97761	92963	81310	99450	36429	10683	20724	20852
045	72484	46766	85380	41483	75822	12317	74565	06739	46544	35254
046	12386	84395	69248	59273	94679	28447	80720	03989	19228	69267

表 2 亂數表 (續)

橫列號										
047	37780	94393	87412	56594	61312	45568	69093	76748	86431	69913
048	01190	41137	36082	10993	07496	22519	50561	54138	42441	11192
049	52602	81009	51503	93714	75947	35804	92808	99178	15178	78906
050	88140	42695	39219	16805	36410	94777	38490	51486	17594	93332
051	95406	36170	55519	23585	54307	02398	06936	38549	96607	08657
052	29090	10759	59339	43729	60172	57096	05621	09937	69655	19505
053	44146	48245	84366	27975	30458	48617	18317	98745	37284	20852
054	94152	29755	60212	69442	01765	52614	51272	04923	68894	24560
055	17026	91791	84978	32096	83264	44784	56047	01396	85522	85959
056	57347	02008	52311	32062	20289	03091	13920	05150	50765	80117
057	47482	61705	45140	83976	26956	63512	21991	12990	31135	06352
058	51058	84775	94958	13738	88307	26474	24275	54844	27429	02476
059	20817	69655	02290	58615	87950	66799	68141	43879	63285	60275
060	80151	89320	90916	02317	35645	79819	49387	17420	15480	74645
061	53239	41220	83778	35091	02190	75100	46680	37003	93865	24269
062	93369	00251	12273	19438	98783	36613	60560	04711	96556	44235
063	20246	26584	67115	58912	68803	02140	34931	83058	85919	89938
064	73379	78683	87826	41269	19023	67508	38110	68521	38605	86875
065	44868	75651	60867	64058	89336	68626	79241	19209	62703	22784
066	65332	63247	89266	00330	57688	48554	96286	43439	53566	34556
067	81346	58716	07493	53679	28778	94802	84505	37485	10831	57892
068	22788	01914	65401	39194	91593	87469	56656	95401	62545	05205
069	96167	78474	43298	26003	21199	63964	45587	95303	23151	69602
070	73379	61207	63085	25423	69542	10204	01071	41918	56719	70437
071	46764	11307	86222	39599	43508	85380	93683	48706	27875	16768
072	94679	61289	37188	54048	70693	01613	10061	14648	45389	47981
073	99348	16594	79819	98303	90650	33243	01139	45696	82264	64083
074	35542	04481	07638	67750	25306	50527	38928	04923	43544	36082
075	76115	75004	38605	17220	16936	12666	44636	83397	46766	85474
076	19082	45309	42044	46115	51058	25842	50002	28975	97667	85140
077	28177	19739	42452	64141	37554	23792	51392	01032	65996	88140
078	48027	26509	94958	63606	02398	24165	31181	95303	73720	73267
079	74391	23893	37328	87828	78311	63267	68773	33386	79516	32007
080	92326	43700	49051	80113	49510	84359	36625	57892	45595	07184
081	34274	67465	72294	26299	62479	57702	41295	10555	27064	16911
082	99389	09612	19599	51414	31381	61289	25988	70667	20289	87614
083	93039	36689	50934	56929	51380	90758	00812	42628	80435	76086
084	68052	95202	85919	49885	07667	64629	83718	78741	09227	97343
085	14985	21700	28301	37846	53822	80422	98768	81313	58494	95999
086	73505	52676	96417	84584	72294	20785	02534	44775	32180	30508
087	51559	75947	38797	21007	20817	01947	86816	30120	21482	26373
088	14610	05099	77974	36578	78685	38009	75422	74092	43626	46885
089	52512	03261	17020	31994	15069	52512	95406	80590	80188	38611
090	40357	77075	87771	68774	47873	83890	33103	46306	76181	43158
091	82549	93427	71749	10145	49768	24249	86019	78334	69707	76661
092	33266	55484	06886	31199	91930	41385	25842	23520	08260	70117

表 2　亂數表 (續)

橫列號										
093	49869	01071	90354	14894	94199	92946	33756	40857	63932	41795
094	44882	12160	67938	40273	74329	41774	16805	97469	27914	12537
095	55216	82557	32993	97443	26150	81279	41078	29448	41382	05173
096	94979	36208	08177	69395	41425	08153	61274	56527	21636	22178
097	13660	34368	39518	87885	62328	77227	57393	74882	45110	68204
098	56561	23310	63932	60997	96074	38109	89263	78741	78196	78065
099	38716	49737	89318	65187	65867	95319	45486	23322	03024	62230
100	93464	72076	83423	06976	46766	56806	33243	89684	34086	22216
101	45696	57656	76374	79893	49468	69686	84631	02190	20481	55516
102	78453	99011	58185	17971	20817	30035	27130	02647	17879	89405
103	22681	76748	29732	78741	46619	88199	48070	75963	92326	19192
104	11691	13510	23585	44367	34157	32713	28833	62111	58315	67832
105	91483	63932	09191	04497	16837	83962	55140	63839	71786	72246
106	15741	97579	35303	30997	03031	95189	05866	97593	49848	87767
107	88173	92795	94199	09728	81418	83768	45587	76500	49740	20606
108	26150	90758	42452	36742	43544	53566	85812	77067	05026	66012
109	72484	21421	18306	88786	88827	03742	58912	16227	75100	27745
110	97469	42891	17503	04982	65089	50347	99450	59734	10753	23773
111	62757	15836	03814	15772	36613	10551	33197	45347	78910	21991
112	36666	11916	53010	91727	61335	85474	56043	63444	55875	33937
113	29066	83629	44021	55304	61219	72115	94434	84554	61490	83107
114	16827	08585	58780	81867	39010	07300	59199	48617	19192	01190
115	33602	11417	99041	81867	39413	08189	55924	19050	40568	62993
116	70693	75807	74329	12109	85185	26689	01838	03091	31181	62124
117	48617	52220	43233	04985	50002	27645	52992	81271	01619	06481
118	07636	34086	29963	57995	68894	66862	56727	70069	28968	76068
119	52892	71420	25067	47010	27892	33109	47076	66844	87713	05037
120	14954	64757	84575	18282	74922	61705	17295	80709	83430	24165
121	36792	86193	85504	84631	21692	06814	60665	85658	34054	66862
122	22408	76848	41137	33827	62536	83190	85140	78137	22058	49740
123	77509	74283	62864	65702	15741	60262	74939	02982	47589	59043
124	80749	62864	30176	12178	82443	91458	37883	33592	73459	72918
125	08457	53867	17925	83397	88841	80847	09774	01032	97377	78453
126	09937	37880	09267	01190	47248	87366	40357	03980	66260	68773
127	03874	84850	30593	66270	33854	52161	12743	60881	14349	83240
128	90420	86391	15344	85352	50968	10016	90209	59504	96068	25377
129	10151	44628	37668	49475	17495	50168	69093	26247	83235	56261
130	33242	35604	71273	39114	52105	24905	84981	34392	35223	44468
131	29066	49244	59661	78635	72584	93408	97155	53585	43898	70206
132	09204	31687	11192	03698	59343	98185	29880	48706	44014	01245
133	89354	61289	55146	39114	06254	35713	48721	89405	95639	92231
134	52188	88701	91593	30297	52654	89301	62545	15344	59138	92935
135	20125	21007	20817	87952	66664	15351	18532	65422	58090	57675
136	66638	97919	66944	33460	57149	10204	88692	99215	18167	89320
137	45284	01947	46276	07982	45491	64851	85962	26584	14610	63747
138	74329	39147	97919	93613	89575	40135	75608	94377	50501	56652

表 2 亂數表 (續)

橫列號									
139	21566	98745	70097	04638	99448	18676	49954	52458	40171	98606
140	16768	78793	08508	75822	35003	56329	25196	46492	56909	16194
141	40273	23593	76323	12462	81690	20273	02423	86673	47408	80435
142	85474	21215	31512	78906	37361	38084	74228	45140	31170	15972
143	46445	52458	31695	74108	42413	22077	33469	75134	00210	21993
144	76598	44997	83240	39356	14357	50876	20246	02121	71189	71908
145	49051	14336	61682	66223	04182	21115	29478	94108	53927	16768
146	70280	78690	63886	73720	78364	81121	53867	79663	67248	76181
147	62562	65990	26236	60212	46587	22598	95319	84755	34368	44142
148	50436	99389	97477	86210	25255	10683	83629	76804	29902	22555
149	27319	12386	75822	99384	04711	98103	16440	38648	37043	63247
150	33521	23026	48724	04197	24736	12996	63718	52291	97444	74882
151	16509	90981	97438	01396	55643	91458	24219	75004	29085	20839
152	48027	71923	76404	55477	17975	18306	86668	07783	91482	32569
153	50140	75958	81966	21053	58128	49659	73944	48706	91829	37851
154	02310	35991	93113	31205	02266	99393	00504	90094	63247	72907
155	44858	04057	85621	49475	18676	99343	24275	69072	10474	08649
156	60275	48706	39413	15741	66114	96356	29805	95202	67642	88441
157	40963	12206	94601	41137	54838	31768	15884	69220	07068	50721
158	41382	89988	73299	10759	31709	43729	35836	26842	51595	19192
159	24853	79991	04822	33460	04676	49869	64142	15069	27429	68709
160	30288	13510	70977	83226	71903	23792	11164	35347	45945	59043
161	04518	03682	80720	56594	09342	78065	65128	80110	40963	29073
162	99006	63250	32180	23146	37770	66447	53854	71969	15091	95475
163	89548	29522	90354	30474	17220	12917	61584	04404	32062	43439
164	07190	46492	15414	35072	69267	85097	61207	61217	80954	42891
165	16911	12639	26247	39412	79869	87226	07493	86342	55847	78149
166	15741	22506	35820	48243	81886	03513	19865	50005	02006	89030
167	48731	71371	49768	41627	67912	02845	43753	76848	66558	73840
168	19177	19660	10551	40432	33721	49869	51486	33386	10002	67750
169	22885	53511	64398	07982	38724	17020	43593	29949	02121	97345
170	88122	23593	92946	00812	01275	77075	24186	34218	92261	11972
171	72918	97658	98122	01408	47254	65745	75486	36792	74184	03742
172	87094	89398	50962	84584	81313	12264	63971	93060	45542	10606
173	45292	72661	61227	03698	70117	10357	64041	72036	05594	44991
174	02190	41774	27745	44498	25005	50436	47505	68470	47767	87971
175	11307	75651	74244	70210	85522	11152	68583	94601	97213	75887

表 3 二項分布表 $P(X=k)=C_k^n p^k q^{n-k}$

n	k	0.001	0.01	0.05	0.1	0.2	0.3	0.4	0.5	0.6	0.7	0.8	0.9	0.95	0.99	0.999
5	0	0.9950	0.9510	0.7738	0.5905	0.3277	0.1681	0.0778	0.0313	0.0102	0.0024	0.0003	0.0000	0.0000	0.0000	0.0000
	1	0.0050	0.0480	0.2036	0.3281	0.4096	0.3602	0.2592	0.1563	0.0768	0.0284	0.0064	0.0005	0.0000	0.0000	0.0000
	2	0.0000	0.0010	0.0214	0.0729	0.2048	0.3087	0.3456	0.3125	0.2304	0.1323	0.0512	0.0081	0.0011	0.0000	0.0000
	3	0.0000	0.0000	0.0011	0.0081	0.0512	0.1323	0.2304	0.3125	0.3456	0.3087	0.2048	0.0729	0.0214	0.0010	0.0000
	4	0.0000	0.0000	0.0000	0.0005	0.0064	0.0284	0.0768	0.1563	0.2592	0.3602	0.4096	0.3281	0.2036	0.0480	0.0050
	5	0.0000	0.0000	0.0000	0.0000	0.0003	0.0024	0.0102	0.0313	0.0778	0.1681	0.3277	0.5905	0.7738	0.9510	0.9950
6	0	0.9940	0.9415	0.7351	0.5314	0.2621	0.1176	0.0467	0.0156	0.0041	0.0007	0.0001	0.0000	0.0000	0.0000	0.0000
	1	0.0060	0.0571	0.2321	0.3543	0.3932	0.3025	0.1866	0.0938	0.0369	0.0102	0.0015	0.0001	0.0000	0.0000	0.0000
	2	0.0000	0.0014	0.0305	0.0984	0.2458	0.3241	0.311	0.2344	0.1382	0.0595	0.0154	0.0012	0.0001	0.0000	0.0000
	3	0.0000	0.0000	0.0021	0.0146	0.0819	0.1852	0.2765	0.3125	0.2765	0.1852	0.0819	0.0146	0.0021	0.0000	0.0000
	4	0.0000	0.0000	0.0001	0.0012	0.0154	0.0595	0.1382	0.2344	0.311	0.3241	0.2458	0.0984	0.0305	0.0014	0.0000
	5	0.0000	0.0000	0.0000	0.0001	0.0015	0.0102	0.0369	0.0938	0.1866	0.3025	0.3932	0.3543	0.2321	0.0571	0.0060
	6	0.0000	0.0000	0.0000	0.0000	0.0001	0.0007	0.0041	0.0156	0.0467	0.1176	0.2621	0.5314	0.7351	0.9415	0.9940
7	0	0.9930	0.9321	0.6983	0.4783	0.2097	0.0824	0.028	0.0078	0.0016	0.0002	0.0000	0.0000	0.0000	0.0000	0.0000
	1	0.0070	0.0659	0.2573	0.372	0.367	0.2471	0.1306	0.0547	0.0172	0.0036	0.0004	0.0000	0.0000	0.0000	0.0000
	2	0.0000	0.0020	0.0406	0.124	0.2753	0.3177	0.2613	0.1641	0.0774	0.025	0.0043	0.0002	0.0000	0.0000	0.0000
	3	0.0000	0.0000	0.0036	0.023	0.1147	0.2269	0.2903	0.2734	0.1935	0.0972	0.0287	0.0026	0.0002	0.0000	0.0000
	4	0.0000	0.0000	0.0002	0.0026	0.0287	0.0972	0.1935	0.2734	0.2903	0.2269	0.1147	0.023	0.0036	0.0000	0.0000
	5	0.0000	0.0000	0.0000	0.0002	0.0043	0.025	0.0774	0.1641	0.2613	0.3177	0.2753	0.124	0.0406	0.002	0.0000
	6	0.0000	0.0000	0.0000	0.0000	0.0004	0.0036	0.0172	0.0547	0.1306	0.2471	0.367	0.372	0.2573	0.0659	0.0070
	7	0.0000	0.0000	0.0000	0.0000	0.0000	0.0002	0.0016	0.0078	0.028	0.0824	0.2097	0.4783	0.6983	0.9321	0.9930
8	0	0.9920	0.9227	0.6634	0.4305	0.1678	0.0576	0.0168	0.0039	0.0007	0.0001	0.0000	0.0000	0.0000	0.0000	0.0000
	1	0.0079	0.0746	0.2793	0.3826	0.3355	0.1977	0.0896	0.0313	0.0079	0.0012	0.0001	0.0000	0.0000	0.0000	0.0000
	2	0.0000	0.0026	0.0515	0.1488	0.2936	0.2965	0.209	0.1094	0.0413	0.0100	0.0011	0.0000	0.0000	0.0000	0.0000
	3	0.0000	0.0001	0.0054	0.0331	0.1468	0.2541	0.2787	0.2188	0.1239	0.0467	0.0092	0.0004	0.0000	0.0000	0.0000
	4	0.0000	0.0000	0.0004	0.0046	0.0459	0.1361	0.2322	0.2734	0.2322	0.1361	0.0459	0.0046	0.0004	0.0000	0.0000
	5	0.0000	0.0000	0.0000	0.0004	0.0092	0.0467	0.1239	0.2188	0.2787	0.2541	0.1468	0.0331	0.0054	0.0001	0.0000
	6	0.0000	0.0000	0.0000	0.0000	0.0011	0.0100	0.0413	0.1094	0.209	0.2965	0.2936	0.1488	0.0515	0.0026	0.0000
	7	0.0000	0.0000	0.0000	0.0000	0.0001	0.0012	0.0079	0.0313	0.0896	0.1977	0.3355	0.3826	0.2793	0.0746	0.0079
	8	0.0000	0.0000	0.0000	0.0000	0.0000	0.0001	0.0007	0.0039	0.0168	0.0576	0.1678	0.4305	0.6634	0.9227	0.9920
9	0	0.9910	0.9135	0.6302	0.3874	0.1342	0.0404	0.0101	0.002	0.0003	0.0000	0.0000	0.0000	0.0000	0.0000	0.0000
	1	0.0089	0.0830	0.2985	0.3874	0.302	0.1556	0.0605	0.0176	0.0035	0.0004	0.0000	0.0000	0.0000	0.0000	0.0000
	2	0.0000	0.0034	0.0629	0.1722	0.302	0.2668	0.1612	0.0703	0.0212	0.0039	0.0003	0.0000	0.0000	0.0000	0.0000
	3	0.0000	0.0001	0.0077	0.0446	0.1762	0.2668	0.2508	0.1641	0.0743	0.021	0.0028	0.0001	0.0000	0.0000	0.0000
	4	0.0000	0.0000	0.0006	0.0074	0.0661	0.1715	0.2508	0.2461	0.1672	0.0735	0.0165	0.0008	0.0000	0.0000	0.0000
	5	0.0000	0.0000	0.0000	0.0008	0.0165	0.0735	0.1672	0.2461	0.2508	0.1715	0.0661	0.0074	0.0006	0.0000	0.0000
	6	0.0000	0.0000	0.0000	0.0001	0.0028	0.021	0.0743	0.1641	0.2508	0.2668	0.1762	0.0446	0.0077	0.0001	0.0000
9	7	0.0000	0.0000	0.0000	0.0000	0.0003	0.0039	0.0212	0.0703	0.1612	0.2668	0.302	0.1722	0.0629	0.0034	0.0000
	8	0.0000	0.0000	0.0000	0.0000	0.0000	0.0004	0.0035	0.0176	0.0605	0.1556	0.302	0.3874	0.2985	0.083	0.0089
	9	0.0000	0.0000	0.0000	0.0000	0.0000	0.0000	0.0003	0.002	0.0101	0.0404	0.1342	0.3874	0.6302	0.9135	0.9910
10	0	0.9900	0.9044	0.5987	0.3487	0.1074	0.0282	0.0060	0.0010	0.0001	0.0000	0.0000	0.0000	0.0000	0.0000	0.0000
	1	0.0099	0.0914	0.3151	0.3874	0.2684	0.1211	0.0403	0.0098	0.0016	0.0001	0.0000	0.0000	0.0000	0.0000	0.0000
	2	0.0000	0.0042	0.0746	0.1937	0.3020	0.2335	0.1209	0.0439	0.0106	0.0014	0.0001	0.0000	0.0000	0.0000	0.0000
	3	0.0000	0.0001	0.0105	0.0574	0.2013	0.2668	0.2105	0.1172	0.0425	0.0090	0.0008	0.0000	0.0000	0.0000	0.0000
	4	0.0000	0.0000	0.0010	0.0112	0.0881	0.2001	0.2508	0.2051	0.1115	0.0368	0.0055	0.0001	0.0000	0.0000	0.0000
	5	0.0000	0.0000	0.0001	0.0015	0.0264	0.1029	0.2007	0.2461	0.2007	0.1029	0.0264	0.0015	0.0001	0.0000	0.0000
	6	0.0000	0.0000	0.0000	0.0001	0.0055	0.0368	0.1115	0.2051	0.2508	0.2001	0.0881	0.0112	0.0010	0.0000	0.0000
	7	0.0000	0.0000	0.0000	0.0000	0.0008	0.0090	0.0425	0.1172	0.215	0.2668	0.2013	0.0574	0.0105	0.0001	0.0000
	8	0.0000	0.0000	0.0000	0.0000	0.0001	0.0014	0.0106	0.0439	0.1209	0.2335	0.3020	0.1937	0.0746	0.0042	0.0000
	9	0.0000	0.0000	0.0000	0.0000	0.0000	0.0001	0.0016	0.0098	0.0403	0.1211	0.2684	0.3874	0.3151	0.0914	0.0099
	10	0.0000	0.0000	0.0000	0.0000	0.0000	0.0000	0.0001	0.0010	0.0060	0.0282	0.1074	0.3487	0.5987	0.9044	0.9900

表 3　二項分布表 $P(X=k) = C_k^n p^k q^{n-k}$ (續)

n	k	0.001	0.01	0.05	0.1	0.2	0.3	0.4	0.5	0.6	0.7	0.8	0.9	0.95	0.99	0.999
11	0	0.9891	0.8953	0.5688	0.3138	0.0859	0.0198	0.0036	0.0005	0.0000	0.0000	0.0000	0.0000	0.0000	0.0000	0.0000
	1	0.0109	0.0995	0.3293	0.3835	0.2362	0.0932	0.0266	0.0054	0.0007	0.0000	0.0000	0.0000	0.0000	0.0000	0.0000
	2	0.0001	0.0050	0.0867	0.2131	0.2953	0.1998	0.0887	0.0269	0.0052	0.0005	0.0000	0.0000	0.0000	0.0000	0.0000
	3	0.0000	0.0002	0.0137	0.0710	0.2215	0.2568	0.1774	0.0806	0.0234	0.0037	0.0002	0.0000	0.0000	0.0000	0.0000
	4	0.0000	0.0000	0.0014	0.0158	0.1107	0.2201	0.2365	0.1611	0.0701	0.0173	0.0017	0.0000	0.0000	0.0000	0.0000
	5	0.0000	0.0000	0.0001	0.0025	0.0388	0.1321	0.2207	0.2256	0.1471	0.0566	0.0097	0.0003	0.0000	0.0000	0.0000
	6	0.0000	0.0000	0.0000	0.0003	0.0097	0.0566	0.1471	0.2256	0.2207	0.1321	0.0388	0.0025	0.0001	0.0000	0.0000
	7	0.0000	0.0000	0.0000	0.0000	0.0017	0.0173	0.0701	0.1611	0.2365	0.2201	0.1107	0.0158	0.0014	0.0000	0.0000
	8	0.0000	0.0000	0.0000	0.0000	0.0002	0.0037	0.0234	0.0806	0.1774	0.2568	0.2215	0.0710	0.0137	0.0002	0.0000
	9	0.0000	0.0000	0.0000	0.0000	0.0000	0.0005	0.0052	0.0269	0.0887	0.1998	0.2953	0.2131	0.0867	0.0050	0.0001
	10	0.0000	0.0000	0.0000	0.0000	0.0000	0.0000	0.0007	0.0054	0.0266	0.0932	0.2362	0.3835	0.3293	0.0995	0.0109
	11	0.0000	0.0000	0.0000	0.0000	0.0000	0.0000	0.0000	0.0005	0.0036	0.0198	0.0859	0.3138	0.5688	0.8953	0.9891
12	0	0.9881	0.8864	0.5404	0.2824	0.0687	0.0138	0.0022	0.0002	0.0000	0.0000	0.0000	0.0000	0.0000	0.0000	0.0000
	1	0.0119	0.1074	0.3413	0.3766	0.2062	0.0712	0.0174	0.0029	0.0003	0.0000	0.0000	0.0000	0.0000	0.0000	0.0000
	2	0.0001	0.0060	0.0988	0.2301	0.2835	0.1678	0.0639	0.0161	0.0025	0.0002	0.0000	0.0000	0.0000	0.0000	0.0000
	3	0.0000	0.0002	0.0173	0.0852	0.2362	0.2397	0.1419	0.0537	0.0125	0.0015	0.0001	0.0000	0.0000	0.0000	0.0000
	4	0.0000	0.0000	0.0021	0.0213	0.1329	0.2311	0.2128	0.1208	0.0420	0.0078	0.0005	0.0000	0.0000	0.0000	0.0000
	5	0.0000	0.0000	0.0002	0.0038	0.0532	0.1585	0.2270	0.1934	0.1009	0.0291	0.0033	0.0000	0.0000	0.0000	0.0000
	6	0.0000	0.0000	0.0000	0.0005	0.0155	0.0792	0.1766	0.2256	0.1766	0.0792	0.0155	0.0005	0.0000	0.0000	0.0000
	7	0.0000	0.0000	0.0000	0.0000	0.0033	0.0291	0.1009	0.1934	0.2270	0.1585	0.0532	0.0038	0.0002	0.0000	0.0000
	8	0.0000	0.0000	0.0000	0.0000	0.0005	0.0078	0.0420	0.1208	0.2128	0.2311	0.1329	0.0213	0.0021	0.0000	0.0000
	9	0.0000	0.0000	0.0000	0.0000	0.0001	0.0015	0.0125	0.0537	0.1419	0.2397	0.2362	0.0852	0.0173	0.0002	0.0000
	10	0.0000	0.0000	0.0000	0.0000	0.0000	0.0002	0.0025	0.0161	0.0639	0.1678	0.2835	0.2301	0.0988	0.0060	0.0001
	11	0.0000	0.0000	0.0000	0.0000	0.0000	0.0000	0.0003	0.0029	0.0174	0.0712	0.2062	0.3766	0.3413	0.1074	0.0119
	12	0.0000	0.0000	0.0000	0.0000	0.0000	0.0000	0.0000	0.0002	0.0022	0.0138	0.0687	0.2824	0.5404	0.8864	0.9881
13	0	0.9871	0.8775	0.5133	0.2542	0.0550	0.0097	0.0013	0.0001	0.0000	0.0000	0.0000	0.0000	0.0000	0.0000	0.0000
	1	0.0128	0.1152	0.3512	0.3672	0.1787	0.0540	0.0113	0.0016	0.0001	0.0000	0.0000	0.0000	0.0000	0.0000	0.0000
	2	0.0001	0.0070	0.1109	0.2448	0.2680	0.1388	0.0453	0.0095	0.0012	0.0001	0.0000	0.0000	0.0000	0.0000	0.0000
	3	0.0000	0.0003	0.0214	0.0997	0.2457	0.2181	0.1107	0.0349	0.0065	0.0006	0.0000	0.0000	0.0000	0.0000	0.0000
	4	0.0000	0.0000	0.0028	0.0277	0.1535	0.2337	0.1845	0.0873	0.0243	0.0034	0.0001	0.0000	0.0000	0.0000	0.0000
	5	0.0000	0.0000	0.0003	0.0055	0.0691	0.1803	0.2214	0.1571	0.0656	0.0142	0.0011	0.0000	0.0000	0.0000	0.0000
	6	0.0000	0.0000	0.0000	0.0008	0.0230	0.1030	0.1968	0.2095	0.1312	0.0442	0.0058	0.0001	0.0000	0.0000	0.0000
	7	0.0000	0.0000	0.0000	0.0001	0.0058	0.0442	0.1312	0.2095	0.1968	0.1030	0.0230	0.0008	0.0000	0.0000	0.0000
	8	0.0000	0.0000	0.0000	0.0000	0.0011	0.0142	0.0656	0.1571	0.2214	0.1803	0.0691	0.0055	0.0003	0.0000	0.0000
	9	0.0000	0.0000	0.0000	0.0000	0.0001	0.0034	0.0243	0.0873	0.1845	0.2337	0.1535	0.0277	0.0028	0.0000	0.0000
	10	0.0000	0.0000	0.0000	0.0000	0.0000	0.0006	0.0065	0.0349	0.1107	0.2181	0.2457	0.0997	0.0214	0.0003	0.0000
	11	0.0000	0.0000	0.0000	0.0000	0.0000	0.0001	0.0012	0.0095	0.0453	0.1388	0.2680	0.2448	0.1109	0.0070	0.0001
	12	0.0000	0.0000	0.0000	0.0000	0.0000	0.0000	0.0001	0.0016	0.0113	0.0540	0.1787	0.3672	0.3512	0.1152	0.0128
	13	0.0000	0.0000	0.0000	0.0000	0.0000	0.0000	0.0000	0.0001	0.0013	0.0097	0.055	0.2542	0.5133	0.8775	0.9871
14	0	0.9861	0.8687	0.4877	0.2288	0.044	0.0068	0.0008	0.0001	0.0000	0.0000	0.0000	0.0000	0.0000	0.0000	0.0000
	1	0.0138	0.1229	0.3593	0.3559	0.1539	0.0407	0.0073	0.0009	0.0001	0.0000	0.0000	0.0000	0.0000	0.0000	0.0000
	2	0.0001	0.0081	0.1229	0.2570	0.2501	0.1134	0.0317	0.0056	0.0005	0.0000	0.0000	0.0000	0.0000	0.0000	0.0000
	3	0.0000	0.0003	0.0259	0.1142	0.2501	0.1943	0.0845	0.0222	0.0033	0.0002	0.0000	0.0000	0.0000	0.0000	0.0000
	4	0.0000	0.0000	0.0037	0.0349	0.1720	0.2290	0.1549	0.0611	0.0136	0.0014	0.0000	0.0000	0.0000	0.0000	0.0000
	5	0.0000	0.0000	0.0004	0.0078	0.0860	0.1963	0.2066	0.1222	0.0408	0.0066	0.0003	0.0000	0.0000	0.0000	0.0000
	6	0.0000	0.0000	0.0000	0.0013	0.0322	0.1262	0.2066	0.1833	0.0918	0.0232	0.0020	0.0000	0.0000	0.0000	0.0000
	7	0.0000	0.0000	0.0000	0.0002	0.0092	0.0618	0.1574	0.2095	0.1574	0.0618	0.0092	0.0002	0.0000	0.0000	0.0000
	8	0.0000	0.0000	0.0000	0.0000	0.0020	0.0232	0.0918	0.1833	0.2066	0.1262	0.0322	0.0013	0.0000	0.0000	0.0000
	9	0.0000	0.0000	0.0000	0.0000	0.0003	0.0066	0.0408	0.1222	0.2066	0.1963	0.0860	0.0078	0.0004	0.0000	0.0000
	10	0.0000	0.0000	0.0000	0.0000	0.0000	0.0014	0.0136	0.0611	0.1549	0.2290	0.1720	0.0349	0.0037	0.0000	0.0000
	11	0.0000	0.0000	0.0000	0.0000	0.0000	0.0002	0.0033	0.0222	0.0845	0.1943	0.2501	0.1142	0.0259	0.0003	0.0000

表 3 二項分布表 $P(X=k) = C_k^n p^k q^{n-k}$ (續)

n	k	0.001	0.01	0.05	0.1	0.2	0.3	0.4	0.5	0.6	0.7	0.8	0.9	0.95	0.99	0.999
	12	0.0000	0.0000	0.0000	0.0000	0.0000	0.0000	0.0005	0.0056	0.0317	0.1134	0.2501	0.2570	0.1229	0.0081	0.0001
	13	0.0000	0.0000	0.0000	0.0000	0.0000	0.0000	0.0001	0.0009	0.0073	0.0407	0.1539	0.3559	0.3593	0.1229	0.0138
	14	0.0000	0.0000	0.0000	0.0000	0.0000	0.0000	0.0000	0.0001	0.0008	0.0068	0.0440	0.2288	0.4877	0.8687	0.9861
15	0	0.9851	0.8601	0.4633	0.2059	0.0352	0.0047	0.0005	0.0000	0.0000	0.0000	0.0000	0.0000	0.0000	0.0000	0.0000
	1	0.0148	0.1303	0.3658	0.3432	0.1319	0.0305	0.0047	0.0005	0.0000	0.0000	0.0000	0.0000	0.0000	0.0000	0.0000
	2	0.0001	0.0092	0.1348	0.2669	0.2309	0.0916	0.0219	0.0032	0.0003	0.0000	0.0000	0.0000	0.0000	0.0000	0.0000
	3	0.0000	0.0004	0.0307	0.1285	0.2501	0.1700	0.0634	0.0139	0.0016	0.0001	0.0000	0.0000	0.0000	0.0000	0.0000
	4	0.0000	0.0000	0.0049	0.0428	0.1876	0.2186	0.1268	0.0417	0.0074	0.0006	0.0000	0.0000	0.0000	0.0000	0.0000
	5	0.0000	0.0000	0.0006	0.0105	0.1032	0.2061	0.1859	0.0916	0.0245	0.0030	0.0001	0.0000	0.0000	0.0000	0.0000
	6	0.0000	0.0000	0.0000	0.0019	0.0430	0.1472	0.2066	0.1527	0.0612	0.0116	0.0007	0.0000	0.0000	0.0000	0.0000
	7	0.0000	0.0000	0.0000	0.0003	0.0138	0.0811	0.1771	0.1964	0.1181	0.0348	0.0035	0.0000	0.0000	0.0000	0.0000
	8	0.0000	0.0000	0.0000	0.0000	0.0035	0.0348	0.1181	0.1964	0.1771	0.0811	0.0138	0.0003	0.0000	0.0000	0.0000
	9	0.0000	0.0000	0.0000	0.0000	0.0007	0.0116	0.0612	0.1527	0.2066	0.1472	0.0430	0.0019	0.0000	0.0000	0.0000
	10	0.0000	0.0000	0.0000	0.0000	0.0001	0.0030	0.0245	0.0916	0.1859	0.2061	0.1032	0.0105	0.0006	0.0000	0.0000
	11	0.0000	0.0000	0.0000	0.0000	0.0000	0.0006	0.0074	0.0417	0.1268	0.2186	0.1876	0.0428	0.0049	0.0000	0.0000
	12	0.0000	0.0000	0.0000	0.0000	0.0000	0.0001	0.0016	0.0139	0.0634	0.1700	0.2501	0.1285	0.0307	0.0004	0.0000
	13	0.0000	0.0000	0.0000	0.0000	0.0000	0.0000	0.0003	0.0032	0.0219	0.0916	0.2309	0.2669	0.1348	0.0092	0.0001
	14	0.0000	0.0000	0.0000	0.0000	0.0000	0.0000	0.0000	0.0005	0.0047	0.0305	0.1319	0.3432	0.3658	0.1303	0.0148
	15	0.0000	0.0000	0.0000	0.0000	0.0000	0.0000	0.0000	0.0000	0.0005	0.0047	0.0352	0.2059	0.4633	0.8601	0.9851
16	0	0.9841	0.8515	0.4401	0.1853	0.0281	0.0033	0.0003	0.0000	0.0000	0.0000	0.0000	0.0000	0.0000	0.0000	0.0000
	1	0.0158	0.1376	0.3706	0.3294	0.1126	0.0228	0.0030	0.0002	0.0000	0.0000	0.0000	0.0000	0.0000	0.0000	0.0000
	2	0.0001	0.0104	0.1463	0.2745	0.2111	0.0732	0.0150	0.0018	0.0001	0.0000	0.0000	0.0000	0.0000	0.0000	0.0000
	3	0.0000	0.0005	0.0359	0.1423	0.2463	0.1465	0.0468	0.0085	0.0008	0.0000	0.0000	0.0000	0.0000	0.0000	0.0000
	4	0.0000	0.0000	0.0061	0.0514	0.2001	0.2040	0.1014	0.0278	0.0040	0.0002	0.0000	0.0000	0.0000	0.0000	0.0000
	5	0.0000	0.0000	0.0008	0.0137	0.1201	0.2099	0.1623	0.0667	0.0142	0.0013	0.0000	0.0000	0.0000	0.0000	0.0000
	6	0.0000	0.0000	0.0001	0.0028	0.0550	0.1649	0.1983	0.1222	0.0392	0.0056	0.0002	0.0000	0.0000	0.0000	0.0000
	7	0.0000	0.0000	0.0000	0.0004	0.0197	0.1010	0.1889	0.1746	0.0840	0.0185	0.0012	0.0000	0.0000	0.0000	0.0000
	8	0.0000	0.0000	0.0000	0.0001	0.0055	0.0487	0.1417	0.1964	0.1417	0.0487	0.0055	0.0001	0.0000	0.0000	0.0000
	9	0.0000	0.0000	0.0000	0.0000	0.0012	0.0185	0.0840	0.1746	0.1889	0.1010	0.0197	0.0004	0.0000	0.0000	0.0000
	10	0.0000	0.0000	0.0000	0.0000	0.0002	0.0056	0.0392	0.1222	0.1983	0.1649	0.0550	0.0028	0.0001	0.0000	0.0000
	11	0.0000	0.0000	0.0000	0.0000	0.0000	0.0013	0.0142	0.0667	0.1623	0.2099	0.1201	0.0137	0.0008	0.0000	0.0000
	12	0.0000	0.0000	0.0000	0.0000	0.0000	0.0002	0.0040	0.0278	0.1014	0.2040	0.2001	0.0514	0.0061	0.0000	0.0000
	13	0.0000	0.0000	0.0000	0.0000	0.0000	0.0008	0.0085	0.0468	0.1465	0.2463	0.1423	0.0359	0.0005	0.0000
	14	0.0000	0.0000	0.0000	0.0000	0.0000	0.0000	0.0001	0.0018	0.0150	0.0732	0.2111	0.2745	0.1463	0.0104	0.0001
	15	0.0000	0.0000	0.0000	0.0000	0.0000	0.0000	0.0000	0.0002	0.0030	0.0228	0.1126	0.3294	0.3706	0.1376	0.0158
	16	0.0000	0.0000	0.0000	0.0000	0.0000	0.0000	0.0000	0.0000	0.0003	0.0033	0.0281	0.1853	0.4401	0.8515	0.9841
17	0	0.9831	0.8429	0.4181	0.1668	0.0225	0.0023	0.0002	0.0000	0.0000	0.0000	0.0000	0.0000	0.0000	0.0000	0.0000
	1	0.0167	0.1447	0.3741	0.3150	0.0957	0.0169	0.0019	0.0001	0.0000	0.0000	0.0000	0.0000	0.0000	0.0000	0.0000
	2	0.0001	0.0117	0.1575	0.2800	0.1914	0.0581	0.0102	0.0010	0.0001	0.0000	0.0000	0.0000	0.0000	0.0000	0.0000
	3	0.0000	0.0006	0.0415	0.1556	0.2393	0.1245	0.0341	0.0052	0.0004	0.0000	0.0000	0.0000	0.0000	0.0000	0.0000
	4	0.0000	0.0000	0.0076	0.0605	0.2093	0.1868	0.0796	0.0182	0.0021	0.0001	0.0000	0.0000	0.0000	0.0000	0.0000
	5	0.0000	0.0000	0.0010	0.0175	0.1361	0.2081	0.1379	0.0472	0.0081	0.0006	0.0000	0.0000	0.0000	0.0000	0.0000
	6	0.0000	0.0000	0.0001	0.0039	0.0680	0.1784	0.1839	0.0944	0.0242	0.0026	0.0001	0.0000	0.0000	0.0000	0.0000
	7	0.0000	0.0000	0.0000	0.0007	0.0267	0.1201	0.1927	0.1484	0.0571	0.0095	0.0004	0.0000	0.0000	0.0000	0.0000
	8	0.0000	0.0000	0.0000	0.0001	0.0084	0.0644	0.1606	0.1855	0.1070	0.0276	0.0021	0.0000	0.0000	0.0000	0.0000
	9	0.0000	0.0000	0.0000	0.0000	0.0021	0.0276	0.1070	0.1855	0.1606	0.0644	0.0084	0.0001	0.0000	0.0000	0.0000
	10	0.0000	0.0000	0.0000	0.0000	0.0004	0.0095	0.0571	0.1484	0.1927	0.1201	0.0267	0.0007	0.0000	0.0000	0.0000
	11	0.0000	0.0000	0.0000	0.0000	0.0001	0.0026	0.0242	0.0944	0.1839	0.1784	0.0680	0.0039	0.0001	0.0000	0.0000
	12	0.0000	0.0000	0.0000	0.0000	0.0000	0.0006	0.0081	0.0472	0.1379	0.2081	0.1361	0.0175	0.0010	0.0000	0.0000
	13	0.0000	0.0000	0.0000	0.0000	0.0000	0.0001	0.0021	0.0182	0.0796	0.1868	0.2093	0.0605	0.0076	0.0000	0.0000
	14	0.0000	0.0000	0.0000	0.0000	0.0000	0.0000	0.0004	0.0052	0.0341	0.1245	0.2393	0.1556	0.0415	0.0006	0.0000

表 3 二項分布表 $P(X=k)=C_k^n p^k q^{n-k}$ (續)

n	k	0.001	0.01	0.05	0.1	0.2	0.3	0.4	0.5	0.6	0.7	0.8	0.9	0.95	0.99	0.999
	15	0.0000	0.0000	0.0000	0.0000	0.0000	0.0000	0.0001	0.0010	0.0102	0.0581	0.1914	0.2800	0.1575	0.0117	0.0001
	16	0.0000	0.0000	0.0000	0.0000	0.0000	0.0000	0.0000	0.0001	0.0019	0.0169	0.0957	0.3150	0.3741	0.1447	0.0167
	17	0.0000	0.0000	0.0000	0.0000	0.0000	0.0000	0.0000	0.0000	0.0002	0.0023	0.0225	0.1668	0.4181	0.8429	0.9831
18	0	0.9822	0.8345	0.3972	0.1501	0.018	0.0016	0.0001	0.0000	0.0000	0.0000	0.0000	0.0000	0.0000	0.0000	0.0000
	1	0.0177	0.1517	0.3763	0.3002	0.0811	0.0126	0.0012	0.0001	0.0000	0.0000	0.0000	0.0000	0.0000	0.0000	0.0000
	2	0.0002	0.0130	0.1683	0.2835	0.1723	0.0458	0.0069	0.0006	0.0000	0.0000	0.0000	0.0000	0.0000	0.0000	0.0000
18	3	0.0000	0.0007	0.0473	0.168	0.2297	0.1046	0.0246	0.0031	0.0002	0.0000	0.0000	0.0000	0.0000	0.0000	0.0000
	4	0.0000	0.0000	0.0093	0.0700	0.2153	0.1681	0.0614	0.0117	0.0011	0.0000	0.0000	0.0000	0.0000	0.0000	0.0000
	5	0.0000	0.0000	0.0014	0.0218	0.1507	0.2017	0.1146	0.0327	0.0045	0.0002	0.0000	0.0000	0.0000	0.0000	0.0000
	6	0.0000	0.0000	0.0002	0.0052	0.0816	0.1873	0.1655	0.0708	0.0145	0.0012	0.0000	0.0000	0.0000	0.0000	0.0000
	7	0.0000	0.0000	0.0000	0.0010	0.0350	0.1376	0.1892	0.1214	0.0374	0.0046	0.0001	0.0000	0.0000	0.0000	0.0000
	8	0.0000	0.0000	0.0000	0.0002	0.0120	0.0811	0.1734	0.1669	0.0771	0.0149	0.0008	0.0000	0.0000	0.0000	0.0000
	9	0.0000	0.0000	0.0000	0.0000	0.0033	0.0386	0.1284	0.1855	0.1284	0.0386	0.0033	0.0000	0.0000	0.0000	0.0000
	10	0.0000	0.0000	0.0000	0.0000	0.0008	0.0149	0.0771	0.1669	0.1734	0.0811	0.0120	0.0002	0.0000	0.0000	0.0000
	11	0.0000	0.0000	0.0000	0.0000	0.0001	0.0046	0.0374	0.1214	0.1892	0.1376	0.0350	0.0010	0.0000	0.0000	0.0000
	12	0.0000	0.0000	0.0000	0.0000	0.0000	0.0012	0.0145	0.0708	0.1655	0.1873	0.0816	0.0052	0.0002	0.0000	0.0000
	13	0.0000	0.0000	0.0000	0.0000	0.0000	0.0002	0.0045	0.0327	0.1146	0.2017	0.1507	0.0218	0.0014	0.0000	0.0000
	14	0.0000	0.0000	0.0000	0.0000	0.0000	0.0000	0.0011	0.0117	0.0614	0.1681	0.2153	0.0700	0.0093	0.0000	0.0000
	15	0.0000	0.0000	0.0000	0.0000	0.0000	0.0000	0.0002	0.0031	0.0246	0.1046	0.2297	0.1680	0.0473	0.0007	0.0000
	16	0.0000	0.0000	0.0000	0.0000	0.0000	0.0000	0.0000	0.0006	0.0069	0.0458	0.1723	0.2835	0.1683	0.0130	0.0002
	17	0.0000	0.0000	0.0000	0.0000	0.0000	0.0000	0.0000	0.0001	0.0012	0.0126	0.0811	0.3002	0.3763	0.1517	0.0177
	18	0.0000	0.0000	0.0000	0.0000	0.0000	0.0000	0.0000	0.0000	0.0001	0.0016	0.018	0.1501	0.3972	0.8345	0.9822
19	0	0.9812	0.8262	0.3774	0.1351	0.0144	0.0011	0.0001	0.0000	0.0000	0.0000	0.0000	0.0000	0.0000	0.0000	0.0000
	1	0.0187	0.1586	0.3774	0.2852	0.0685	0.0093	0.0008	0.0000	0.0000	0.0000	0.0000	0.0000	0.0000	0.0000	0.0000
	2	0.0002	0.0144	0.1787	0.2852	0.1540	0.0358	0.0046	0.0003	0.0000	0.0000	0.0000	0.0000	0.0000	0.0000	0.0000
	3	0.0000	0.0008	0.0533	0.1796	0.2182	0.0869	0.0175	0.0018	0.0001	0.0000	0.0000	0.0000	0.0000	0.0000	0.0000
	4	0.0000	0.0000	0.0112	0.0798	0.2182	0.1491	0.0467	0.0074	0.0005	0.0000	0.0000	0.0000	0.0000	0.0000	0.0000
	5	0.0000	0.0000	0.0018	0.0266	0.1636	0.1916	0.0933	0.0222	0.0024	0.0001	0.0000	0.0000	0.0000	0.0000	0.0000
	6	0.0000	0.0000	0.0002	0.0069	0.0955	0.1916	0.1451	0.0518	0.0085	0.0005	0.0000	0.0000	0.0000	0.0000	0.0000
	7	0.0000	0.0000	0.0000	0.0014	0.0443	0.1525	0.1797	0.0961	0.0237	0.0022	0.0000	0.0000	0.0000	0.0000	0.0000
	8	0.0000	0.0000	0.0000	0.0002	0.0166	0.0981	0.1797	0.1442	0.0532	0.0077	0.0003	0.0000	0.0000	0.0000	0.0000
	9	0.0000	0.0000	0.0000	0.0000	0.0051	0.0514	0.1464	0.1762	0.0976	0.0220	0.0013	0.0000	0.0000	0.0000	0.0000
	10	0.0000	0.0000	0.0000	0.0000	0.0013	0.0220	0.0976	0.1762	0.1464	0.0514	0.0051	0.0000	0.0000	0.0000	0.0000
	11	0.0000	0.0000	0.0000	0.0000	0.0003	0.0077	0.0532	0.1442	0.1797	0.0981	0.0166	0.0002	0.0000	0.0000	0.0000
	12	0.0000	0.0000	0.0000	0.0000	0.0000	0.0022	0.0237	0.0961	0.1797	0.1525	0.0443	0.0014	0.0000	0.0000	0.0000
	13	0.0000	0.0000	0.0000	0.0000	0.0000	0.0005	0.0085	0.0518	0.1451	0.1916	0.0955	0.0069	0.0002	0.0000	0.0000
	14	0.0000	0.0000	0.0000	0.0000	0.0000	0.0001	0.0024	0.0222	0.0933	0.1916	0.1636	0.0266	0.0018	0.0000	0.0000
	15	0.0000	0.0000	0.0000	0.0000	0.0000	0.0000	0.0005	0.0074	0.0467	0.1491	0.2182	0.0798	0.0112	0.0000	0.0000
	16	0.0000	0.0000	0.0000	0.0000	0.0000	0.0000	0.0001	0.0018	0.0175	0.0869	0.2182	0.1796	0.0533	0.0008	0.0000
	17	0.0000	0.0000	0.0000	0.0000	0.0000	0.0000	0.0000	0.0003	0.0046	0.0358	0.1540	0.2852	0.1787	0.0144	0.0002
	18	0.0000	0.0000	0.0000	0.0000	0.0000	0.0000	0.0000	0.0000	0.0008	0.0093	0.0685	0.2852	0.3774	0.1586	0.0187
	19	0.0000	0.0000	0.0000	0.0000	0.0000	0.0000	0.0000	0.0000	0.0001	0.0011	0.0144	0.1351	0.3774	0.8262	0.9812
20	0	0.9802	0.8179	0.3585	0.1216	0.0115	0.0008	0.0000	0.0000	0.0000	0.0000	0.0000	0.0000	0.0000	0.0000	0.0000
	1	0.0196	0.1652	0.3774	0.2702	0.0576	0.0068	0.0005	0.0000	0.0000	0.0000	0.0000	0.0000	0.0000	0.0000	0.0000
	2	0.0002	0.0159	0.1887	0.2852	0.1369	0.0278	0.0031	0.0002	0.0000	0.0000	0.0000	0.0000	0.0000	0.0000	0.0000
	3	0.0000	0.0010	0.0596	0.1901	0.2054	0.0716	0.0123	0.0011	0.0000	0.0000	0.0000	0.0000	0.0000	0.0000	0.0000
	4	0.0000	0.0000	0.0133	0.0898	0.2182	0.1304	0.0350	0.0046	0.0003	0.0000	0.0000	0.0000	0.0000	0.0000	0.0000
	5	0.0000	0.0000	0.0022	0.0319	0.1746	0.1789	0.0746	0.0148	0.0013	0.0000	0.0000	0.0000	0.0000	0.0000	0.0000
	6	0.0000	0.0000	0.0003	0.0089	0.1091	0.1916	0.1244	0.0370	0.0049	0.0002	0.0000	0.0000	0.0000	0.0000	0.0000
	7	0.0000	0.0000	0.0000	0.0020	0.0545	0.1643	0.1659	0.0739	0.0146	0.0010	0.0000	0.0000	0.0000	0.0000	0.0000
	8	0.0000	0.0000	0.0000	0.0004	0.0222	0.1144	0.1797	0.1201	0.0355	0.0039	0.0001	0.0000	0.0000	0.0000	0.0000

表 3 二項分布表 $P(X=k)=C_k^n p^k q^{n-k}$ (續)

n	k	0.001	0.01	0.05	0.1	0.2	0.3	0.4	0.5	0.6	0.7	0.8	0.9	0.95	0.99	0.999
	9	0.0000	0.0000	0.0000	0.0001	0.0074	0.0654	0.1597	0.1602	0.0710	0.0120	0.0005	0.0000	0.0000	0.0000	0.0000
	10	0.0000	0.0000	0.0000	0.0000	0.0020	0.0308	0.1171	0.1762	0.1171	0.0308	0.0020	0.0000	0.0000	0.0000	0.0000
	11	0.0000	0.0000	0.0000	0.0000	0.0005	0.0120	0.0710	0.1602	0.1597	0.0654	0.0074	0.0001	0.0000	0.0000	0.0000
	12	0.0000	0.0000	0.0000	0.0000	0.0001	0.0039	0.0355	0.1201	0.1797	0.1144	0.0222	0.0004	0.0000	0.0000	0.0000
	13	0.0000	0.0000	0.0000	0.0000	0.0000	0.0010	0.0146	0.0739	0.1659	0.1643	0.0545	0.0020	0.0000	0.0000	0.0000
	14	0.0000	0.0000	0.0000	0.0000	0.0000	0.0002	0.0049	0.0370	0.1244	0.1916	0.1091	0.0089	0.0003	0.0000	0.0000
	15	0.0000	0.0000	0.0000	0.0000	0.0000	0.0000	0.0013	0.0148	0.0746	0.1789	0.1746	0.0319	0.0022	0.0000	0.0000
	16	0.0000	0.0000	0.0000	0.0000	0.0000	0.0000	0.0003	0.0046	0.0350	0.1304	0.2182	0.0898	0.0133	0.0000	0.0000
	17	0.0000	0.0000	0.0000	0.0000	0.0000	0.0000	0.0000	0.0011	0.0123	0.0716	0.2054	0.1901	0.0596	0.0010	0.0000
20	18	0.0000	0.0000	0.0000	0.0000	0.0000	0.0000	0.0000	0.0002	0.0031	0.0278	0.1369	0.2852	0.1887	0.0159	0.0002
	19	0.0000	0.0000	0.0000	0.0000	0.0000	0.0000	0.0000	0.0000	0.0005	0.0068	0.0576	0.2702	0.3774	0.1652	0.0196
	20	0.0000	0.0000	0.0000	0.0000	0.0000	0.0000	0.0000	0.0000	0.0000	0.0008	0.0115	0.1216	0.3585	0.8179	0.9802
21	0	0.9792	0.8097	0.3406	0.1094	0.0092	0.0006	0.0000	0.0000	0.0000	0.0000	0.0000	0.0000	0.0000	0.0000	0.0000
	1	0.0206	0.1718	0.3764	0.2553	0.0484	0.0050	0.0003	0.0000	0.0000	0.0000	0.0000	0.0000	0.0000	0.0000	0.0000
	2	0.0002	0.0173	0.1981	0.2837	0.1211	0.0215	0.0020	0.0001	0.0000	0.0000	0.0000	0.0000	0.0000	0.0000	0.0000
	3	0.0000	0.0011	0.0660	0.1996	0.1917	0.0585	0.0086	0.0006	0.0000	0.0000	0.0000	0.0000	0.0000	0.0000	0.0000
	4	0.0000	0.0001	0.0156	0.0998	0.2156	0.1128	0.0259	0.0029	0.0001	0.0000	0.0000	0.0000	0.0000	0.0000	0.0000
	5	0.0000	0.0000	0.0028	0.0377	0.1833	0.1643	0.0588	0.0097	0.0007	0.0000	0.0000	0.0000	0.0000	0.0000	0.0000
	6	0.0000	0.0000	0.0004	0.0112	0.1222	0.1878	0.1045	0.0259	0.0027	0.0001	0.0000	0.0000	0.0000	0.0000	0.0000
	7	0.0000	0.0000	0.0000	0.0027	0.0655	0.1725	0.1493	0.0554	0.0087	0.0005	0.0000	0.0000	0.0000	0.0000	0.0000
	8	0.0000	0.0000	0.0000	0.0005	0.0286	0.1294	0.1742	0.0970	0.0229	0.0019	0.0000	0.0000	0.0000	0.0000	0.0000
	9	0.0000	0.0000	0.0000	0.0001	0.0103	0.0801	0.1677	0.1402	0.0497	0.0063	0.0002	0.0000	0.0000	0.0000	0.0000
	10	0.0000	0.0000	0.0000	0.0000	0.0031	0.0412	0.1342	0.1682	0.0895	0.0176	0.0008	0.0000	0.0000	0.0000	0.0000
	11	0.0000	0.0000	0.0000	0.0000	0.0008	0.0176	0.0895	0.1682	0.1342	0.0412	0.0031	0.0000	0.0000	0.0000	0.0000
	12	0.0000	0.0000	0.0000	0.0000	0.0002	0.0063	0.0497	0.1402	0.1677	0.0801	0.0103	0.0001	0.0000	0.0000	0.0000
	13	0.0000	0.0000	0.0000	0.0000	0.0000	0.0019	0.0229	0.0970	0.1742	0.1294	0.0286	0.0005	0.0000	0.0000	0.0000
	14	0.0000	0.0000	0.0000	0.0000	0.0000	0.0005	0.0087	0.0554	0.1493	0.1725	0.0655	0.0027	0.0000	0.0000	0.0000
	15	0.0000	0.0000	0.0000	0.0000	0.0000	0.0001	0.0027	0.0259	0.1045	0.1878	0.1222	0.0112	0.0004	0.0000	0.0000
	16	0.0000	0.0000	0.0000	0.0000	0.0000	0.0000	0.0007	0.0097	0.0588	0.1643	0.1833	0.0377	0.0028	0.0000	0.0000
	17	0.0000	0.0000	0.0000	0.0000	0.0000	0.0000	0.0001	0.0029	0.0259	0.1128	0.2156	0.0998	0.0156	0.0001	0.0000
	18	0.0000	0.0000	0.0000	0.0000	0.0000	0.0000	0.0000	0.0006	0.0086	0.0585	0.1917	0.1996	0.0660	0.0011	0.0000
	19	0.0000	0.0000	0.0000	0.0000	0.0000	0.0000	0.0000	0.0001	0.0020	0.0215	0.1211	0.2837	0.1981	0.0173	0.0002
	20	0.0000	0.0000	0.0000	0.0000	0.0000	0.0000	0.0000	0.0000	0.0003	0.0050	0.0484	0.2553	0.3764	0.1718	0.0206
	21	0.0000	0.0000	0.0000	0.0000	0.0000	0.0000	0.0000	0.0000	0.0000	0.0006	0.0092	0.1094	0.3406	0.8097	0.9792
22	0	0.9782	0.8016	0.3235	0.0985	0.0074	0.0004	0.0000	0.0000	0.0000	0.0000	0.0000	0.0000	0.0000	0.0000	0.0000
	1	0.0215	0.1781	0.3746	0.2407	0.0406	0.0037	0.0002	0.0000	0.0000	0.0000	0.0000	0.0000	0.0000	0.0000	0.0000
	2	0.0002	0.0189	0.2070	0.2808	0.1065	0.0166	0.0014	0.0001	0.0000	0.0000	0.0000	0.0000	0.0000	0.0000	0.0000
	3	0.0000	0.0013	0.0726	0.2080	0.1775	0.0474	0.0060	0.0004	0.0000	0.0000	0.0000	0.0000	0.0000	0.0000	0.0000
	4	0.0000	0.0001	0.0182	0.1098	0.2108	0.0965	0.0190	0.0017	0.0001	0.0000	0.0000	0.0000	0.0000	0.0000	0.0000
	5	0.0000	0.0000	0.0034	0.0439	0.1898	0.1489	0.0456	0.0063	0.0004	0.0000	0.0000	0.0000	0.0000	0.0000	0.0000
	6	0.0000	0.0000	0.0005	0.0138	0.1344	0.1808	0.0862	0.0178	0.0015	0.0000	0.0000	0.0000	0.0000	0.0000	0.0000
	7	0.0000	0.0000	0.0001	0.0035	0.0768	0.1771	0.1314	0.0407	0.0051	0.0002	0.0000	0.0000	0.0000	0.0000	0.0000
	8	0.0000	0.0000	0.0000	0.0007	0.0360	0.1423	0.1642	0.0762	0.0144	0.0009	0.0000	0.0000	0.0000	0.0000	0.0000
	9	0.0000	0.0000	0.0000	0.0001	0.0140	0.0949	0.1703	0.1186	0.0336	0.0032	0.0001	0.0000	0.0000	0.0000	0.0000
	10	0.0000	0.0000	0.0000	0.0000	0.0046	0.0529	0.1476	0.1542	0.0656	0.0097	0.0003	0.0000	0.0000	0.0000	0.0000
	11	0.0000	0.0000	0.0000	0.0000	0.0012	0.0247	0.1073	0.1682	0.1073	0.0247	0.0012	0.0000	0.0000	0.0000	0.0000
	12	0.0000	0.0000	0.0000	0.0000	0.0003	0.0097	0.0656	0.1542	0.1476	0.0529	0.0046	0.0000	0.0000	0.0000	0.0000
	13	0.0000	0.0000	0.0000	0.0000	0.0001	0.0032	0.0336	0.1186	0.1703	0.0949	0.0140	0.0001	0.0000	0.0000	0.0000
	14	0.0000	0.0000	0.0000	0.0000	0.0000	0.0009	0.0144	0.0762	0.1642	0.1423	0.0360	0.0007	0.0000	0.0000	0.0000
	15	0.0000	0.0000	0.0000	0.0000	0.0000	0.0002	0.0051	0.0407	0.1314	0.1771	0.0768	0.0035	0.0001	0.0000	0.0000
	16	0.0000	0.0000	0.0000	0.0000	0.0000	0.0000	0.0015	0.0178	0.0862	0.1808	0.1344	0.0138	0.0005	0.0000	0.0000

表 3 二項分布表 $P(X=k)=C_k^n p^k q^{n-k}$（續）

n	k	0.001	0.01	0.05	0.1	0.2	0.3	0.4	0.5	0.6	0.7	0.8	0.9	0.95	0.99	0.999
	17	0.0000	0.0000	0.0000	0.0000	0.0000	0.0000	0.0004	0.0063	0.0456	0.1489	0.1898	0.0439	0.0034	0.0000	0.0000
	18	0.0000	0.0000	0.0000	0.0000	0.0000	0.0000	0.0001	0.0017	0.0190	0.0965	0.2108	0.1098	0.0182	0.0001	0.0000
	19	0.0000	0.0000	0.0000	0.0000	0.0000	0.0000	0.0000	0.0004	0.0060	0.0474	0.1775	0.2080	0.0726	0.0013	0.0000
	20	0.0000	0.0000	0.0000	0.0000	0.0000	0.0000	0.0000	0.0001	0.0014	0.0166	0.1065	0.2808	0.2070	0.0189	0.0002
	21	0.0000	0.0000	0.0000	0.0000	0.0000	0.0000	0.0000	0.0000	0.0002	0.0037	0.0406	0.2407	0.3746	0.1781	0.0215
	22	0.0000	0.0000	0.0000	0.0000	0.0000	0.0000	0.0000	0.0000	0.0000	0.0004	0.0074	0.0985	0.3235	0.8016	0.9782
23	0	0.9773	0.7936	0.3074	0.0886	0.0059	0.0003	0.0000	0.0000	0.0000	0.0000	0.0000	0.0000	0.0000	0.0000	0.0000
	1	0.0225	0.1844	0.3721	0.2265	0.0339	0.0027	0.0001	0.0000	0.0000	0.0000	0.0000	0.0000	0.0000	0.0000	0.0000
	2	0.0002	0.0205	0.2154	0.2768	0.0933	0.0127	0.0009	0.0000	0.0000	0.0000	0.0000	0.0000	0.0000	0.0000	0.0000
	3	0.0000	0.0014	0.0794	0.2153	0.1633	0.0382	0.0041	0.0002	0.0000	0.0000	0.0000	0.0000	0.0000	0.0000	0.0000
	4	0.0000	0.0001	0.0209	0.1196	0.2042	0.0818	0.0138	0.0011	0.0000	0.0000	0.0000	0.0000	0.0000	0.0000	0.0000
	5	0.0000	0.0000	0.0042	0.0505	0.1940	0.1332	0.0350	0.0040	0.0002	0.0000	0.0000	0.0000	0.0000	0.0000	0.0000
23	6	0.0000	0.0000	0.0007	0.0168	0.1455	0.1712	0.0700	0.0120	0.0008	0.0000	0.0000	0.0000	0.0000	0.0000	0.0000
	7	0.0000	0.0000	0.0001	0.0045	0.0883	0.1782	0.1133	0.0292	0.0029	0.0001	0.0000	0.0000	0.0000	0.0000	0.0000
	8	0.0000	0.0000	0.0000	0.0010	0.0442	0.1527	0.1511	0.0584	0.0088	0.0004	0.0000	0.0000	0.0000	0.0000	0.0000
	9	0.0000	0.0000	0.0000	0.0002	0.0184	0.1091	0.1679	0.0974	0.0221	0.0016	0.0000	0.0000	0.0000	0.0000	0.0000
	10	0.0000	0.0000	0.0000	0.0000	0.0064	0.0655	0.1567	0.1364	0.0464	0.0052	0.0001	0.0000	0.0000	0.0000	0.0000
	11	0.0000	0.0000	0.0000	0.0000	0.0019	0.0332	0.1234	0.1612	0.0823	0.0142	0.0005	0.0000	0.0000	0.0000	0.0000
	12	0.0000	0.0000	0.0000	0.0000	0.0005	0.0142	0.0823	0.1612	0.1234	0.0332	0.0019	0.0000	0.0000	0.0000	0.0000
	13	0.0000	0.0000	0.0000	0.0000	0.0001	0.0052	0.0464	0.1364	0.1567	0.0655	0.0064	0.0000	0.0000	0.0000	0.0000
	14	0.0000	0.0000	0.0000	0.0000	0.0000	0.0016	0.0221	0.0974	0.1679	0.1091	0.0184	0.0002	0.0000	0.0000	0.0000
	15	0.0000	0.0000	0.0000	0.0000	0.0000	0.0004	0.0088	0.0584	0.1511	0.1527	0.0442	0.001	0.0000	0.0000	0.0000
	16	0.0000	0.0000	0.0000	0.0000	0.0000	0.0001	0.0029	0.0292	0.1133	0.1782	0.0883	0.0045	0.0001	0.0000	0.0000
	17	0.0000	0.0000	0.0000	0.0000	0.0000	0.0000	0.0008	0.0120	0.0700	0.1712	0.1455	0.0168	0.0007	0.0000	0.0000
	18	0.0000	0.0000	0.0000	0.0000	0.0000	0.0000	0.0002	0.0040	0.0350	0.1332	0.1940	0.0505	0.0042	0.0000	0.0000
	19	0.0000	0.0000	0.0000	0.0000	0.0000	0.0000	0.0000	0.0011	0.0138	0.0818	0.2042	0.1196	0.0209	0.0001	0.0000
	20	0.0000	0.0000	0.0000	0.0000	0.0000	0.0000	0.0000	0.0002	0.0041	0.0382	0.1633	0.2153	0.0794	0.0014	0.0000
	21	0.0000	0.0000	0.0000	0.0000	0.0000	0.0000	0.0000	0.0000	0.0009	0.0127	0.0933	0.2768	0.2154	0.0205	0.0002
	22	0.0000	0.0000	0.0000	0.0000	0.0000	0.0000	0.0000	0.0000	0.0001	0.0027	0.0339	0.2265	0.3721	0.1844	0.0225
	23	0.0000	0.0000	0.0000	0.0000	0.0000	0.0000	0.0000	0.0000	0.0000	0.0003	0.0059	0.0886	0.3074	0.7936	0.9773
24	0	0.9763	0.7857	0.2920	0.0798	0.0047	0.0002	0.0000	0.0000	0.0000	0.0000	0.0000	0.0000	0.0000	0.0000	0.0000
	1	0.0235	0.1905	0.3688	0.2127	0.0283	0.0020	0.0001	0.0000	0.0000	0.0000	0.0000	0.0000	0.0000	0.0000	0.0000
	2	0.0003	0.0221	0.2232	0.2718	0.0815	0.0097	0.0006	0.0000	0.0000	0.0000	0.0000	0.0000	0.0000	0.0000	0.0000
	3	0.0000	0.0016	0.0862	0.2215	0.1493	0.0305	0.0028	0.0001	0.0000	0.0000	0.0000	0.0000	0.0000	0.0000	0.0000
	4	0.0000	0.0001	0.0238	0.1292	0.1960	0.0687	0.0099	0.0006	0.0000	0.0000	0.0000	0.0000	0.0000	0.0000	0.0000
	5	0.0000	0.0000	0.0050	0.0574	0.1960	0.1177	0.0265	0.0025	0.0001	0.0000	0.0000	0.0000	0.0000	0.0000	0.0000
	6	0.0000	0.0000	0.0008	0.0202	0.1552	0.1598	0.0560	0.0080	0.0004	0.0000	0.0000	0.0000	0.0000	0.0000	0.0000
	7	0.0000	0.0000	0.0001	0.0058	0.0998	0.1761	0.0960	0.0206	0.0017	0.0000	0.0000	0.0000	0.0000	0.0000	0.0000
	8	0.0000	0.0000	0.0000	0.0014	0.0530	0.1604	0.1360	0.0438	0.0053	0.0002	0.0000	0.0000	0.0000	0.0000	0.0000
	9	0.0000	0.0000	0.0000	0.0003	0.0236	0.1222	0.1612	0.0779	0.0141	0.0008	0.0000	0.0000	0.0000	0.0000	0.0000
	10	0.0000	0.0000	0.0000	0.0000	0.0088	0.0785	0.1612	0.1169	0.0318	0.0026	0.0000	0.0000	0.0000	0.0000	0.0000
	11	0.0000	0.0000	0.0000	0.0000	0.0028	0.0428	0.1367	0.1488	0.0608	0.0079	0.0002	0.0000	0.0000	0.0000	0.0000
	12	0.0000	0.0000	0.0000	0.0000	0.0008	0.0199	0.0988	0.1612	0.0988	0.0199	0.0008	0.0000	0.0000	0.0000	0.0000
	13	0.0000	0.0000	0.0000	0.0000	0.0002	0.0079	0.0608	0.1488	0.1367	0.0428	0.0028	0.0000	0.0000	0.0000	0.0000
	14	0.0000	0.0000	0.0000	0.0000	0.0000	0.0026	0.0318	0.1169	0.1612	0.0785	0.0088	0.0000	0.0000	0.0000	0.0000
	15	0.0000	0.0000	0.0000	0.0000	0.0000	0.0008	0.0141	0.0779	0.1612	0.1222	0.0236	0.0003	0.0000	0.0000	0.0000
	16	0.0000	0.0000	0.0000	0.0000	0.0000	0.0002	0.0053	0.0438	0.1360	0.1604	0.0530	0.0014	0.0000	0.0000	0.0000
	17	0.0000	0.0000	0.0000	0.0000	0.0000	0.0000	0.0017	0.0206	0.0960	0.1761	0.0998	0.0058	0.0001	0.0000	0.0000
	18	0.0000	0.0000	0.0000	0.0000	0.0000	0.0000	0.0004	0.0080	0.0560	0.1598	0.1552	0.0202	0.0008	0.0000	0.0000
	19	0.0000	0.0000	0.0000	0.0000	0.0000	0.0000	0.0001	0.0025	0.0265	0.1177	0.1960	0.0574	0.0050	0.0000	0.0000
	20	0.0000	0.0000	0.0000	0.0000	0.0000	0.0000	0.0000	0.0006	0.0099	0.0687	0.1960	0.1292	0.0238	0.0001	0.0000

表 3　二項分布表 $P(X=k)=C_k^n p^k q^{n-k}$（續）

n	k	0.001	0.01	0.05	0.1	0.2	0.3	0.4	0.5	0.6	0.7	0.8	0.9	0.95	0.99	0.999
	21	0.0000	0.0000	0.0000	0.0000	0.0000	0.0000	0.0000	0.0001	0.0028	0.0305	0.1493	0.2215	0.0862	0.0016	0.0000
	22	0.0000	0.0000	0.0000	0.0000	0.0000	0.0000	0.0000	0.0000	0.0006	0.0097	0.0815	0.2718	0.2232	0.0221	0.0003
	23	0.0000	0.0000	0.0000	0.0000	0.0000	0.0000	0.0000	0.0000	0.0001	0.0020	0.0283	0.2127	0.3688	0.1905	0.0235
	24	0.0000	0.0000	0.0000	0.0000	0.0000	0.0000	0.0000	0.0000	0.0000	0.0002	0.0047	0.0798	0.292	0.7857	0.9763
25	0	0.9753	0.7778	0.2774	0.0718	0.0038	0.0001	0.0000	0.0000	0.0000	0.0000	0.0000	0.0000	0.0000	0.0000	0.0000
	1	0.0244	0.1964	0.365	0.1994	0.0236	0.0014	0.0000	0.0000	0.0000	0.0000	0.0000	0.0000	0.0000	0.0000	0.0000
	2	0.0003	0.0238	0.2305	0.2659	0.0708	0.0074	0.0004	0.0000	0.0000	0.0000	0.0000	0.0000	0.0000	0.0000	0.0000
	3	0.0000	0.0018	0.093	0.2265	0.1358	0.0243	0.0019	0.0001	0.0000	0.0000	0.0000	0.0000	0.0000	0.0000	0.0000
	4	0.0000	0.0001	0.0269	0.1384	0.1867	0.0572	0.0071	0.0004	0.0000	0.0000	0.0000	0.0000	0.0000	0.0000	0.0000
	5	0.0000	0.0000	0.0060	0.0646	0.1960	0.1030	0.0199	0.0016	0.0000	0.0000	0.0000	0.0000	0.0000	0.0000	0.0000
	6	0.0000	0.0000	0.0010	0.0239	0.1633	0.1472	0.0442	0.0053	0.0002	0.0000	0.0000	0.0000	0.0000	0.0000	0.0000
	7	0.0000	0.0000	0.0001	0.0072	0.1108	0.1712	0.0800	0.0143	0.0009	0.0000	0.0000	0.0000	0.0000	0.0000	0.0000
	8	0.0000	0.0000	0.0000	0.0018	0.0623	0.1651	0.1200	0.0322	0.0031	0.0001	0.0000	0.0000	0.0000	0.0000	0.0000
	9	0.0000	0.0000	0.0000	0.0004	0.0294	0.1336	0.1511	0.0609	0.0088	0.0004	0.0000	0.0000	0.0000	0.0000	0.0000
	10	0.0000	0.0000	0.0000	0.0001	0.0118	0.0916	0.1612	0.0974	0.0212	0.0013	0.0000	0.0000	0.0000	0.0000	0.0000
25	11	0.0000	0.0000	0.0000	0.0000	0.0040	0.0536	0.1465	0.1328	0.0434	0.0042	0.0001	0.0000	0.0000	0.0000	0.0000
	12	0.0000	0.0000	0.0000	0.0000	0.0012	0.0268	0.1140	0.1550	0.0760	0.0115	0.0003	0.0000	0.0000	0.0000	0.0000
	13	0.0000	0.0000	0.0000	0.0000	0.0003	0.0115	0.0760	0.1550	0.1140	0.0268	0.0012	0.0000	0.0000	0.0000	0.0000
	14	0.0000	0.0000	0.0000	0.0000	0.0001	0.0042	0.0434	0.1328	0.1465	0.0536	0.0040	0.0000	0.0000	0.0000	0.0000
	15	0.0000	0.0000	0.0000	0.0000	0.0000	0.0013	0.0212	0.0974	0.1612	0.0916	0.0118	0.0001	0.0000	0.0000	0.0000
	16	0.0000	0.0000	0.0000	0.0000	0.0000	0.0004	0.0088	0.0609	0.1511	0.1336	0.0294	0.0004	0.0000	0.0000	0.0000
	17	0.0000	0.0000	0.0000	0.0000	0.0000	0.0001	0.0031	0.0322	0.1200	0.1651	0.0623	0.0018	0.0000	0.0000	0.0000
	18	0.0000	0.0000	0.0000	0.0000	0.0000	0.0000	0.0009	0.0143	0.0800	0.1712	0.1108	0.0072	0.0001	0.0000	0.0000
	19	0.0000	0.0000	0.0000	0.0000	0.0000	0.0000	0.0002	0.0053	0.0442	0.1472	0.1633	0.0239	0.0010	0.0000	0.0000
	20	0.0000	0.0000	0.0000	0.0000	0.0000	0.0000	0.0000	0.0016	0.0199	0.1030	0.1960	0.0646	0.0060	0.0000	0.0000
	21	0.0000	0.0000	0.0000	0.0000	0.0000	0.0000	0.0000	0.0004	0.0071	0.0572	0.1867	0.1384	0.0269	0.0001	0.0000
	22	0.0000	0.0000	0.0000	0.0000	0.0000	0.0000	0.0000	0.0001	0.0019	0.0243	0.1358	0.2265	0.0930	0.0018	0.0000
	23	0.0000	0.0000	0.0000	0.0000	0.0000	0.0000	0.0000	0.0000	0.0004	0.0074	0.0708	0.2659	0.2305	0.0238	0.0003
	24	0.0000	0.0000	0.0000	0.0000	0.0000	0.0000	0.0000	0.0000	0.0000	0.0014	0.0236	0.1994	0.3650	0.1964	0.0244
	25	0.0000	0.0000	0.0000	0.0000	0.0000	0.0000	0.0000	0.0000	0.0000	0.0001	0.0038	0.0718	0.2774	0.7778	0.9753

表 4-A Z 分布表 ∞ 單尾機率 α
$P(\{Z>z_\alpha\})=\alpha$

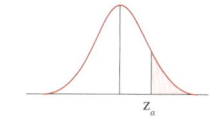

z_α	0	1	2	3	4	5	6	7	8	9
0.0	.5000	.4960	.4920	.4880	.4840	.4801	.4761	.4721	.4681	.4641
0.1	.4602	.4562	.4522	.4483	.4443	.4404	.4364	.4325	.4286	.4247
0.2	.4207	.4168	.4129	.409	.4052	.4013	.3974	.3936	.3897	.3859
0.3	.3821	.3783	.3745	.3707	.3669	.3632	.3594	.3557	.3520	.3483
0.4	.3446	.3409	.3372	.3336	.3300	.3264	.3228	.3192	.3156	.3121
0.5	.3085	.3050	.3015	.2981	.2946	.2912	.2877	.2843	.2810	.2776
0.6	.2743	.2709	.2676	.2643	.2611	.2578	.2546	.2514	.2483	.2451
0.7	.2420	.2389	.2358	.2327	.2296	.2266	.2236	.2206	.2177	.2148
0.8	.2119	.2090	.2061	.2033	.2005	.1977	.1949	.1922	.1894	.1867
0.9	.1841	.1814	.1788	.1762	.1736	.1711	.1685	.1660	.1635	.1611
1.0	.1587	.1562	.1539	.1515	.1492	.1469	.1446	.1423	.1401	.1379
1.1	.1357	.1335	.1314	.1292	.1271	.1251	.1230	.1210	.1190	.1170
1.2	.1151	.1131	.1112	.1093	.1075	.1056	.1038	.1020	.1003	.0985
1.3	.0968	.0951	.0934	.0918	.0901	.0885	.0869	.0853	.0838	.0823
1.4	.0808	.0793	.0778	.0764	.0749	.0735	.0721	.0708	.0694	.0681
1.5	.0668	.0655	.0643	.0630	.0618	.0606	.0594	.0582	.0571	.0559
1.6	.0548	.0537	.0526	.0516	.0505	.0495	.0485	.0475	.0465	.0455
1.7	.0446	.0436	.0427	.0418	.0409	.0401	.0392	.0384	.0375	.0367
1.8	.0359	.0351	.0344	.0336	.0329	.0322	.0314	.0307	.0301	.0294
1.9	.0287	.0281	.0274	.0268	.0262	.0256	.0250	.0244	.0239	.0233
2.0	.0228	.0222	.0217	.0212	.0207	.0202	.0197	.0192	.0188	.0183
2.1	.0179	.0174	.0170	.0166	.0162	.0158	.0154	.0150	.0146	.0143
2.2	.0139	.0136	.0132	.0129	.0125	.0122	.0119	.0116	.0113	.0110
2.3	.0107	.0104	.0102	.0099	.0096	.0094	.0091	.0089	.0087	.0084
2.4	.0082	.0080	.0078	.0075	.0073	.0071	.0069	.0068	.0066	.0064
2.5	.0062	.0060	.0059	.0057	.0055	.0054	.0052	.0051	.0049	.0048
2.6	.0047	.0045	.0044	.0043	.0041	.0040	.0039	.0038	.0037	.0036
2.7	.0035	.0034	.0033	.0032	.0031	.0030	.0029	.0028	.0027	.0026
2.8	.0026	.0025	.0024	.0023	.0023	.0022	.0021	.0021	.0020	.0019
2.9	.0019	.0018	.0018	.0017	.0016	.0016	.0015	.0015	.0014	.0014
3.0	.0013	.0013	.0013	.0012	.0012	.0011	.0011	.0011	.0010	.0010
3.1	.0010	.0009	.0009	.0009	.0008	.0008	.0008	.0008	.0007	.0007
3.2	.0007	.0007	.0006	.0006	.0006	.0006	.0006	.0005	.0005	.0005

表 4-B Z 分布表 ∞ 雙尾機率 α
P({Z≤−z}∪{Z>z})=α

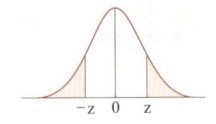

Z	0	1	2	3	4	5	6	7	8	9
0.0	1	.9920	.9840	.9761	.9681	.9601	.9522	.9442	.9362	.9283
0.1	.9203	.9124	.9045	.8966	.8887	.8808	.8729	.8650	.8572	.8493
0.2	.8415	.8337	.8259	.8181	.8103	.8026	.7949	.7872	.7795	.7718
0.3	.7642	.7566	0.749	.7414	.7339	.7263	.7188	.7114	.7039	.6965
0.4	.6892	.6818	.6745	.6672	.6599	.6527	.6455	.6384	.6312	.6241
0.5	.6171	.6101	.6031	.5961	.5892	.5823	.5755	.5687	.5619	.5552
0.6	.5485	.5419	.5353	.5287	.5222	.5157	.5093	.5029	.4965	.4902
0.7	.4839	.4777	.4715	.4654	.4593	.4533	.4473	.4413	.4354	.4295
0.8	.4237	.4179	.4122	.4065	.4009	.3953	.3898	.3843	.3789	.3735
0.9	.3681	.3628	.3576	.3524	.3472	.3421	.3371	.3320	.3271	.3222
1.0	.3173	.3125	.3077	.3030	.2983	.2937	.2891	.2846	.2801	.2757
1.1	.2713	.2670	.2627	.2585	.2543	.2501	.2460	.2420	.2380	.2340
1.2	.2301	.2263	.2225	.2187	.2150	.2113	.2077	.2041	.2005	.1971
1.3	.1936	.1902	.1868	.1835	.1802	.1770	.1738	.1707	.1676	.1645
1.4	.1615	.1585	.1556	.1527	.1499	.1471	.1443	.1416	.1389	.1362
1.5	.1336	.1310	.1285	.1260	.1236	.1211	.1188	.1164	.1141	.1118
1.6	.1096	.1074	.1052	.1031	.1010	.0989	.0969	.0949	.0930	.0910
1.7	.0891	.0873	.0854	.0836	.0819	.0801	.0784	.0767	.0751	.0735
1.8	.0719	.0703	.0688	.0672	.0658	.0643	.0629	.0615	.0601	.0588
1.9	.0574	.0561	.0549	.0536	.0524	.0512	.0500	.0488	.0477	.0466
2.0	.0455	.0444	.0434	.0424	.0414	.0404	.0394	.0385	.0375	.0366
2.1	.0357	.0349	.0340	.0332	.0324	.0316	.0308	.0300	.0293	.0285
2.2	.0278	.0271	.0264	.0257	.0251	.0244	.0238	.0232	.0226	.0220
2.3	.0214	.0209	.0203	.0198	.0193	.0188	.0183	.0178	.0173	.0168
2.4	.0164	.0160	.0155	.0151	.0147	.0143	.0139	.0135	.0131	.0128
2.5	.0124	.0121	.0117	.0114	.0111	.0108	.0105	.0102	.0099	.0096
2.6	.0093	.0091	.0088	.0085	.0083	.0080	.0078	.0076	.0074	.0071
2.7	.0069	.0067	.0065	.0063	.0061	.0060	.0058	.0056	.0054	.0053
2.8	.0051	.0050	.0048	.0047	.0045	.0044	.0042	.0041	.0040	.0039
2.9	.0037	.0036	.0035	.0034	.0033	.0032	.0031	.0030	.0029	.0028
3.0	.0027	.0026	.0025	.0024	.0024	.0023	.0022	.0021	.0021	.0020
3.1	.0019	.0019	.0018	.0017	.0017	.0016	.0016	.0015	.0015	.0014
3.2	.0014	.0013	.0013	.0012	.0012	.0012	.0011	.0011	.0010	.0010

表 5　自由度為 v 的 t 分布之 $100(1-\alpha)$ 百分位數 $t_\alpha(v)$

自由度 (v)	雙尾機率 (2α)						
	0.2	0.1	0.05	0.02	0.01	0.002	0.001
	右尾機率 (α)						
	0.1	0.05	0.025	0.01	0.005	0.001	0.0005
1	3.0777	6.3138	12.7062	31.8205	63.6567	318.3088	636.6192
2	1.8856	2.9200	4.3027	6.9646	9.9248	22.3271	31.5991
3	1.6377	2.3534	3.1824	4.5407	5.8409	10.2145	12.9240
4	1.5332	2.1318	2.7764	3.7469	4.6041	7.1732	8.6103
5	1.4759	2.0150	2.5706	3.3649	4.0321	5.8934	6.8688
6	1.4398	1.9432	2.4469	3.1427	3.7074	5.2076	5.9588
7	1.4149	1.8946	2.3646	2.9980	3.4995	4.7853	5.4079
8	1.3968	1.8595	2.3060	2.8965	3.3554	4.5008	5.0413
9	1.3830	1.8331	2.2622	2.8214	3.2498	4.2968	4.7809
10	1.3722	1.8125	2.2281	2.7638	3.1693	4.1437	4.5869
11	1.3634	1.7959	2.2010	2.7181	3.1058	4.0247	4.4370
12	1.3562	1.7823	2.1788	2.6810	3.0545	3.9296	4.3178
13	1.3502	1.7709	2.1604	2.6503	3.0123	3.8520	4.2208
14	1.3450	1.7613	2.1448	2.6245	2.9768	3.7874	4.1405
15	1.3406	1.7531	2.1314	2.6025	2.9467	3.7328	4.0728
16	1.3368	1.7459	2.1199	2.5835	2.9208	3.6862	4.0150
17	1.3334	1.7396	2.1098	2.5669	2.8982	3.6458	3.9651
18	1.3304	1.7341	2.1009	2.5524	2.8784	3.6105	3.9216
19	1.3277	1.7291	2.0930	2.5395	2.8609	3.5794	3.8834
20	1.3253	1.7247	2.0860	2.5280	2.8453	3.5518	3.8495
21	1.3232	1.7207	2.0796	2.5176	2.8314	3.5272	3.8193
22	1.3212	1.7171	2.0739	2.5083	2.8188	3.5050	3.7921
23	1.3195	1.7139	2.0687	2.4999	2.8073	3.4850	3.7676
24	1.3178	1.7109	2.0639	2.4922	2.7969	3.4668	3.7454
25	1.3163	1.7081	2.0595	2.4851	2.7874	3.4502	3.7251
26	1.3150	1.7056	2.0555	2.4786	2.7787	3.4350	3.7066
27	1.3137	1.7033	2.0518	2.4727	2.7707	3.4210	3.6896
28	1.3125	1.7011	2.0484	2.4671	2.7633	3.4082	3.6739
29	1.3114	1.6991	2.0452	2.4620	2.7564	3.3962	3.6594
30	1.3104	1.6973	2.0423	2.4573	2.7500	3.3852	3.6460
31	1.3095	1.6955	2.0395	2.4528	2.7440	3.3749	3.6335
32	1.3086	1.6939	2.0369	2.4487	2.7385	3.3653	3.6218
33	1.3077	1.6924	2.0345	2.4448	2.7333	3.3563	3.6109
34	1.3070	1.6909	2.0322	2.4411	2.7284	3.3479	3.6007
35	1.3062	1.6896	2.0301	2.4377	2.7238	3.3400	3.5911
36	1.3055	1.6883	2.0281	2.4345	2.7195	3.3326	3.5821
37	1.3049	1.6871	2.0262	2.4314	2.7154	3.3256	3.5737
38	1.3042	1.6860	2.0244	2.4286	2.7116	3.3190	3.5657
39	1.3036	1.6849	2.0227	2.4258	2.7079	3.3128	3.5581
40	1.3031	1.6839	2.0211	2.4233	2.7045	3.3069	3.5510
41	1.3025	1.6829	2.0195	2.4208	2.7012	3.3013	3.5442

表 5　自由度為 v 的 t 分布之 $100(1-\alpha)$ 百分位數 $t_\alpha(v)$

自由度 (v)	雙尾機率(2α)						
	0.2	0.1	0.05	0.02	0.01	0.002	0.001
	右尾機率(α)						
	0.1	0.05	0.025	0.01	0.005	0.001	0.0005
42	1.3020	1.6820	2.0181	2.4185	2.6981	3.2960	3.5377
43	1.3016	1.6811	2.0167	2.4163	2.6951	3.2909	3.5316
44	1.3011	1.6802	2.0154	2.4141	2.6923	3.2861	3.5258
45	1.3006	1.6794	2.0141	2.4121	2.6896	3.2815	3.5203
46	1.3002	1.6787	2.0129	2.4102	2.6870	3.2771	3.5150
47	1.2998	1.6779	2.0117	2.4083	2.6846	3.2729	3.5099
48	1.2994	1.6772	2.0106	2.4066	2.6822	3.2689	3.5051
49	1.2991	1.6766	2.0096	2.4049	2.6800	3.2651	3.5004
50	1.2987	1.6759	2.0086	2.4033	2.6778	3.2614	3.4960
60	1.2958	1.6706	2.0003	2.3901	2.6603	3.2317	3.4602
70	1.2938	1.6669	1.9944	2.3808	2.6479	3.2108	3.4350
80	1.2922	1.6641	1.9901	2.3739	2.6387	3.1953	3.4163
90	1.2910	1.6620	1.9867	2.3685	2.6316	3.1833	3.4019
100	1.2901	1.6602	1.9840	2.3642	2.6259	3.1737	3.3905
200	1.2858	1.6525	1.9719	2.3451	2.6006	3.1315	3.3398
300	1.2844	1.6499	1.9679	2.3388	2.5923	3.1176	3.3233
400	1.2837	1.6487	1.9659	2.3357	2.5882	3.1107	3.3150
500	1.2832	1.6479	1.9647	2.3338	2.5857	3.1066	3.3101
600	1.2830	1.6474	1.9639	2.3326	2.5840	3.1039	3.3068
700	1.2828	1.6470	1.9634	2.3317	2.5829	3.1019	3.3045
800	1.2826	1.6468	1.9629	2.3310	2.5820	3.1005	3.3027
900	1.2825	1.6465	1.9626	2.3305	2.5813	3.0993	3.3014
1000	1.2824	1.6464	1.9623	2.3301	2.5808	3.0984	3.3003
∞	1.2816	1.6449	1.9600	2.3263	2.5758	3.0902	3.2905

表 6 分子自由度為 r_1、分母自由度 r_2 的 F 分布之 $100(1-\alpha)$ 百分位數 $F_\alpha(r_1, r_2)$

r_2	α	\multicolumn{6}{c}{r_1 (分子自由度)}
		1	2	3	4	5	6
1	0.1	39.86346	49.5	53.59324	55.83296	57.24008	58.20442
1	0.05	161.4476	199.5	215.7074	224.5832	230.1619	233.986
1	0.025	647.789	799.5	864.163	899.5833	921.8479	937.1111
1	0.01	4052.181	4999.5	5403.352	5624.583	5763.65	5858.986
1	0.005	16210.72	19999.5	21614.74	22499.58	23055.8	23437.11
1	0.0025	64844.89	79999.5	86460.3	89999.58	92224.39	93749.61
2	0.1	8.52632	9	9.16179	9.24342	9.29263	9.32553
2	0.05	18.51282	19	19.16429	19.24679	19.29641	19.32953
2	0.025	38.50633	39	39.16549	39.24842	39.29823	39.33146
2	0.01	98.50251	99	99.1662	99.24937	99.2993	99.33259
2	0.005	198.5013	199	199.1664	199.2497	199.2997	199.333
2	0.0025	398.5006	399	399.1666	399.2498	399.2998	399.3332
3	0.1	5.53832	5.46238	5.39077	5.34264	5.30916	5.28473
3	0.05	10.12796	9.55209	9.27663	9.11718	9.01346	8.94065
3	0.025	17.44344	16.04411	15.43918	15.10098	14.88482	14.73472
3	0.01	34.11622	30.81652	29.4567	28.7099	28.23708	27.91066
3	0.005	55.55196	49.79928	47.46723	46.19462	45.39165	44.83847
3	0.0025	89.58433	79.93253	76.05613	73.94849	72.62125	71.70803
4	0.1	4.54477	4.32456	4.19086	4.10725	4.05058	4.00975
4	0.05	7.70865	6.94427	6.59138	6.38823	6.25606	6.16313
4	0.025	12.21786	10.64911	9.9792	9.60453	9.36447	9.19731
4	0.01	21.19769	18	16.69437	15.97702	15.52186	15.20686
4	0.005	31.33277	26.28427	24.25912	23.1545	22.45643	21.97458
4	0.0025	45.67398	38	34.95564	33.30274	32.26088	31.54293
5	0.1	4.06042	3.77972	3.61948	3.5202	3.45298	3.40451
5	0.05	6.60789	5.78614	5.40945	5.19217	5.05033	4.95029
5	0.025	10.00698	8.43362	7.76359	7.38789	7.14638	6.9777
5	0.01	16.25818	13.27393	12.05995	11.39193	10.96702	10.67225
5	0.005	22.78478	18.31383	16.52977	15.55606	14.93961	14.51326
5	0.0025	31.40667	24.96401	22.42562	21.0478	20.17827	19.57814
6	0.1	3.77595	3.4633	3.28876	3.18076	3.10751	3.05455
6	0.05	5.98738	5.14325	4.75706	4.53368	4.38737	4.28387
6	0.025	8.8131	7.25986	6.5988	6.22716	5.98757	5.81976
6	0.01	13.74502	10.92477	9.77954	9.1483	8.7459	8.46613
6	0.005	18.635	14.54411	12.9166	12.02753	11.4637	11.07304
6	0.0025	24.80731	19.10419	16.86661	15.65182	14.88422	14.35366

表 6　分子自由度為 r_1、分母自由度 r_2 的 F 分布之 $100(1-\alpha)$ 百分位數 $F_\alpha(r_1, r_2)$ (續)

r_2	α	\multicolumn{6}{c}{r_1 (分子自由度)}					
		1	2	3	4	5	6
7	0.1	3.58943	3.25744	3.07407	2.96053	2.88334	2.82739
7	0.05	5.59145	4.73741	4.34683	4.12031	3.97152	3.86597
7	0.025	8.07267	6.54152	5.88982	5.52259	5.28524	5.1186
7	0.01	12.24638	9.54658	8.45129	7.84665	7.46044	7.1914
7	0.005	16.23556	12.40396	10.88245	10.05049	9.52206	9.15534
7	0.0025	21.1107	15.88714	13.84339	12.73338	12.03116	11.54514
8	0.1	3.45792	3.11312	2.9238	2.80643	2.72645	2.66833
8	0.05	5.31766	4.45897	4.06618	3.83785	3.6875	3.58058
8	0.025	7.57088	6.05947	5.41596	5.05263	4.81728	4.6517
8	0.01	11.25862	8.64911	7.59099	7.00608	6.63183	6.37068
8	0.005	14.6882	11.04241	9.59647	8.80513	8.3018	7.95199
8	0.0025	18.77965	13.88854	11.97856	10.94071	10.28343	9.82797
9	0.1	3.3603	3.00645	2.81286	2.69268	2.61061	2.55086
9	0.05	5.11736	4.25649	3.86255	3.63309	3.48166	3.37375
9	0.025	7.20928	5.71471	5.07812	4.71808	4.48441	4.31972
9	0.01	10.56143	8.02152	6.99192	6.42209	6.05694	5.80177
9	0.005	13.61361	10.10671	8.71706	7.95589	7.47116	7.13385
9	0.0025	17.18757	12.53916	10.7265	9.74106	9.11637	8.68303
10	0.1	3.28502	2.92447	2.72767	2.60534	2.52164	2.46058
10	0.05	4.9646	4.10282	3.70826	3.47805	3.32583	3.21717
10	0.025	6.93673	5.4564	4.82562	4.46834	4.23609	4.07213
10	0.01	10.04429	7.55943	6.55231	5.99434	5.63633	5.38581
10	0.005	12.82647	9.427	8.08075	7.34281	6.87237	6.54463
10	0.0025	16.03626	11.57227	9.83337	8.8876	8.28754	7.87087
11	0.1	3.2252	2.85951	2.66023	2.53619	2.45118	2.38907
11	0.05	4.84434	3.9823	3.58743	3.35669	3.20387	3.09461
11	0.025	6.72413	5.25589	4.63002	4.27507	4.044	3.88065
11	0.01	9.64603	7.20571	6.21673	5.6683	5.31601	5.06921
11	0.005	12.22631	8.91225	7.60043	6.88089	6.42175	6.10155
11	0.0025	15.16738	10.848	9.16682	8.25205	7.67121	7.26754
12	0.1	3.17655	2.8068	2.60552	2.4801	2.39402	2.33102
12	0.05	4.74723	3.88529	3.49029	3.25917	3.10588	2.99612
12	0.025	6.55377	5.09587	4.47418	4.12121	3.89113	3.72829
12	0.01	9.33021	6.92661	5.95254	5.41195	5.06434	4.82057
12	0.005	11.75423	8.50963	7.22576	6.52114	6.07113	5.75703
12	0.0025	14.48958	10.28651	8.65168	7.76178	7.19634	6.80306
13	0.1	3.13621	2.76317	2.56027	2.43371	2.34672	2.28298

表 6 分子自由度為 r_1、分母自由度 r_2 的 F 分布之 $100(1-\alpha)$ 百分位數 $F_\alpha(r_1, r_2)$ (續)

r_2	α	\multicolumn{6}{c}{r_1 (分子自由度)}
		1	2	3	4	5	6
13	0.05	4.66719	3.80557	3.41053	3.17912	3.02544	2.91527
13	0.025	6.41425	4.96527	4.34718	3.9959	3.76667	3.60426
13	0.01	9.07381	6.70096	5.73938	5.20533	4.86162	4.62036
13	0.005	11.37354	8.18649	6.92576	6.23346	5.79099	5.4819
13	0.0025	13.94676	9.83918	8.24235	7.37283	6.81998	6.4352
14	0.1	3.10221	2.72647	2.52222	2.39469	2.30694	2.24256
14	0.05	4.60011	3.73889	3.34389	3.11225	2.95825	2.84773
14	0.025	6.29794	4.8567	4.24173	3.89191	3.66342	3.50136
14	0.01	8.86159	6.51488	5.56389	5.03538	4.69496	4.45582
14	0.005	11.06025	7.92164	6.68035	5.99841	5.56226	5.25737
14	0.0025	13.50264	9.47483	7.90971	7.05717	6.51482	6.1371
15	0.1	3.07319	2.69517	2.48979	2.36143	2.27302	2.20808
15	0.05	4.54308	3.68232	3.28738	3.05557	2.90129	2.79046
15	0.025	6.1995	4.76505	4.1528	3.80427	3.57642	3.41466
15	0.01	8.68312	6.35887	5.41696	4.89321	4.55561	4.31827
15	0.005	10.79805	7.70076	6.47604	5.80291	5.37214	5.0708
15	0.0025	13.13278	9.17257	7.6343	6.79613	6.26265	5.89089
16	0.1	3.04811	2.66817	2.46181	2.33274	2.24376	2.17833
16	0.05	4.494	3.63372	3.23887	3.00692	2.85241	2.74131
16	0.025	6.11513	4.68667	4.07682	3.72942	3.50212	3.34063
16	0.01	8.53097	6.22624	5.29221	4.77258	4.43742	4.20163
16	0.005	10.57546	7.51382	6.30338	5.63785	5.2117	4.91342
16	0.0025	12.82014	8.91794	7.40268	6.57683	6.05094	5.68429
17	0.1	3.02623	2.64464	2.43743	2.30775	2.21825	2.15239
17	0.05	4.45132	3.59153	3.19678	2.96471	2.81	2.69866
17	0.025	6.04201	4.61887	4.01116	3.66475	3.43794	3.27669
17	0.01	8.39974	6.11211	5.185	4.66897	4.33594	4.10151
17	0.005	10.38418	7.35362	6.15562	5.49669	5.07456	4.77894
17	0.0025	12.55249	8.7006	7.20529	6.3901	5.87079	5.50855
18	0.1	3.00698	2.62395	2.41601	2.28577	2.19583	2.12958
18	0.05	4.41387	3.55456	3.15991	2.92774	2.77285	2.6613
18	0.025	5.97805	4.55967	3.95386	3.60834	3.38197	3.22092
18	0.01	8.28542	6.0129	5.09189	4.57904	4.24788	4.01464
18	0.005	10.21809	7.21483	6.02777	5.37464	4.95604	4.66274
18	0.0025	12.32083	8.51299	7.03513	6.22927	5.71571	5.35731
19	0.1	2.9899	2.60561	2.39702	2.2663	2.17596	2.10936
19	0.05	4.38075	3.52189	3.12735	2.89511	2.74006	2.62832

表 6　分子自由度為 r_1、分母自由度 r_2 的 F 分布之 $100(1-\alpha)$ 百分位數 $F_\alpha(r_1, r_2)$ (續)

r_2	α	1	2	3	4	5	6
19	0.025	5.92163	4.50753	3.90343	3.55871	3.33272	3.17184
19	0.01	8.18495	5.92588	5.01029	4.50026	4.17077	3.93857
19	0.005	10.07253	7.09347	5.91608	5.26809	4.8526	4.56135
19	0.0025	12.11841	8.34944	6.88698	6.08934	5.58084	5.22583
20	0.1	2.97465	2.58925	2.38009	2.24893	2.15823	2.09132
20	0.05	4.35124	3.49283	3.09839	2.86608	2.71089	2.59898
20	0.025	5.87149	4.46126	3.8587	3.5147	3.28906	3.12834
20	0.01	8.09596	5.84893	4.93819	4.43069	4.10268	3.87143
20	0.005	9.94393	6.98646	5.8177	5.17428	4.76157	4.47215
20	0.0025	11.94005	8.20564	6.75686	5.96653	5.46252	5.11052
25	0.1	2.91774	2.52831	2.31702	2.18424	2.09216	2.02406
25	0.05	4.2417	3.38519	2.99124	2.75871	2.60299	2.49041
25	0.025	5.68637	4.29093	3.69427	3.35301	3.12868	2.96855
25	0.01	7.7698	5.568	4.67546	4.17742	3.85496	3.62717
25	0.005	9.47531	6.5982	5.46152	4.83509	4.43267	4.14999
25	0.0025	11.29384	7.68714	6.28885	5.52547	5.03802	4.69707
30	0.1	2.88069	2.48872	2.27607	2.14223	2.04925	1.98033
30	0.05	4.17088	3.31583	2.92228	2.68963	2.53355	2.42052
30	0.025	5.56753	4.18206	3.58936	3.24993	3.02647	2.8667
30	0.01	7.56248	5.39035	4.50974	4.01788	3.69902	3.47348
30	0.005	9.17968	6.35469	5.23879	4.62336	4.22758	3.94921
30	0.0025	10.8893	7.36464	5.99875	5.25264	4.77578	4.44187
35	0.1	2.85466	2.46094	2.24735	2.11277	2.01912	1.94963
35	0.05	4.12134	3.26742	2.87419	2.64147	2.48514	2.37178
35	0.025	5.48482	4.1065	3.51663	3.17851	2.95566	2.79614
35	0.01	7.41912	5.26794	4.39575	3.90824	3.59191	3.36793
35	0.005	8.9763	6.18784	5.0865	4.47875	4.0876	3.81225
35	0.0025	10.61244	7.14491	5.80155	5.06745	4.59794	4.26892
40	0.1	2.83535	2.44037	2.22609	2.09095	1.99682	1.92688
40	0.05	4.08475	3.23173	2.83875	2.60597	2.44947	2.33585
40	0.025	5.42394	4.05099	3.46326	3.12611	2.90372	2.74438
40	0.01	7.3141	5.17851	4.31257	3.82829	3.51384	3.29101
40	0.005	8.82786	6.06643	4.97584	4.37378	3.98605	3.71291
40	0.0025	10.41113	6.98566	5.65889	4.93361	4.4695	4.14406

表 6　分子自由度為 r_1、分母自由度 r_2 的 F 分布之 $100(1-\alpha)$ 百分位數 $F_\alpha(r_1, r_2)$（續）

r_2	α	\multicolumn{6}{c}{r_1 (分子自由度)}						
		7	8	9	10	11	12
1	0.1	58.90595	59.43898	59.85759	60.19498	60.47268	60.70521
1	0.05	236.7684	238.8827	240.5433	241.8818	242.9835	243.906
1	0.025	948.2169	956.6562	963.2846	968.6274	973.0252	976.708
1	0.01	5928.356	5981.07	6022.473	6055.847	6083.317	6106.321
1	0.005	23714.57	23925.41	24091	24224.49	24334.36	24426.37
1	0.0025	94859.41	95702.75	96365.13	96899.05	97338.52	97706.55
2	0.1	9.34908	9.36677	9.38054	9.39157	9.4006	9.40813
2	0.05	19.35322	19.37099	19.38483	19.3959	19.40496	19.41251
2	0.025	39.35521	39.37302	39.38688	39.39797	39.40705	39.41462
2	0.01	99.35637	99.37421	99.38809	99.3992	99.40828	99.41585
2	0.005	199.3568	199.3746	199.3885	199.3996	199.4087	199.4163
2	0.0025	399.357	399.3748	399.3887	399.3998	399.4089	399.4165
3	0.1	5.26619	5.25167	5.24	5.23041	5.2224	5.21562
3	0.05	8.88674	8.84524	8.8123	8.78552	8.76333	8.74464
3	0.025	14.6244	14.53989	14.47308	14.41894	14.37418	14.33655
3	0.01	27.6717	27.48918	27.34521	27.22873	27.13257	27.05182
3	0.005	44.4341	44.12557	43.8824	43.6858	43.52356	43.38739
3	0.0025	71.04105	70.53246	70.1318	69.80799	69.54085	69.31669
4	0.1	3.97897	3.95494	3.93567	3.91988	3.90669	3.89553
4	0.05	6.09421	6.04104	5.99878	5.96437	5.93581	5.91173
4	0.025	9.07414	8.97958	8.90468	8.84388	8.79354	8.75116
4	0.01	14.97576	14.79889	14.65913	14.5459	14.45228	14.37359
4	0.005	21.62169	21.35198	21.13908	20.96673	20.82433	20.70469
4	0.0025	31.01774	30.61669	30.30033	30.04435	29.83295	29.6554
5	0.1	3.3679	3.33928	3.31628	3.2974	3.28162	3.26824
5	0.05	4.87587	4.81832	4.77247	4.73506	4.70397	4.6777
5	0.025	6.85308	6.75717	6.68105	6.61915	6.56782	6.52455
5	0.01	10.45551	10.28931	10.15776	10.05102	9.96265	9.88828
5	0.005	14.20045	13.96096	13.77165	13.61818	13.49124	13.38447
5	0.0025	19.13846	18.80223	18.53666	18.32153	18.14368	17.99416
6	0.1	3.01446	2.98304	2.95774	2.93693	2.91952	2.90472
6	0.05	4.20666	4.1468	4.09902	4.05996	4.02744	3.99994
6	0.025	5.69547	5.59962	5.52341	5.46132	5.40976	5.36624
6	0.01	8.26	8.10165	7.97612	7.87412	7.78957	7.71833
6	0.005	10.78592	10.56576	10.39149	10.25004	10.1329	10.03429
6	0.0025	13.96439	13.66631	13.43059	13.23943	13.08124	12.94813
6	0.9	0.35368	0.37477	0.39203	0.40641	0.41857	0.429

表 6 分子自由度為 r_1、分母自由度 r_2 的 F 分布之 $100(1-\alpha)$ 百分位數 $F_\alpha(r_1, r_2)$ (續)

r_2	α	\multicolumn{6}{c}{r_1 (分子自由度)}
		7	8	9	10	11	12
6	0.95	0.25867	0.27928	0.29641	0.31083	0.32314	0.33376
7	0.1	2.78493	2.75158	2.72468	2.70251	2.68392	2.66811
7	0.05	3.78704	3.72573	3.67667	3.63652	3.60304	3.57468
7	0.025	4.99491	4.89934	4.82322	4.76112	4.70947	4.66583
7	0.01	6.99283	6.84005	6.71875	6.62006	6.53817	6.46909
7	0.005	8.88539	8.67811	8.51382	8.38033	8.26966	8.17641
7	0.0025	11.18808	10.91433	10.6976	10.52166	10.37593	10.25321
8	0.1	2.62413	2.58935	2.56124	2.53804	2.51855	2.50196
8	0.05	3.50046	3.4381	3.38813	3.34716	3.31295	3.28394
8	0.025	4.52856	4.43326	4.35723	4.29513	4.24341	4.19967
8	0.01	6.17762	6.02887	5.91062	5.81429	5.73427	5.66672
8	0.005	7.69414	7.49591	7.3386	7.21064	7.10446	7.01492
8	0.0025	9.49296	9.23583	9.03204	8.86646	8.72918	8.61349
9	0.1	2.50531	2.46941	2.44034	2.41632	2.39611	2.37888
9	0.05	3.29275	3.22958	3.17889	3.13728	3.10249	3.07295
9	0.025	4.19705	4.10196	4.02599	3.96387	3.91207	3.86822
9	0.01	5.61287	5.46712	5.35113	5.25654	5.17789	5.11143
9	0.005	6.88491	6.6933	6.54109	6.41716	6.31424	6.22737
9	0.0025	8.36394	8.11878	7.9243	7.76614	7.63491	7.52424
10	0.1	2.41397	2.37715	2.34731	2.3226	2.30181	2.28405
10	0.05	3.13546	3.07166	3.02038	2.97824	2.94296	2.91298
10	0.025	3.94982	3.85489	3.77896	3.71679	3.66491	3.62095
10	0.01	5.20012	5.05669	4.94242	4.84915	4.77152	4.70587
10	0.005	6.30249	6.11592	5.96757	5.84668	5.7462	5.66133
10	0.0025	7.56377	7.3276	7.14009	6.98747	6.86076	6.75382
11	0.1	2.34157	2.304	2.2735	2.24823	2.22693	2.20873
11	0.05	3.01233	2.94799	2.89622	2.85362	2.81793	2.78757
11	0.025	3.75864	3.66382	3.5879	3.52567	3.4737	3.42961
11	0.01	4.88607	4.74447	4.63154	4.53928	4.46244	4.3974
11	0.005	5.86475	5.68213	5.53679	5.41826	5.31967	5.23633
11	0.0025	6.96976	6.74056	6.55845	6.41011	6.28687	6.18279
12	0.1	2.28278	2.24457	2.21352	2.18776	2.16603	2.14744
12	0.05	2.91336	2.84857	2.79638	2.75339	2.71733	2.68664
12	0.025	3.60651	3.51178	3.43585	3.37355	3.32148	3.27728
12	0.01	4.6395	4.49937	4.38751	4.29605	4.21982	4.15526
12	0.005	5.52453	5.34507	5.20213	5.08548	4.98838	4.90625
12	0.0025	6.51272	6.28907	6.11125	5.96631	5.8458	5.74398

表 6 分子自由度為 r_1、分母自由度 r_2 的 F 分布之 $100(1-\alpha)$ 百分位數 $F_\alpha(r_1, r_2)$ (續)

r_2	α	\multicolumn{6}{c}{r_1 (分子自由度)}
		7	8	9	10	11	12
13	0.1	2.2341	2.19535	2.16382	2.13763	2.11552	2.09659
13	0.05	2.8321	2.76691	2.71436	2.67102	2.63465	2.60366
13	0.025	3.48267	3.38799	3.31203	3.24967	3.1975	3.15318
13	0.01	4.441	4.30206	4.19108	4.10027	4.02452	3.96033
13	0.005	5.25292	5.07605	4.93508	4.81994	4.72405	4.64289
13	0.0025	6.15093	5.93181	5.75746	5.61526	5.49698	5.39697
14	0.1	2.19313	2.1539	2.12195	2.0954	2.07295	2.05371
14	0.05	2.7642	2.69867	2.64579	2.60216	2.5655	2.53424
14	0.025	3.37993	3.28529	3.2093	3.14686	3.09459	3.05015
14	0.01	4.27788	4.13995	4.02968	3.9394	3.86404	3.80014
14	0.005	5.03134	4.85662	4.71726	4.60338	4.50848	4.42811
14	0.0025	5.85786	5.64249	5.47102	5.33109	5.21463	5.11611
15	0.1	2.15818	2.11853	2.08621	2.05932	2.03658	2.01707
15	0.05	2.70663	2.6408	2.58763	2.54372	2.50681	2.47531
15	0.025	3.29336	3.19874	3.12271	3.0602	3.00783	2.96328
15	0.01	4.14155	4.00445	3.89479	3.80494	3.7299	3.66624
15	0.005	4.84726	4.67436	4.53637	4.42354	4.32946	4.24975
15	0.0025	5.6159	5.40368	5.23463	5.0966	4.98165	4.88438
16	0.1	2.128	2.08798	2.05533	2.02815	2.00513	1.98539
16	0.05	2.6572	2.5911	2.53767	2.49351	2.45637	2.42466
16	0.025	3.21943	3.12482	3.04875	2.98616	2.9337	2.88905
16	0.01	4.02595	3.88957	3.78042	3.69093	3.61616	3.55269
16	0.005	4.69202	4.52066	4.38384	4.27189	4.17851	4.09935
16	0.0025	5.41292	5.20339	5.03639	4.89997	4.78631	4.69009
17	0.1	2.10169	2.06134	2.02839	2.00094	1.97768	1.95772
17	0.05	2.6143	2.54796	2.49429	2.44992	2.41256	2.38065
17	0.025	3.15558	3.06097	2.98486	2.92219	2.86964	2.82489
17	0.01	3.92672	3.79096	3.68224	3.59307	3.51851	3.4552
17	0.005	4.55938	4.38937	4.25354	4.14236	4.04956	3.97087
17	0.0025	5.24031	5.03309	4.86786	4.73282	4.62027	4.52494
18	0.1	2.07854	2.03789	2.00467	1.97698	1.95351	1.93334
18	0.05	2.57672	2.51016	2.45628	2.4117	2.37416	2.34207
18	0.025	3.09988	3.00527	2.92911	2.86638	2.81373	2.76888
18	0.01	3.84064	3.70542	3.59707	3.50816	3.43379	3.37061
18	0.005	4.44479	4.27595	4.14098	4.03046	3.93818	3.85989
18	0.0025	5.0918	4.8866	4.7229	4.58906	4.47746	4.3829
19	0.1	2.05802	2.0171	1.98364	1.95573	1.93205	1.9117

表 6　分子自由度為 r_1、分母自由度 r_2 的 F 分布之 $100(1-\alpha)$ 百分位數 $F_\alpha(r_1, r_2)$ (續)

r_2	α	7	8	9	10	11	12
19	0.05	2.54353	2.47677	2.4227	2.37793	2.34021	2.30795
19	0.025	3.05087	2.95626	2.88005	2.81725	2.76452	2.71957
19	0.01	3.76527	3.63052	3.5225	3.43382	3.3596	3.29653
19	0.005	4.34483	4.17701	4.04281	3.93286	3.84102	3.76308
19	0.0025	4.96273	4.75929	4.59694	4.46415	4.35338	4.25948
20	0.1	2.0397	1.99853	1.96485	1.93674	1.91288	1.89236
20	0.05	2.51401	2.44706	2.39281	2.34788	2.30999	2.27758
20	0.025	3.00742	2.9128	2.83655	2.77367	2.72086	2.67583
20	0.01	3.69874	3.56441	3.45668	3.36819	3.29411	3.23112
20	0.005	4.25689	4.08997	3.95644	3.847	3.75555	3.67791
20	0.0025	4.84954	4.64767	4.4865	4.35463	4.24459	4.15129
25	0.1	1.97138	1.92925	1.89469	1.86578	1.8412	1.82
25	0.05	2.40473	2.33706	2.2821	2.23647	2.19793	2.16489
25	0.025	2.8478	2.75311	2.67664	2.61347	2.5603	2.51489
25	0.01	3.45675	3.32394	3.21722	3.12941	3.05577	2.99306
25	0.005	3.93937	3.77577	3.64468	3.53705	3.44697	3.37038
25	0.0025	4.44388	4.24773	4.09088	3.96234	3.85492	3.76371
30	0.1	1.92692	1.88412	1.84896	1.81949	1.79438	1.7727
30	0.05	2.33434	2.26616	2.2107	2.16458	2.12556	2.09206
30	0.025	2.74603	2.65126	2.57461	2.51119	2.45775	2.41203
30	0.01	3.3045	3.17262	3.06652	2.97909	2.90569	2.8431
30	0.005	3.74156	3.58006	3.45048	3.34396	3.25471	3.17873
30	0.0025	4.19363	4.00109	3.84694	3.72048	3.61468	3.52474
35	0.1	1.89568	1.85239	1.81678	1.78689	1.76139	1.73935
35	0.05	2.28524	2.21668	2.16083	2.11434	2.07496	2.04111
35	0.025	2.67551	2.58066	2.50387	2.44025	2.38658	2.34063
35	0.01	3.19995	3.06872	2.96301	2.87583	2.80256	2.74002
35	0.005	3.60665	3.44659	3.31803	3.21227	3.12356	3.04797
35	0.0025	4.0241	3.83403	3.68174	3.55668	3.45196	3.36287
40	0.1	1.87252	1.82886	1.7929	1.76269	1.73689	1.71456
40	0.05	2.24902	2.18017	2.12403	2.07725	2.03758	2.00346
40	0.025	2.62378	2.52886	2.45194	2.38816	2.33431	2.28816
40	0.01	3.12376	2.99298	2.88756	2.80055	2.72735	2.66483
40	0.005	3.50881	3.34979	3.22198	3.11675	3.02842	2.9531
40	0.0025	3.90174	3.71348	3.56253	3.43848	3.33454	3.24605

表 6 分子自由度為 r_1、分母自由度 r_2 的 F 分布之 $100(1-\alpha)$ 百分位數 $F_\alpha(r_1, r_2)$ (續)

r_2	α	\multicolumn{6}{c}{r_1 (分子自由度)}
		13	14	15	16	17	18
1	0.1	60.90276	61.07267	61.22034	61.34988	61.46443	61.56645
1	0.05	244.6899	245.364	245.9499	246.4639	246.9184	247.3232
1	0.025	979.8368	982.5278	984.8668	986.9187	988.7331	990.349
1	0.01	6125.865	6142.674	6157.285	6170.101	6181.435	6191.529
1	0.005	24504.54	24571.77	24630.21	24681.47	24726.8	24767.17
1	0.0025	98019.22	98288.14	98521.89	98726.93	98908.25	99069.74
2	0.1	9.41451	9.41997	9.42471	9.42886	9.43252	9.43577
2	0.05	19.4189	19.42438	19.42914	19.43329	19.43696	19.44022
2	0.025	39.42102	39.4265	39.43126	39.43542	39.4391	39.44236
2	0.01	99.42226	99.42775	99.43251	99.43668	99.44035	99.44362
2	0.005	199.4227	199.4282	199.4329	199.4371	199.4408	199.444
2	0.0025	399.4229	399.4284	399.4331	399.4373	399.441	399.4442
3	0.1	5.20979	5.20474	5.20031	5.1964	5.19293	5.18982
3	0.05	8.72868	8.7149	8.70287	8.69229	8.6829	8.67452
3	0.025	14.30448	14.27682	14.25271	14.23152	14.21274	14.19599
3	0.01	26.98306	26.9238	26.87219	26.82686	26.78671	26.75091
3	0.005	43.27147	43.1716	43.08466	43.00829	42.94067	42.88038
3	0.0025	69.12592	68.96158	68.81854	68.6929	68.58168	68.48253
4	0.1	3.88595	3.87764	3.87036	3.86394	3.85822	3.85311
4	0.05	5.89114	5.87335	5.85781	5.84412	5.83197	5.82112
4	0.025	8.715	8.68377	8.65654	8.63258	8.61134	8.59237
4	0.01	14.3065	14.24863	14.1982	14.15386	14.11457	14.07951
4	0.005	20.60275	20.51485	20.43827	20.37096	20.31132	20.25813
4	0.0025	29.50416	29.37378	29.26023	29.16043	29.07204	28.99319
5	0.1	3.25674	3.24676	3.23801	3.23028	3.2234	3.21723
5	0.05	4.65523	4.63577	4.61876	4.60376	4.59044	4.57853
5	0.025	6.48758	6.45563	6.42773	6.40316	6.38136	6.36188
5	0.01	9.82481	9.77001	9.72222	9.68016	9.64287	9.60957
5	0.005	13.29342	13.21484	13.14633	13.08607	13.03266	12.98498
5	0.0025	17.86671	17.75675	17.66091	17.57664	17.50195	17.43529
6	0.1	2.89199	2.88093	2.87122	2.86264	2.85499	2.84813
6	0.05	3.97636	3.95593	3.93806	3.92228	3.90826	3.89571
6	0.025	5.32902	5.29681	5.26867	5.24386	5.22183	5.20213
6	0.01	7.65748	7.6049	7.55899	7.51857	7.48271	7.45066
6	0.005	9.95012	9.87742	9.81399	9.75816	9.70864	9.66441
6	0.0025	12.83457	12.73653	12.65103	12.57579	12.50908	12.44951
7	0.1	2.65449	2.64264	2.63223	2.62301	2.61479	2.60742

表 6   分子自由度為 r_1、分母自由度 r_2 的 F 分布之 $100(1-\alpha)$ 百分位數 $F_\alpha(r_1, r_2)$ (續)

r_2	α	\multicolumn{6}{c}{r_1 (分子自由度)}						
		13	14	15	16	17	18
7	0.05	3.55034	3.52923	3.51074	3.49441	3.47988	3.46686
7	0.025	4.62846	4.59609	4.56779	4.54282	4.52063	4.50077
7	0.01	6.41003	6.35895	6.31433	6.27501	6.2401	6.20889
7	0.005	8.09675	8.02789	7.96777	7.91482	7.86782	7.82583
7	0.0025	10.14843	10.05791	9.97891	9.90935	9.84765	9.79252
8	0.1	2.48765	2.47518	2.46422	2.4545	2.44583	2.43805
8	0.05	3.25902	3.23738	3.21841	3.20163	3.1867	3.17332
8	0.025	4.16217	4.12967	4.10121	4.0761	4.05376	4.03376
8	0.01	5.60891	5.55887	5.51512	5.47655	5.44228	5.41163
8	0.005	6.93836	6.87213	6.81428	6.76329	6.71801	6.67753
8	0.0025	8.51464	8.42919	8.35457	8.28883	8.23048	8.17833
9	0.1	2.36401	2.35104	2.33962	2.3295	2.32046	2.31233
9	0.05	3.04755	3.02547	3.0061	2.98897	2.9737	2.96
9	0.025	3.8306	3.79795	3.76936	3.7441	3.72162	3.70148
9	0.01	5.05451	5.00521	4.96208	4.92402	4.89019	4.85992
9	0.005	6.15304	6.0887	6.03246	5.98286	5.9388	5.89939
9	0.0025	7.42961	7.34776	7.27624	7.2132	7.15722	7.10717
10	0.1	2.26871	2.25531	2.24351	2.23304	2.22368	2.21527
10	0.05	2.88717	2.86473	2.84502	2.82757	2.81201	2.79805
10	0.025	3.58319	3.55041	3.52167	3.49627	3.47365	3.45338
10	0.01	4.64961	4.60083	4.55814	4.52045	4.48692	4.45691
10	0.005	5.58866	5.52572	5.47066	5.42209	5.37892	5.34028
10	0.0025	6.66232	6.58313	6.5139	6.45285	6.39861	6.35009
11	0.1	2.19298	2.17922	2.16709	2.15632	2.14669	2.13802
11	0.05	2.76142	2.73865	2.71864	2.70091	2.6851	2.6709
11	0.025	3.39173	3.35881	3.32993	3.30439	3.28164	3.26123
11	0.01	4.34162	4.29324	4.25087	4.21344	4.18013	4.15029
11	0.005	5.16493	5.10305	5.0489	5.0011	4.95859	4.92053
11	0.0025	6.09369	6.01653	5.94904	5.8895	5.83658	5.78922
12	0.1	2.13134	2.11727	2.10485	2.09381	2.08394	2.07505
12	0.05	2.66018	2.63712	2.61685	2.59888	2.58284	2.56843
12	0.025	3.23926	3.20621	3.1772	3.15153	3.12864	3.10811
12	0.01	4.09985	4.05176	4.00962	3.97237	3.93921	3.9095
12	0.005	4.83584	4.7748	4.72134	4.67413	4.63213	4.59451
12	0.0025	5.65677	5.5812	5.51507	5.45671	5.40481	5.35835
13	0.1	2.08019	2.06583	2.05316	2.04189	2.0318	2.02271
13	0.05	2.57693	2.55362	2.53311	2.51492	2.49867	2.48407

表 6　分子自由度為 r_1、分母自由度 r_2 的 F 分布之 $100(1-\alpha)$ 百分位數 $F_\alpha(r_1, r_2)$ (續)

r_2	α	\multicolumn{6}{c}{r_1 (分子自由度)}					
		13	14	15	16	17	18
13	0.025	3.11504	3.08185	3.05271	3.02691	3.0039	2.98324
13	0.01	3.9052	3.85734	3.81537	3.77825	3.7452	3.71556
13	0.005	4.57328	4.51289	4.45998	4.41324	4.37164	4.33436
13	0.0025	5.31127	5.23698	5.17194	5.11451	5.06342	5.01767
14	0.1	2.03704	2.02243	2.00953	1.99805	1.98777	1.9785
14	0.05	2.50726	2.48373	2.463	2.44461	2.42818	2.4134
14	0.025	3.01189	2.97859	2.94932	2.92339	2.90026	2.87948
14	0.01	3.74524	3.69754	3.6557	3.61868	3.5857	3.55611
14	0.005	4.35915	4.29929	4.24682	4.20045	4.15916	4.12215
14	0.0025	5.03165	4.95839	4.89424	4.83757	4.78713	4.74195
15	0.1	2.00015	1.98532	1.97222	1.96055	1.95009	1.94065
15	0.05	2.44811	2.42436	2.40345	2.38488	2.36827	2.35333
15	0.025	2.9249	2.89148	2.86209	2.83605	2.8128	2.79191
15	0.01	3.61151	3.56394	3.52219	3.48525	3.45231	3.42275
15	0.005	4.18131	4.12189	4.06978	4.02371	3.98267	3.94587
15	0.0025	4.80094	4.72855	4.66512	4.60907	4.55918	4.51446
16	0.1	1.96824	1.95321	1.93992	1.92808	1.91746	1.90788
16	0.05	2.39725	2.37332	2.35222	2.33348	2.31672	2.30164
16	0.025	2.85056	2.81702	2.78752	2.76136	2.738	2.717
16	0.01	3.4981	3.45063	3.40895	3.37205	3.33914	3.3096
16	0.005	4.03136	3.97229	3.92048	3.87465	3.83381	3.79718
16	0.0025	4.60751	4.53584	4.47302	4.41749	4.36804	4.3237
17	0.1	1.94037	1.92516	1.91169	1.8997	1.88893	1.87921
17	0.05	2.35306	2.32895	2.30769	2.2888	2.27189	2.25667
17	0.025	2.78629	2.75264	2.72303	2.69677	2.6733	2.6522
17	0.01	3.40072	3.35333	3.31169	3.27482	3.24193	3.2124
17	0.005	3.90326	3.84449	3.79293	3.7473	3.70662	3.67013
17	0.0025	4.4431	4.37204	4.30973	4.25464	4.20556	4.16154
18	0.1	1.91581	1.90043	1.88681	1.87467	1.86377	1.85392
18	0.05	2.3143	2.29003	2.26862	2.24959	2.23255	2.2172
18	0.025	2.73018	2.69643	2.66672	2.64035	2.61679	2.59559
18	0.01	3.31622	3.26888	3.22729	3.19043	3.15754	3.12801
18	0.005	3.79259	3.73408	3.68272	3.63726	3.59672	3.56033
18	0.0025	4.30169	4.23115	4.16929	4.11456	4.0658	4.02206
19	0.1	1.89401	1.87847	1.86471	1.85243	1.8414	1.83144
19	0.05	2.28003	2.25561	2.23406	2.2149	2.19773	2.18226
19	0.025	2.68078	2.64693	2.61712	2.59065	2.56699	2.54571

表 6 分子自由度為 r_1、分母自由度 r_2 的 F 分布之 $100(1-\alpha)$ 百分位數 $F_\alpha(r_1, r_2)$ (續)

r_2	α	\multicolumn{6}{c}{r_1 (分子自由度)}					
		13	14	15	16	17	18
19	0.01	3.24221	3.19491	3.15334	3.1165	3.08361	3.05406
19	0.005	3.69605	3.63776	3.58657	3.54124	3.50082	3.46452
19	0.0025	4.17882	4.10874	4.04725	3.99284	3.94435	3.90084
20	0.1	1.87451	1.85883	1.84494	1.83253	1.82139	1.81133
20	0.05	2.24951	2.22496	2.20327	2.18398	2.1667	2.15112
20	0.025	2.63694	2.603	2.5731	2.54654	2.52279	2.50142
20	0.01	3.17686	3.1296	3.08804	3.0512	3.0183	2.98873
20	0.005	3.61111	3.553	3.50196	3.45676	3.41642	3.3802
20	0.0025	4.07111	4.00142	3.94025	3.88612	3.83786	3.79454
25	0.1	1.80153	1.78527	1.77083	1.75793	1.74632	1.73581
25	0.05	2.13623	2.11111	2.08889	2.06909	2.05132	2.03529
25	0.025	2.47561	2.44126	2.41095	2.384	2.35986	2.33811
25	0.01	2.93895	2.89175	2.85019	2.81329	2.7803	2.75061
25	0.005	3.30439	3.2469	3.19634	3.1515	3.11144	3.07543
25	0.0025	3.68522	3.61691	3.55688	3.50369	3.45621	3.41355
30	0.1	1.75378	1.7371	1.72227	1.709	1.69704	1.6862
30	0.05	2.06296	2.03742	2.0148	1.99462	1.9765	1.96012
30	0.025	2.37244	2.33777	2.30715	2.27989	2.25544	2.23339
30	0.01	2.78902	2.74181	2.70018	2.66319	2.63008	2.60026
30	0.005	3.1132	3.05605	3.00573	2.96105	2.92111	2.88516
30	0.0025	3.44726	3.37976	3.32039	3.26772	3.22067	3.17836
35	0.1	1.72009	1.70309	1.68796	1.6744	1.66217	1.65108
35	0.05	2.01167	1.98581	1.96288	1.94241	1.924	1.90735
35	0.025	2.30078	2.26586	2.23499	2.20747	2.18278	2.16049
35	0.01	2.68594	2.63867	2.59697	2.55987	2.52665	2.49669
35	0.005	2.98272	2.92576	2.87557	2.83098	2.79108	2.75514
35	0.0025	3.28605	3.21907	3.16012	3.10778	3.06099	3.01888
40	0.1	1.69503	1.67778	1.66241	1.64863	1.63619	1.62489
40	0.05	1.97376	1.94764	1.92446	1.90375	1.88511	1.86824
40	0.025	2.24811	2.21298	2.1819	2.15418	2.12929	2.1068
40	0.01	2.61073	2.5634	2.52162	2.48442	2.45108	2.42101
40	0.005	2.88804	2.8312	2.78108	2.73653	2.69663	2.66068
40	0.0025	3.16969	3.10308	3.0444	2.99228	2.94565	2.90366

表 6 分子自由度為 r_1、分母自由度 r_2 的 F 分布之 $100(1-\alpha)$ 百分位數 $F_\alpha(r_1, r_2)$ (續)

r_2	α	\multicolumn{6}{c}{r_1 (分子自由度)}
		19	20	25	30	35	40
1	0.1	61.65788	61.74029	62.05454	62.26497	62.41573	62.52905
1	0.05	247.6861	248.0131	249.2601	250.0952	250.6934	251.1432
1	0.025	991.7973	993.1028	998.0808	1001.414	1003.803	1005.598
1	0.01	6200.576	6208.73	6239.825	6260.649	6275.568	6286.782
1	0.005	24803.35	24835.97	24960.34	25043.63	25103.3	25148.15
1	0.0025	99214.47	99344.93	99842.4	100175.5	100414.2	100593.6
2	0.1	9.43869	9.44131	9.45128	9.45793	9.46268	9.46624
2	0.05	19.44314	19.44577	19.45575	19.46241	19.46717	19.47074
2	0.025	39.44528	39.44791	39.4579	39.46457	39.46933	39.4729
2	0.01	99.44654	99.44917	99.45917	99.46583	99.47059	99.47416
2	0.005	199.447	199.4496	199.4596	199.4663	199.471	199.4746
2	0.0025	399.4472	399.4498	399.4598	399.4665	399.4712	399.4748
3	0.1	5.18702	5.18448	5.17473	5.16811	5.16333	5.15972
3	0.05	8.66699	8.66019	8.63414	8.61658	8.60394	8.59441
3	0.025	14.18096	14.16738	14.11545	14.08052	14.05542	14.03651
3	0.01	26.71878	26.68979	26.57898	26.50453	26.45107	26.41081
3	0.005	42.8263	42.7775	42.59103	42.4658	42.37589	42.30821
3	0.0025	68.39358	68.31334	68.00677	67.80093	67.65317	67.54195
4	0.1	3.84851	3.84434	3.8283	3.81742	3.80956	3.80361
4	0.05	5.81136	5.80254	5.76872	5.74588	5.72942	5.717
4	0.025	8.57533	8.55994	8.501	8.46127	8.43269	8.41113
4	0.01	14.04803	14.01961	13.91085	13.83766	13.78504	13.74538
4	0.005	20.21038	20.16728	20.0024	19.8915	19.8118	19.75175
4	0.0025	28.92243	28.85857	28.61434	28.45012	28.33213	28.24325
5	0.1	3.21168	3.20665	3.18726	3.17408	3.16455	3.15732
5	0.05	4.56782	4.55813	4.5209	4.49571	4.47753	4.46379
5	0.025	6.34438	6.32856	6.26786	6.22688	6.19735	6.17505
5	0.01	9.57966	9.55265	9.44912	9.37933	9.32909	9.29119
5	0.005	12.94216	12.90349	12.7554	12.65564	12.58386	12.52974
5	0.0025	17.37545	17.32141	17.11454	16.97525	16.87507	16.79954
6	0.1	2.84194	2.83634	2.8147	2.79996	2.78927	2.78117
6	0.05	3.88441	3.87419	3.83484	3.80816	3.78888	3.77429
6	0.025	5.18442	5.1684	5.10686	5.06523	5.03518	5.01247
6	0.01	7.42186	7.39583	7.29597	7.22853	7.17992	7.14322
6	0.005	9.62467	9.58877	9.45112	9.35824	9.29134	9.24085
6	0.0025	12.396	12.34767	12.16244	12.03754	11.94761	11.87976
7	0.1	2.60077	2.59473	2.57139	2.55546	2.54388	2.5351

表 6　分子自由度為 r_1、分母自由度 r_2 的 F 分布之 $100(1-\alpha)$ 百分位數 $F_\alpha(r_1, r_2)$（續）

r_2	α	\multicolumn{6}{c}{r_1 (分子自由度)}					
		19	20	25	30	35	40
7	0.05	3.45514	3.44452	3.40361	3.37581	3.35568	3.34043
7	0.025	4.48291	4.46674	4.40455	4.36239	4.33193	4.30888
7	0.01	6.18082	6.15544	6.05795	5.99201	5.94442	5.90845
7	0.005	7.78808	7.75396	7.62299	7.53449	7.47066	7.42245
7	0.0025	9.74298	9.69821	9.52647	9.41051	9.32691	9.2638
8	0.1	2.43102	2.42464	2.39992	2.38302	2.37071	2.36136
8	0.05	3.16125	3.15032	3.10813	3.07941	3.05858	3.04278
8	0.025	4.01575	3.99945	3.93666	3.89402	3.86315	3.83978
8	0.01	5.38405	5.35909	5.26314	5.19813	5.15115	5.11561
8	0.005	6.64113	6.6082	6.48171	6.39609	6.33427	6.28754
8	0.0025	8.13144	8.08905	7.92628	7.81621	7.73679	7.67677
9	0.1	2.30499	2.29832	2.27246	2.25472	2.2418	2.23196
9	0.05	2.94765	2.93646	2.89318	2.86365	2.84221	2.82593
9	0.025	3.68334	3.66691	3.60353	3.56041	3.52916	3.50547
9	0.01	4.83266	4.808	4.71303	4.64858	4.60196	4.56665
9	0.005	5.86392	5.83184	5.70844	5.62479	5.56433	5.51858
9	0.0025	7.06214	7.02142	6.86491	6.75893	6.68238	6.62448
10	0.1	2.20766	2.20074	2.17388	2.15543	2.14196	2.13169
10	0.05	2.78545	2.77402	2.72978	2.69955	2.67757	2.66086
10	0.025	3.4351	3.41854	3.3546	3.31102	3.2794	3.2554
10	0.01	4.42987	4.40539	4.31106	4.24693	4.20049	4.16529
10	0.005	5.3055	5.27402	5.15282	5.07055	5.01102	4.96594
10	0.0025	6.30642	6.26692	6.11495	6.0119	5.93739	5.88099
11	0.1	2.13018	2.12305	2.09531	2.07621	2.06226	2.05161
11	0.05	2.65808	2.64645	2.60136	2.57049	2.54801	2.53091
11	0.025	3.24283	3.22614	3.16164	3.11762	3.08563	3.06133
11	0.01	4.1234	4.09905	4.00509	3.94113	3.89475	3.85957
11	0.005	4.88625	4.85522	4.73563	4.65434	4.59545	4.55082
11	0.0025	5.74658	5.70799	5.55941	5.45853	5.38551	5.3302
12	0.1	2.067	2.05968	2.03116	2.01149	1.9971	1.9861
12	0.05	2.55541	2.54359	2.49773	2.46628	2.44335	2.42588
12	0.025	3.08958	3.07277	3.00774	2.96328	2.93094	2.90635
12	0.01	3.88271	3.85843	3.76469	3.70079	3.6544	3.61918
12	0.005	4.56062	4.52992	4.41151	4.33092	4.27248	4.22815
12	0.0025	5.3165	5.27862	5.13262	5.03338	4.96147	4.90696
13	0.1	2.01447	2.00698	1.97776	1.95757	1.94278	1.93147
13	0.05	2.47087	2.45888	2.41232	2.38033	2.35698	2.33918

表 6 分子自由度為 r_1、分母自由度 r_2 的 F 分布之 $100(1-\alpha)$ 百分位數 $F_\alpha(r_1, r_2)$ (續)

r_2	α	\multicolumn{6}{c}{r_1 (分子自由度)}
		19	20	25	30	35	40
13	0.025	2.96459	2.94767	2.88212	2.83725	2.80457	2.77969
13	0.01	3.68884	3.66461	3.57096	3.50704	3.46059	3.42529
13	0.005	4.30076	4.27032	4.15279	4.0727	4.01457	3.97044
13	0.0025	4.97645	4.93912	4.79514	4.69715	4.62608	4.57217
14	0.1	1.9701	1.96245	1.9326	1.91193	1.89677	1.88516
14	0.05	2.40004	2.3879	2.34069	2.30821	2.28447	2.26635
14	0.025	2.86072	2.84369	2.77765	2.73238	2.69937	2.67422
14	0.01	3.52942	3.50522	3.41159	3.3476	3.30104	3.26564
14	0.005	4.08878	4.05853	3.94168	3.86194	3.80401	3.76
14	0.0025	4.70123	4.66434	4.52196	4.42493	4.35451	4.30105
15	0.1	1.9321	1.92431	1.89387	1.87277	1.85727	1.84539
15	0.05	2.33982	2.32754	2.27973	2.24679	2.22269	2.20428
15	0.025	2.77304	2.7559	2.6894	2.64374	2.61041	2.58501
15	0.01	3.39608	3.37189	3.27822	3.21411	3.16743	3.13191
15	0.005	3.91268	3.88259	3.76623	3.68675	3.62894	3.58499
15	0.0025	4.47415	4.43762	4.29651	4.20025	4.13032	4.07719
16	0.1	1.89919	1.89127	1.8603	1.83879	1.82297	1.81084
16	0.05	2.28798	2.27557	2.22721	2.19384	2.1694	2.15071
16	0.025	2.69803	2.68079	2.61384	2.56781	2.53419	2.50853
16	0.01	3.28293	3.25874	3.16497	3.10073	3.05391	3.01825
16	0.005	3.76414	3.73417	3.61818	3.53887	3.48114	3.43721
16	0.0025	4.28373	4.24749	4.10741	4.01176	3.94221	3.88933
17	0.1	1.8704	1.86236	1.83089	1.80901	1.7929	1.78053
17	0.05	2.24289	2.23035	2.18148	2.14771	2.12295	2.104
17	0.025	2.63313	2.6158	2.54842	2.50204	2.46813	2.44223
17	0.01	3.18573	3.16152	3.06764	3.00324	2.95627	2.92046
17	0.005	3.63719	3.60732	3.49162	3.41241	3.3547	3.31076
17	0.0025	4.12185	4.08585	3.94662	3.85144	3.78218	3.72948
18	0.1	1.84499	1.83685	1.80491	1.78269	1.7663	1.75371
18	0.05	2.2033	2.19065	2.14129	2.10714	2.08208	2.06289
18	0.025	2.57642	2.559	2.49122	2.4445	2.41031	2.38418
18	0.01	3.10132	3.0771	2.98308	2.91852	2.87138	2.83542
18	0.005	3.52749	3.49769	3.38219	3.30304	3.24533	3.20136
18	0.0025	3.98259	3.9468	3.80826	3.71346	3.64442	3.59186
19	0.1	1.8224	1.81416	1.7818	1.75924	1.7426	1.72979
19	0.05	2.16825	2.1555	2.10569	2.07119	2.04584	2.02641
19	0.025	2.52645	2.50894	2.44077	2.39374	2.35928	2.33292

表 6 分子自由度為 r_1、分母自由度 r_2 的 F 分布之 $100(1-\alpha)$ 百分位數 $F_\alpha(r_1, r_2)$ (續)

r_2	α	\multicolumn{6}{c}{r_1 (分子自由度)}
		19	20	25	30	35	40
19	0.01	3.02736	3.00311	2.90894	2.8442	2.7969	2.76079
19	0.005	3.43175	3.40201	3.28666	3.20753	3.14979	3.10577
19	0.0025	3.86157	3.82595	3.68798	3.59348	3.52461	3.47215
20	0.1	1.80219	1.79384	1.76108	1.73822	1.72133	1.70833
20	0.05	2.13701	2.12416	2.07392	2.03909	2.01347	1.99382
20	0.025	2.48207	2.46448	2.39594	2.3486	2.31389	2.28732
20	0.01	2.96201	2.93774	2.8434	2.77848	2.73101	2.69475
20	0.005	3.34749	3.31779	3.20254	3.12341	3.06562	3.02153
20	0.0025	3.75544	3.71997	3.58247	3.48822	3.41947	3.36707
25	0.1	1.72625	1.71752	1.6831	1.65895	1.64102	1.62718
25	0.05	2.02074	2.00747	1.95545	1.91919	1.89241	1.8718
25	0.025	2.3184	2.30045	2.2303	2.18162	2.14578	2.11826
25	0.01	2.72375	2.69932	2.60411	2.53831	2.49	2.45299
25	0.005	3.04286	3.01327	2.89812	2.81871	2.76051	2.71598
25	0.0025	3.375	3.33999	3.20393	3.11028	3.04175	2.98937
30	0.1	1.67634	1.66731	1.63163	1.60648	1.58775	1.57323
30	0.05	1.94524	1.93165	1.87825	1.84087	1.81317	1.79179
30	0.025	2.21339	2.19516	2.12372	2.07394	2.03718	2.00887
30	0.01	2.57325	2.54866	2.4526	2.38597	2.3369	2.29921
30	0.005	2.85263	2.82304	2.70764	2.62778	2.56909	2.52406
30	0.0025	3.14009	3.10531	2.96984	2.87629	2.80763	2.75501
35	0.1	1.64097	1.63172	1.59505	1.5691	1.54971	1.53465
35	0.05	1.89221	1.87838	1.82387	1.78559	1.75714	1.73512
35	0.025	2.14025	2.12179	2.0493	1.99862	1.96109	1.93212
35	0.01	2.46954	2.44481	2.348	2.28063	2.23089	2.1926
35	0.005	2.72259	2.69297	2.57721	2.49687	2.43767	2.39216
35	0.0025	2.98077	2.9461	2.81085	2.71717	2.64826	2.59534
40	0.1	1.61459	1.60515	1.56767	1.54108	1.52115	1.50562
40	0.05	1.85289	1.83886	1.78346	1.74443	1.71535	1.6928
40	0.025	2.08636	2.06771	1.99434	1.94292	1.90473	1.8752
40	0.01	2.39374	2.36888	2.2714	2.20338	2.15306	2.11423
40	0.005	2.62809	2.59842	2.48229	2.40148	2.34181	2.29584
40	0.0025	2.86564	2.83103	2.69581	2.60193	2.53272	2.47947

表 7 自由度為 k 的卡方分布之 $100(1-\alpha)$ 百分位數 $\chi^2_\alpha(k)$

k	α							
	0.99	0.975	0.95	0.9	0.1	0.05	0.025	0.01
1	0.0002	0.0010	0.0039	0.0158	2.7055	3.8415	5.0239	6.6349
2	0.0201	0.0506	0.1026	0.2107	4.6052	5.9915	7.3778	9.2103
3	0.1148	0.2158	0.3518	0.5844	6.2514	7.8147	9.3484	11.3449
4	0.2971	0.4844	0.7107	1.0636	7.7794	9.4877	11.1433	13.2767
5	0.5543	0.8312	1.1455	1.6103	9.2364	11.0705	12.8325	15.0863
6	0.8721	1.2373	1.6354	2.2041	10.6446	12.5916	14.4494	16.8119
7	1.2390	1.6899	2.1673	2.8331	12.0170	14.0671	16.0128	18.4753
8	1.6465	2.1797	2.7326	3.4895	13.3616	15.5073	17.5345	20.0902
9	2.0879	2.7004	3.3251	4.1682	14.6837	16.9190	19.0228	21.6660
10	2.5582	3.2470	3.9403	4.8652	15.9872	18.3070	20.4832	23.2093
11	3.0535	3.8157	4.5748	5.5778	17.2750	19.6751	21.9200	24.7250
12	3.5706	4.4038	5.2260	6.3038	18.5493	21.0261	23.3367	26.2170
13	4.1069	5.0088	5.8919	7.0415	19.8119	22.3620	24.7356	27.6882
14	4.6604	5.6287	6.5706	7.7895	21.0641	23.6848	26.1189	29.1412
15	5.2293	6.2621	7.2609	8.5468	22.3071	24.9958	27.4884	30.5779
16	5.8122	6.9077	7.9616	9.3122	23.5418	26.2962	28.8454	31.9999
17	6.4078	7.5642	8.6718	10.0852	24.7690	27.5871	30.1910	33.4087
18	7.0149	8.2307	9.3905	10.8649	25.9894	28.8693	31.5264	34.8053
19	7.6327	8.9065	10.1170	11.6509	27.2036	30.1435	32.8523	36.1909
20	8.2604	9.5908	10.8508	12.4426	28.4120	31.4104	34.1696	37.5662
21	8.8972	10.2829	11.5913	13.2396	29.6151	32.6706	35.4789	38.9322
22	9.5425	10.9823	12.3380	14.0415	30.8133	33.9244	36.7807	40.2894
23	10.1957	11.6886	13.0905	14.8480	32.0069	35.1725	38.0756	41.6384
24	10.8564	12.4012	13.8484	15.6587	33.1962	36.4150	39.3641	42.9798
25	11.5240	13.1197	14.6114	16.4734	34.3816	37.6525	40.6465	44.3141
26	12.1981	13.8439	15.3792	17.2919	35.5632	38.8851	41.9232	45.6417
27	12.8785	14.5734	16.1514	18.1139	36.7412	40.1133	43.1945	46.9629
28	13.5647	15.3079	16.9279	18.9392	37.9159	41.3371	44.4608	48.2782
29	14.2565	16.0471	17.7084	19.7677	39.0875	42.5570	45.7223	49.5879
30	14.9535	16.7908	18.4927	20.5992	40.2560	43.7730	46.9792	50.8922
31	15.6555	17.5387	19.2806	21.4336	41.4217	44.9853	48.2319	52.1914
32	16.3622	18.2908	20.0719	22.2706	42.5847	46.1943	49.4804	53.4858
33	17.0735	19.0467	20.8665	23.1102	43.7452	47.3999	50.7251	54.7755
34	17.7891	19.8063	21.6643	23.9523	44.9032	48.6024	51.9660	56.0609
35	18.5089	20.5694	22.4650	24.7967	46.0588	49.8018	53.2033	57.3421
36	19.2327	21.3359	23.2686	25.6433	47.2122	50.9985	54.4373	58.6192

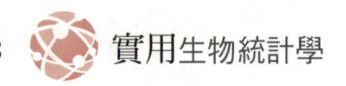

表 7 自由度為 k 的卡方分布之 $100(1-\alpha)$ 百分位數 $\chi^2_\alpha(k)$ (續)

k	\multicolumn{7}{c}{α}
	0.99	0.975	0.95	0.9	0.1	0.05	0.025	0.01
37	19.9602	22.1056	24.0749	26.4921	48.3634	52.1923	55.6680	59.8925
38	20.6914	22.8785	24.8839	27.3430	49.5126	53.3835	56.8955	61.1621
39	21.4262	23.6543	25.6954	28.1958	50.6598	54.5722	58.1201	62.4281
40	22.1643	24.4330	26.5093	29.0505	51.8051	55.7585	59.3417	63.6907
41	22.9056	25.2145	27.3256	29.9071	52.9485	56.9424	60.5606	64.9501
42	23.6501	25.9987	28.1440	30.7654	54.0902	58.1240	61.7768	66.2062
43	24.3976	26.7854	28.9647	31.6255	55.2302	59.3035	62.9904	67.4593
44	25.1480	27.5746	29.7875	32.4871	56.3685	60.4809	64.2015	68.7095
45	25.9013	28.3662	30.6123	33.3504	57.5053	61.6562	65.4102	69.9568
46	26.6572	29.1601	31.4390	34.2152	58.6405	62.8296	66.6165	71.2014
47	27.4158	29.9562	32.2676	35.0814	59.7743	64.0011	67.8206	72.4433
48	28.1770	30.7545	33.0981	35.9491	60.9066	65.1708	69.0226	73.6826
49	28.9406	31.5549	33.9303	36.8182	62.0375	66.3386	70.2224	74.9195
50	29.7067	32.3574	34.7643	37.6886	63.1671	67.5048	71.4202	76.1539
55	33.5705	36.3981	38.9580	42.0596	68.7962	73.3115	77.3805	82.2921
60	37.4849	40.4817	43.1880	46.4589	74.3970	79.0819	83.2977	88.3794
65	41.4436	44.6030	47.4496	50.8829	79.9730	84.8206	89.1771	94.4221
70	45.4417	48.7576	51.7393	55.3289	85.5270	90.5312	95.0232	100.4252
75	49.4750	52.9419	56.0541	59.7946	91.0615	96.2167	100.8393	106.3929
80	53.5401	57.1532	60.3915	64.2778	96.5782	101.8795	106.6286	112.3288
85	57.6339	61.3888	64.7494	68.7772	102.0789	107.5217	112.3934	118.2357
90	61.7541	65.6466	69.1260	73.2911	107.5650	113.1453	118.1359	124.1163
95	65.8984	69.9249	73.5198	77.8184	113.0377	118.7516	123.8580	129.9727
100	70.0649	74.2219	77.9295	82.3581	118.4980	124.3421	129.5612	135.8067

附錄 A：二項分布

我們投擲一枚硬幣 n 次，若 X 為出現正面的次數，則出現 k 次正面的機率為 $P(X=k)=C_k^n p^k q^{n-k}$，其中 $k=0, 1, 2, \cdots, n$，$q=1-p$，$C_k^n = \dfrac{n!}{(n-k)!k!}$。隨機變項 X 的機率分布被稱為二項機率分布 (binomial probability distribution) 或二項分布，記為 $X \sim B(n, p)$。

事實上，若 $X \sim B(n, p)$，則 X 可表成 n 個相互獨立的柏努利隨機變項之和，亦即 $X=X_1+X_2+\cdots+X_n$，其中 $X_j \sim B(1,p)$，$j=1, 2, \cdots, n$，且若 $i \neq j$ 則 X_i 與 X_j 獨立。由於任意兩個隨機變數 Y 和 Z，我們有 $E(aY+bZ+c)=aE(Y)+bE(Z)+c$，其中 a, b, c 為任意實數，以及如果 Y 和 Z 獨立，則有 $Var(aY+bZ+c)=a^2 Var(Y)+b^2 Var(Z)$，那麼，

1. $E(X)=E(X_1+X_2+\cdots+X_n)=E(X_1)+E(X_2)+\cdots+E(X_n)=np$。
2. 由於 X_i 與 X_j 獨立，$Var(X)=Var(X_1+X_2+\cdots+X_n)=Var(X_1)+\cdots+Var(X_n)=npq$。

例如，投擲一枚公正的硬幣 10 次，若 X 為出現正面的次數，則 $X \sim B(10,1/2)$。我們有 $\mu_x=E(X)=10\times 1/2=5$，亦即投擲一枚公正的硬幣 10 次，我們期望有 5 次是出現正面；$\sigma_x^2=Var(X)=10\times 1/2\times 1/2=2.5$。我們也可以求出現 3 次正面的機率，亦即 $P(X=3)=C_3^{10}(\dfrac{1}{2})^3(\dfrac{1}{2})^7=\dfrac{10!}{7!3!}\times\dfrac{1}{2^{10}}=\dfrac{15}{128}=0.1171875\approx 0.1172$，利用二項分布隨機變項 X 的機率表 (見附表表 3)，可以更迅速地查得此一近似值。

如果以出現正面次數的各種情形為橫軸，其相應的機率為縱軸，所畫出的直方圖如圖 A-1(A) 所示。在圖 A-1(A) 中，組中點為 3 所對應的長方形高度為 $P(X=3)\approx 0.1172$，我們稱該直方圖為 B(10,1/2) 的機率分布圖。將上述投擲一枚公正的硬幣的次數提高到 25 次、50 次，那麼出現正面次數的各種情形之機率分布圖即分別為圖 A-1(B)、圖 A-1(C) 所示。如果將各分組中點的高度連線，並將所得的相對次數曲線進行平滑化 (smoothing)，讀者可以發現這個平滑化的曲線 (見圖 4-2 之套色曲線) 像鐘的形狀，而且當投擲次數愈多時，原來的機率分布便與此鐘形曲線愈來愈接近，差異愈小。

當二項分布 B(n,p) 中的參數 n > 25 時，我們就無法利用附表表 3 來計算二項機率或其累積機率分布的數值，而需依定義計算，這就很浪費時間且容易出錯。例如，當 n=50，p=0.5 時，$P(X=23)=C_{23}^{50}(\dfrac{1}{2})^{23}(\dfrac{1}{2})^{27}$，若無計算軟體或工具的輔助，其精確值的計算便十分繁瑣，所幸，如圖 A-1(C) 所示，我們可以用圖中套色的鐘

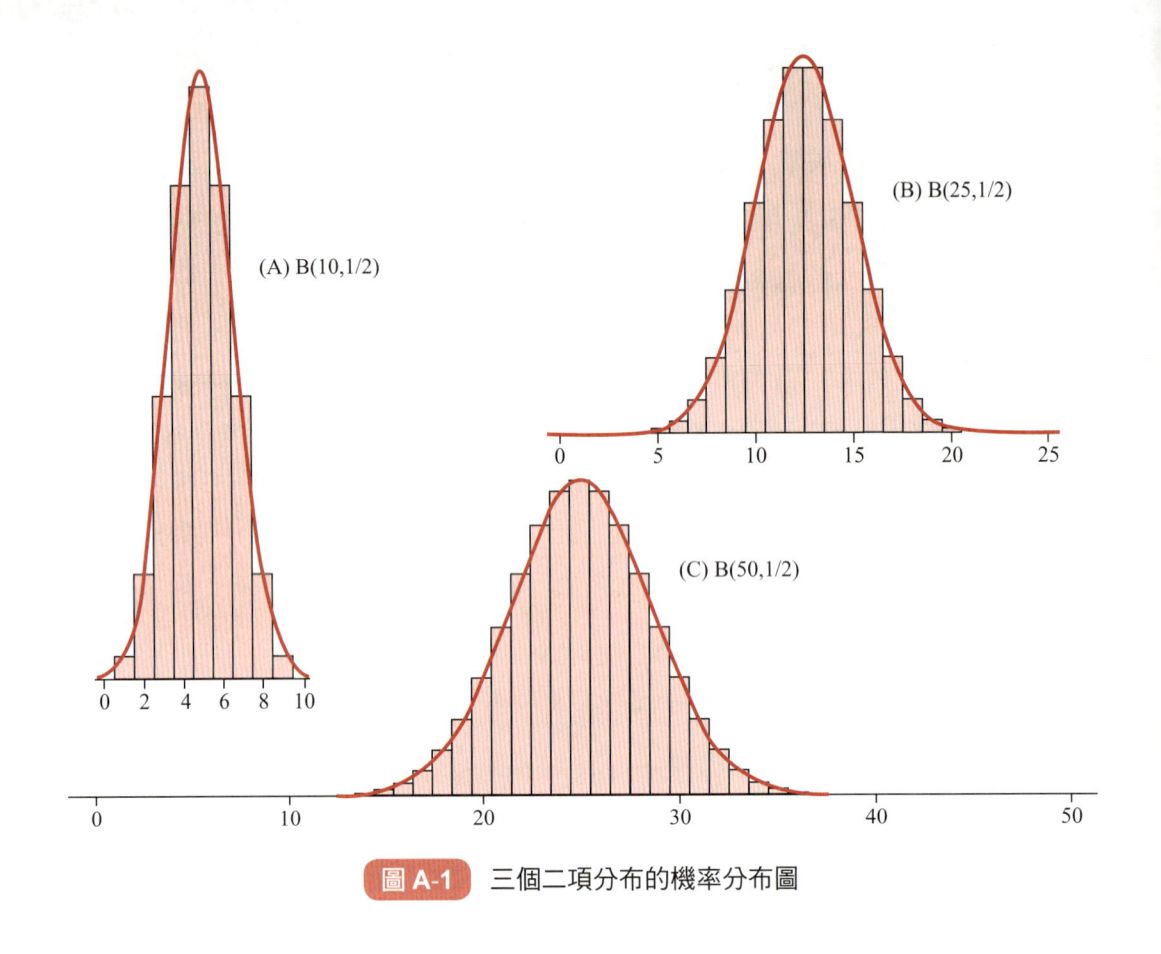

圖 A-1 三個二項分布的機率分布圖

形曲線來逼近求得近似值。換言之，如果我們對此類鐘形曲線有更深入、更系統的瞭解，那麼它便給我們提供理解投擲硬幣時得到正面次數機率的基礎。此類鐘形曲線便是所謂的常態分布曲線，透過第四章第三節，讀者可以瞭解其特性，並能利用這些特性求得相關事件的機率。

附錄 B：病例-對照研究中相對危險與疾病勝算比之計算問題

我們以表 12-1 的數據為例，並將它改寫成表 B-1，以便說明為何病例-對照研究無法直接估計相對危險。

在概念上，於病例-對照研究中要先選定病例組與對照組的人 (而不是選定暴露組與非暴露組)，然後去回溯 (查病歷) 他們暴露的狀況，換言之，此時「疾病的發生率是由研究者所選定的」，以 $\dfrac{a}{a+b}$ 來估計暴露組的疾病發生率及以 $\dfrac{c}{c+d}$ 來估計非暴露組的疾病發生率都是不合適的，因此據此計算相對危險也是不合適的。

理論上，若假設 $f_1 = \dfrac{n_1}{N_1}$，則它是病例組人數占母體病例數的比率，在無取樣偏差時，便有 $a = A \times f_1$、$c = C \times f_1$；同理，令 $f_2 = \dfrac{n_2}{N_2}$，它是對照組人數占母體非病例數的比率，若無取樣偏差時，則有 $b = B \times f_2$、$d = D \times f_2$。若我們仍以 $\dfrac{a(c+d)}{c(a+b)}$ 來估計相對危險，可得 $\dfrac{a(c+d)}{c(a+b)} = \dfrac{Af_1(Cf_1 + Df_2)}{Cf_1(Af_1 + Bf_2)} = \dfrac{A(Cf_1 + Df_2)}{C(Af_1 + Bf_2)}$，只有在 $f_1 = f_2$ 時，$\dfrac{a(c+d)}{c(a+b)} = \dfrac{A(C+D)}{C(A+B)}$，否則以 $\dfrac{a(c+d)}{c(a+b)}$ 來估計相對危險是有偏差的。因此，在概念上及理論上，病例-對照研究是無法直接估計相對危險的。

與之相同，在概念上於病例-對照研究中直接計算疾病勝算比並不合適，反倒

表 B-1　疾病與暴露之回溯性研究樣本與母體資料列聯表

個數		疾病				總和	
		是		否			
		樣本	母體	樣本	母體	樣本	母體
暴露	是	a=69	A	b=141	B	210	$A+B$
	否	c=253	C	d=825	D	1,078	$C+D$
總和		n_1=322	$N_1=A+C$	n_2=966	$N_2=B+D$	n=1,288	$N=A+B+C+D$

是可以直接計算**暴露勝算比** (exposure odds ratio)。所謂暴露勝算比就是病例組之暴露的勝算 (odds=$\frac{a}{n_1}/\frac{c}{n_1}$) 除以對照組之暴露的勝算 (odds=$\frac{b}{n_2}/\frac{d}{n_2}$)，該比值被稱為暴露勝算比 (=$\frac{ad}{bc}$)，此估計值並不會受到取樣比率的影響，是母體暴露勝算比 $\frac{AD}{BC}$ 的不偏估計，這是因為若無取樣偏差時，$\frac{ad}{bc}=\frac{Af_1Df_2}{Bf_2Cf_1}=\frac{AD}{BC}$ 之故。讀者很容易便可發現暴露勝算比和疾病勝算比是相同的，都是 $\frac{AD}{BC}$，因此，在病例-對照研究中我們以樣本暴露勝算比來估計母體暴露勝算比，又因為疾病勝算比在理論上與暴露勝算比相等，故可以使用樣本暴露勝算比來估計母體疾病勝算比，這是勝算比在數學上的優勢。

如前所述，在疾病發生率很低的情況下 (一般疾病發生率 <0.1 便被認為很低)，疾病勝算比便與相對危險很接近，因此在病例-對照研究中，此時便可以 $\frac{ad}{bc}$ 來間接估計相對危險。由表 12-17 或表 12-1 的樣本資料，我們可算得 (暴露) 勝算比為 1.596，其 95% C. I. 為 (1.158, 2.199)，由 2011 年台灣癌症登記中心的資料顯示，乳癌粗發生率為 86.85/100,000＝0.0008685＜0.1，故可利用勝算比粗略推估相對危險大約為 1.596，換言之，初次分娩年齡超過 30 歲的婦女其乳癌發生率大約為初次分娩年齡未超過 30 歲的婦女的 1.596 倍。如果我們要更嚴格地來解釋勝算比為 1.596 的意義，那麼就需要依據暴露勝算比的原義來進行解釋：乳癌婦女其初次分娩年齡超過 30 歲之勝算為未罹患乳癌婦女的 1.596 倍，顯見乳癌婦女其初次分娩年齡比未罹患乳癌婦女較易超過 30 歲。又由於此例的暴露勝算比等於疾病勝算比，因此又可解釋成：初次分娩年齡超過 30 歲的婦女之疾病的勝算為初次分娩年齡未超過 30 歲的婦女之疾病的勝算的 1.596 倍，顯見初次分娩年齡超過 30 歲的婦女比未超過 30 歲的婦女更容易發生乳癌。

附錄 C：配對樣本勝算比

觀察個數	疾病 是	疾病 否	總和
暴露 是	a_1	b_1	a_1+b_1
暴露 否	c_1	d_1	c_1+d_1
總和	a_1+c_1	b_1+d_1	n_1

$$\Rightarrow OR_1 = \frac{a_1 d_1}{b_1 c_1} = \frac{a_1 d_1 / n_1}{b_1 c_1 / n_1}$$

觀察個數	疾病 是	疾病 否	總和
暴露 是	a_2	b_2	a_2+b_2
暴露 否	c_2	d_2	c_2+d_2
總和	a_2+c_2	b_2+d_2	n_2

$$\Rightarrow OR_2 = \frac{a_2 d_2}{b_2 c_2} = \frac{a_2 d_2 / n_2}{b_2 c_2 / n_2}$$

觀察個數	疾病 是	疾病 否	總和
暴露 是	a_i	b_i	a_i+b_i
暴露 否	c_i	d_i	c_i+d_i
總和	a_i+c_i	b_i+d_i	n_i

$$\Rightarrow OR_i = \frac{a_i d_i}{b_i c_i} = \frac{a_i d_i / n_i}{b_i c_i / n_i}$$

觀察個數	疾病 是	疾病 否	總和
暴露 是	a_k	b_k	a_k+b_k
暴露 否	c_k	d_k	c_k+d_k
總和	a_k+c_k	b_k+d_k	n_k

$$\Rightarrow OR_k = \frac{a_k d_k}{b_k c_k} = \frac{a_k d_k / n_k}{b_k c_k / n_k}$$

假設
$OR_1 = OR_2 = \cdots = OR_k$
由合比性質可得
$OR_1 = \cdots = OR_k = OR_{MH}$

$$OR_{MH} = \frac{\sum_{i=1}^{k} a_i d_i / n_i}{\sum_{i=1}^{k} b_i c_i / n_i}$$

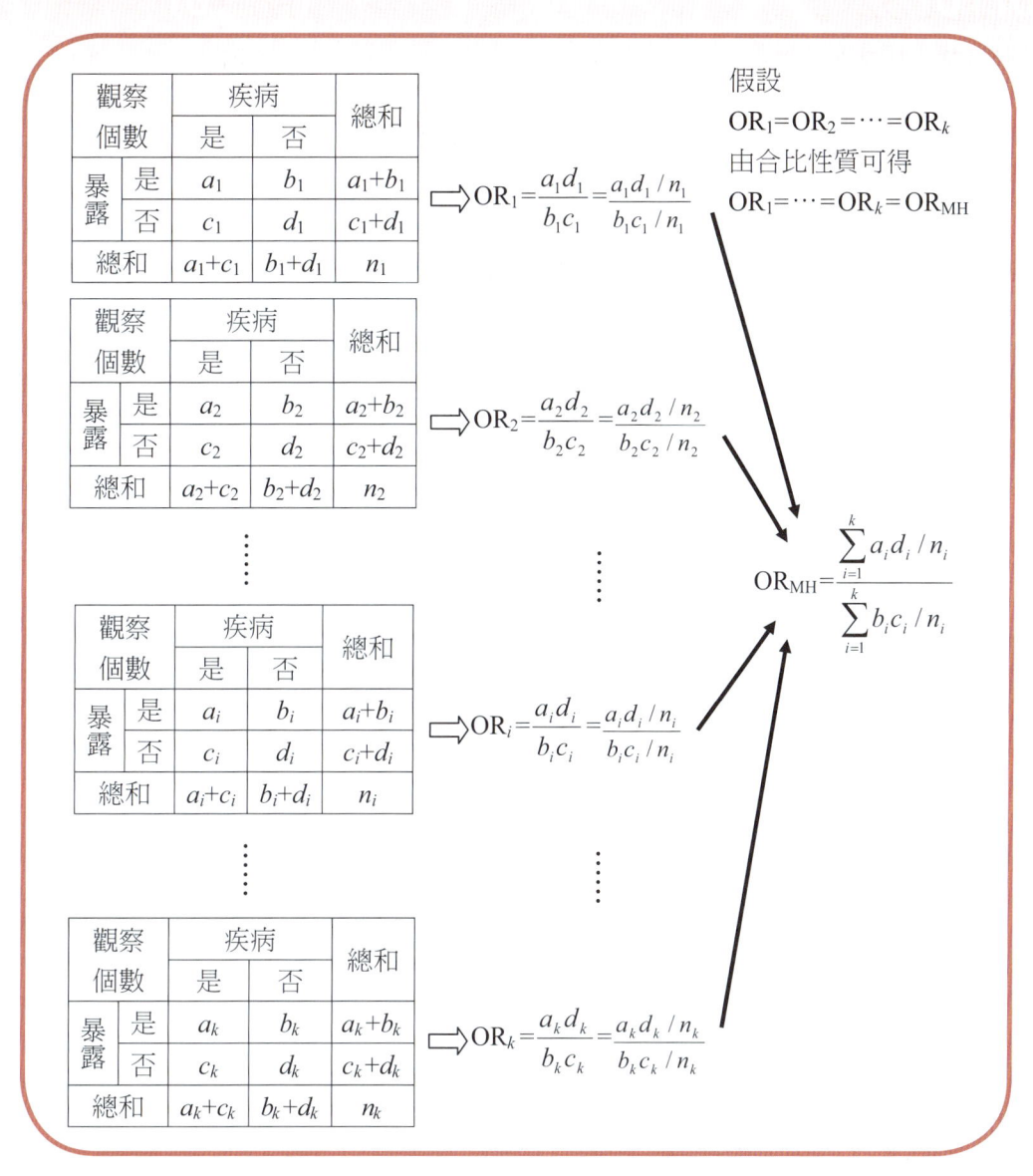

圖 C-1 曼特爾-亨塞爾的分層整合勝算比概念圖

在配對樣本中，我們如何計算勝算比呢？首先，我們要知道曼特爾-亨塞爾 (Mantel-Haenszel) 的分層整合勝算比公式：k 個 2×2 列聯表 (符號見圖 C-1) 之整合勝算比 $OR_{MH} = \dfrac{\sum_{i=1}^{k} a_i d_i / n_i}{\sum_{i=1}^{k} b_i c_i / n_i}$。其次，將每一個配對皆以樣本數為 2 的 2×2 列聯表視之，換言之，在第 i 個配對之 2×2 列聯表 a_i、b_i、c_i、d_i 中，只會有兩個 1 及兩個 0

323

(在前瞻性研究 a_i、b_i 中一個為 1、一個為 0；c_i、d_i 中一個為 1、一個為 0。在回溯性研究 a_i、c_i 中一個為 1、一個為 0；b_i、d_i 中一個為 1、一個為 0)。接著，將 k=n 個樣本數為 2 之 2×2 列聯表整合算出 $OR_{MH}=\dfrac{\sum_{i=1}^{k} a_i d_i / 2}{\sum_{i=1}^{k} b_i c_i / 2}=\dfrac{\sum_{i=1}^{k} a_i d_i}{\sum_{i=1}^{k} b_i c_i}=\dfrac{n_A}{n_B}$，其中 n_A 為暴露者有病但無暴露者沒病的不一致配對數，n_B 為無暴露者有病但暴露者沒病的不一致配對數。

附錄 D： 皮爾森相關係數與樣本空間中的向量內積

若放在 n 維空間裡探討，當 X 和 Y 兩個變項間具 $Y=mX+b$ 之完全線性關係時，離均差向量 $\vec{X_C}=[X_1-\overline{X}, X_2-\overline{X}, \cdots, X_n-\overline{X}]$ 與離均差向量 $\vec{Y_C}=[Y_1-\overline{Y}, Y_2-\overline{Y}, \cdots, Y_n-\overline{Y}]$ 位在同一直線上，其中 n 為樣本數。由於 $\vec{Y_C}=m\vec{X_C}$，故當 $m>0$ 時，$\vec{X_C}$ 與 $\vec{Y_C}$ 同向，兩者夾角為 $0°$；當 $m<0$ 時，$\vec{X_C}$ 與 $\vec{Y_C}$ 逆向，兩者夾角為 $180°$ (如圖 D-1 所示)。我們把前者 ($m>0$) 稱為 X 和 Y 具有完全正直線相關，亦即當 X 的數值每增加 1 個單位時，Y 的數值便會增加 m 個單位；把後者 ($m<0$) 稱為 X 和 Y 具有完全負直線相關，亦即當 X 的數值每增加 1 個單位時，Y 的數值便會減少 $|m|$ 個單位。當 $m=0$ 時，代表著不論 X 的數值如何改變，Y 的數值都是固定不變 ($Y=b$)，此為 X 和 Y 兩個變項間完全無直線關係之例，$\vec{X_C}$ 與 $\vec{Y_C}$ 的內積 $<\vec{X_C}, \vec{Y_C}> = <\vec{X_C},\vec{O}>=0$，其中 $\vec{O}$ 為零向量；當斜率不存在時，代表著不論 Y 的數值如何改變，X 的數值都是固定不變，此亦為 X 和 Y 兩個變項間完全無直線關係之例，$\vec{X_C}$ 與 $\vec{Y_C}$ 的內積 $<\vec{X_C}, \vec{Y_C}> = <\vec{O}, \vec{Y_C}>=0$。

綜上所述，當 X 和 Y 具有完全正直線相關時，在 n 維空間裡，$\vec{X_C}$ 與 $\vec{Y_C}$ 兩向量夾角為 $0°$，換言之，$<\vec{X_C}, \vec{Y_C}>=|\vec{X_C}||\vec{Y_C}| \cos 0°=|\vec{X_C}||\vec{Y_C}|$，其中 $|\vec{V}|$ 表向量 $\vec{V}$ 的長度，$\cos 0°=1$；當 X 和 Y 具有完全負直線相關時，在 n 維空間裡，$\vec{X_C}$ 與 $\vec{Y_C}$ 兩向量夾角為 $180°$，換言之，$<\vec{X_C}, \vec{Y_C}>=|\vec{X_C}||\vec{Y_C}| \cos 180°=-|\vec{X_C}||\vec{Y_C}|$，其中 $\cos 180°=-1$。不論是完全正直線相關或是完全負直線相關，$\vec{Y_C}$ 都可以用 $\vec{X_C}$ 的 (不為 0 的) 倍數表示之 (反之亦然)。若 $<\vec{X_C}, \vec{Y_C}>=0$，則 $\vec{X_C}$ 和 $\vec{Y_C}$ 兩向量相互垂直，或是兩者至少有一個為零向量，代表著 $\vec{Y_C}$ 都無法用 $\vec{X_C}$ 的 (不為 0 的) 倍數表示之 (反之亦然)，兩者之間完全無線性相關。若 $\vec{X_C}$ 和 $\vec{Y_C}$ 兩向量皆非零向量，那麼我們可以用兩向量間的夾角 θ 的餘弦值來衡量兩者間的關係，當 $\cos\theta=1$ 時，表示 X 和 Y 具有完全

$\vec{Y_C}=m\vec{X_C}$：$\vec{Y_C}$ 可用 $\vec{X_C}$ 的 (不為 0 的) m 倍表示之

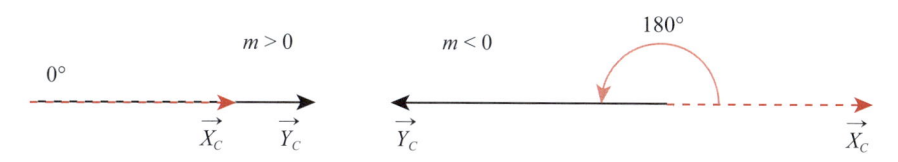

圖 D-1　具有完全直線相關之 X 和 Y 兩個變項於樣本空間的可能關係

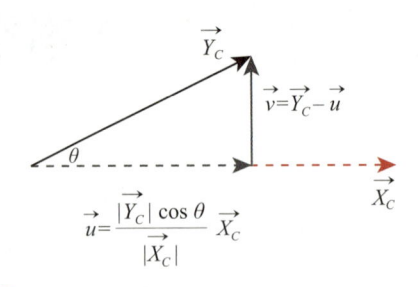

$$\vec{Y_C}$$
$$\vec{v} = \vec{Y_C} - \vec{u}$$
$$\theta$$
$$\vec{X_C}$$
$$\vec{u} = \frac{|\vec{Y_C}|\cos\theta}{|\vec{X_C}|}\vec{X_C}$$

圖 D-2 並非完全直線相關且非完全無直線相關之 X 和 Y 兩變項於樣本空間的可能關係

正直線相關，此時 $\vec{Y_C}$ 完全可用 $\vec{X_C}$ 的正的倍數來表示；當 $\cos\theta=-1$ 時，表示 X 和 Y 具有完全負直線相關，此時 $\vec{Y_C}$ 可用 $\vec{X_C}$ 的負的倍數來表示；當 $\cos\theta=0$ 時，表 X 和 Y 完全無直線關係，此時 $\vec{Y_C}$ 無法用 $\vec{X_C}$ 的不為 0 的倍數來表示。當 $0<|\cos\theta|<1$ 時，由於 $\vec{Y_C}$ 可以表示兩個如下的向量之和 (如圖 D-2 所示：$\vec{u}+\vec{v}$)：一個是能用 $\vec{X_C}$ 的 (不為 0 的) 倍數來表示的向量 ($\vec{u}$)，另一個是無法用 $\vec{X_C}$ 的 (不為 0 的) 倍數來表示的向量 ($\vec{v}$)。

因此，由 $\cos\theta = \dfrac{<\vec{X_C}, \vec{Y_C}>}{|\vec{X_C}||\vec{Y_C}|} = \dfrac{\sum_{i=1}^{n}(X_i-\bar{X})(Y_i-\bar{Y})}{\sqrt{\sum_{i=1}^{n}(X_i-\bar{X})^2}\sqrt{\sum_{i=1}^{n}(Y_i-\bar{Y})^2}}$ 的絕對值，可以說明 X 和 Y 兩個變項間的線性關係強弱，當 $|\cos\theta|$ 愈接近 1 時，兩個變項間的線性關係愈強，愈接近 0 表線性關係愈弱；$\cos\theta$ 的正負號，可以說明是正相關或是負相關，$\cos\theta>0$ 表示正相關，$\cos\theta<0$ 表示負相關。我們定義皮爾森相關係數

$$r = \frac{\sum_{i=1}^{n}(X_i-\bar{X})(Y_i-\bar{Y})}{\sqrt{\sum_{i=1}^{n}(X_i-\bar{X})^2}\sqrt{\sum_{i=1}^{n}(Y_i-\bar{Y})^2}}$$，其值介於 -1 和 1 之間。$|r|=1$ 表示所有的資料點都完全落在一條直線上，$r=1$ 時表示點所落直線之斜率為正，即 Y 隨著 X 的增加而增加；$r=-1$ 時表示點所落直線之斜率為負，即 Y 隨著 X 的增加而減少。$r=0$ 表兩變項間沒有線性關係。

附錄 E：斯皮爾曼相關係數的定義化簡

斯皮爾曼相關係數 r_s 原始定義如下：

$$r_s = \frac{\sum_{i=1}^{n}(R(X_i) - \overline{R(X)})(R(Y_i) - \overline{R(Y)})}{\sqrt{\sum_{i=1}^{n}(R(X_i) - \overline{R(X)})^2} \sqrt{\sum_{i=1}^{n}(R(Y_i) - \overline{R(Y)})^2}}$$

我們先假設兩變項各自的資料中完全無相同數值，因此兩者之排序皆為 1, 2, 3, …, n。以表 13-2 為例，$n=13$。在觀測值無同序情況下，我們有

$$\sum_{i=1}^{n}(R(X_i) - \overline{R(X)})^2 = \sum_{i=1}^{n}R(X_i)^2 - n\overline{R(X)}^2 = \sum_{i=1}^{n}i^2 - n[\frac{n+1}{2}]^2$$

$$= \sum_{i=1}^{n}i^2 - n[\frac{n+1}{2}]^2$$

$$= \frac{n(n+1)(2n+1)}{6} - \frac{n(n+1)^2}{4} = \frac{n^3 - n}{12}$$

$$\sum_{i=1}^{n}(R(Y_i) - \overline{R(Y)})^2 = \frac{n^3 - n}{12}$$

$$\sum_{i=1}^{n}(R(X_i) - \overline{R(X)})(R(Y_i) - \overline{R(Y)}) = \sum_{i=1}^{n}R(X_i)R(Y_i) - n\overline{R(X)}\,\overline{R(Y)}$$

$$= \sum_{i=1}^{n}R(X_i)R(Y_i) - \frac{n(n+1)}{12} \times 3(n+1)$$

$$= \frac{n(n+1)}{12} \times [(n-1) - (4n+2)] + \sum_{i=1}^{n}R(X_i)R(Y_i)$$

$$= \frac{n^3 - n}{12} - \frac{n(n+1)(2n+1)}{6} + \sum_{i=1}^{n}R(X_i)R(Y_i)$$

$$= \frac{n^3 - n}{12} - \sum_{i=1}^{n}i^2 + \sum_{i=1}^{n}R(X_i)R(Y_i)$$

$$= \frac{n^3 - n}{12} - \sum_{i=1}^{n}R(X_i)^2 + \sum_{i=1}^{n}R(X_i)R(Y_i)$$

$$= \frac{n^3 - n}{12} - \sum_{i=1}^{n}(R(X_i) - R(Y_i))^2 / 2$$

$$= \frac{n^3 - n}{12} - \frac{\sum_{i=1}^{n}d_i^2}{2}\,,\text{其中 } d_i = R(X_i) - R(Y_i)。$$

所以，$r_s = \dfrac{\sum_{i=1}^{n}(R(X_i) - \overline{R(X)})(R(Y_i) - \overline{R(Y)})}{\sqrt{\sum_{i=1}^{n}(R(X_i) - \overline{R(X)})^2}\sqrt{\sum_{i=1}^{n}(R(Y_i) - \overline{R(Y)})^2}} = \dfrac{(n^3 - n)/12 - \sum_{i=1}^{n}d_i^2/2}{(n^3 - n)/12} = 1 - \dfrac{6\sum_{i=1}^{n}d_i^2}{n^3 - n}$。這個定義常在教科書中看見，但它並不適用於觀測值有同序的情況。為了方便推廣到觀測值有同序的情況，我們將上式改寫成

$$r_s = \dfrac{(n^3 - n)/12 - \sum_{i=1}^{n}d_i^2/2}{(n^3 - n)/12} = \dfrac{(n^3 - n)/12 + (n^3 - n)/12 - \sum_{i=1}^{n}d_i^2}{2\sqrt{(n^3 - n)/12}\sqrt{(n^3 - n)/12}}$$

$$= \dfrac{\sum_{i=1}^{n}(R(X_i) - \overline{R(X)})^2 + \sum_{i=1}^{n}(R(Y_i) - \overline{R(Y)})^2 - \sum_{i=1}^{n}d_i^2}{2\sqrt{\sum_{i=1}^{n}(R(X_i) - \overline{R(X)})^2}\sqrt{\sum_{i=1}^{n}(R(Y_i) - \overline{R(Y)})^2}} = \dfrac{T_x + T_y - \sum_{i=1}^{n}d_i^2}{2\sqrt{T_x}\sqrt{T_y}}$$

其中 $T_x = \sum_{i=1}^{n}(R(X_i) - \overline{R(X)})^2 = \dfrac{n^3 - n}{12}$、$T_y = \sum_{i=1}^{n}(R(Y_i) - \overline{R(Y)})^2 = \dfrac{n^3 - n}{12}$。

在觀測值有同序的情況下，T_x 和 T_y 便不是 $\dfrac{n^3 - n}{12}$，需進行調整，而是 $T_x = \sum_{i=1}^{n}(R(X_i) - \overline{R(X)})^2 = \dfrac{n^3 - n - \sum_{k=1}^{m_x}(u_k^3 - u_k)}{12}$，其中變項 X 的觀測值中共有 m_x 組同序情況，且第 k 組同序組中有 u_k 個觀測值。同樣地，$T_y = \sum_{i=1}^{n}(R(Y_i) - \overline{R(Y)})^2 = \dfrac{n^3 - n - \sum_{k=1}^{m_y}(v_k^3 - v_k)}{12}$，其中變項 Y 的觀測值中共有 m_y 組同序情況，且第 k 組同序組中共有 v_k 個觀測值。因此，由 $r_s = \dfrac{T_x + T_y - \sum_{i=1}^{n}d_i^2}{2\sqrt{T_x}\sqrt{T_y}}$ 即可獲得斯皮爾曼相關係數值。以表 13-2 為例，$T_x = \dfrac{13^3 - 13 - [(2^3 - 2) + (5^3 - 5) + (2^3 - 2)]}{12} = 171$、$T_y = \dfrac{13^3 - 13 - [(4^3 - 4)]}{12} = 177$、$\sum_{i=1}^{n}d_i^2 = 200.5$，代入 $r_s = \dfrac{T_x + T_y - \sum_{i=1}^{n}d_i^2}{2\sqrt{T_x}\sqrt{T_y}}$，可得 $r_s = $

$\dfrac{171+177-200.5}{2\sqrt{171}\sqrt{177}}=0.424$。

總之，我們有 $r_s = \dfrac{T_x + T_y - \sum_{i=1}^{n} d_i^2}{2\sqrt{T_x}\sqrt{T_y}}$，其中在觀測值無同序的情況下，$T_x = T_y = \dfrac{n^3 - n}{12}$。在觀測值有同序的情況下，$T_x = \dfrac{n^3 - n - \sum_{k=1}^{m_x}(u_k^3 - u_k)}{12}$，其中變項 X 的觀測值中共有 m_x 組同序情況，且第 k 組同序組中有 u_k 個觀測值；$T_y = \dfrac{n^3 - n - \sum_{k=1}^{m_y}(v_k^3 - v_k)}{12}$，其中變項 Y 的觀測值中共有 m_y 組同序情況，且第 k 組同序組中共有 v_k 個觀測值。

附錄 F：Lambda 相關係數及 tau-y 係數

本附錄介紹兩個具有 PRE 意義的相關係數，以利瞭解兩類別變項間的相關強度。

首先要介紹的是 Lambda 相關係數。若無其他資訊的情況下，拿眾數去猜測一個類別變項的數值，猜測錯誤的機率會最小，是十分合理的方式，在樣本數為 n、變項 X 的眾數個數為 M_X、變項 Y 的眾數個數為 M_Y 時，猜測變項 X 的數值會錯誤的機率為 $\frac{n-M_X}{n}$，猜測變項 Y 的數值會錯誤的機率為 $\frac{n-M_Y}{n}$。如果知道變項 Y 的資訊，我們會拿 Y 的每個數值之下 X 的眾數 (假設個數為 $M_{X|Y}$) 來預測 X 的數值，此時猜測變項 X 的數值會錯誤的機率為 $\frac{n-\sum_Y M_{X|Y}}{n}$；同理，如果知道變項 X 的資訊，我們會拿 X 的每個數值之下 Y 的眾數 (假設個數為 $M_{Y|X}$) 來預測 Y 的數值，此時猜測 Y 的數值會錯誤的機率為 $\frac{n-\sum_X M_{Y|X}}{n}$。兩類別變項 X、Y 間的 Lambda 相關係數 [又稱格特曼可預測度係數 (Guttman's coefficient of predictablity)] 定義各自拿一個變項來預測另一個變項的降低誤差比例做為衡量彼此間的相關：

$$\lambda = \frac{[(n-M_X)/n - (n-\sum_Y M_{X|Y})/n] + [(n-M_Y)/n - (n-\sum_X M_{Y|X})/n]}{(n-M_X)/n + (n-M_Y)/n}$$

$$= \frac{(\sum_Y M_{X|Y} + \sum_X M_{Y|X}) - (M_X + M_Y)}{2n - (M_X + M_Y)}$$

以表 13-4 為例，若性別為 X，滿意度為 Y，則 $M_X = 1,053$、$\sum_Y M_{X|Y} = 808+256+17 = 1,081$、$M_Y = 1,482$、$\sum_X M_{Y|X} = 674+808 = 1,482$，所以 $\lambda = \frac{(1,081+1,482)-(1,053+1,482)}{2\times 2,000-(1,053+1,482)} = 0.019$。

Lambda 相關係數除了有上述對稱形式 (symmetrical version)，還有另外一個不對稱形式 (asymmetrical version)，如果兩個變項的地位是不一樣的，一個是自變項 (X) 而另一個是依變項 (Y)，通常記為 λ_{yx}，其定義為 $\lambda_{yx} = \frac{(n-M_Y)-(n-\sum_X M_{Y|X})}{n-M_Y}$

$=\dfrac{\sum_X M_{Y|X} - M_Y}{n - M_Y}$。以表 13-4 為例,若性別為 X,滿意度為 Y,$\lambda_{yx} = \dfrac{1,482 - 1,482}{2,000 - 1,482}$ $=0$;若性別為 Y,滿意度為 X,$\lambda_{yx} = \dfrac{1,081 - 1,053}{2,000 - 1,053} = 0.030$。

雖然,不論對稱或不對稱之 Lambda 相關係數都是介於 0 和 1 之間的數值,數值愈大表示兩變項間的相關性愈大,且皆具有 PRE 意義,同樣拿眾數去猜測變項的數值,有利用另外一個變項的資訊能削減沒有此資訊之預測誤差,降低比例即為 Lambda 的值。但是,這類以眾數為預測基準都忽略了眾數以外的次數分布,即使兩變項在這些地方是有關聯的,但 Lambda 相關係數都將視而不見,極容易產生低估相關性的現象,常會發生獨立性卡方檢定結果達顯著性,但 Lambda 相關係數卻是 0 的情況。例如,表 13-4 資料於獨立性卡方檢定發現性別與滿意度之間有關,但 $\lambda_{yx}=0$。其實,當眾數都是集中在某一列或某一行時 (例如表 13-4 資料之第一行皆為眾數),Lambda 相關係數便會為 0。

古德曼與克魯斯卡的 tau-y 係數 (Goodman & Kruskal, 1954; 1972),便是使用眾數以外的次數分布,其基本想法與 Lambda 相關係數不同,在無其他資訊的情況下,並不是拿眾數去猜測一個類別變項 (Y) 的數值,而是利用該變項 (Y) 的次數分布,以與此分布相同比例的方式去猜測一個類別變項 (Y) 的數值。例如,利用表 13-4 的資料可估計出某地區民眾對《菸害防制法》實施滿意度調查結果的分布,其中「滿意」占 74.1% (=1,482/2,000)、「不滿意」占 24.5% (=490/2,000)、「不知道/不確定」占 1.4% (=28/2,000),因此當我們要猜測某位民眾的滿意度調查結果,便可利用亂數表或是任何隨機亂數機制,使得出現「滿意」占 74.1%、「不滿意」占 24.5%、「不知道/不確定」占 1.4%,據此亂數結果來猜測其滿意度。當然,在沒有任何其他資訊的情況下,此種猜測方式的猜測錯誤機率會比都猜「滿意」(眾數)來得大 —— 前者為 $[\dfrac{1,482}{2,000}(2,000-1,482) + \dfrac{490}{2,000}(2,000-490) + \dfrac{28}{2,000}(2,000-28)]$ /2,000=781.40/2,000=0.3907、後者為 $\dfrac{n - M_Y}{n} = \dfrac{2,000 - 1,482}{2,000} = 0.259$ —— 但是,在加入另一個變項 (X) 的資訊時,針對每一個 X 值的猜測方式,即是利用變項 Y 在此 X 值的條件分布進行前述猜測,此方式將更敏銳地偵測到兩變項間的關係。

再以表 13-4 為例,我們加入性別變項的資訊,當面對男性時,便利用某種隨機亂數機制,使得出現「滿意」占 71.17% (=674/947)、「不滿意」占 27.03% (=256/947)、「不知道/不確定」占 1.80% (=17/947),據此亂數結果來猜測男性民眾的滿意度;同理,當面對女性時,利用某種隨機亂數機制,使得出現「滿意」占

76.73% (＝808/1,053)、「不滿意」占 22.22% (＝234/1,053)、「不知道/不確定」占 1.04% (＝11/1,053)，據此亂數結果來猜測女性民眾的滿意度。此種方式猜錯期望個數為 $\frac{674}{947}(947-674)+\frac{256}{947}(947-256)+\frac{17}{947}(947-17)+\frac{808}{1,053}(1,053-808)+\frac{234}{1,053}(1,053-234)+\frac{11}{1,053}(1,053-11)=778.67$，加入性別變項資訊後猜測錯誤機率為 778.67/2000＝0.3893，故以性別來猜測滿意度時，可降低誤差比例為 $\frac{0.3907-0.3893}{0.3907}$（或 $\frac{781.40-778.67}{781.40}$）＝0.0035，此即為古德曼與克魯斯卡的 tau-y 係數。

顯然，上述定義是不對稱的，當兩類別變項中有一個自變項 (X)，另一個是依變項 (Y) 時，我們定義 tau-y＝$\frac{\sum_{i=1}^{r}\frac{n_i}{n}(n-n_i)-\sum_{i=1}^{r}\sum_{j=1}^{c}\frac{n_{ij}}{n_j^X}(n_j^X-n_{ij})}{\sum_{i=1}^{r}\frac{n_i}{n}(n-n_i)}$，其中 i 為 Y 的數值、j 為 X 的數值、$n_i$ 為 Y 的邊際次數、n_j^X 為 X 的邊際次數、n_{ij} 為同屬於 Y 的 i 值與 X 的 j 值之次數、r 為 Y 的分類個數、c 為 X 的分類個數、n 為樣本數。我們可化簡 tau-y 以便進行筆算，tau-y＝$\frac{\sum_{i=1}^{r}\sum_{j=1}^{c}\frac{n_{ij}^2}{n_j^X}-\frac{\sum_{i=1}^{r}n_i^2}{n}}{n-\frac{\sum_{i=1}^{r}n_i^2}{n}}$，為介於 0 和 1 之間的數值，數值愈大表兩變項間的相關性愈大，且皆具有 PRE 意義，同樣拿分布資訊隨機猜測變項的數值，有利用另外一個變項的資訊能削減沒有此資訊之預測誤差，降低比例即為 tau-y 的值，並可得 (n－1)×(r－1)×tau-y 的近似分布為具自由度 (r－1)×(c－1) 之卡方分布。我們將表 13-4 行列對調成表 F-1，以方便說明以性別 (X) 來猜測滿意度 (Y) 時的 tau-y 係數。

由於 $\sum_{i=1}^{r}\sum_{j=1}^{c}\frac{n_{ij}^2}{n_j^X}=\frac{674^2+256^2+17^2}{947}+\frac{808^2+234^2+11^2}{1,053}=1,221.328$、$\frac{\sum_{i=1}^{r}n_i^2}{n}=\frac{1,482^2+490^2+28^2}{2,000}=1,218.604$，所以 tau-y＝$\frac{1,221.328-1,218.604}{2,000-1,218.64}=0.0035$。近似卡方

附錄 F：Lambda 相關係數及 tau-y 係數

表 F-1 某地區民眾對《菸害防制法》實施滿意度調查資料 (表 13-4 之轉置)

滿意度 ($Y=i$)	性別 ($X=j$) 男 ($j=1$)	性別 ($X=j$) 女 ($j=2$)	總和
滿意 ($i=1$)	674 (n_{11})	808 (n_{12})	1482 (n_1)
不滿意 ($i=2$)	256 (n_{21})	234 (n_{22})	490 (n_2)
不知道 / 不確定 ($i=3$)	17 (n_{31})	11 (n_{32})	28 (n_3)
總和	947 (n_1^X)	1053 (n_2^X)	2000 (n)

值 $\chi^2=(2,000-1)\times(3-1)\times 0.0035=13.99$，查自由度為 $(3-1)\times(2-1)$ 之卡方分布大於 13.99 的右尾機率 $p=0.001$。因 $p<0.05$，故性別與滿意度間有關，透過性別來預測滿意度，可以削減預測誤差。

同理，以滿意度 (X) 來猜測性別 (Y) 時的 tau-y 係數，由表 13-4 可得

$$\sum_{i=1}^{r}\sum_{j=1}^{c}\frac{n_{ij}^2}{n_j^X}=\frac{674^2+808^2}{1,482}+\frac{256^2+234^2}{490}+\frac{17^2+11^2}{28}=1,007.19 \text{、} \frac{\sum_{i=1}^{r}n_i^2}{n}=\frac{947^2+1,053^2}{2,000}$$

$=1,002.81$，所以 tau-y $=\dfrac{1,007.19-1,002.81}{2,000-1,007.19}=0.0044$。近似卡方值 $\chi^2=(2,000-1)\times(2-1)\times 0.0044=8.80$，查自由度為 $(3-1)\times(2-1)$ 之卡方分布大於 8.80 的右尾機率 $p=0.012$。因 $p<0.05$，故性別與滿意度間有關，透過滿意度來預測性別，可以削減預測誤差。雖然，透過性別來預測滿意度 (tau-y$=0.0035$)，或是透過滿意度來預測性別 (tau-y$=0.0044$)，皆能顯著地削減預測誤差，但降低誤差比例都非常地小 (<0.06)，代表性別與滿意度間僅有輕微的相關。

若以 SPSS 之程序進行上述的運算，需先將表 13-4 之資料輸入 SPSS 資料集中 (如圖 F-1)，然後按「分析 (A)/描述性統計資料 (E)/交叉表 (C)」，再將 gender 和 Satisfaction 兩變項分別選入「列 (O)」與「直欄 (C)」中，並點選「統計資料 (S)」勾選「Lambda (A)」後按「繼續」及「確定」，即可獲得 Lambda 相關係數與 tau-y 係數分析結果 (見圖 F-2)，相關數值的解釋請參考前述，不再贅述。

最後，在第十三章第二節和第三節我們已經從圖 13-7 瞭解到皮爾森相關係數為衡量兩個等距變項間之線性關係的指標，斯皮爾曼相關係數為衡量兩個序位變項間之嚴格單調關係的指標，以及伽瑪係數 (G) 為衡量兩序位變項間之單調關係的指標，那麼 Lambda 相關係數與 tau-y 係數是衡量兩類別變項間之何種關係的指標

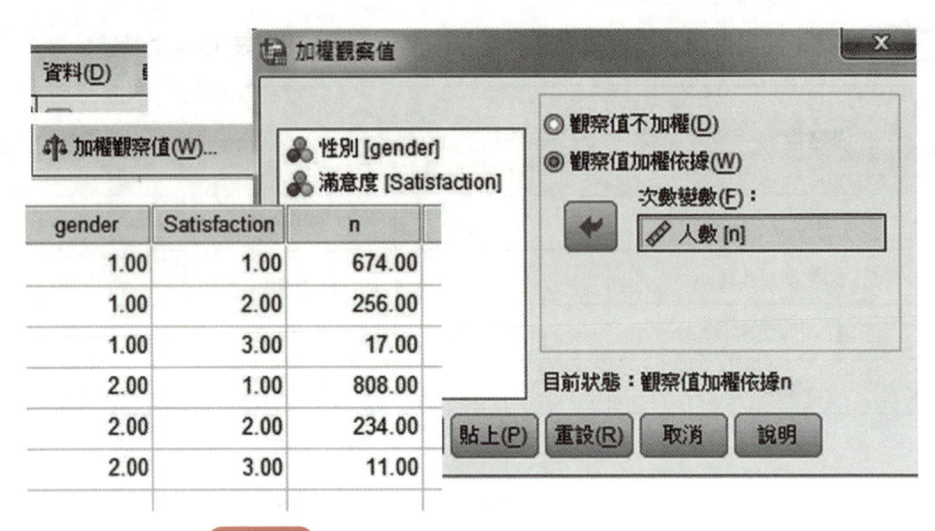

圖 F-1 於 SPSS 中建立表 13-4 資料集示意圖

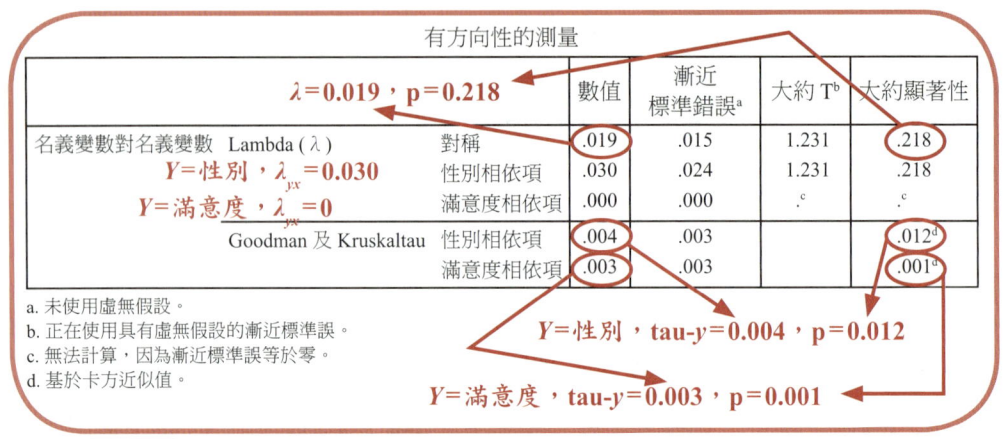

圖 F-2 性別與滿意度相關分析之 Lambda 相關係數與 tau-y 係數分析結果

呢？圖 F-3 中顯示了兩類別變項取值之間的四種對應關係，和各關係在特定樣本數下所對應之交叉表以及相應之 Lambda 係數與 tau-y 係數。由圖 F-3 之上方兩個對應關係可知，當存在以變項 X 之數值為定義域到變項 Y 之數值為值域的非常數函數關係時，λ_{yx} 和 tau-y 皆為 1；由圖 F-3 之左側兩個對應關係可知，當兩變項數值之間存在定義域到值域的非常數的 1 對 1 函數關係時，不僅 λ_{yx} 和 tau-y 皆為 1，對稱之 Lambda 相關係數 (λ) 亦為 1；由圖 F-3 右下方之對應關係可知，當不存在定義域到值域間的非常數函數關係時，λ_{yx}、tau-y 和 λ 皆不為 1。因此，若將沒有任何數值與之對應的類別刪除後，且兩類別變項為不對稱時 (以 X 預測 Y 時)，λ_{yx} 和 tau-y 是衡量兩類別變項間之非常數函數關係的指標，亦即，若存在變項 X 之數值為定

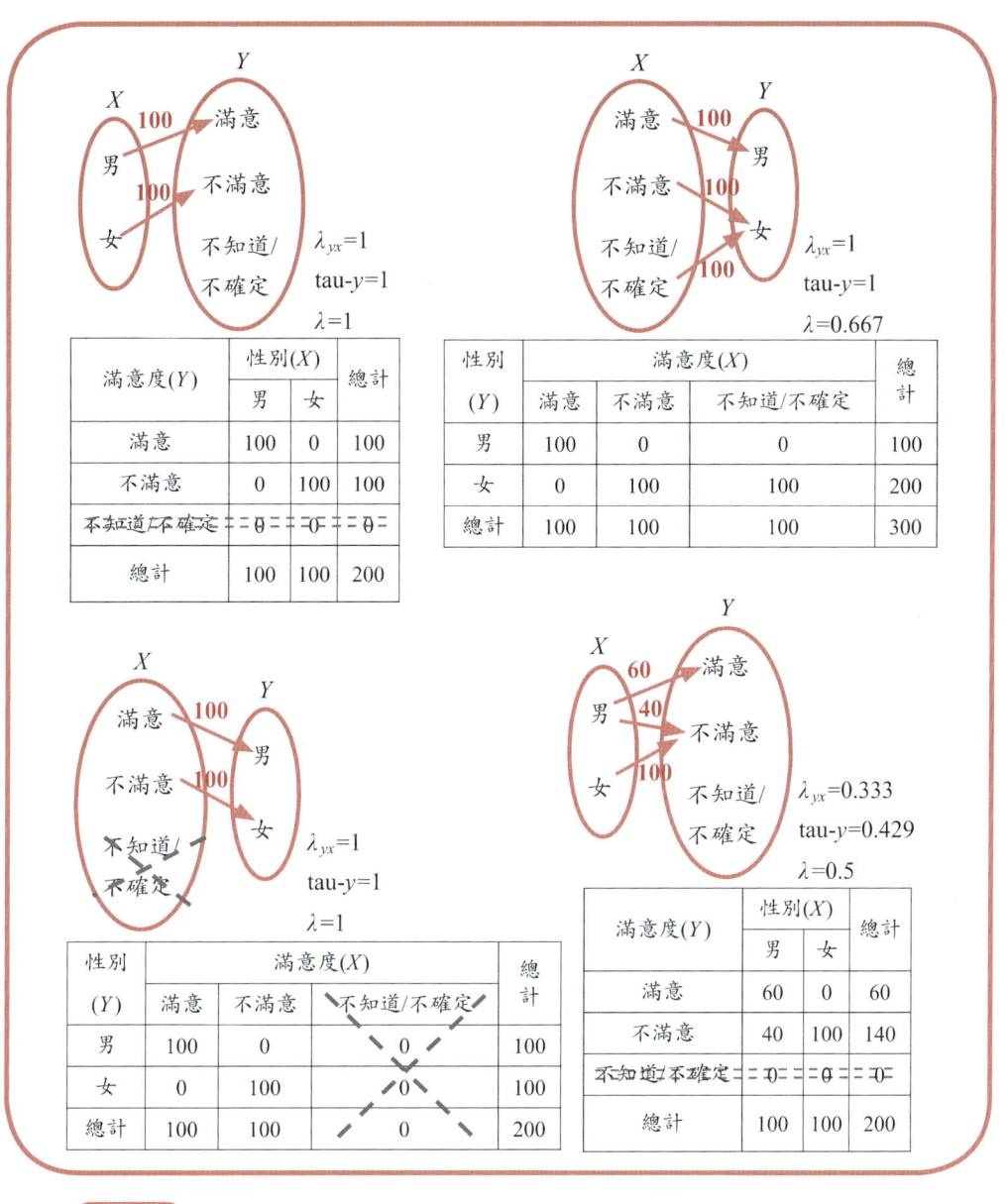

圖 F-3 兩類別變項取值之間的各種對應關係之 Lambda 係數與 tau-y 係數

義域到變項 Y 之數值為值域之非常數函數關係，則 λ_{yx} 和 tau-y 皆為 1；在兩類別變項為對稱時，λ 是衡量兩類別變項間之 (非常數) 1 對 1 函數關係的指標，亦即，若存在變項 X 值與變項 Y 數值之間互為定義域及值域之 1 對 1 函數關係，則不僅 λ_{yx} 和 tau-y 皆為 1，λ 亦為 1。簡略地說，λ_{yx} 和 tau-y 皆為衡量兩類別變項間之函數關係的指標，而在兩類別變項為對稱時，λ 是衡量兩類別變項間之 1 對 1 函數關係的指標。

總之，我們常採用獨立性卡方檢定來檢視兩類別變項間是否有關，但當樣本數很大的時候，兩變項間只要有輕微的相關性，一般均會達統計上的顯著性，而且卡方值的大小無法代表變項間的關係強弱，更無降低誤差比例的意涵，因而需要用其他指標來補強獨立性卡方檢定的分析結果。在兩變項的地位對稱時，亦即無依變項和自變項之分的方向性時，一般會採用具對稱性的 Lambda 相關係數來衡量兩類別變項間的關係強弱，當 λ 值為 1 時，代表兩類別變項間存在 1 對 1 函數關係。由於 Lambda 相關係數有忽略眾數以外的次數分布之缺點，容易低估相關性，因此，在兩變項的地位不對稱時，亦即有依變項和自變項之分的方向性時，一般會採用 tau-y 係數來進行分析，當 tau-y 係數為 1 時代表兩類別變項間存在函數關係。不論是 Lambda 相關係數或是 tau-y 係數，都具有降低誤差比例的意涵，適合用來分析兩類別變項間的相關強弱。另外，在探討暴露與疾病之間的關係時，通常會使用勝算比及相對危險等指標來衡量其關係強度，其定義與計算方式，讀者可參考第十二章。

附錄 G：常態檢定——Kolmogorov-Smirnov 檢定及 Shapiro-Wilk 檢定

我們要檢驗 n 個隨機樣本 $x_1, x_2, \cdots, x_n$ 是否來自常態分布，在此介紹兩種檢定方法——柯爾莫哥洛夫-斯米爾諾夫檢定 (Kolmogorov–Smirnov test) 及夏皮羅-威爾克檢定 (Shapiro-Wilk test)，在 SPSS 中，按「分析 (A)/描述性統計資料 (E)/探索 (E)」；接著，將所欲檢定的變項選入「因變數清單」中，以及按「圖形」；最後勾選「常態機率圖附檢定 (O)」，按「繼續」及「確定」，即可獲獲取這兩種常態檢定的結果。

假設若 $\Phi(z)$ 為標準常態分布 Z 的累積分布函數 (cumulative distribution function)，亦即 $\Phi(z) = P(\{Z \leq z\}) = \int_{-\infty}^{z} \frac{1}{\sqrt{2\pi}} \exp[-\frac{t^2}{2}]dt$。如果這 n 個樣本來自常態分布 $N(\mu, \sigma^2)$，其累積分布函數 (理論分布) 應為 $\Phi(\sigma x + \mu)$。將此 n 個樣本由小到大排序，記為 $x_{(1)}, x_{(2)}, \cdots, x_{(n)}$，那麼經驗分布函數 (empirical distribution function) $S_n(x)$ 可定義為：$S_n(x) = \begin{cases} 0, & x < x_{(1)} \\ k/n, & x_{(k)} \leq x < x_{(k+1)} \\ 1, & x \geq x_{(n)} \end{cases}$

柯爾莫哥洛夫-斯米爾諾夫檢定計算經驗分布與理論分布之差異 D_n，$D_n = \max_x |S_n(x) - \Phi(\sigma x + \mu)|$，並據之以判斷隨機樣本是否來自理論分布，$D_n$ 愈大代表經驗分布與理論分布之差異愈大，愈應拒絕常態分布的虛無假說。當樣本數 n 趨近於無窮大，$\sqrt{n}D_n$ 趨近於柯爾莫哥洛夫分布 (Kolmogorov distribution)，亦即當樣本數夠大時，$P(\sqrt{n}D_n \leq x) = 1 - 2\sum_{k=1}^{\infty}(-1)^{k-1}e^{-2k^2x^2} = \frac{\sqrt{2\pi}}{x}\sum_{k=1}^{\infty}e^{-(2k-1)^2\pi^2/(8x^2)}$。顯著水準為 α 時，若 $\sqrt{n}D_n > K_\alpha$，則拒絕常態分布的虛無假說，其中 $\frac{\sqrt{2\pi}}{k_\alpha}\sum_{k=1}^{\infty}e^{-(2k-1)^2\pi^2/(8K_\alpha^2)}$ $= 1-\alpha$。在理論分布的平均數 μ 及標準差 σ 未知的時候，那麼 $\Phi(\sigma x + \mu)$ 之估計應為 $\Phi(sx + \bar{x})$，其中 $\bar{x}$ 為樣本平均數及 s 為樣本標準差。里爾福斯 (Lilliefors) 提出了下列的校正方式：計算 $D_+ = \max_i |S_n(x_{(i)}) - \Phi(sx_{(i)} + \bar{x})|$、$D_- = \max_i |S_n(x_{(i-1)}) - \Phi(sx_{(i)} + \bar{x})|$、$D_n = \max\{D_+, D_-\}$。

達爾和威爾金森 (Dallal & Wilkinson, 1986) 利用里爾福斯的校正臨界值方法，推導出右尾機率小於 0.1 的解析近似校正表。其法簡述如下：

當顯著水準為 0.1 時之臨界值 $D_{0.1}$ 估計值為 $\frac{-b - \sqrt{b^2 - 4ac}}{2a}$，其中

$$a=\begin{cases}-7.01256\times(n+2.78019), n\leq 100\\-7.90289126054\times n^{0.98}, n>100\end{cases}、b=\begin{cases}2.99587\times\sqrt{n+2.78019}, n\leq 100\\3.180370175721\times n^{0.49}, n>100\end{cases}、$$

$$c=\begin{cases}2.1804661+\dfrac{0.974598}{\sqrt{n}}+\dfrac{1.67997}{n}, n\leq 100\\2.2947256\qquad\qquad\qquad\quad, n>100\end{cases}。$$

若 $D_n=D_{0.1}$ 則 p 值為 0.1；若 $D_n>D_{0.1}$，則 p 值為 $e^{aD_n^2+bD_n+c-2.3025851}$；若 $D_n<D_{0.1}$，則再估計出 $D_{0.2}$，如果此時 $D_n\geq D_{0.2}$，則以內插法求出 p 值；反之，如果此時 $D_n<D_{0.2}$，則報告 p 值大於 0.2。

SPSS 中的 Kolmogorov-Smirnov 常態檢定，即是上述里爾福斯校正 p 值之檢定。以圖 14-7 的結果為例，$D_n=0.213$、$a=-138.710$、$b=13.324$、$c=2.516$、$D_{0.1}=0.191$，讀者可自行計算求得 p=0.038，與圖 14-7 的結果相同。

另一種常用的常態檢定是夏皮羅-威爾克檢定，它的基本概念是求出在常態假設下 $x_{(1)}, x_{(2)},\cdots, x_{(n)}$ 各自對應的期望值 $a_1, a_2,\cdots, a_n$ (如何求得期望值，本書省略)，然後求得 $<x_{(1)}, x_{(2)},\cdots, x_{(n)}>$ 和 $<a_1, a_2,\cdots, a_n>$ 的皮爾森相關係數的平方 (記為 W)，以此做為常態檢定的統計量，顯然夏皮羅-威爾克統計量 (W) 介於 0 與 1 之間，且樣本統計值愈遠離 1 代表愈應拒絕常態分布的虛無假設。在大樣本的情況下，$\ln(1-W)$ 近似具有平均數 $\mu_W=0.0038915(\ln n)^3-0.083751(\ln n)^2-0.31082\ln n-1.5861$、標準差 $\sigma_W=e^{0.0030302(\ln n)^2-0.082676\ln n-0.4803}$ 的常態分布，因此可以用單尾 Z 檢定檢定之，此時 $Z=\dfrac{\ln(1-W)-\mu_W}{\sigma_W}$。以圖 14-7 的結果為例，$W=0.820$、$\mu_W=-3.050$、$\sigma_W=0.501$，可求得 Z 約為 2.665，此時 p 值約為 0.004，與圖 14-7 的結果相同。

夏皮羅與威爾克 (Shapiro&Wilk, 1965) 原來所提出估計 $a_1, a_2,\cdots, a_n$ 的方法，只適合樣本數介於 3 到 50 的時候，但羅伊斯頓 (Royston) 的修正方法讓夏皮羅-威爾克檢定能在樣本數介於 3 到 5000 的時候也適用 (Royston, 1995)。許多研究顯示夏皮羅-威爾克檢定的檢力在其適用範圍內皆高於柯爾莫哥洛夫-斯米爾諾夫檢定 (Keskin, 2006; Mendes & Pala, 2003; Oztuna, Elhan & Tuccar, 2006; Razali & Wah, 2011)，因此建議讀者採用夏皮羅-威爾克檢定進行常態假設的檢定。

附錄 H：Breusch-Pagan 檢定

布魯施-培根檢定 (Breusch-Pagan test) (Breusch & Pagan, 1979; Koenker, 1981) 是一種用來檢定迴歸分析中誤差項變異數是否相等的統計方法，其基本想法如下：

假設迴歸模式 $Y = E(Y|X_1, X_2, \cdots, X_k) + \varepsilon$，其中 $E(Y|X_1, X_2, \cdots, X_k) = \beta_0 + \beta_1 X_1 + \beta_2 X_2 + \cdots + \beta_k X_k$，我們要檢定誤差項 ε 的變異數 σ^2 是為固定值，還是會隨某些自變項 $(Z_1, Z_2, \cdots, Z_m)$ 而改變？亦即，設 $\mathrm{Var}(\varepsilon) = \sigma^2 = \alpha_0 + \alpha_1 Z_1 + \cdots + \alpha_m Z_m$，我們要檢定

$H_0 : \alpha_1 = \alpha_2 = \cdots = \alpha_m = 0$ vs.

$H_a :$ 至少存在一個 $j \in \{1, 2, \cdots, m\}$，使得 $\alpha_j \neq 0$

首先，利用迴歸分析，求出 σ^2 的估計 $= \dfrac{\sum_{i=1}^{n}(Y_i - \hat{\beta}_0 - \hat{\beta}_1 X_{1i} - \hat{\beta}_2 X_{2i} - \cdots - \hat{\beta}_{ki})^2}{n}$。其次，令 $u_i^2 = \dfrac{(Y_i - \hat{\beta}_0 - \hat{\beta}_1 X_{1i} - \hat{\beta}_2 X_{2i} - \cdots - \hat{\beta}_{ki})^2}{\hat{\sigma}^2}$，並建立輔助迴歸模式 $u_i^2 = \alpha_0 + \alpha_1 Z_{1i} + \alpha_2 Z_{2i} + \cdots + \alpha_m Z_{mi} + v_i$，其中 v_i 為隨機誤差項，並求得此模式之迴歸平方和 USSreg。接著，我們可以利用迴歸分析之 F 檢定來檢定輔助迴歸模式中迴歸斜率是否全為 0，但建議使用更佳的 LM 統計量 (Likelihood Maximun estimator) (Koenker, 1981)，進行卡方檢定。可以證明當變異數同質成立 ($\alpha_1 = \alpha_2 = \cdots = \alpha_m = 0$) 且樣本數 n 趨近無限時，$\dfrac{\mathrm{USSreg}}{2} \sim \chi^2(m)$。最後，對於給定顯著性水準 α，查附表表 7 可得 $\chi_\alpha^2(m)$，如果由輔助迴歸模式所求得 $\dfrac{\mathrm{USSreg}}{2}$ 之值 $> \chi_\alpha^2(m)$，則拒絕 H_0，表示誤差項變異數會隨某些自變項數值而改變，即原迴歸模型 $Y = \beta_0 + \beta_1 X_1 + \beta_2 X_2 + \cdots + \beta_k X_k + \varepsilon$ 違反變異數同質性的假設。

本書所附的 Breusch-Pagan 檢定程序 (Breusch-Pagan test.spd) 中，提供兩種常用的誤差項變異數解釋變項 $(Z_1, Z_2, \cdots, Z_m)$ 供讀者選擇，一個是依變項 Y 的預測值 Y' (或記為 $\hat{y}$) (為 Breusch-Pagan test.spd 所預設)，另一個是原迴歸模型的自變項 $(X_1, X_2, \cdots, X_k)$。若執行結果所獲得的 p 值小於預定的顯著水準 α 時，則應拒絕變異數同質性的虛無假說；反之，則不應拒絕變異數同質性的虛無假說。

單數習題解答

習題一

1. 此網站上的統計數據皆取自聯合國機構、各國政府，以及誠信的機構所公布的統計資訊，所以我相信他們的統計數據。我對下列項目數據的變化印象深刻：目前世界人口總數、今天全世界政府的醫療支出總額、今天全世界政府的教育支出總額、世界網路用戶總數、今天 Google 搜尋次數、今天被砍伐森林面積、今年二氧化碳排放量、今年沙漠化的土地面積、今天美國用於減肥的支出、今年消耗的水量、今天開採的石油、今年由於傳染病而造成的死亡人數、今天由癌症致死的人數、今年自殺人數。請參閱表 SA-1。

表 SA-1 (2014 年 10 月 21 日查詢紀錄)

世界人口	
目前世界人口總數	7,268,821,249
今年出生的人數 (今年指自本年度 1 月 1 日零時到現在)	111,760,609
今天出生的人數	158,550
今年死亡的人數	46,113,769
今天死亡的人數	65,420
今年增加的人數	65,646,840
政府和經濟	
今天全世界政府的醫療支出總額 (美元)	$ 4,410,265,596
今天全世界政府的教育支出總額 (美元)	$ 3,900,369,148
今天全世界政府的軍事支出總額 (美元)	$ 1,996,990,580
今年汽車產量	54,454,302
今年自行車產量	112,257,492
今年電子計算機銷售量	283,443,766
社會與媒體	
今年出版書目總量	2,007,980
今天報刊發行總量	208,597,114
今天電視機銷售量	273,252
今天手機銷售量	2,143,938
今天電子遊戲消費額 (美元)	$ 78,075,227
世界網路用戶總數	2,993,398,072
今天發出的電子郵件數	87,603,471,210
今天上傳的博客數	1,516,501
今天發出的推特數	283,466,797
今天谷歌搜索次數	1,654,388,564

環境	
今年被砍伐森林面積 (公頃)	4,180,407
今年由於水土流失而損失的耕地面積 (公頃)	5,627,959
今年二氧化碳排放量 (噸)	28,435,457,318
今年沙漠化的土地面積 (公頃)	9,646,118
今年工業上被排放進入生態環境的有毒化學品 (噸)	7,871,537
食物	
目前世界上營養不良的人數	886,836,934
目前世界上肥胖的人數	1,598,630,688
目前世界上過度肥胖的人數	532,876,896
今天死於飢餓的人數	12,753
今天美國用於治療過度肥胖引起的疾病的支出	$ 198,452,525
今天美國用於減肥的支出	$78,834,348
水	
今年消耗的水量 (十億升)	3,985,203
今年因水源相關的疾病而致死的人數	1,447,551
目前無法獲取安全飲用水的人數	722,257,289
能源	
今天世界範圍內使用的能量 (兆瓦時),其中	163,351,100
來自不可再生能源 (兆瓦時)	132,313,671
來自可再生能源 (兆瓦時)	31,037,428
今天地球上接收到的太陽能 (兆瓦時)	1,219,625,668,324
今天開採的石油 (桶)	34,957,567
剩餘石油儲量 (桶)	1,200,277,217,694
離石油耗盡的天數	14,289
剩餘天然氣儲量 (油氣當量)	1,134,581,263,264
離天然氣耗盡的天數	59,715
剩餘煤炭儲量 (油氣當量)	4,375,651,383,894
離煤炭耗盡的天數	150,885
健康	
今年由於傳染病而造成的死亡人數	10,434,539
今年五歲以下兒童死亡人數	6,109,631
今年墮胎數	33,767,751
今年生育過程中母親死亡人數	276,328
感染愛滋病的人數	36,660,083
今年由愛滋病致死的人數	1,351,217
今年由癌症致死的人數	6,601,443
今年由瘧疾致死的人數	788,421

今天香菸消耗量	6,312,286,417
今年由吸菸而造成的死亡人數	4,018,160
今年由酗酒而造成的死亡人數	2,010,347
今年自殺人數	861,940
今年全世界在非法藥物上的花費	$ 321,554,171,469
今年由於交通意外而致死人數	1,085,030

3. 雖然女性進行人工流產與是否結婚之間具有統計負相關，但造成人工流產的因素很多，人工流產比例與女性結婚率似乎不具因果關係。
5. 我們訪問到某國立科技大學教授應用統計相關課程的一位郭老師，他在教學工作中使用到 EXCEL、SPSS 與 SAS 等統計軟體，結合統計科學與方法面對各方面隨機的資訊加以整理分析與摘要結論，進行有效的管理與應用，達到事半功倍，控制風險並且減少損失之目的。

習題二

1. 簡單隨機抽樣。母體為該院每位醫師所成之集合。樣本為該護理人員對該院骨科醫師抽樣取得之汽車價格所成之集合。
3. 分層隨機抽樣。母體為該大學全體大學生所成之集合。樣本為這 80 個被選出的學生。
5. 立意抽樣。
7. 以配額抽樣的方式進行，對每個地區的聽眾做電話調查。其中 5 區各調查 80 位聽眾的年齡，而另外 30 區各調查 70 位聽眾的年齡，合併可得一個 2,500 人的樣本。
9. 目標母體就是全國民眾所成的集合。而抽樣母體就是可以利用電話訪問到的所有民眾所成之集合。

習題三

1. (1)

次數分布表

點數 x	次數
1	5
2	3
3	6
4	6
5	6
6	4

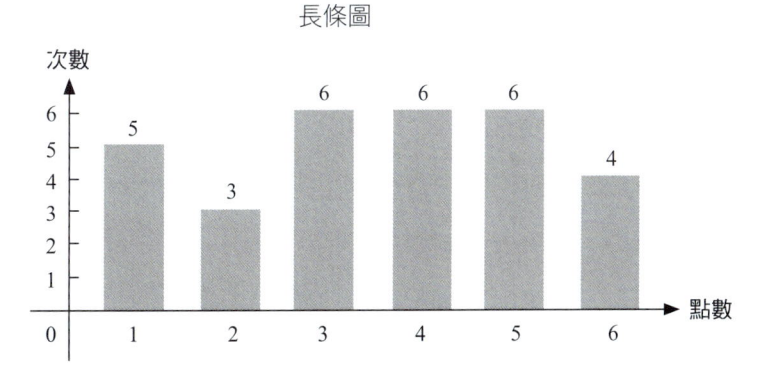

長條圖

中位數：將所得之點數由小到大排序，取正中央之數值。

樣本個數 $n = 30$ 為偶數。

$$中位數 = \frac{X_{(\frac{n}{2})} + X_{(\frac{n}{2}+1)}}{2} = \frac{X_{(15)} + X_{(16)}}{2} = \frac{4+4}{2} = 4$$

四分位數：將所得之點數由小到大排序，分成四等分。

$Q_1 = X_{(8)} = 2$

$Q_2 = $ 中位數 $= 4$

$Q_3 = X_{(23)} = 5$

全距 = 最大值減最小值 = 6 − 1 = 5

四分位間距 = $Q_3 − Q_1$ = 5 − 2 = 3。

3. (1) 莖葉圖

莖	葉
3	8
4	8 5
5	1 6 7 0 3
6	2 5 4 2 1 8 7 9
7	5 7 3 8 5 4 3
8	8 3 5 0 2
9	2 5

註：葉的單位為 1 美分。

5. (1)

汽車商標	Ch	P	O	B	Ca
數目	18	8	9	10	5

(2)

汽車商標	Ch	P	O	B	Ca
百分比	36%	16%	18%	20%	10%

$\dfrac{18}{50} \times 100\% = 36\%$；$\dfrac{8}{50} \times 100\% = 16\%$；$\dfrac{9}{50} \times 100\% = 18\%$；

$\dfrac{10}{50} \times 100\% = 20\%$；$\dfrac{5}{50} \times 100\% = 10\%$。

(3)

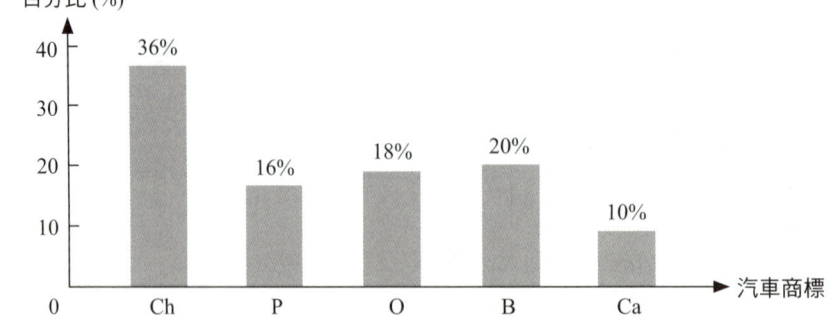

7. (1) 全距 = 83 − 67 = 16

組數：6，組距 = 16 ÷ 6 = 2.66... 取 3

次數分配表

成績	66.5～69.5	69.5～72.5	72.5～75.5	75.5～78.5	78.5～81.5	81.5～83.5
次數	12	37	62	27	6	2
相對次數	0.08	0.25	0.43	0.19	0.04	0.01

(2)

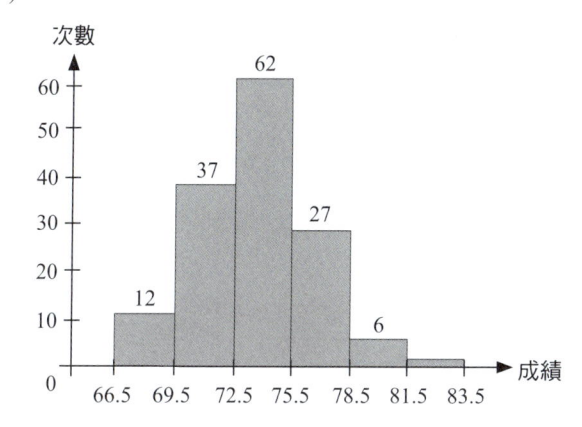

(3)

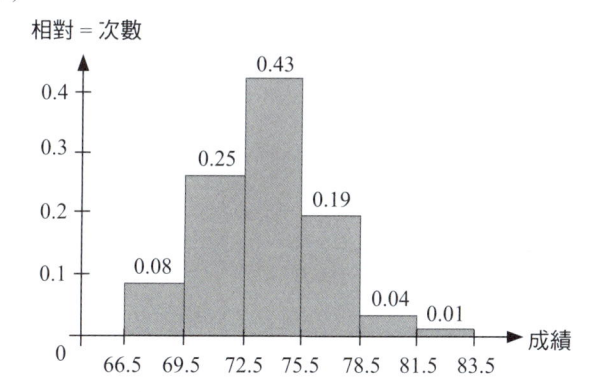

9. (1) 平均數 = $\frac{1}{20}$ (25 + 27 + 30 + 33 + 30 + 32 + 30 + 34 + 30 + 27 + 26 + 25 + 29 + 31 + 31 + 32 + 34 + 32 + 33 + 30) = 30.05

(2) 全距 = 最大值減最小值 = 34 − 25 = 9

(3) 變異數 = $\dfrac{\sum_{i=1}^{20}(X_i - \overline{X})^2}{n-1}$ = $\dfrac{1}{19}$ [(25 − 30.05)^2 + (27 − 30.05)^2 + (30 − 30.05)^2 + (33 − 30.05)^2 +

(30 − 30.05)^2 + (32 − 30.05)^2 + (30 − 30.05)^2 + (34 − 30.05)^2 +

(30 − 30.05)^2 + (27 − 30.05)^2 + (26 − 30.05)^2 + (25 − 30.05)^2 +

(29 − 30.05)^2 + (31 − 30.05)^2 + (31 − 30.05)^2 + (32 − 30.05)^2 +

(34 − 30.05)^2 + (32 − 30.05)^2 + (33 − 30.05)^2 + (30 − 30.05)^2]

= 7.839

(4) 標準差 = $\sqrt{2.799}$ = 2.799

11. (1) 將資料由小到大排序，$X_{(1)} \sim X_{(40)}$

$P_5 = X_{(2)} = 7.2$

$P_{10} = X_{(4)} = 7.6$

$P_{90} = \frac{1}{2}(X_{(36)} + X_{(37)}) = \frac{1}{2}(12.0 + 13.6) = 12.8$

$P_{95} = \frac{1}{2}(X_{(38)} + X_{(39)}) = \frac{1}{2}(14.7 + 14.9) = 14.8$

$Q_1 = \frac{1}{2}(X_{(10)} + X_{(11)}) = \frac{1}{2}(8.3 + 8.3) = 8.3$

$Q_3 = \frac{1}{2}(X_{(30)} + X_{(31)}) = \frac{1}{2}(10.7 + 11.0) = 10.85$

五數摘要：最小值：7.1；第一四分位數：8.3；中位數：9.25；
第三四分位數：10.85；最大值：15.5。

盒鬚圖

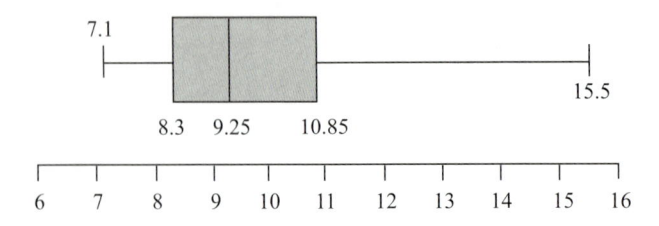

習題四

1. 令飲料裝填量 = X ⇒ $X \sim N(1,200, 3^2)$

    (1) $P(X > 1,206) = P(Z > \frac{1,206 - 1,200}{3}) = P(Z > 2) = 0.0028$

    (2) $P(X < 1,191) = P(Z < \frac{1,191 - 1,200}{3}) = P(Z < -3) = 0.0013$

    (3) 規格上限 = $\mu + 3\sigma = 1,200 + 3 \times 3 = 1,209$
        規格下限 = $\mu - 3\sigma = 1,200 - 3 \times 3 = 1,191$
        範圍：介於 1,191 ~ 1,209 之間

3. (1) $P(4 \leq X \leq 8) = P(\frac{4-3}{4} \leq X \leq \frac{8-3}{4}) = P(0.25 \leq X \leq 1.25) = 0.8944 - 0.5987 = 0.2957$

    (2) $P(-2 \leq X \leq 1) = P(\frac{-2-3}{4} \leq X \leq \frac{1-3}{4}) = P(-1.25 \leq X \leq -0.5) = 0.3085 - 0.1056 = 0.2029$

    (3) $P(0 \leq X \leq 5) = P(\frac{0-3}{4} \leq X \leq \frac{5-3}{4}) = P(-0.75 \leq X \leq 0.5) = 0.6915 - 0.2266 = 0.4649$

5. $Z \sim N(0, 1^2)$

    $P(\text{FVC} < -1.5) = P(Z < \frac{-1.5 - 0}{1}) = P(Z < -1.5) = 0.0068$

比例：0.68%

7. $X_1, X_2, \cdots, X_{100} \sim \text{Ber}(p = 0.6)$

(1) $\sum_{i=1}^{100} X_i \sim Bin(n = 100, p = 0.06)$ $\xrightarrow{\substack{np = 100 \times 0.6 = 60 \geq 5 \\ n(1-p) = 100 \times 0.4 = 40 \geq 5}}$ 則 $Z = \dfrac{\sum_{i=1}^{100} X_i - (100 \times 0.6)}{\sqrt{100 \times 0.6 \times 0.4}}$

$\xrightarrow[n \to \infty]{\text{C. L. T.}} N(0, 1)$

$P(50 < \sum_{i=1}^{100} X_i < 70) = P(\dfrac{50-60}{\sqrt{24}} < Z < \dfrac{70-60}{\sqrt{24}}) = P(-2.04 < Z < 2.04)$

$= 0.9763 - 0.0237 = 0.9526 = 95.26\%$

(2) 異常高的機率 $P(\sum_{i=1}^{100} X_i \geq 76) = P(Z \geq \dfrac{76-60}{\sqrt{24}}) = P(Z > 3.26) = 0.99942$

異常低的機率 $P(\sum_{i=1}^{100} X_i \leq 49) = P(Z \leq \dfrac{49-60}{\sqrt{24}}) = P(Z < -2.25) = 0.0122$

9. $X \sim N(124, 20^2)$

(1) $P(X < 90) = P(Z < \dfrac{90-124}{20}) = P(Z < -1.7) = 0.0446$

(2) $P(X > 140) = P(Z > \dfrac{140-124}{20}) = P(Z > 0.8) = 0.2119$

習題五

1. $\overline{X} \sim N(\mu = 77, \dfrac{\sigma^2}{n} = \dfrac{25}{16})$

(1) $P(77 < \overline{X}_{16} < 79.5) = P(\dfrac{77-77}{\sqrt{25/16}} < Z < \dfrac{79.5-77}{\sqrt{25/16}}) = P(0 < Z < 2) = 0.4773$

(2) $P(74.2 < \overline{X}_{16} < 78.4) = P(\dfrac{74.2-77}{\sqrt{25/16}} < Z < \dfrac{78.4-77}{\sqrt{25/16}}) = P(-2.24 < Z < 1.12)$

$= 0.8686 - 0.0125 = 0.8561$

3. (1) $\overline{X}_{36} \sim N(\mu = 40, \dfrac{\sigma^2}{n} = \dfrac{5^2}{36})$

$P(\{38 \leq \overline{X}_{36} \leq 43\}) = P(\dfrac{38-40}{\sqrt{\frac{5^2}{36}}} \leq Z \leq \dfrac{43-40}{\sqrt{\frac{5^2}{36}}}) = P(-2.4 < Z < 2.4) = 0.9836$

(2) $\overline{X}_{64} \sim N(\mu = 40, \dfrac{\sigma^2}{n} = \dfrac{5^2}{64})$

$P(\{|\overline{X}_{64} - 40| < 1\}) = P(\{|Z| < 1.6\}) = P(\{-1.6 < Z < 1.6\})$

$= P(\{Z < 1.6\}) - P(\{Z > 1.6\})$

$= 0.9452 - 0.0548 = 0.8904$

(3) $P(\{|\overline{X}_n - 40| < 1\}) = 0.95 \Leftrightarrow P(\{|Z| < \frac{\sqrt{n}}{5}\}) = 0.95 \Leftrightarrow P(\{Z > \frac{\sqrt{n}}{5}\}) = 0.025$

$\Leftrightarrow \frac{\sqrt{n}}{5} = 1.96 \Leftrightarrow \sqrt{n} = 9.8 \Leftrightarrow n = 96$

5. (1) $t_{(23, \frac{0.01}{2})} = 2.8073$ (2) $t_{(17, 1-0.05)} = t_{(17, 0.95)} = -t_{(17, 0.05)} = -1.7396$

(3) $t_{(31, 0.01)} = 2.4528$ ∴ $P(t > 2.4528) = 0.01$

(4) $P(-1.6991 < t < 2.7564) = P(-t_{0.05}(29) < t < t_{0.005}(29)) = 1 - 0.005 - 0.05 = 0.945$

習題六

1. $n = 10,000 \geq 30$,$\hat{p} = \frac{X}{n} \xrightarrow[n \to \infty]{\text{C. L. T.}} N(p, \frac{p(1-p)}{n})$,令 $\hat{p}$ 為 HIV 陽性者機率

$\hat{p} = \frac{19}{10000}$,$p$ 之 95% 信賴區間 $= [\frac{19}{10,000} \pm z_{\frac{0.05}{2}} \sqrt{\frac{19/10,000(1-19/10,000)}{10,000}}]$

$= [0.0019 \pm 1.96 \times 0.0004]$

$= [0.0019 - 0.000784, \ 0.0019 + 0.000784]$

$= [0.00111, \ 0.00268]$

3. (1) $\overline{X} = \frac{1}{16}(101 + 103 + 99 + 100 + 98 + 102 + 100 + 97 + 103 + 99 + 100 + 104 + 98 + 101 + 103 + 98)$

$= 100.375$ (樣本平均數)

$S = \sqrt{\frac{\sum_{i=1}^{16}(X_i - \overline{X})^2}{16-1}} = \sqrt{\frac{\sum_{i=1}^{16}(X_i - 100.375)^2}{15}} = \sqrt{4.65} = 2.1564$ (樣本標準差)

(2) C. I. $= [100.375 \pm t_{(\frac{0.02}{2}, 15)} \frac{2.1564}{\sqrt{16}}]$ $\alpha = 0.02$

$= [98.972, 101.778]$ $t_{(0.01, 15)} = 2.602$

5. (1) $\hat{\mu} = \frac{1}{16}(3.15 + 2.98 + 2.77 + 3.12 + 2.45 + 3.85 + 2.96 + 3.87 + 4.06 + 2.94 + 3.56 + 3.20 + 3.52 + 2.87 + 3.46 + 2.92)$

$= 3.23$

(2) $\hat{\sigma} = \sqrt{\frac{\sum_{i=1}^{16}(X_i - \hat{\mu})^2}{16-1}} = \sqrt{\frac{\sum_{i=1}^{16}(X_i - 3.23)^2}{15}} = 0.4482$

(3) μ 之 90% C. I. $= [3.23 \pm z_{0.05} \frac{0.4482}{\sqrt{16}}] = [3.046, 3.414]$

7. $\overline{X} = \frac{1}{10}[5,700 + 4,300 + 5,230 + 4,820 + 4,050 + 5,900 + 4,500 + 5,500 + 6,120 + 3,880]$

$= 5,000$

$$S = \left[\frac{\sum_{i=1}^{10}(X_i - \overline{X})^2}{10-1}\right]^{\frac{1}{2}} = 801.845$$

每日營業額的 95% 信賴區間 $= [5{,}000 \pm z_{0.025}\frac{801.845}{\sqrt{10}}] = [4{,}503.01,\ 5{,}496.99]$

$\qquad\qquad\qquad\qquad\qquad = [4{,}503.01,\ 5{,}496.99] = [4{,}503,\ 5{,}497]$

9. $n = 50 \geq 30 \qquad P \xrightarrow{\text{C. L. T}} N(p, \frac{p(1-p)}{n})$

不良率 p 的 95% 信賴區間 $= [\frac{8}{50} \pm z_{0.025} \times \sqrt{\frac{(8/50)(1-8/50)}{50}}]$

$\qquad\qquad\qquad\qquad = [0.16 \pm 1.96\sqrt{0.16 \times 0.84 / 50}]$

$\qquad\qquad\qquad\qquad = [0.058, 0.262]$

習題七

1. 若醫院取靜脈血進行生化分析所測得的血糖指標為 μ_1，個人自己取肢體末梢血利用血糖機快速測得的血糖指標為 μ_2 則認為其虛無假說 H_0 為「$\mu_1 \neq \mu_2$」，對立假說 H_1 為「$\mu_1 \neq \mu_2$」。

3. 已知檢定力為 1 – 型 II 錯誤 ∴ (1) 檢定力 = 1 – 0.035 = 0.965
   (2) 檢定力 = 1 – 0.072 = 0.928 　　(3) 檢定力 = 1 – 0.165 = 0.835

5. (1)「某種新藥宣稱能有效減小梗塞大小」的研究假說，尚待資料檢驗。

   (2) 若使用某種新藥後病人之平均梗塞大小為 μ；而未使用某種新藥病人之平均梗塞大小為 25，那麼虛無假說 H_0 為「$\mu \geq \mu_0$」而對立假說為「$\mu < \mu_0$」。

   (3) 所收集的 8 位接受此新藥治療的病人是採隨機抽樣取得，這些病人之間是相互獨立的，梗塞大小其值的分布是常態分布。

   (4) 若以 8 位病人之平均梗塞大小 $\overline{X}$ 來估計 μ，故當 $\frac{\overline{X} - \mu_0}{S/\sqrt{n}}$ 的觀測值極端地小於 0 時，應「拒絕 H_0」，其中 n 為樣本數，S 為樣本標準差。

   (5) 在虛無假說「$\mu \geq \mu_0$」為真的假設下，$\overline{X}$ 的分布近似為 $N(\mu_0, \frac{\sigma^2}{n})$，其中 σ 為梗塞平均值的標準差，$\frac{\overline{X} - \mu}{S/\sqrt{n}}$ 的分布為自由度 $n-1$ 的 t 分布。

   (6) α 取值為 0.05。

   (7) 在虛無假說下，由於 $\frac{\overline{X} - \mu}{S/\sqrt{n}}$ 的分布為自由度 $n-1$ 的 t 分布，可由 t 表得到 $-t_{0.05}(8-1) = -t_{0.05}(7) = -1.895$，故拒絕域為 $(-\infty, -1.895)$，臨界值為 -1.895。

   (8) 由於 $n = 8$，$\mu_0 = 25$，$\overline{X} = 16$，$S = 10$，因此 $T_{\text{OBS}} = \frac{16 - 25}{10/\sqrt{8}} = -2.5$

   (9) 因為 $T_{\text{OBS}} = -2.5$ 若入拒絕域，故為拒絕 H_0，換言之患有心肌梗塞且使用新藥後的平

均梗塞大小經檢驗得知能被有效減小。

7. (1)「患者經黑醋栗治療後三酸甘油酯是否有所降低」的研究假說，尚待資料檢驗。

   (2) 令患者治療前後的三酸甘油酯差異平均數為 μ，那麼虛無假說為「$\mu \leq 0$」，而對立假說為「$\mu > 0$」。

   (3) 所收集的 30 名患者是採隨機抽樣取得，這些患者之間是相互獨立的，其治療前後三酸甘油酯差異的分布是常態分布。

   (4) 若以 30 名患者之治療前後三酸甘油酯差異的平均數 $\overline{X}$ 來估計 μ，故當 $\dfrac{\overline{X}-0}{S/\sqrt{n}}$ 的觀測值極端地大於 0 時，應「拒絕 H_0」，其中 n 為樣本數，S 為樣本標準差。

   (5) 在虛無假說「$\mu \leq 0$」為真的假設下，$\overline{X}$ 的分布近似為 $N(0, \dfrac{\sigma^2}{n})$，其中 σ 為治療前後三酸甘油酯差異的平均數的標準差，$\dfrac{\overline{X}}{S/\sqrt{n}}$ 的分布為自由度 $n-1$ 的 t 分布。

   (6) α 取值為 0.05。

   (7) 在虛無假說下，由於 $\dfrac{\overline{X}}{S/\sqrt{n}}$ 的分布為自由度 $n-1$ 的 t 分布，可由 t 表得到 $t_{0.05}(30-1) = t_{0.05}(29) = 1.699$，故拒絕域為 $[1.699, \infty)$，臨界值為 1.699。

   (8) 由於 $n = 30$，$\overline{X} = 1.38$，$S = 0.76$，因此 $T_{OBS} = \dfrac{1.38}{0.76/\sqrt{30}} = 9.945$

   (9) 因為 $T_{OBS} = 9.945$ 落入拒絕域，故為拒絕 H_0，換言之經黑醋栗治療後三酸甘油酯有顯著降低。

習題八

1. 「糖尿病患者經生化治療後所量測之血糖值是否有差異。」若患者尚未生化治療前之血糖值與生化治療後之血糖值差的平均值為 μ，那麼虛無假說 H_0 為「$\mu = \mu_0$」，而對立假說為「$\mu \neq \mu_0$」，已知 $\alpha = 0.05$，經 SPSS 進行檢後報表輸出統計值 $t = 15.075 > t_{0.025}(299) = 1.968$，落入拒絕域，換言之，患者經生化治療後量測之血糖值與血糖機量測之血糖值有差異。

3. 「母體平均數是否為 12 毫升。」若 16 個細胞懸浮液的氧氣吸收量平均數為 μ，則虛無假說 H_0 為「$\mu = 12$」，對立假說為「$\mu \neq 12$」，已知 $\alpha = 0.05$，檢定統計量 $t = \dfrac{\overline{X} - \mu_0}{S/\sqrt{n}} = \dfrac{13.38 - 12}{1.21/\sqrt{16}} = 4.56 > t_{0.025}(16-1) = 2.131$ 落入拒絕域，換言之，細胞在孵化過程中的氧氣平均吸收量顯著不為 12 毫升。

5. 「看起來健康的大學高年級學生的平均最大通氣量是否為每分鐘 110 升。」若學生的平均最大通氣量為 μ，則虛無假說為「$\mu = 110$」，對立假說為「$\mu \neq 110$」，已知 $\alpha = 0.05$，檢定統計量 $\dfrac{\overline{X} - \mu_0}{S/\sqrt{n}} = \dfrac{111.6 - 110}{12.52/\sqrt{20}} = 0.572 < t_{0.025}(19) = 2.093$ 未落入拒絕域，換言之，學生的平均最大通氣量不顯著為每分鐘 110 升。

7. 「高血壓患者的平均收縮壓是否大於 14。」若高血壓患者的平均收縮壓為 μ，則虛無假說為「$\mu \leq 14$」，對立假說為「$\mu > 14$」，已知 $\alpha = 0.05$，檢定統計量 $\dfrac{\overline{X} - \mu_0}{S/\sqrt{n}} = \dfrac{15.758 - 14}{0.7/\sqrt{12}} = 8.699 > t_{0.05}(11) = 1.796$ 落入拒絕域，換言之，高血壓患者的平均收縮壓顯著大於 14。

習題九

1. 此題為獨立樣本 t 檢定。

   由於 p 值 = 0.065 > 0.05，故不拒絕「男、女生膽固醇數值無差異」之虛無假說。

   結論：在 95% 信心水準之下，性別與膽固醇無顯著關係。

   組別統計量

	性別	個數	平均數	標準差	平均數的標準誤
膽固醇	女	14	203.36	31.772	8.492
	男	14	230.36	41.593	11.116

   獨立樣本檢定

		變異數相等的 Levene 檢定		平均數相等的 t 檢定					差異的 95% 信賴區間	
		F 檢定	顯著性	t	自由度	顯著性(雙尾)	平均差異	標準誤差異	下界	上界
膽固醇	假設變異數相等	1.199	.283	-1.930	26	.065	-27.000	13.988	-55.753	1.753
	不假設變異數相等			-1.930	24.318	.065	-27.000	13.988	-55.850	1.850

3. μ_1：實驗前福壽螺活動力，μ_2：實驗後福壽螺活動力

   $H_0: \mu_1 = \mu_2$

   檢定方法：配對樣本 T 檢定

   檢定規則：拒絕 $H_0: \mu_1 = \mu_2$，若且唯若 $|t^*| > t_{\alpha/2,\, n-1}$

   $\overline{d} = -3.14$，$S_d = 3.5$

   $|t^*| = \left|\dfrac{\overline{d}}{S_d/\sqrt{n}}\right| = \left|\dfrac{-3.14}{3.5/\sqrt{36}}\right| = |-5.3829| > 2.03 = t_{0.025,\, 35} \Rightarrow$ 拒絕 $H_0: \mu_1 = \mu_2$

   結論：在 95% 信心水準之下，拒絕 $H_0: \mu_1 = \mu_2$，認為實驗前後福壽螺的活動力有顯著差異。

5. $H_0: \mu_A = \mu_B$

   $n_A, n_B > 100$

   $\rightarrow (\overline{X}_A - \overline{X}_B) \sim N(\mu_A - \mu_B,\, \dfrac{S_A^2}{n_A} + \dfrac{S_B^2}{n_B})$

   $Z = \dfrac{(\overline{X}_A - \overline{X}_B) - 0}{\sqrt{\dfrac{S_A^2}{n_A} + \dfrac{S_B^2}{n_B}}} \sim N(0, 1)$

   檢定規則：$|z^*| > z_{\alpha/2}$，拒絕 $H_0: \mu_A = \mu_B$

$$Z^* = \left|\frac{(124-134)-0}{\sqrt{\frac{100}{226}+\frac{144}{145}}}\right| = 8.3205 > 1.96 = z_{0.025} \rightarrow 拒絕 H_0：\mu_A = \mu_B$$

結論：在 95% 信心水準之下，拒絕 H_0：$\mu_A = \mu_B$，認為新生兒種族 A、B 平均心跳頻率有顯著差異。

7. 此題為獨立樣本 t 檢定

組別統計量

選舉結果		個數	平均數	標準差	平均數的標準誤
身高	勝選	13	182.69	5.779	1.603
	敗選	13	178.31	7.598	2.107

獨立樣本檢定

		變異數相等的 Levene 檢定		平均數相等的 t 檢定					差異的 95% 信賴區間	
		F 檢定	顯著性	t	自由度	顯著性 (雙尾)	平均差異	標準誤差異	下界	上界
身高	假設變異數相等	2.233	.148	1.656	24	.111	4.385	2.648	−1.080	9.849
	不假設變異數相等			1.656	22.403	.112	4.385	2.648	−1.100	9.870

(1) 獨立資料

H_0：美國總統勝選者身高與敗選者身高無差異

(2) 由於 p 值 = 0.111 > 0.05，故不拒絕「美國總統勝選者身高與敗選者身高無差異」之虛無假說。

結論：在 95% 信心水準之下，故認為當選美國總統與競選者身高無顯著關係。

習題十

1. 此題為獨立樣本單因子變異數分析

μ_1：身高≤170　μ_2：170≤身高≤180　μ_3：18≤身高　H_0：$\mu_1 = \mu_2 = \mu_3$

由於檢定 p 值 = 0.331 > 0.05，故不拒絕虛無假說「H_0：$\mu_1 = \mu_2 = \mu_3$」認為三種不同身高組別的美國總統之平均壽命不存在顯著關係。

單因子變異數分析

壽命

	平方和	自由度	平均平方和	F	顯著性
組間	331.541	2	165.770	1.141	.331
組內	5084.802	35	145.280		
總和	5416.342	37			

3. 此題為獨立樣本單因子變異數分析

由於 p 值 = 0.000 < 0.05，所以拒絕「不同室溫下產品平均生產速率皆無差異」之虛無假說 (H_0：$\mu_1 = \mu_2 = \mu_3$)，認為產品平均生產速率會隨室溫不同而有顯著差異。

單因子變異數分析

生產速率

	平方和	自由度	平均平方和	F	顯著性
組間	84.500	2	42.250	44.474	.000
組內	9.500	10	.950		
總和	94.000	12			

5. 此題為獨立樣本單因子變異數分析

   由於 p 值 = 0.002 < 0.05，所以拒絕 H_0：$\mu_1 = \mu_2 = \mu_3 = \mu_4$，認為羊平均體重會隨飼養方法不同而有顯著差異。

單因子變異數分析

體重

	平方和	自由度	平均平方和	F	顯著性
組間	1611.000	3	537.000	13.314	.002
組內	322.667	8	40.333		
總和	1933.667	11			

7. 此題為獨立樣本單因子變異數分析

   由於 p 值 = 0.005 < 0.05，所以拒絕 H_0：$\mu_A = \mu_B = \mu_C$，認為每加侖可行駛平均哩數會隨不同柴油燃料牌子而有顯著差異。

單因子變異數分析

可行駛哩數

	平方和	自由度	平均平方和	F	顯著性
組間	11.783	2	5.892	10.224	.005
組內	5.186	9	.576		
總和	16.969	11			

9. 此題為獨立樣本單因子變異數分析

   由於 p 值 = 0.000 < 0.05，所以拒絕 H_0：$\mu_1 = \mu_2 = \mu_3 = \mu_4$，認為燻肉平均脂肪含量會隨不同品牌而有顯著差異。

單因子變異數分析

脂肪含量

	平方和	自由度	平均平方和	F	顯著性
組間	734.255	3	244.752	83.596	.000
組內	52.700	18	2.928		
總和	786.955	21			

11. 此題為隨機集區設計變異數分析

    由於 p 值 = 0.003 < 0.05，所以拒絕 H_0：$\mu_1 = \mu_2 = \mu_3 = \mu_4$，認為注目時間平均長度會隨受注目物體與眼睛距離不同長度而有顯著差異。

受試者間效應項的檢定

依變數：注目時間

來源	型 III 平方和	df	平均平方和	F	顯著性
校正後的模式	69.250[a]	7	9.893	7.759	.001
截距	470.450	1	470.450	368.980	.000
距離	32.950	3	10.983	8.614	.003
物體	36.300	4	9.075	7.118	.004
誤差	15.300	12	1.275		
總數	555.000	20			
校正後的總數	84.550	19			

a. R 平方 = .819 (調過後的 R 平方 = .713)

習題十一

1. 此題為二項式檢定

   由於 p 值 = 0.06 > 0.05，所以不拒絕 H_0：$p \leq 0.35$。在 95% 信心水準之下，認為該地區婦科醫生每年執行至少一次剖腹產手術的比率顯著不到 35%。

   假設檢定摘要

	無效假設	檢定	顯著性	決策
1	由 x = 每年執行至少一次剖腹產手術及沒有執行過剖腹產手術所定義的類別以機率 0.35 及 0.65 發生。	單一樣本二項式檢定	.060	保留無效假設。

   顯示漸近顯著性。顯著水準為 .05。

3. 此題為二項式檢定

   由於 p 值 = 0.000 < 0.05，所以拒絕 H_0：$p \leq 0.15$。在 95% 信心水準之下，認為 7 歲至 12 歲男孩被判定超重或肥胖的比率顯著高於 15%。

   假設檢定摘要

	無效假設	檢定	顯著性	決策
1	由 x = 被判定超重或肥胖及沒有被判定超重或肥胖所定義的類別以機率 0.15 及 0.85 發生。	單一樣本二項式檢定	.000	拒絕無效假設。

   顯示漸近顯著性。顯著水準為 .05。

5. 此題為二項式檢定

   由於 p 值 = 0.127 > 0.05，所以不拒絕 H_0：$p = 0.2$。在 95% 信心水準之下，沒有足夠證據顯示慢性血癌 5 年存活率與 0.2 有顯著差異。

   假設檢定摘要

	無效假設	檢定	顯著性	決策
1	由 x = 存活 5 年以上及存活 5 年以下所定義的類別以機率 0.2 及 0.8 發生。	單一樣本二項式檢定	.127	保留無效假設。

   顯示漸近顯著性。顯著水準為 .05。

7. 此題為二項式檢定

   由於 p 值 = 0.500 > 0.05，所以不拒絕 H_0：$p \leq 0.1$。在 95% 信心水準之下，認為該系列廣告沒有成功提升市占率。

   假設檢定摘要

	無效假設	檢定	顯著性	決策
1	由 x = 會購買 A 牌殺蟑藥及不會購買 A 牌殺蟑藥所定義的類別以機率 0.1 及 0.9 發生。	單一樣本二項式檢定	.500	保留無效假設。

   顯示漸近顯著性。顯著水準為 .05。

9. 此題為適合度卡方檢定

   由於 p 值 = 0.347 > 0.05，所以不拒絕 H_0：$p_1 = p_2 = p_3 = p_4 = p_5 = p_6 = 1/6$。
   在 95% 信心水準之下，認為該骰子是公正的。

x

	觀察個數	期望個數	殘差
點數 1	18	16.7	1.3
點數 2	16	16.7	−.7
點數 3	20	16.7	3.3
點數 4	22	16.7	5.3
點數 5	14	16.7	−2.7
點數 6	10	16.7	−6.7
總和	100		

檢定統計量

	x
卡方	5.600[a]
自由度	5
漸近顯著性	.347

a. 0 個格 (0.0%) 的期望次數少於 5。最小的期望格次數為 16.7。

11. 此題為適合度卡方檢定

由於 p 值 = 0.011 < 0.05，所以拒絕 $H_0：p_1 = p_2 = p_3 = p_4$

在 95% 信心水準之下，認為學生對球類運動的喜好程度不會因不同類別而有顯著差異。

x

	觀察個數	期望個數	殘差
籃球	52	40.0	12.0
棒球	48	40.0	8.0
排球	44	40.0	4.0
羽球	30	40.0	−10.0
桌球	26	40.0	−14.0
總和	200		

檢定統計量

	x
卡方	13.000[a]
自由度	4
漸近顯著性	.011

a. 0 個格 (0.0%) 的期望次數少於 5。最小的期望格次數為 40.0。

習題十二

1. (1) 由於卡方檢定 p 值 = 0.036 < 0.05，所以拒絕虛無假說 ($H_0：p_1 = p_2$)；認為是否曾使用口服避孕藥與子宮內膜癌發病率有顯著關係。

卡方檢定

	數值	自由度	漸近顯著性 (雙尾)	精確顯著性 (雙尾)	精確顯著性 (單尾)
Pearson 卡方	4.392[a]	1	.036		
連續性校正[b]	3.363	1	.067		
概似比	3.883	1	.049		
Fisher's 精確檢定				.062	.039
線性對線性的關聯	4.386	1	.036		
有效觀察值的個數	700				

a. 0 格 (0.0%) 的預期個數少於 5。最小的預期個數為 5.00。
b. 只能計算 2×2 表格。

(2) $\dfrac{ad}{bc} = \dfrac{9 \times 514}{11 \times 166} = 2.5334$

$e^{\ln\left(\frac{ad}{bc}\right) \pm 1.96 \times \sqrt{\frac{1}{a}+\frac{1}{b}+\frac{1}{c}+\frac{1}{d}}} = e^{\ln\left(\frac{9 \times 514}{11 \times 166}\right) \pm 1.96 \times \sqrt{\frac{1}{9}+\frac{1}{11}+\frac{1}{166}+\frac{1}{514}}} = (1.0319, 6.2197)$

暴露勝算比點估計為 2.5334，其 95% C.I. 為 (1.0319, 6.2197)

(3) 疾病勝算比點估計為 2.533，其 95% C.I. 為 (1.032, 6.220)

風險估計值

	數值	95% 信賴區間 較低	較高
口服避孕藥 (曾使用/不曾使用) 的奇數比	2.533	1.032	6.220
顯示相對風險之估計子宮內膜癌 = 是	1.843	1.116	3.046
顯示相對風險之估計子宮內膜癌 = 否	.728	.488	1.084
有效觀察值的個數	700		

3. (1) $\dfrac{ad}{bc} = \dfrac{17 \times 17}{5 \times 5} = 11.56$

$e^{\ln\left(\frac{ad}{bc}\right) \pm 1.96 \times \sqrt{\frac{1}{a}+\frac{1}{b}+\frac{1}{c}+\frac{1}{d}}} = e^{\ln\left(\frac{17 \times 17}{5 \times 5}\right) \pm 1.96 \times \sqrt{\frac{1}{17}+\frac{1}{5}+\frac{1}{5}+\frac{1}{17}}} = (2.8218, 47.3575)$

暴露勝算比點估計為 11.56，其 95% C. I. 為 (2.8218, 47.3575)

(2) 疾病勝算比點估計為 11.56，其 95% C. I. 為 (2.822, 47.356)

風險估計值

	數值	95% 信賴區間 較低	較高
吸菸 (有/無) 的奇數比	11.560	2.822	47.356
顯示相對風險之估計肺癌 = 罹患	3.400	1.523	7.591
顯示相對風險之估計肺癌 = 未罹患	.294	.132	.657
有效觀察值的個數	44		

5. $\dfrac{A(C+D)}{C(A+B)} = \dfrac{AN_2}{CN_1} = \dfrac{\dfrac{a}{f_1}N_2}{\dfrac{c}{f_2}N_1} = \dfrac{aN_2 \dfrac{N_1}{n_1}}{cN_1 \dfrac{N_2}{n_2}} = \dfrac{aN_2 \dfrac{n_2}{N_2}}{cN_1 \dfrac{n_1}{N_1}} = \dfrac{an_2}{cn_1} = \dfrac{a(c+d)}{c(a+b)}$

7. (1) 連續校正後的麥內瑪卡方值 $= \dfrac{(|n_A - n_B| - 1)^2}{n_A + n_B} = \dfrac{(|45 - 24| - 1)^2}{45 + 24} = 5.7971$

由於卡方檢定值 = 5.7971 > 3.841 $= \chi^2_{0.05}$ (1)，拒絕虛無假說 (H_0：$p_1 = p_2$)；認為有無結腸腺瘤性息肉與是否常吃水果/蔬菜有顯著關係。

(2) $e^{\ln\left(\frac{n_A}{n_B}\right) \pm 1.96 \times \sqrt{\frac{1}{n_A}+\frac{1}{n_B}}} = e^{\ln\left(\frac{45}{24}\right) \pm 1.96 \times \sqrt{\frac{1}{45}+\frac{1}{24}}} = (1.1425, 3.0772)$

配對勝算比 95% C. I. 為 (1.1425, 3.0772)

1 不落於 95% 信賴區間 (1.1425, 3.0772)，表示拒絕配對樣本 OR = 1 之虛無假說，檢定結論顯著與麥內瑪卡方檢定結果一致。

習題十三

1. 此題為兩等距變數相關分析

(1) 年齡 vs. 血糖機血糖值

由於 p 值 = 0.444 > 0.05，所以不拒絕虛無假說 ($H_0：\rho = 0$)；認為年齡與血糖機血糖值不具有顯著線性關係。

相關

		血糖機檢測值	年齡
血糖機檢測值	Pearson 相關	1	.044
	顯著性 (雙尾)		.444
	個數	300	300
年齡	Pearson 相關	.044	1
	顯著性 (雙尾)	.444	
	個數	300	300

(2) 年齡 vs. 生化血糖值

由於 p 值 = 0.026 < 0.05，所以拒絕虛無假說 ($H_0：\rho = 0$)，認為年齡與生化血糖值具有顯著線性關係。Pearson 相關係數 = 0.128，表示兩者具有輕微相關。

相關

		年齡	生化檢測值
年齡	Pearson 相關	1	.128*
	顯著性 (雙尾)		.026
	個數	300	300
生化檢測值	Pearson 相關	.128*	1
	顯著性 (雙尾)	.026	
	個數	300	300

*. 在顯著水準為 0.05 時 (雙尾)，相關顯著。

(3) 血糖機血糖值 vs. 生化血糖值

由於 p 值 = 0.000 < 0.05，所以拒絕虛無假說 ($H_0：\rho = 0$)，認為血糖機血糖值與生化血糖值具有顯著線性關係。Pearson 相關係數 = 0.768，表示兩者具有高度相關。

相關

		血糖機檢測值	生化檢測值
血糖機檢測值	Pearson 相關	1	.768**
	顯著性 (雙尾)		.000
	個數	300	300
生化檢測值	Pearson 相關	.768**	1
	顯著性 (雙尾)	.000	
	個數	300	300

**. 在顯著水準為 0.01 時 (雙尾)，相關顯著。

3. (1) $d_{YX} = \dfrac{N_s - N_d}{N_s + N_d + N_Y^T} = \dfrac{3-1}{3+1+1} = 0.4$

(2) 方向性量數

			數值	漸近標準誤[a]	近似 T 分配[b]	顯著性近似值
以次序量數為主	Somers'd 統計量	對稱性量數	.400	.460	.816	.414
		Y 依變數	.400	.463	.816	.414
		X 依變數	.400	.463	.816	.414

a. 未假定虛無假說為真。
b. 使用假定虛無假說為真時之漸近標準誤。

5. 此題為兩序位變數相關分析

因變項具有大量相同數值 (10% 以上)，故衡量兩變項間單調關係。

由於 p 值 = 0.000 < 0.05，故認為兩次高階 OSCE 考試成績具有顯著單調關係。

對稱性量數

		數值	漸近標準誤[a]	近似 T 分配[b]	顯著性近似值
以次序量數為主	Gamma 統計量	.683	.116	4.597	.000
有效觀察值的個數		20			

a. 未假定虛無假說為真。
b. 使用假定虛無假說為真時之漸近標準誤。

7. (1) $C = \sqrt{\dfrac{x^2}{x^2+n}} = \sqrt{\dfrac{8.796}{8.796+2,000}} = 0.0662$

(2)   對稱性量數

		數值	顯著性近似值
以名義量數為主	列聯係數	.066	.012
有效觀察值的個數		2000	

(3) $C_S = \dfrac{\sqrt{\dfrac{x^2}{x^2+n}}}{\sqrt[4]{\dfrac{r-1}{r} \times \dfrac{c-1}{c}}} = \dfrac{0.0662}{\sqrt[4]{\dfrac{2-1}{2} \times \dfrac{3-1}{3}}} = 0.087087$

9. $\tau = \dfrac{\sum_{i=1}^{r}\sum_{j=1}^{c} n_{ij}^2 [\dfrac{1}{n_i} + \dfrac{1}{n_j^X}] - \dfrac{1}{n}[\sum_{i=1}^{r} n_i^2 \sum_{j=1}^{c} (n_j^X)^2]}{2n - \dfrac{1}{n}[\sum_{i=1}^{r} n_i^2 + \sum_{j=1}^{c} (n_j^X)^2]} = 0.003997$

11. 由於 p 值 = 0.000 < 0.05，所以拒絕虛無假說 (H_0：$p_1 = p_2 = p_3$)；在 95% 信心水準之下，認為兩種血型系統有顯著關係。

卡方檢定

	數值	自由度	漸近顯著性 (雙尾)
Pearson 卡方	36.550[a]	6	.000
概似比	41.747	6	.000
線性對線性的關聯	12.241	1	.000
有效觀察值的個數	1500		

a. 0 格 (0.0%) 的預期個數少於 5。最小的預期個數為 19.60。

習題十四

1. (1) 簡單線性迴歸模型為 $\hat{Y}$ (生化檢測值) = 4.26 + 0.586X (血糖機檢測值)

係數[a]

模式		未標準化係數		標準化係數	t	顯著性
		B 之估計值	標準誤差	Beta 分配		
1	(常數)	4.260	.202		21.090	.000
	血糖機檢測值	.586	.028	.768	20.731	.000

a. 依變數：生化檢測值

Anova[a]

模式		平方和	Df	平均平方和	F	顯著性
1	迴歸	772.963	1	772.963	429.793	.000[b]
	殘差	535.939	298	1.798		
	總數	1308.901	299			

a. 依變數：生化檢測值
b. 預測變數：(常數)，血糖機檢測值

P 值 = 0.000 < 0.05，故拒絕 $H_0：\beta = 0$，故認為此模型具有實質意義。

(2) 多元線性迴歸模型為 $\hat{Y}$ (生化檢測值) = 3.633 + 0.014X (年齡) − 0.063C (性別) + 0.582Z (血糖機檢測值)

係數[a]

模式		未標準化係數		標準化係數	T	顯著性	共線性統計量	
		B 之估計值	標準誤差	Beta 分配			允差	VIF
1	(常數)	3.633	.340		10.693	.000		
	年齡	.014	.005	.094	2.547	.011	.997	1.003
	性別	−.063	.155	−.015	−.407	.684	.994	1.006
	血糖機檢測值	.582	.028	.763	20.690	.000	.994	1.006

a. 依變數：生化檢測值

Anova[a]

模式		平方和	Df	平均平方和	F	顯著性
1	迴歸	784.893	3	261.631	147.789	.000[b]
	殘差	524.008	296	1.770		
	總數	1308.901	299			

a. 依變數：生化檢測值
b. 預測變數：(常數)、血糖機檢測值、年齡、性別

P 值 = 0.000 < 0.05，故拒絕 $H_0：\beta = 0$，故認為此模型具有實質意義。

3. 簡單線性迴歸模型為 $\hat{Y}$ (體重) = 2.195 + 0.057X (雌三醇)

係數[a]

模式		未標準化係數		標準化係數	T	顯著性
		B 之估計值	標準誤差	Beta 分配		
1	(常數)	2.195	.256		8.563	.000
	雌三醇	.057	.014	.664	4.169	.000

a. 依變數：體重

Anova[a]

模式		平方和	Df	平均平方和	F	顯著性
1	迴歸	2.336	1	2.336	17.382	.000[b]
	殘差	2.957	22	.134		
	總數	5.293	23			

a. 依變數：體重
b. 預測變數：(常數)、雌三醇

P 值 = 0.000 < 0.05，故拒絕 $H_0：\beta = 0$，故認為此模型具有實質意義。

5.

係數[a]

模式		未標準化係數		標準化係數	T	顯著性	共線性統計量	
		B 之估計值	標準誤差	Beta 分配			允差	VIF
1	(常數)	44.491	4.329		10.276	.000		
	FPG	−1.318	.481	−.255	−2.738	.014	1.000	1.000
	LEP	−1.465	.154	−.888	−9.516	.000	1.000	1.000

a. 依變數：ADI

模式摘要[a]

模式	R	R 平方	調過後的 R 平方	估計的標準誤
1	.923[a]	.852	.835	3.84547

a. 預測變數：(常數), LEP, FPG
b. 依變數：ADI

(1) 因為 VIF < 5，沒共線性問題。

(2) 決定係數代表模型的解釋能力，原來模型決定係數為 0.858 拿掉共線性相較大的 BMI 變數後重新擬合模型解釋能力為 0.852 減少 0.006 的解釋力，儘管減少解釋力，但由

於 BMI 貢獻極小，為了模型簡潔性，我們依然會把它剔除。或者也可從與決定係數有關且顧及模型精簡性的指標→adj R^2 判斷。

7. 多元線性迴歸模型為 $\hat{Y}$ (玉米產品愛好程度) = 42.150 + 3.6X (水分含量) + 4.125Z (甜度含量)

係數[a]

模式		未標準化係數		標準化係數	T	顯著性
		B 之估計值	標準誤差	Beta 分配		
1	(常數)	42.150	2.110		19.974	.000
	水分含量	3.600	.270	.694	13.324	.000
	甜度含量	4.125	.302	.711	13.655	.000

a. 依變數：愛好程度

Anova[a]

模式		平方和	Df	平均平方和	F	顯著性
1	迴歸	1062.900	2	531.450	182.003	.000[b]
	殘差	14.600	5	2.920		
	總數	1077.500	7			

a. 依變數：愛好程度
b. 預測變數：(常數)、甜度含量、水分含量

P 值 = 0.000 < 0.05，故拒絕 H_0：$\beta = 0$，故認為此模型具有實質意義。

索 引

6-標準差/6-西格瑪 (6-sigma) 68
delta 法 (delta method) 224
Neyman 配置 (Neyman allocation) 29
p 值 (p value) 119
Rao 的計分檢定 (Rao's score test) 99
Wilson 計分區間 (Wilson score interval) 99

一 劃

一致性估計量 (consistent estimators) 94

二 劃

二元常態分布 (bivariate normal distribution) 241
二因子變異數分析 (two-way ANOVA) 167
二項機率分布 (binomial probability distribution) 67
二項機率分布/二項分布 (binomial probability distribution) 69
卜松迴歸 (Poisson regression) 257

四 劃

不偏估計量 (unbiased estimator) 54, 93
中央極限定理 (Central Limit Theorem) 84
中位數 (median) 3, 52
五數摘要 (5-number summary) 52
分布曲線 (distribution curve) 58
分散程度 (dispersion) 37
分層隨機抽樣 (stratified random sampling) 25
心血管疾病 (CVD) 210
比例配置 (proportional allocation) 29
比率尺度 (ratio level) 37
比率變項 (ratio variable) 40

水準 (level) 151

五 劃

世代研究 (cohort study) 223
主張假說 (maintained hypothesis) 111
充分性 (sufficiency) 94
出口民調 (exit poll) 28
加權最小平方法 (weighted least squares, WLS) 270
包卡爾對稱性檢定 (Bowker's test of symmetry) 214
卡方檢定 (chi-square test) 188
古德曼與克魯斯卡的伽瑪係數 (Goodman and Kruskal's gamma) 235
可靠度 (reliability) 93
右尾檢定 (right-tailed test 或 upper-tailed test) 115
右偏分布 (positively skewed distribution) 60
四分位間距 (interquartile range) 3
四分位數 (quartiles) 3
左尾檢定 (left-tailed test 或 lower-tailed test) 115
左偏分布 (negatively skewed distribution) 59
平方的總和/總平方和 (total sum of squares, TSS) 155
平均數 (mean) 52
平均數標準誤差 (standard error of the mean, SEM) 129
平均離差 (mean deviation) 56
未答率 (non-response rate) 23
正確率 (accuracy, ACC) 220

母數 (parameter) 53
母體/母群體/母全體 (population) 7
母體比率 (population proportion) 197
生物統計學 (biostatistics) 1
皮素 (mesothelin) 7
皮爾森相關係數 (Pearson correlation coefficient) 235
目標母體 (target population) 7, 19
立意抽樣 (purposive sampling) 32

六 劃

全距 (range) 56
再犯率 (recidivism rate) 100
列聯表 (contingency table) 37, 199
危險比 (risk ratio) 223
名目尺度 (nominal level) 37
向後消去法 (backward elimination) 278
回溯性研究 (retrospective study) 223
因子 (factor) 151
多元共線性 (multi-collinearity) 274
多元迴歸分析 (multiple regression analysis) 257
多元線性迴歸模式 (multiple linear regression model) 274
多階段抽樣 (multi-stage sampling) 25
多階段集群抽樣 (multi-stage cluster sampling) 23
多項式羅吉斯迴歸 (multinomial logistic regression) 257
多邊形圖 (polygon) 58
成對比較 (pairwise comparisons) 205
有偏估計量 (biased estimator) 93
次數分布表 (frequency distribution table) 37
次數多邊圖/次數曲線圖 (frequency curve) 58
百分位數 (percentile) 3
自由度 (degree of freedom, df) 86
自由度 1 的卡方分布 (the chi-squared distribution with 1 degree of freedom) 187
自由度 k 的卡方分布 (the chi-squared distribution with k degrees of freedom) 187
自願抽樣 (volunteer sampling) 33
自變項 (independent variable) 257

七 劃

估計 (estimation) 91
估計值的標準誤 (standard error of the estimate) 262
伽瑪函數 (Gamma function) 87
低闊峰 (platykurtosis) 60
均等配置 (equal allocation) 29
完全隨機設計 (completely randomized design) 153
序位尺度 (ordinal level) 37
序位變項 (ordinal variable) 40
決定係數 (coefficient of determination) 277
系統抽樣 (systematic sampling) 25
邦費羅尼校正 (Bonferroni adjustment) 192

八 劃

依變項 (dependent variable) 257
兩變項聯合次數分布表 (bivariate joint frequency distribution table) 43
固定效果變異數分析 (fixed-effect analysis of variance) 151
抽樣 (sampling) 3

抽樣母體 (sampled population)　7, 19
抽樣底冊 (sampling frame)　19
抽樣單位 (sampling unit)　19
拒絕域 (rejection region)　112
盲 (blind)　136
直方圖 (histogram)　45
肩形曲線 (ogive curve)　45
長條圖 (bar chart)　45
非線性迴歸 (non-linear regression)　257
非機率抽樣 (nonprobability sampling)　21
非隨機抽樣 (nonrandom sampling)　21

九　劃

便利抽樣 (convenience sampling)　32
降低誤差比例 (proportionate reduction in error, PRE)　243
信賴水準 (confidence Level)　94
信賴區間 (confidence interval)　91
前瞻性研究 (prospective study)　223
型 I 錯誤 (type I error)　111
型 II 錯誤 (type II error)　111
柏努利機率分布 (Bernoulli probability distribution)　69
柏拉圖 (Pareto chart)　45
相依的 (dependent)　137
相對危險 (relative risk)　223
相對次數曲線圖 (relative frequency curve)　58
相對較有效 (relatively more efficient)　94
相關 (correlation)　3
相關性 (correlation)　235
研究假說 (research hypothesis)　111

十　劃

容忍度 (tolerance)　278
峰度係數 (coefficient of kurtosis)　61

特異度 (specificity, SPC)　7, 220
疾病勝算比 (odds ratio, OR)　225
病例-對照研究 (case-control study)　223
真陰率 (true nagative rate)　220
真陽率 (true positive rate)　220
矩形分布 (rectangular distribution)　84
迴歸 (regression)　3
迴歸方程式 (regression equation)　257
迴歸係數 (regression coefficient)　259
迴歸診斷 (regression diagnostics)　263
迴歸線 (regression line)　259
配對樣本勝算比 (pair matched OR)　227
配額抽樣 (quota sampling)　22, 32
骨關節炎 (osteoarthritis, OA)　108
高峽峰 (leptokurtosis)　60

十一　劃

假設 (assumption)　112
假說 (hypothesis)　109
假說檢定 (hypothesis testing)　91
偏性卡方值 (bias chi-square)　203
偏迴歸係數 (partial regression coefficient)　274
偏態係數 (coefficient of skewness)　61
偏離值 (outlier)　242
偶遇抽樣 (accidental sampling)　33
區間估計 (interval estimation)　91
參考值範圍 (reference range or reference interval)　68
基礎體溫 (basal body temperature)　92
寇克斯迴歸 (Cox regression)　257
寇克蘭 Q 檢定 (Cochran's Q test)　214
常態分布 (normal distribution)　68
常態峰 (mesokurtosis)　60
推論性統計 (inferential statistics)　12
敏感度 (sensitivity, SEN)　7, 220

條件指標 (condition index, CI) 278
混合效果變異數分析 (mixed-effect analysis of variance) 151
盒鬚圖 (box-and-whisker plot) 45
眾數 (mode) 52
累積分布函數 (cumulative distribution function) 72
累積羅吉斯迴歸 (cumulative logistic regression) 257
組內平方和 (within-group sum of squares, WSS) 155
組間平方和 (between-group sum of squares, BSS) 155
統計前提假設 (statistical assumption) 263
統計假說檢定 (statistical hypothesis testing) 109
統計控制 (statistical control) 270
統計量 (statistic) 53
統計學 (statistics) 1
莖葉圖 (stem and leaf plot) 45
連續均勻分布 (continuous uniform distribution) 84
連續校正 (continuity correction) 203
連續校正後的麥內瑪卡方值 (continuity-corrected McNemar's chi-square) 213
連續變項 (continuous variable) 42
陰性預測值 (negative predictive value, NPV) 220
雪球抽樣 (snowball sampling) 32
麥內瑪卡方值 (McNemar's chi-square) 213
麥內瑪卡方檢定 (McNemar's chi-square test) 213

十二 劃

單一母體比率之 Wald 的 Z 檢定 (Wald's Z-test for a single population proportion) 179
單一母體比率之 Z 檢定 (Z-test for a single population proportion) 179
單一母體比率之計分 Z 檢定 (score Z-test for a single population proportion) 179
單一樣本 t 檢定 (one-sample t-test) 126
單一樣本 Z 檢定 (one-sample Z-test) 125
單元 (unit) 137
單因子變異數分析 (one-way analysis of variance, one-way ANOVA) 152
單尾檢定 (one-tailed test) 115
單盲 (single-blind) 137
描述性統計 (descriptive statistics) 12
散布圖 (scatter diagram) 237
斯皮爾曼相關係數 (Spearman correlation coefficient) 235
斯都鄧的 t 分布 (Student's t distribution) 86
最大熵原理 (the maximum entropy principle) 68
最小平方法 (least-squares method) 259
最小顯著差異 (Least Significant Different, LSD) 157
最適配置 (optimum allocation) 29
棒球統計學 (sabermetrics) 6
殘差 (residual) 259
測量尺度 (level of measurement) 37
無罪推定原則 (presumption of innocence) 110
等距尺度 (interval level) 37
等距變項 (interval variable) 40
虛無假說 (null hypothesis) 109

費雪精確性檢定 (Fisher's exact test) 210
量性變項 (quantitative variable) 42
陽性預測值 (positive predictive value, PPV) 220
集中趨勢 (central tendency) 37
集群 (cluster) 29
集群抽樣 (cluster sampling) 25

十三 劃

圓餅圖 (pie diagram) 45
極端值 (extreme values) 61, 242
概似比 (likelihood-ratio) 203
資料 (data) 1
預測 (prediction) 257

十四 劃

對立假說 (alternative hypothesis) 109
對數線性迴歸 (log-linear regression) 257
截距 (intercept) 259
漏診率 (omission diagnostic rate, ODR) 220
算術平均數 (arithmetic mean) 53
精確度 (precision) 93
精確檢定 (exact test) 185
誤差 (error) 259
誤診率 (mistake diagnostic rate, MDR) 220

十五 劃

層 (stratum) 28
標準化偏迴歸係數 (standardized partial regression coefficient) 274
標準化殘差 (adjusted standardized residuals) 192
標準化殘差 (standardized residual) 263
標準化預測值 (standardized predicted value) 263
標準差 (standard deviation) 56
樣本 (sample) 7
線性迴歸 (linear regression) 257
線性對比 (linear contrast) 158
複相關係數 (multiple correlation coefficient) 277
質性變項 (qualitative variable) 42
適合度卡方檢定 (goodness of fit chi-square test) 177

十六 劃

機率 (probability) 21
機率分布 (probability distribution) 69
機率抽樣 (probability sampling) 21
機會 (chance) 21
獨立樣本 (independent samples) 152
選擇偏差 (selection bias) 23
隨機抽樣 (random sampling) 21
隨機效果變異數分析 (random-effect analysis of variance) 151
隨機集區設計 (randomized block design) 152
隨機變項 (random variable) 69

十七 劃

檢定力/檢力 (test power) 119
檢定統計量 (test statistics) 112
聯合次數 (joint frequencies) 44
聯合次數分布表 (joint frequency distribution table) 43

十八 劃

臨界值 (critical value) 112
臨界域 (critical region) 112
薛費 (Scheffé) 193

點估計 (point estimation)　91
簡單迴歸分析 (simple regression analysis)　257
簡單線性迴歸模式 (simple linear regression model)　259
簡單隨機抽樣 (simple random sampling)　25
雙尾檢定 (two-tailed test)　117
雙盲 (double-blind)　137

十九　劃以上

離散變項 (discrete variable)　42
穩健性 (robustness)　263
羅吉斯迴歸 (logistic regression)　257

邊際同質性的檢定 (marginal homogeneity test)　214
邊際次數 (marginal frequencies)　44
類別尺度 (categorical level)　37
類別變項 (categorical variable)　39
變異數 (variance)　56
變異數分析 (analysis of variance, ANOVA)　151
變異數膨脹因素 (variance inflation factor)　278
顯著水準 (significance level)　110, 112
顯著性的檢定 (test of significance)　110
觀察單位 (observation unit)　20